广义生物安全学

连　宾　主编

科 学 出 版 社

北　京

内 容 简 介

生物安全及生态安全是当今世界面临的一项重大课题，具有典型交叉学科的特征，涉及众多社会关注的热点问题。本书主要介绍广义生物安全学的基本理论、技术原理、研究概况及风险防范措施。全书共9章，内容包括实验室生物安全，转基因生物的安全性，食品安全与风险防控，大规模流行病、生物恐怖及生物战，生物学及生态安全中的生物伦理，土壤、大气和水环境的生物安全性，农资产品、重金属及新型污染物与生物安全，生物多样性的安全性，地质环境过程与生物安全等国际社会普遍关注的重大生物安全问题。本书内容包含大量社会热点和前沿科学问题，有助于各类读者拓宽视野，增强对广义生物安全学的认识和关注，提高系统分析和解决复杂问题的能力。每章均附有思考题、主要参考文献、拓展阅读和知识扩展网址。

本书适合高等院校生物学、生态学、农学、林学、医学、环境科学、海洋科学和公共安全等专业的高年级本科生和研究生，以及从事生物技术、环境工程、生态治理、生物保护、流行病防护等相关专业的技术人员使用，也可作为普通大学生和各类企事业单位管理人员了解生物安全知识的通识读本。

图书在版编目（CIP）数据

广义生物安全学 / 连宾主编. —北京：科学出版社，2022.9

ISBN 978-7-03-073035-0

Ⅰ. ①广… Ⅱ. ①连… Ⅲ. ①生物工程－安全科学－高等学校－教材
Ⅳ. ①Q81

中国版本图书馆 CIP 数据核字（2022）第 157068 号

责任编辑：刘 畅 韩书云 / 责任校对：严 娜
责任印制：赵 博 / 封面设计：迷底书装

科学出版社出版
北京东黄城根北街 16 号
邮政编码：100717
http://www.sciencep.com
中煤（北京）印务有限公司印刷
科学出版社发行 各地新华书店经销
*
2022 年 9 月第 一 版 开本：787×1092 1/16
2024 年 9 月第五次印刷 印张：20 1/4
字数：518 400

定价：89.00 元

（如有印装质量问题，我社负责调换）

编写人员名单

主　　编： 连　宾（南京师范大学）

编写人员（按姓氏汉语拼音排序）：

曹成亮（江苏师范大学）

陈华群（南京师范大学）

谌　书（西南科技大学）

郝建朝（天津农学院）

江用彬（安徽工业大学）

连　宾（南京师范大学）

刘常宏（南京大学）

刘殿锋（河南大学濮阳工学院）

刘海龙（南京师范大学）

陆长梅（南京师范大学）

王　磊（安徽农业大学）

肖　波（盐城工学院）

薛雅蓉（南京大学）

张光富（南京师范大学）

前　言

生物安全问题是人类文明发展到一定阶段的产物。在人类社会发展的早期，生物安全问题主要是野生动物的攻击和食物的短缺，后来随着生产水平的提高和人口的不断增加，大规模传染病及人类因争夺土地和资源而爆发的各种战争，使得与生物安全有关的事件越来越多，影响越来越大，特别是在经济全球化和生物技术快速发展的今天，生物安全已成为一个涉及政治、军事、经济、科技、文化和社会等诸多领域的世界性安全与发展的基本问题，受到各国政府的空前关注和高度重视。

生物安全学的概念有狭义和广义之分。狭义的生物安全学是指一门研究现代生物技术，特别是转基因技术所带来的生物安全风险的学科，包括生物技术在研究、开发、使用和转基因生物跨国越界过程中对生物多样性、生态环境及人类健康所造成的危害或具有的潜在危害等内容。但目前，人们关注的生物安全问题已经大大超出了转基因技术或基因编辑技术对人类及环境可能带来的不确定性和风险的范畴。广义的生物安全学是研究生物技术快速发展以及公共健康和生态系统免受危险生物因子及相关因素侵害的一门学科，其内容涵盖现代生物技术研发及应用的安全性、生物多样性保护、实验室生物安全、流行病防控、环境与生态安全，以及与生物科技相关的军事安全等诸多方面。广义生物安全学的学习内容既包括生物危害或潜在危害的发生及其原理，研究现状，也包括生物安全风险评价与相应管理体系的建立等。广义的生物安全学涉及多个学科领域，如预防医学、环境保护、植物保护、野生动物保护、化肥农药、环境地质、生态健康及可持续发展等，其管理工作则分属于多个不同的行政管理部门。

生物安全事关国家安全。中国作为当今世界上快速发展的第二大经济体，深处世界复杂格局的中心和大国博弈的旋涡，面临着前所未有的各种生物安全风险的挑战。近年来，世界上不断发生的传染病、生物意外事故及生物恐怖袭击等对人类健康、生态环境、经济发展与社会安定等产生了重大影响，各国政府都认识到生物安全形势的严峻性及全面加强生物安全治理的重要性和紧迫性。2020 年 2 月 14 日，习近平总书记在中央全面深化改革委员会第十二次会议上强调，要从保护人民健康、保障国家安全、维护国家长治久安的高度，把生物安全纳入国家安全体系。2020 年 10 月 17 日，第十三届全国人民代表大会常务委员会第二十二次会议通过了《中华人民共和国生物安全法》，自 2021 年 4 月 15 日起施行。目前，我国政府已将生物安全纳入国家安全体系，将生物安全上升到“国家安全”的战略高度进行考量，在国家治理的视域下系统推进生物安全治理。

2019 年 12 月暴发的新型冠状病毒传染病疫情给人类上了一堂深刻的生物安全课，人们更加理解到地球是一个整体，生物安全没有国界，人与自然是生命共同体。新型冠状病毒传染病可以轻易地跨越国界快速传播，在人类社会中几乎没有一个国家或地区可以独善其身，一波又一波的病毒不断地变异，影响的范围会越来越大。因此人类社会应该相互包容，合作共赢，和谐共生，以实现真正意义上的生物安全和永续发展。但现实是，人类的傲慢和贪婪带来了很多生态环境问题和社会安全隐患。法国思想家和哲学家卢梭说：“人类这一物种已老，可人始终还是幼稚。”确实，人类面临着太多的不确定性和安全风险！掌握科学的生物安全观非常重要！世界上没有哪件事是百分之百的安全，这就需要我们用辩证的思维方式，从全局和发展的角度看待与理解当前存在的诸多生物安全问题。

编者在多年的教学经验和科研成果的基础上，参考了大量文献，编写了这本《广义生物安全学》以飨读者。本书概要介绍了实验室生物安全，转基因生物的安全性，食品安全与风险防控，大规模流行病、生物恐怖及生物战，生物学及生态安全中的生物伦理，土壤、大气和水环境的生物安全性，农资产品、重金属及新型污染物与生物安全，生物多样性的安全性及地质环境过程与生物安全等。本书具有以下几个突出的特点：一是尽可能全面地介绍当前生物安全所面临的主要问题和相关的前沿科学问题；二是为了便于读者理解和实践应用，注重理论和实践（实例）相结合；三是力求通俗易懂，深入浅出；四是注意对当前热点问题的介绍，如近年来社会普遍关注的转基因生物安全性、大规模疫情、生物恐怖、生态环境保护等；五是注意内容简明扼要，尽可能避免不必要的重复。

本书编写分工为：第一章由陈华群编写，第二章由王磊编写，第三章由陆长梅（负责第一节至第四节）和刘海龙（负责第五节）编写，第四章由刘殿锋（负责第一节）和连宾（负责第二节和第三节）编写，第五章由薛雅蓉（负责第一节和第二节）和刘常宏（负责第三节）编写，第六章由曹成亮（负责第一节）和肖波（负责第二节和第三节）编写，第七章由郝建朝（负责第一节至第三节和第五节）和谌书（负责第四节和第五节）编写，第八章由张光富编写，第九章由江用彬编写。连宾负责全书的设计、统稿和修订工作。

本书内容不仅适合高等院校生物学、生态学、农学、林学、医学、环境科学、海洋科学和公共安全等专业的高年级本科生和研究生，以及从事生物技术、环境工程、生态治理、生物保护、流行病防护等相关专业的技术人员使用，也可作为普通大学生和各类企事业单位管理人员了解生物安全知识的通识读本。各校在选用时可视具体情况加以取舍，对与其他学科课程可能发生重复的内容可放手让学生自学。

本书的编写得益于近年来我在南京师范大学生命科学学院承担“生物安全评价”和“生物安全学”课程的教学实践。在教材选取和教案编写时，深感迫切需要一本针对师范大学和综合性大学的通用型生物安全教材，这一编写教材的想法随着近年来全球生物安全形势的重大变化变得更加迫切。感谢南京师范大学生物技术专业2011～2019级及中北学院生物技术专业2015～2018级的本科生同学们。课堂上的教学互动对我有很大启发，听课同学的支持和信任也给了我很大信心，教与学上的迫切需求是本书编写的最大动力。在本书编写过程中，南京师范大学海洋科学与工程学院和生命科学学院的党政领导均给予了大力的支持和鼓励，部分院领导亲自参与审稿，分管教学的路遥老师为本课程教学及讲义制作给予了很多帮助。在本书的出版申报和修改编辑过程中，得到了科学出版社编辑的关心和指导，他们不厌其烦地及时回复我们的各种问题，这是本书能得到及时处理和修改的重要保证。最后要感谢本课题组及其他作者指导的部分研究生（恕不一一提名），他们在繁忙的课题研究间隙，曾帮助查找文献资料、校对书稿和绘制部分图表等。在此，谨向关心支持本书出版的各位老师和同学致以诚挚的谢意。

为保证本书的质量，除本书多位作者参与部分章节的相互修改和补充之外，我们还聘请了多位专家参与审稿，其中包括南京大学朱敏生教授（第一章和第五章）、南京农业大学李福春教授（第九章）、云南师范大学黄遵锡教授（第三章）、安徽农业大学蔡永萍教授（第四章），以及南京师范大学戴传超教授（第六章和第八章）、戴亦军教授（第七章）和许凯教授（第二章）等，他们对本书提出了宝贵的修改建议，为本书的进一步完善做出了贡献，在此向各位审稿专家表示感谢。

本书引用了大量公开出版的文献及互联网上的图片和视频，都已尽可能注明出处，在此谨向原作者表示深深的谢意。

由于生物安全学涉及的内容广泛，每年都会有新的研究进展或发生新的生物安全事件，本书编者虽然竭尽所能，但限于我们的学识与水平，书中不足甚至疏漏之处恐在所难免，期盼阅读本书的广大读者随时赐教（主编联系邮箱：bin2368@vip.163.com），以待将来再版时修改完善。

连　宾

2022年5月8日于南京

目录

第一章　实验室生物安全

实验室是进行科学研究、药物研发、疾病防控和医学检验等工作的重要条件，也是人员防护与环境保护的主要屏障。实验室生物安全是指在从事病原微生物等生物危害相关的实验活动中，为避免其对实验室工作人员、相关人员、公众及环境的危害，保证实验研究的科学性或保护实验过程免受污染而配置的物理、生物防护设施和设备，以及建立的规范操作技术方法、管理体系等综合措施。近年来，实验室生物安全越来越受到生物学、医学、农学等相关专业的学生、科研工作者和社会公众的关注。学习和掌握实验室生物安全的相关知识与防护方法是实验操作人员保障自身安全的重要环节，也是科学研究工作顺利进行的基本保证。本章内容主要包括实验室生物安全基础知识、实验室生物危害的来源及分级、相应的实验室生物安全防护设施、实验操作人员的个人防护设备、生物安全实验室的消毒灭菌及应急预案与处置、实验室的生物安全管理等。

第一节　实验室生物安全基础

一、实验室生物安全基本概念

实验室是进行科学实验的场所。进行与生命活动相关研究的实验室称为生物学实验室，包括普通的生物学教学实验室和科研实验室。主要有通用的基础实验室，植物、动物和微生物实验室，临床检验实验室，公共卫生实验室，传染病监测实验室等。

当生物学研究、临床诊断、保管或操作传染性物质时，存在着生物学风险，可能会造成生物危害（biohazard）或生物威胁（biothreat）。由于操作失误或某些不正确的操作，历史上，国内外实验室中相关的生物学感染时有发生，部分造成了严重的后果，有的还导致了重大公共卫生事件。为避免实验室工作人员操作生物因子及相关材料造成危害所制定的相关规则及措施，即实验室生物安全（laboratory biosafety）。具体而言，就是在生物学实验室中，必须在实验室的设计、建造、实验室防护设施及个体防护装置等方面建立严格的规范，制定细致的生物学操作规程及生物安全管理措施，确保实验室工作人员不受实验对象危害，防止其操作的对象向周围环境释放，并尽可能减小相关危害材料意外释放到环境中的概率。

实验室生物安全防护的内容主要包括实验室的建筑设计规范、安全防护设施设备、个体防护装备，严格的管理制度和标准化的操作程序及规程等。它的保护对象包括实验人员、周围环境和实验对象。

二、国内外生物安全实验室发展现状

生物安全实验室在 20 世纪 50～60 年代首先诞生在美国，主要是针对实验室意外事故感染所采取的对策。在此之前的 40 年代，美国为了研究生物武器，实施了“气溶胶感染计划”，大量使用烈性传染病的病原体进行实验室试验和武器化及现场试验，造成实验室感染事件频发。第二次世界大战期间，日本在实行惨无人道的细菌战过程中，他们自己实验室的很多工作

人员也受到感染，造成上千人员伤亡。苏联生物武器研究基地也发生过炭疽杆菌泄漏事故，造成了大量的人员伤亡。因此，美国、日本、英国、苏联和加拿大等相继建立了不同级别的生物安全实验室。

自 20 世纪 70 年代以来，实验室生物安全受到了美国、英国、日本等国家的高度重视。世界卫生组织（WHO）、美国卫生与公众服务部（HHS）、美国国立卫生研究院（NIH）、美国疾病预防与控制中心（CDC）、美国国家癌症研究所（NCI）、日本国立预防卫生研究院等均制定了生物安全实验室的各种管理规范、标准和实验指南。

1979 年，美国实验室生物安全专家派克（Pike）指出："我们具备了防止在部分实验室感染的知识、技术和设备。"但当时国际上并没有任何操作规程、标准、指南或其他文件为实验室操作提供详细的技术、设备介绍及其他规范。《病原体的危险程度分级》（*Classification of Etiologic Agents on the Basis of Hazard*）在 20 世纪 70 年代被作为传染病实验室的一般参考书，此书也是《微生物学和生物医学实验室的生物安全》（*Biosafety in Microbiological and Biomedical Laboratories*）的早期蓝本。

1983 年，WHO 出版了《实验室生物安全手册》（*Laboratory Biosafety Manual*）（以下简称《手册》）第一版，鼓励各国接受和执行生物安全的基本概念，并针对当地实验室如何安全处理致病微生物制定了操作规范。多个国家利用《手册》所提供的指导，制定了生物安全操作规范。《手册》的第二版、第三版和第四版分别于 1993 年、2004 年和 2020 年出版。《手册》第三版阐述了新千年所面临的生物安全和生物安全保障问题，并在以下几个方面增加了新的内容：危险度评估、重组 DNA 技术的安全利用及感染性物质运输。第三版还介绍了生物安全保障的概念，即保护微生物资源免受盗窃、遗失或转移，以免因微生物资源的不适当使用而危及公共卫生。《手册》第四版将实验室生物安全防护要求分为"核心要求"、"加强要求"和"最高要求"，这三个要求相当于旧版的 BSL-2、BSL-3、BSL-4（表 1-1）的要求。第四版对实验室的生物安全防护要求主要是基于生物因子和人员能力的评估而确定的。鉴于我国实验室生物安全管理工作的实际需求和本书的主要使用对象，本章仍沿用第三版的相关分级。

我国强调实验室生物安全主要是在 2000 年以后，起步和发展较晚。随着生物科学的发展及公共安全事件的发生，特别是 2003 年严重急性呼吸综合征（SARS）暴发流行和高致病性禽流感发生后，生物安全引起我国政府和广大科研管理部门、科研人员和社会大众的广泛重视与关注。2003 年，参照 WHO、美国和加拿大等卫生与疾控部门的相关要求，我国组织编译了《医学实验室-安全要求》。在此基础上，2004 年，我国颁布了国家标准《实验室生物安全通用要求》（GB 19489-2004），这是国家对实验室生物安全管控强制执行的标准。2008 年，对该标准进行了修订（GB 19489-2008），这是现行的国家标准。

2005 年 7 月 26 日，中国实验室国家认可委员会在北京宣布，中国首家高级别生物安全实验室（ABSL-3，请参阅第三节第一部分）——武汉大学生物安全三级动物实验室通过国家认证，表明中国实验室生物安全认证体系建成并开始有效运行，标志着中国在生物安全领域的认证工作已经步入制度化、规范化和法制化的轨道。2015 年 1 月 31 日，我国首个 P4 实验室——中国科学院武汉国家生物安全实验室（即武汉 P4 实验室）在武汉竣工。这意味着，中国人将能够在自己的实验室独立开展埃博拉病毒（Ebola virus）等高度危险病原体的实验研究（见知识扩展 1-1）。

知识扩展 1-1

近年来，我国高等院校、科研院所、医院和疾病控制等部门纷纷建立起生物安全实验室；特别是 2019 年 12 月新型冠状病毒肺炎在全球开始流行后，我国对于生物安全的重视达到了前所未有的高度。在新型冠状病毒的检测及科学研究中，凸显了我国对于高级别生物安全实验室的迫切需求和现有高级别生物安全实验室数量的严重不足。建立高等级生物安全实验室，不仅对于科学研究，而且对于保护人民群众生命财产安全、维护社会稳定都具有重大意义。

第二节　实验室生物危害的来源及分级

一、实验室感染的主要来源及其控制

一些感染性的致病生物因子，无论是直接感染，还是间接地散播到环境中，对人类、动物或植物都是一个现实的或潜在的危害。实验室生物感染的主要来源有误食、皮肤切割、针刺、动物抓咬、气溶胶吸入等；经口、皮肤或呼吸道传播。多种因素可诱发实验室感染，主要有致病微生物（致病因子）、人对致病因子的易感性、操作方法及环境条件等。其中，操作过程中产生的微生物气溶胶会造成致病因子的空气传播，是实验室生物安全事故发生的主要原因。

（一）实验室微生物气溶胶的种类

气溶胶是指液态或固态微粒在空气中形成的相对稳定的分散悬浮体系，其直径一般为 0.01～100μm。实验室产生的微生物气溶胶主要有飞沫气溶胶和粉尘气溶胶两类。飞沫气溶胶是指含微生物（如微生物标本或培养物）的液体在外力作用下，形成非常小的颗粒，颗粒中水分蒸发后，核心颗粒悬浮在空气中所形成的飞沫核（气溶胶）；粉尘气溶胶是指干燥的含微生物培养物（或是皮毛、毛发碎屑及灰尘等）在外力作用下形成的微小颗粒，悬浮于空气中形成的气溶胶。这两类气溶胶对于人体都有感染性，危害程度取决于该病原微生物的毒力、气溶胶的浓度及局部空气条件等。

（二）实验室微生物气溶胶的产生

实验室微生物气溶胶产生后，随空气流动，可能会引起工作人员感染。含病原体的致病性气溶胶感染有如下特点：①气溶胶随空气流动，进入其他空间造成空气和器物表面污染；②一般来说，经呼吸道吸入微生物的感染性较高；③呼吸道吸入气溶胶可引起大量人群感染，如新型冠状病毒和严重急性呼吸综合征（SARS）病毒，且临床上可引发非典型症状，造成诊断困难，延误治疗；④微生物气溶胶经呼吸道引发的感染较难防治。

实验室在进行样品处理过程中，如进行搅拌、振荡、超声粉碎、离心、接种、培养等常规操作时，都可能产生大量气溶胶。在相对安全的操作中，如菌液和病毒的密闭培养，即使在静止状态下，气溶胶仍可存在 1h；致病微生物一旦进入实验室的空调或通风系统，还可形成更广泛的气溶胶污染。

微生物气溶胶也可来源于患病的实验动物。有研究表明，暴露于炭疽芽孢杆菌气溶胶的实验动物，在整个饲养周期，其笼子周围都可检测到炭疽芽孢杆菌的芽孢；豚鼠暴露于枯草芽孢杆菌的气溶胶后，可连续 21d 产生含该菌的气溶胶。

由于重力的作用，直径较大的飞沫可近距离沉降至地面，但微生物气溶胶在实验室形成后，很容易通过空气流动或其他途径传播到周围环境中（图 1-1），应将控制实验室微生物气溶胶的产生和传播作为预防实验室感染的重要措施。

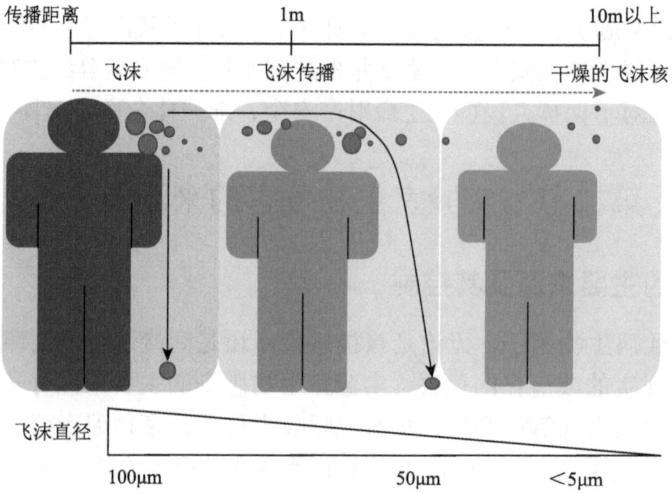

图 1-1　气溶胶的传播

（三）实验室微生物传播和感染的控制

气溶胶是微生物感染的主要途径，应从气溶胶的产生和传播环节入手，阻断微生物的传播和感染。具体包括以下 4 个方面：①严格按照实验室生物安全要求规范进行实验操作，特别是在微生物接种、培养、使用注射器和加样器等处理含有或疑似含有病原微生物的生物样品时；②使用符合相应实验室生物安全级别的生物安全实验室和生物安全柜进行实验操作；③设计和建立达到生物安全级别的实验室通风系统，防止含微生物气溶胶在空气中的流动和向周围环境泄漏；④严格做好个人防护。个人防护是防止感染的最后一道防线，通常有物理防护和疫苗防护两种，以物理防护为主。

二、生物因子风险分级

在实验室使用传染性或有潜在传染性材料前，必须进行微生物危害评估。应根据传染性微生物致病能力的严重程度、传播途径、稳定性、感染剂量、操作时的浓度和规模、实验对象的来源、是否有动物实验数据、是否有有效预防和治疗方法等诸因素进行微生物危害评估。通过微生物危害评估确定对象微生物应在哪一级的生物安全防护实验室中进行操作，根据危害评估结果，制定相应的操作规程、实验室管理制度和紧急事故处理办法，形成书面文件并严格遵照执行。

实验室生物危害分级的基本依据是：病原微生物和毒力因子对于人体和动物的感染能力、致病性及感染后对个体或群体的危害程度、预防和治愈能力。生物危害等级划分的具体工作一般由相关领域的科学家、卫生健康及生物安全管理部门的管理人员共同参与，完成后以目录的形式颁布。目前，各国一般将生物危险性分为 4～5 个危害等级。世界卫生组织（WHO）根据具有感染性微生物的相对危害性，将生物因子风险分为 4 级。我国于 2004 年颁布了《病原微生物实验室生物安全管理条例》，并于 2016 年和 2018 年进行了修订。该条例对于生物因子风险的分级与 WHO 及其他国家如美国疾病预防与控制中心（CDC）基本一致。该条例将病原微生物分为 4 类（表 1-1）：第一类病原微生物，是指能够引起人类或者动物非常严重的疾病的微生物，以及我国尚未发现或者已经宣布消灭的微生物。第二类病原微生物，是指能够引起人类或者动物严重疾病，比较容易直接或者间接在人与人、动物与人、动物与动物间传播的微生物。

第三类病原微生物，是指能够引起人类或者动物疾病，但一般情况下对人、动物或者环境不构成严重危害，传播风险有限，实验室感染后很少引起严重疾病，并且具备有效治疗和预防措施的微生物。第四类病原微生物，是指在通常情况下不会引起人类或者动物疾病的微生物。在我国，第一类、第二类病原微生物统称为高致病性病原微生物。

表 1-1　中国、WHO 和美国 CDC 对病原微生物的分级

危害等级	危害程度		
	我国对病原微生物的分类	WHO 对病原微生物的划分	美国 CDC 对病原微生物的指导性分级
BSL-1	通常情况下不会引起人类或者动物疾病（第四类）	个体和群体低危险（Ⅰ级）	不引起健康成年人疾病（第一级）
BSL-2	传播风险有限，实验室感染后能够引起人类或者动物疾病，但很少引起严重疾病，具备有效治疗和预防措施（第三类）	中等个体危险，有限群体危险（Ⅱ级）	可通过破损皮肤、消化道及黏膜暴露等方式引起人类疾病（第二级）
BSL-3	能够引起人类或者动物严重疾病，较容易直接或者间接在人与人、动物与人、动物与动物间传播（第二类）	高个体危险，低群体危险（Ⅲ级）	本土或外来的微生物，通过吸入途径暴露时可以造成严重或潜在致死性疾病（第三级）
BSL-4	能够引起人类或者动物非常严重的疾病，以及我国尚未发现或者已经宣布消灭（第一类）	高度的个体和群体危险（Ⅳ级）	可以引起严重且威胁生命的人类疾病，可通过气溶胶传播，或传播途径不明（第四级）

注：BSL. 生物安全实验室

根据《病原微生物实验室生物安全管理条例》的规定，中华人民共和国卫生部于 2006 年组织制定了《人间传染的病原微生物名录》，其包括三个部分，分别是：①病毒分类名录；②细菌、放线菌、衣原体、支原体、立克次体、螺旋体分类名录；③真菌分类名录。该名录对于病毒、细菌、真菌等致病微生物的危害程度、实验活动所需生物安全实验室级别和运输包装等进行了分类，对于其活菌操作、动物实验等制定了相应规范，要求在科研及其他相关活动中遵照执行。

第三节　生物安全实验室的分级防护与个人防护

一、生物安全实验室的分级防护

实验室存在不同危害程度的生物因子，需要相应不同级别的防护设施，以避免实验室安全事故的发生。实验室感染一般有以下几条途径：吸入性感染、食入性感染、黏膜接触性感染及与实验动物的接触性感染。经气溶胶传播造成的感染较难控制，是实验室感染的主要因素。为了预防实验室感染的发生，所有涉及感染性物质的操作均应在相应等级的生物安全实验室进行。生物安全实验室（biosafety laboratory，BSL）是指符合规范的实验室设计、实验设备配置、个人防护装备使用等要求的实验室。生物安全实验室防护在组成上包括一级屏障（primary barrier，也称一级隔离）和二级屏障（secondary barrier，也称二级隔离）两部分硬件，二者分别分为几个级别。一级屏障是指操纵对象和操纵者之间的隔离，通过生物安全柜、正压防护服等设施来实现；二级屏障是指生物安全实验室和外部环境的隔离，通过建筑技术（如气密性高的建筑结构、平面布局、通风空调和空气净化系统、污染空气及污染物的消毒、灭菌至无害化排放）防止有害微生物从实验室扩散。不同级别的生物安全防护由不同的一级屏障或二级屏障组成，分为 4 级。BSL-1 和 BSL-2 实验室为基础生物安全实验室，BSL-3 和 BSL-4 称为高级别生物安全实验室。不同的保护级别又分别被称为 P1（protect 1）、P2、P3 和 P4 实验室。相应的动物安全实验室（animal biosafety laboratory）分别称为 ABSL-1、ABSL-2、ABSL-3 和 ABSL-4 实验室。

（一）生物安全实验室的设备防护（一级屏障）

生物安全实验室中的主要设备包括生物安全柜（biological safety cabinet，BSC）、安全罩等。BSC 用以保护操作者、实验室环境及操作对象，使其避免暴露于感染性气溶胶中。可能产生气溶胶的样品处理均应在生物安全柜中进行。

BSC 的防护原理如下：空气经高效空气过滤器（high efficiency particulate air filter，HEPA）过滤后进入 BSC，形成百级洁净度环境，以保护操作对象；BSC 内的空气经过 HEPA 过滤后排出，保护周围环境；生物安全柜内的负压过滤装置和气幕可防止气溶胶外泄，从而保护操作者。

（二）生物安全实验室设施防护（二级屏障）

1. 物理隔离区

用物理隔断和密封门把实验室与外界环境隔离开。例如，BSL-2 实验室用自动关闭的门将实验室与公共区域隔离开，BSL-3 实验室由外向里依次划分为清洁区（更衣、淋浴）、缓冲区Ⅰ、半污染区（准备区域）、缓冲区Ⅱ和核心区域。缓冲区的两扇门为互锁，即同一时间只能开一扇门。此屏障系统加上负压通风系统可保证实验室空气的定向流动，即永远是非污染区向半污染区、污染区流动。

2. 负压通风过滤技术

负压通风过滤技术主要应用在 BSL-3、BSL-4 和 ABSL-3、ABSL-4 实验室。通过控制气流速度和方向，使实验室内的空气只能通过 HEPA 过滤和排放。

二、生物安全柜的分类

根据送风和排风方式、正面气流的速度等，将生物安全柜分为Ⅰ级、Ⅱ级和Ⅲ级。其具体特征如下：

1. Ⅰ级生物安全柜

在Ⅰ级生物安全柜（BSC-Ⅰ）中，环境空气从生物安全柜的前开口低速进入，经过工作台表面的排风管排出。定向流动的空气将工作台面上可能形成的气溶胶迅速带离操作台并送入排风管内，经 HEPA 过滤排入周围环境（图 1-2）。Ⅰ级生物安全柜只保护操作者和环境，不保护操作对象。可用于医院作为一般性患者样品的检验、放射性核素的操作和挥发性及有毒化学试剂的操作，也可用于需要达到特定密封效果或可能在室内产生气溶胶的操作。例如，将特定用途的离心机或超声清洗机放置在生物安全柜中操作，以免可能产生的有害气溶胶扩散。

2. Ⅱ级生物安全柜

Ⅱ级生物安全柜（BSC-Ⅱ）分为 A1、A2、B1 和 B2 四种类型。与Ⅰ级生物安全柜的不同之处在于，空气须经 HEPA 过滤才可进入工作台面。因此，Ⅱ级生物安全柜不仅可保护操作者和环境，还可保护操作对象。

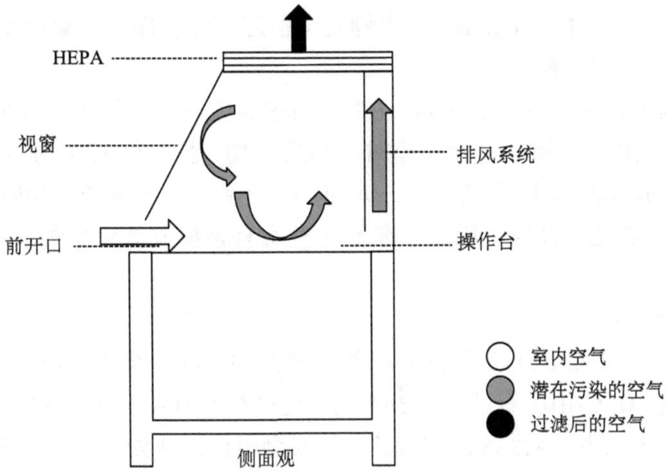

图 1-2　Ⅰ级生物安全柜的侧面构造及工作示意图

（1）Ⅱ级 A1 型生物安全柜（BSC-Ⅱ A1）　BSC-Ⅱ A1 只配置一台风机，驱动工作台内空气在回风过滤装置和排风过滤装置之间循环。在风机和两台 HEPA 之间，空气是污染的，呈正压。同Ⅰ级生物安全柜一样，空气也是从外部进入，称为进流。进流经 HEPA 过滤后进入工作台面，保护操作对象不被污染。在操作台内接触操作对象后可能污染的空气经过 HEPA 过滤后排出（图 1-3）。BSC-Ⅱ A1 主要用于一般性的生物安全防护。例如，在进行细胞培养及细菌、病毒培养等工作时，使用该类生物安全柜。

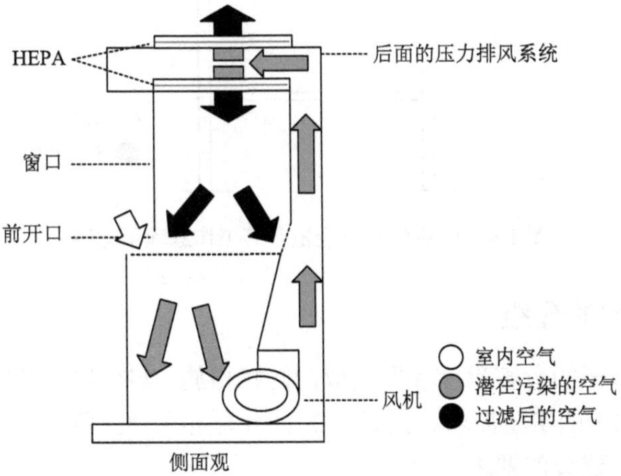

图 1-3　Ⅱ级 A1 型生物安全柜的构造及工作示意图

（2）Ⅱ级 A2 型生物安全柜（BSC-Ⅱ A2）　BSC-Ⅱ A2 利用 70%的循环空气，30%经排风 HEPA 过滤后排出。与Ⅱ级 A1 型生物安全柜的区别在于，其回风道始终处于负压状态，安全性高于Ⅱ级 A1 型生物安全柜。提供高于Ⅱ级 A1 型生物安全柜的生物防护，但不提供化学防护。

（3）Ⅱ级 B1 型生物安全柜（BSC-Ⅱ B1）　BSC-Ⅱ B1 比 BSC-Ⅱ A2 具有更高的生物安全防护水平。其循环风量减少到 30%，前操作口风速达到 0.5m/s 以上，没有正压污染区。与所有的Ⅱ级生物安全柜一样，Ⅱ级 B1 型生物安全柜还可保护操作对象免受污染，是微生物学中用得最多的一种生物安全柜。

（4）Ⅱ级 B2 型生物安全柜（BSC-Ⅱ B2） BSC-Ⅱ B2 具有更高的安全性，循环风量减少至零。在对某些危险化学物质进行操作时，如致癌物、挥发性有害物质，使用Ⅱ级 A 型生物安全柜存在一定的危险性，因为其利用一定量的循环空气，小分子化学物质可通过 HEPA 污染周围环境，对操作者造成危害。因此，在操作有毒有害挥发性化学物质时，应使用Ⅱ级 B2 型生物安全柜。

3. Ⅲ级生物安全柜

Ⅲ级生物安全柜（BSC-Ⅲ）是目前防护级别最高的生物安全柜，可提供最好的个体防护，一般用于 P4 实验室。BSC-Ⅲ所有的接头都密封，进风经 HEPA 过滤，排风经两个 HEPA 过滤。BSC-Ⅲ由一个外置的专门排风系统控制气流，使安全柜内始终处于负压状态（大约–124.5Pa）。所有操作均通过连接在安全柜上的橡胶手套进行。安全柜配备了一个可灭菌、装有 HEPA 的传递舱，并与双开门的高压灭菌器对接（图 1-4）。Ⅲ级生物安全柜可以是单体的，也可以几个生物安全柜串联使用。

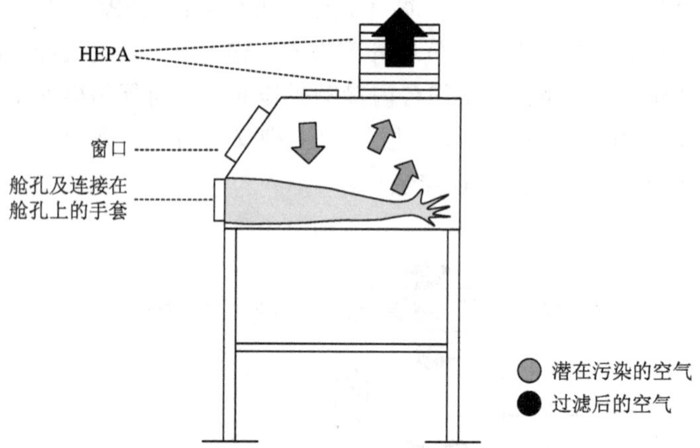

图 1-4　Ⅲ级生物安全柜及其工作原理示意图

三、生物安全实验室的分级

根据所操作生物因子的危害程度和需采取的防护措施，将生物安全实验室分为 4 级，以满足不同生物安全防护水平的实验需求。我国于 2011 年颁布了《生物安全实验室建筑技术规范》，规范了生物安全实验室建设的要求。

（一）一级生物安全实验室（BSL-1、ABSL-1 和 P1）

BSL-1 实验室适用于操作具有明确生物学特征，且已知不会引发健康成年人疾病的活的微生物菌株（毒素）。适用于教学实验室和我国第四类危害程度微生物的操作，如大肠杆菌等。防护要求较低，不需要物理隔离区。必要时配备 I 级生物安全柜即可。

BSL-1 实验室应符合一般实验室的要求，如墙壁、天花板和地板应平整、不渗水、耐化学品腐蚀、适度耐热、易清洁；地板应防滑；实验台应不渗水、耐化学品腐蚀、适度耐热；实验室内设备应摆放稳定；应配置洗手池；应有适当的消毒设备，有私人物品存放区域。

（二）二级生物安全实验室（BSL-2、ABSL-2 和 P2）

BSL-2 实验室适用于操作我国第三类（少量第二类）危害程度的病原微生物，如金黄色葡萄球菌。BSL-2 实验室的防护要求高于 BSL-1 实验室。在 BSL-1 基础上，BSL-2 必须使用生物安全柜、高压灭菌设备、洗眼器和面罩等安全设备。BSL-2 实验室应选用Ⅱ级 A1 型或Ⅱ级 B1 型两种生物安全柜。生物安全柜应安装在 BSL-2 实验室内人员走动少、空气流速小，离门和空调送风口较远的位置。生物安全柜周围应有一定空间，以便于清洁。

BSL-2 实验室的门应可自动关闭，有可视窗；有火灾报警器；应设置通风系统使空气只向内流动而不发生循环。若无通风系统，窗户应可打开通风。BSL-2 实验室内不可放置私人物品。

（三）三级生物安全实验室（BSL-3、ABSL-3 和 P3）

BSL-3 实验室的防护要求高于 BSL-2。BSL-3 实验室适用于操作我国第二类（少量第一类）危害程度的病原微生物，如口疮病毒等。根据所涉及病原微生物的防护要求，BSL-3 实验室可选用Ⅱ级 A2、B2 或Ⅲ级生物安全柜。BSL-3 实验室有严格的一级屏障和二级屏障要求，防止操作人员暴露于感染性气溶胶中。一级屏障主要指生物安全柜等安全设备，所有涉及感染性物质的操作均应在其中进行；二级屏障包括实验室的布局、结构、入口控制、负压环境和为减少感染性气溶胶从实验室释放而设置的特殊通风系统等。

除满足 BSL-2 实验室的防护设施要求外，BSL-3 实验室还有更高的要求，主要包括：①实验室应在建筑物中自成隔离区（有出入控制）或为独立的建筑物；②有清洁区、半污染区和污染区（核心区）的分区，必要时，半污染区和清洁区之间应有缓冲区，缓冲区的门应能自动关闭并互锁；③半污染区应设置供紧急撤离的安全门；④各区域之间应设置传递窗，传递窗内应有物理消毒装置（如紫外灯）；⑤生物安全柜应放在远离实验室入口的区域，避免工作人员频繁走动，且有利于形成由“清洁”区域向“污染”区域的单向气流。

此外，BSL-3 实验室本身的墙壁和地板、天花板还应无缝隙、防震、防火、防滑；实验室所有的门均可自动关闭。

BSL-3 实验室应有独立的送排风系统，以控制实验室的气流方向和压力梯度；应保证实验室的气流方向是从清洁区流向污染区，同时确保实验室空气只能通过 HEPA 过滤后经专用管道排出。送风系统应为直排式，不得有回风。相对于外部环境，实验室内应保持负压，污染的核心区和半污染区、清洁区之间应有压力梯度；实验室核心区的相对压力以（-40 ± 5）Pa 为宜，清洁区为室外大气压。BSL-3 实验室应保持适宜的温度和湿度及照明，并防止噪声过大。

BSL-3 实验室的所有废弃物在丢弃之前均应经过高压灭菌。传统离心机应配置离心机罩；核心区和半污染区之间应设置洗手池，洗手供水应为非手动开关；实验室内不得设置地漏；下水应直接通往独立的排水消毒系统集中收集，有效消毒后再进行处置。

（四）四级生物安全实验室（BSL-4、ABSL-4 和 P4）

BSL-4 实验室是目前最高等级的生物安全实验室，防护要求也是最高等级。BSL-4 实验室适用于操作我国危害程度最高一类的病原微生物，如 2019 新型冠状病毒（SARS-CoV-2）、埃博拉病毒、天花病毒等。对于不明微生物，也须先在 BSL-4 实验室中进行操作，待数据充足后再决定是否应在 P4 实验室或是较低级别的实验室中进行操作。

BSL-4 实验室必须选用Ⅱ级或Ⅲ级生物安全柜，其防护水平比 BSL-3 实验室有更高的要求。主要包括：①选址，BSL-4 实验室必须是在一个单独的建筑物或在控制区域的建筑物内，且与区域内其他建筑物完全隔离；②实行双人工作制，操作人员必须配有生命支持系统，穿戴正压防护衣；③出入口必须配置多个淋浴设备、真空室与紫外线室及其他能摧毁所有生物危害的安全防范设施；④工作人员必须是专业人士，达到专家级别，并需有相应科学家监督，管理部门严格控制出入人员；⑤实验室排出的所有空气和水，均要经过 P4 实验室所规定的消杀程序，达到要求，以消除微生物意外释放的可能性。

BSL-4 实验室是生物安全实验室中要求最严格的实验场所，也是生物科学研究、试验等工作中防护级别最高的实验室，其设计、规划、建设、施工等均有系列的要求和标准，必须严格遵守执行（图 1-5）。

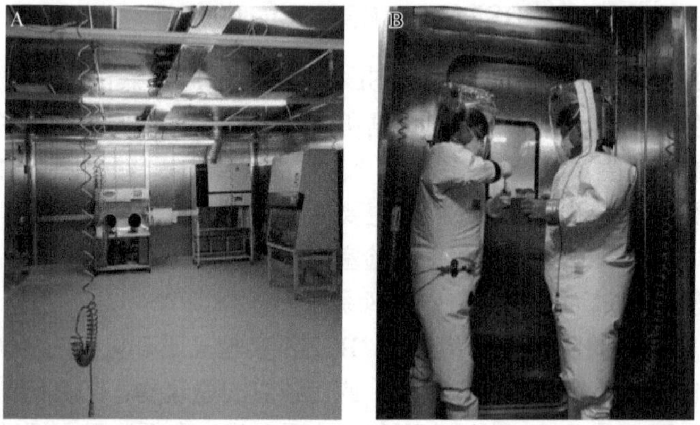

图 1-5　中国科学院武汉国家生物安全实验室（4 级）生物安全培训实验室

A. P4 培训实验室内的学习使用设备；B. 学员穿着正压防护服练习相关技能

四、生物安全实验室的个人防护

个人防护是指实验室工作人员在处理含有致病微生物或其毒素的实验对象时，使用防护性手套、防护服和防护面罩等个人防护装置，严格遵守操作程序和操作规程，确保自身不受实验对象侵染，同时防止受到工作场所其他物理和化学有害因子伤害而采取的防护措施。由于各级生物安全实验室面对的潜在危害程度不同，防护水平要求也各不相同。最低为一级，最高为四级。

（一）BSL-1 实验室

BSL-1 实验室从本身的结构、设备到操作对象，对于成年人都没有危害或危害性较低，如生物学包括细胞、生物化学、微生物等学科的普通教学实验室，以及一般的科研实验室，具有一级生物安全防护水平。实验人员应做好以下防护：①任何时候均应穿着实验服，下肢及脚面皮肤均不得裸露，不得穿着拖鞋；②进入实验室应将过肩头发束起，长发不得披散；③在进行可能接触到血液、体液及其他具有潜在危害的生物样品的实验时，均应佩戴手套；④实验室所有污染区和半污染区的一切物品，包括空气、水和所有的表面（如仪器）等均可能被污染，必须进行消毒处理。实验后的废液、器材和手套等，必须经严格处理，彻底灭菌后方可拿出实验室，严格防止有害因子的泄漏；实验服应定期清洗消毒。

ABSL-1 实验室除需满足以上要求外，还必须满足动物实验的相应要求及针对实验动物的相关规定。

（二）BSL-2 实验室

BSL-2 实验室用于处理对人或环境具有中等程度潜在危害的实验对象，如一些三类病原微生物，具备二级生物安全防护水平。在 BSL-2 实验室，除满足 BSL-1 的个人防护要求外，还包括以下内容：①应有专门的实验服，佩戴乳胶手套；②应有洗眼设施及应急喷淋装置；③生物安全柜内进行可能产生气溶胶的操作，门保持关闭并有相应等级的危害标志；④实验室应有在黑暗中可识别的标志；⑤BSL-2 实验室必须配置高压蒸汽灭菌器，用于实验室内物品的消毒灭菌，并按期进行检查和验证，保证符合使用要求。

ABSL-2 实验室还应符合相应的实验动物防护要求。

（三）BSL-3 实验室

BSL-3 实验室用于处理对人或环境具有较高潜在危害的实验对象，如一些二类病原微生物材料，具备三级生物安全防护水平。在 BSL-3 实验室，除需满足 BSL-2 的个人防护要求外，还包括以下内容：①所有感染性材料有关的实验均应在生物安全柜或其他有基本防护的仪器设备中进行；②应使用通信系统如计算机、传真机等方式将实验记录等资料传送到实验室外；③在实验室区域出口处均应设置洗手池；④清洁区应设置淋浴装置，进出实验室均应进行淋浴。必要时，在半污染区设置紧急消毒淋浴装置。

ABSL-3 实验室还应符合相应的实验动物防护要求。

（四）BSL-4 实验室

在 BSL-4 实验室中进行对人有高度危害的实验对象的操作，主要是一类生物危害的病原微生物材料，具有四级也就是最高等级的生物安全防护。防护水平除需满足 BSL-3 级之外，还包括以下方面：①严格实行双人工作制，严禁单人在实验室工作；②工作人员必须接受实验室使用规程最严格的培训，包括受伤或疾病状态下的紧急撤离等；③建立实验室人员和实验室外面支持人员之间的常规和紧急联系畅通机制。

由于 BSL-4 实验室是最高等级的生物安全实验室，造价昂贵，被称为病毒学研究领域的“航空母舰”。就全球而言，大部分 BSL-4 实验室分布于经济发达国家。据不完全统计，美国有 20 多个 BSL-4 实验室，澳大利亚设有 3 个 BSL-4 实验室，而中国大陆目前只有 1 个，即中国科学院武汉国家生物安全实验室，中国台湾也有 1 个 BSL-4 实验室。只有进行特定研究的科学家才能进入 BSL-4 实验室，且在进入之前需进行严格的培训，而对于多数生物学研究人员来说，基本不能进入 BSL-4 实验室。同样，ABSL-4 实验室也是如此。

五、生物安全实验室的个人防护装备

生物危害因子可由身体多部位、通过多途径对人体造成伤害。实验室个人防护装备可进行相应的防护，主要包括眼睛、头面部、呼吸道、手、躯体、足和耳朵等。不同生物安全级别的实验室对于个人防护装备有相应的要求，高级别生物安全实验室的防护装备要求也相应较高。总结如下：BSL-1 级要求为实验服、隔离衣、防护帽、医用外科口罩、手套、鞋套；BSL-2 级为实验服、防护服、防护帽、N95/KN95 防护口罩、护目镜或防护面屏、手套和鞋套；BSL-3 级是在二级防护的基础上增加了动力送风过滤式呼吸器（表 1-2）。

表 1-2　生物安全防护用品配置要求

级别	实验服	隔离衣	防护服	防护帽	医用外科口罩	N95/KN95 防护口罩	护目镜或防护面屏	一次性手套	一次性鞋套	动力送风过滤式呼吸器
BSL-1	●	●		●	●			●	●	
BSL-2	●	○	●	●		●	●	●	●	
BSL-3	●	○	●	●		●	●	●	●	●

注：“●”表示标配，“○”表示选配

以下对实验室常用的防护装备、基本防护原理、使用原则和使用要求等进行简单介绍。使用时应根据国家相关标准、要求及产品的说明进行。

（一）眼睛防护装备

1. 安全眼镜和护目镜

在具有潜在眼睛损伤（物理、化学和生物因素）的生物安全实验室中工作时，应做好眼睛防护。眼睛防护装备主要有安全眼镜和护目镜。多数情况下，佩戴安全眼镜就可有效防护。进行可能发生化学反应或生物污染物溅出操作时，必须佩戴护目镜。护目镜应戴在常规视力矫正眼镜的外面。实验操作时，最好不要佩戴角膜接触镜。若实验过程中化学物质或其他颗粒物质沾染了角膜接触镜，应立即将其卸除并立即用水持续冲洗眼睛 15～30min，并及时就医。在进行腐蚀性物质的操作时，应佩戴护目镜或面罩。

2. 洗眼装置

《实验室生物安全通用要求》规定，在 BSL-1 实验室中，若操作刺激或腐蚀性物质时，应在 30m 内设置洗眼装置，并保持其水管畅通。工作人员应掌握装置使用方法。若化学物质或其他物质溅入眼睛，应立即用水冲洗 15～30min，并立即就医。必要时，BSL-1 实验室还应配备紧急喷淋装置。BSL-2 和 BSL-3 实验室应至少满足或高于 BSL-1 的要求。

（二）头面部防护装备

1. 口罩

外科口罩可保护部分面部和呼吸道免受生物危害，适合在 BSL-1 和 BSL-2 实验室使用。

2. 防护面罩

在处理可能产生喷出物的样品及可能产生气溶胶风险的样品时，必须佩戴护目镜及口罩或者面罩以保护面部。实验完毕后先摘下手套，然后再卸下护目镜或口罩及面罩。

3. 防护帽

在生物安全实验室中，若需要接触到有潜在生物危害的样品如人体的血液、体液等时，应佩戴无纺布材料的一次性简易防护帽，避免样品喷溅至头部造成污染。

（三）呼吸道防护装备

当进行高危险性的操作时，如清理溢出的感染性物质时，如不能将气溶胶限制在许可范围内，则必须使用呼吸道防护设备进行防护。呼吸道防护的有效装备主要有高效口罩、正压头盔和防护面具。

1. 高效口罩

高效口罩是指 N95 及以上级别的口罩，可有效过滤 0.3μm 或以上级别的有害微粒，一定程度上防护经呼吸道的危害。

2. 正压头盔

正压头盔可提供对呼吸道、眼睛和面部、头部的防护。

3. 防护面具

防护面具中一般都配有可更换的过滤装置，可防止气体、蒸汽、颗粒及气溶胶的伤害。为了达到理想的防护效果，应选择适合操作者面部的防护面具。

（四）手部防护装备

手直接与病原微生物接触，在实验室中最容易被污染。在实验室中，可能对手造成危害的有锐器、污染样品、动物抓咬、化学品、辐射等。实验操作中，针对不同的伤害可选用不同功能的防护手套。在实验前应进行手套正确选择和正确脱戴的培训。

1. 手套的选择

生物安全实验室中进行一般操作选用医用级别的乳胶手套，根据手的大小选择合适的型号。进行液氮操作时，应使用防冻手套。进行烘箱操作时，应使用隔热手套。

2. 手套的使用

低等级生物安全实验室使用单层手套，高等级生物安全实验室使用双层手套；使手套覆盖防护服袖口；如发生污染，应及时消毒并更换；实验过程中，戴手套的手不随意接触身体其他部位；避免一切不必要的操作，如开关门、开关灯等；实验进行过程中必须佩戴手套。实验结束后，摘掉手套，及时清洗手部。

3. 手套的检查

使用前必须检查手套的完整性，不得使用破损的手套。可简单地向手套内吹气，检查是否有漏气。

（五）躯体防护装备

不同级别的生物安全实验室配备不同防护水平的防护服。防护服主要有普通实验服（工作服）、隔离衣（防护服）、围裙及正压防护服。进入实验区域必须正确穿着清洁的防护服；离开实验室必须按流程脱去防护服，放置于专门的存放处。实验中如防护服不慎被污染，必须更换，并置于消毒袋中，防止扩散。反复使用的防护服，必须按规定进行清洁消毒，一次性使用的防护服必须在消毒灭菌后统一丢弃。

1. 普通实验服

普通实验服大多是反复使用的，作为初步的物理屏障进行防护，只在实验区域内穿，应与生活物品分开放置，在 BSL-1 实验室中使用。

2. 隔离衣

隔离衣具有完整的物理屏障防护作用，根据需要可设计成上下连体，有的还连合了帽子和鞋套。根据要求，连体衣可选用特殊材料，使其具备防水、防气溶胶、防病原体穿透、防化学物质及防辐射等功能。本章以BSL-2为例图示生物安全实验室的防护服和个人防护装备及其佩戴（图1-6）。

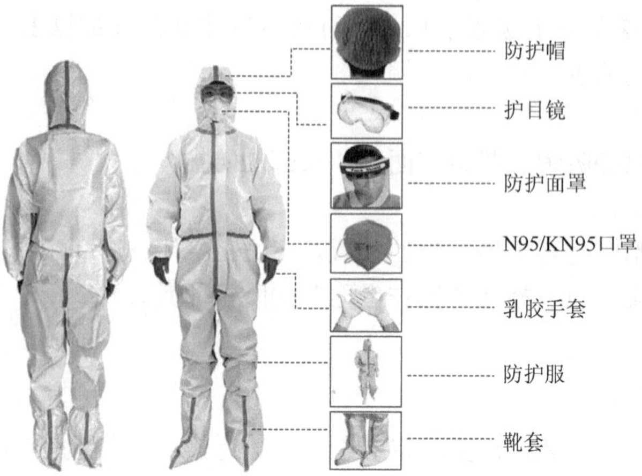

图1-6　BSL-2实验室的防护服和个人防护装备及其佩戴（沈月女士惠赠）

（六）其他个人防护装备

1. 足部防护装备

可使用实验室专用鞋，保证防滑、防水、防腐蚀等。在BSL-2和BSL-3实验室要求使用鞋套或靴套，在泼洒等意外情况发生时，需及时更换。实验完毕后，集中消毒灭菌。

2. 听力防护装置

在高分贝环境中，应佩戴耳塞或耳套。

（七）实验室的淋浴装置

《实验室生物安全通用要求》规定，BSL-3实验室须在清洁区域配置淋浴间，必要时在半污染区也配置紧急喷淋装置，应告知工作人员该装置的位置及使用方法，并保持其水管畅通。发生紧急情况时用大量冷水淋洗污染部位至少20min。

第四节　生物安全实验室的废弃物处理

废弃物是指实验室要丢弃的所有物品。在实验室内，无论是重复利用还是将要丢弃的玻璃器皿、仪器、实验服等，都可能被病原微生物、有毒有害化学物质或放射性物质污染，如果处理不当，将会造成实验室工作人员的感染，危害外界环境，产生严重的后果。我国和国际上有关组织对于生物安全实验室的废弃物处理均制定了相应的法规及条例，包括《医疗废物管理条例》《医疗废物集中处置技术规范》《医疗废物专用包装物、容器标准和警告标识规定》等。实验室的废弃物处理必须严格遵守相关规定，进行相应处理。废弃物的处理方法与污染的清除密切相关。实验室日常用品中少有需要清除或销毁的，多数玻璃器皿、仪器及实验服都可以重复或循环使用。实验室废弃物处理的首要原则是所有感染性物质必须在实验室内清除、高压灭菌或焚烧。若不能有效处理，则必须以规定方式包裹，以便就地处理或运送到相关机构进行处理。

一、生物安全实验室废弃物的一般处理

（一）感染性物质的处置

感染性物质的处置是减少或限制其致病性的过程，其中，灭菌和焚烧是最常用的处置方法。

1. 高压蒸汽灭菌

感染性废弃物、设备和玻璃器皿等均可通过高压蒸汽灭菌的方法处理。处理过程应保证在121～134℃进行（压强0.12MPa），时间不少于20min。蒸汽灭菌人员需经过专门培训。

2. 干热灭菌

对于有些物质，高压灭菌法不适用或不方便，可用干热灭菌法进行处理。

3. 气体灭菌

可使用化学蒸汽如环氧乙烷，对衣物、不耐热的器件及仪器或精密器材进行灭菌，但费用较高。利用200mg/L环氧乙烷，温度不低于20℃，停留18h；或800～1000mg/L的高浓度，温度55～60℃，停留3～4h灭菌。

4. 化学消毒

常用的化学消毒剂有酸、碱、醛、过氧乙酸、H_2O_2等，适用于处理液体废物和物体表面，对表面无孔和无吸附作用的废弃物消毒效果较好。

5. 辐射

利用^{60}Co、^{137}Cs等产生的射线照射固体物料，适用于精密器械、塑料制品、玻璃器材等的灭菌。

6. 焚烧

焚烧是处理污染物（包括宰杀后的实验动物）的最后步骤，必须获得公共卫生机构和环卫部门的批准。对于一次性使用、可燃性的传染性废料、病原体培养物、含有细胞毒性的发酵液滤渣、实验动物尸体等可进行焚烧处理。

有关感染性废弃物处理的注意事项如下：

1）应对废弃物进行登记：相关机构和医疗废物处置单位应对医疗废弃物进行登记，登记内容应包括来源、种类、质量或数量、交接时间、处置方法、最终去向及经办人签名等。

2）医疗废弃物不得随意处置：相关机构和医疗废物处置单位应当建立健全的医疗废弃物管理责任制，制定与医疗废弃物安全处置有关的规章制度和发生意外事故时的应急方案。

3）医疗废弃物禁止转让、买卖和邮寄：禁止任何单位和个人转让、买卖、邮寄医疗废弃物，禁止通过铁路、航空运输医疗废弃物；禁止在非规定地点倾倒医疗废弃物及混入生活垃圾和其他废物；有陆路通道的，禁止通过水路运输医疗废弃物；必须走水道的，须经市级及以上人民政府环境保护行政主管部门批准，并采取严格的环境保护措施后，方可运输。

4）医疗废弃物必须专车专用：医疗废弃物运输专用车辆不得运送其他物品，该车辆必须有明显的医疗废弃物标识，能够防漏、防渗、防遗，并符合其他环境保护和卫生要求。

5）医疗废弃物的包装必须有明显标识：医疗废弃物的包装必须由防渗漏、防锐器穿透的专用包装器皿或容器盛放，不得露天放置，暂存时间不得超过2d。

（二）非感染性物质的处置

抗体、质粒、细胞等非感染性生物材料应集中放置在指定的位置，高压蒸汽灭菌后废弃；

用于盛放的容器应用消毒液浸泡；严格与感染性生物材料区分，防止二者混放；过期的生物试剂材料应废弃，禁止使用。

（三）有毒、有害化学物品的处置

强酸、强碱等化学物品必须经过中和反应后，消除其腐蚀性，方可废弃；其他的液体废弃物必须经过足够稀释，对环境与人体无害后，方可废弃；其中含有有毒、有害化学物品的实验材料在使用后应置于带有明显危险标志的容器内，送至指定地点统一处理。

（四）同位素的处置

需要废弃的同位素不能随意带出专门的实验室；应在保证密封的情况下，人员穿戴全套防护服将其送至指定地点，途中务必防泄漏；在当日实验记录中记录处理方法和结果。

（五）一般垃圾的处置

无生物或化学危害的纸类、玻璃碎片等，应放入分类容器进行资源回收。

（六）锐器的处置

使用后的注射器、刀片等应置于专门的防刺透利器收集盒里，且当装至容积的3/4时就应放入“感染性材料”容器里进行焚烧处理。锐器不许混入其他垃圾。一次性注射器可先高压消毒后焚烧。

二、生物安全实验室的三废处理

生物安全实验室在实验过程中产生的废物根据存在状态可分为废液（水）、废气和固体废弃物三种类型，通常称为“三废”，常常含有病毒、细菌、寄生虫等病原微生物，必须进行严格处理。

（一）废液（水）的处理

主要处理方法有化学方法、物理方法和生物方法三种。可根据实际情况选用有效、经济的处理方法。

1. 化学方法

化学方法主要是利用强氧化剂或杀菌剂来杀灭废液中的有害生物。例如，浓度为8～20mg/L的次氯酸钠溶液，在20℃条件下处理1h可杀灭大多数病原菌。次氯酸在水溶液中随着pH的升高而逐步解离，当pH达到10时几乎全部解离，同时对病毒的灭活能力逐步减弱；次氯酸溶液对霉菌孢子的杀灭效果较差。二氧化氯对有机体的灭活作用不受pH的影响，杀灭细菌芽孢的能力较强。对于病毒的消毒，臭氧的效果更好。对于少量至中等规模的病原体污水也可用甲醛处理，但其处理设备必须是密闭的容器。也可通过强碱调节废液的pH使病原物失活或抑制其生长。

2. 物理方法

物理方法主要有加热处理、辐射处理和活性炭吸附处理。加热处理是一种常用的病原物灭活方法。大多数病毒在55～65℃加热1h即可失活，但不能杀死细菌芽孢；对于废水中的细菌，通常可加热至 100℃，维持 1h 进行处理；紫外线穿透能力易随浑浊度的增大而减弱，对于液体灭菌处理能力较弱；活性炭吸附柱可以通过吸附去除废液中的细菌、病毒等，处理能力较低，但优点在于该方法具有可逆性。

3. 生物方法

生物方法包括活性污泥法和滴滤池及生物滤盘法。活性污泥法可以去除废液中的细菌、病毒，去除效果与去除时间有关，在 1h 内仅能灭活一小部分细菌或病毒，10～15h 后则可达 90%～99%，其灭活能力可随通气率的增加而增加，此法对寄生虫卵的去除效果较差；滴滤池去病毒效果较差；生物滤盘法是在中等滤速和高滤速下发挥作用，对一些病毒、大肠杆菌等的灭活效率可达 83%～94%。

（二）废气的处理

生物安全实验室内去除废气中生物危害物质的方法主要有加热灭菌、绝对过滤和高效空气过滤三种。

对于小型的病原体培养系统排气，可采用加热灭菌或空气焚烧的方法。在容器内由电热元件加热，温度为 300～350℃，使流过的气体中病原体失活，冷却后排放。大规模的排气可用天然气加热至 400℃进行灭活。绝对过滤是将微孔滤膜过滤器安装于排气的管道系统，对于细菌颗粒可达到 100%的过滤效率。高效空气过滤是采用高效空气过滤器进行废气的净化，再循环使用或排入大气中，它对于含有细菌与病毒的空气截留效率可达 99.99%以上。

（三）固体废弃物的处理

根据处理后回收利用或破坏分解的不同目的，可以用蒸汽灭菌、化学药品处理、辐射灭菌和焚烧处理等方法，参照前面感染性废弃物的处理方法。

第五节　生物安全实验室的应急预案与处置

生物安全实验室的应急预案是每个实验室，特别是高等级生物安全实验室的必备文件和制度，是预防生物安全事故的重要措施。“防患于未然”才能及时、有效地控制生物安全事故的发生和蔓延，最大限度地保护实验室工作人员和广大人民群众的生命财产安全，防止大范围生物安全事故的发生。

一、实验室生物安全应急体系与预案的必要性和重要性

任何国家和单位对其自身的安全都要做到有备无患。对于国家而言，针对来自国内外的各种威胁（其中包括突发卫生事件）都要有系统、详细的应急预案；对于单位而言，特别是有致病微生物和其他致病因子的单位，也是如此。实验室相关感染和其他危害事故发生后，如果不能紧急处理，都将会导致进一步的传播，造成更大的危害。2019 年 12 月，我国武汉发现新型冠状病毒感染病例，正是由于从中央到地方各级政府和相关组织采取了及时、正确的处置措施，以及基层的严防死守，才在最短时间内有效控制了其传播，避免了在全国范围内的大规模感染和流行。若处置方式不正确，则可能会造成严重后果及长时间的持续流行，给人民的生命财产和社会经济造成重大的损失。

WHO 制定的《实验室生物安全手册》指出，由于存在仪器设备或设施出现意外故障，以及操作人员出现疏忽和错误的可能性，生物安全实验室发生意外事件是不可避免的。因此，任何生物安全实验室在其建立时或从事某项有潜在危险的实验活动之前，均应建立处置意外事件的应急处理体系，制订各种意外的应急预案，写入实验室生物安全手册中，并不断修订，使之满足实际工作的需要。

二、有关概念和定义

（一）预警

预警是指在缺乏确定的因果关系或缺乏剂量-反应关系时，提出危险警告，促进和调整预防行为或在威胁发生之前采取措施。预警是防止对实验室工作人员和社会公众健康产生威胁的重要方式。在情况不明确、危害不确定的情况下，经过分析后，仍要对可能发生的危害进行警告。生物安全实验室的预警监测内容包括实验室及安全柜的空气压力和气流、HEPA 阻力、各种机械状态、高压灭菌效果、室内空气和各种表面生物污染因子污染情况等。

（二）预案

预案是指在事件发生前以预警为基础制订的应对方案。针对一系列可能发生的危害事件的预测，制订简单易行的操作程序，以最大限度地降低突发事件的危害程度，保护人民群众的生命财产安全和环境安全。

（三）应急

应急是指在突发事件发生时，能够在短时间内配备的人力、物资和能源，迅速采取的措施，把突发事件的损失减少到最低限度的系列措施体系。

三、病原微生物实验室硬件意外故障的紧急预案

每一个从事病原微生物相关工作的实验室都应当有针对所操作的微生物和动物危害的防护措施。任何涉及处理和储藏危害程度 3 级与 4 级（中国规定危害程度一类和二类）微生物的实验室，都必须有关于处理实验室和动物设施意外事故的书面方案。国家和（或）当地的卫生部门要参与制订相关的应急预案。

1. 意外事故应对方案应提供的操作规范

①防备火灾、水灾、地震和爆炸等自然灾害；②意外暴露的处理和污染的清除；③意外事故发生时的操作、人员紧急撤离和对动物的处理；④人员暴露和受伤的紧急医疗处理，如医疗监护、临床处理和流行病学调查等。

2. 制订意外事故应急预案时应注意的问题

①高危害程度微生物的检测和鉴定；②高危险区域地点的选择，如实验室、储藏室和动物房等；③明确处于危险的个体和人群及这些人员的转移途径；④列出能够接受暴露或感染人员进行治疗和隔离的医疗卫生单位；⑤列出事故处理需要的免疫血清、疫苗、药品、特殊仪器和其他物资及其获得途径；⑥应急装备和制剂的准备，如防护服、消毒剂、化学和生物学溢出物的处理材料与清除器材等；⑦明确事故处理的责任人，如生物安全管理人员、地方卫生部门、临床医生、微生物学家、兽医学家、流行病学家，以及消防和警务部门责任人员。

在预案中，还应包括消防人员和其他辅助工作人员，在上岗前进行相关的培训。例如，告知其所在环境存在的潜在危险，安排他们参观实验室，熟悉实验室的布局和设备。发生灾害时，应将实验室建筑物内和其附近建筑物内的潜在危险告知当地或国家救助人员，只有在受过训练的实验室工作人员的陪同下，且做好个人防护，才能进入潜在危险区域。感染性物质应收集在专用的生物安全样品或垃圾收集袋中，经消毒处理后，由生物安全人员依据当地的规定决定继续使用或是销毁。

3. 在建筑物内显著位置张贴实验室名称、相关人员电话号码及地址

①实验室名称；②实验室（研究所）负责人；③生物安全管理人员；④消防部门；⑤医院/急救机构/医务人员；⑥警察；⑦负责工程技术人员；⑧水、电、气的维修人员。

4. 应急物资的储备

生物安全实验室应储备以下物资以备紧急使用：①急救箱，包括常用和特殊的解毒剂；②泡沫式灭火器和灭火毯；③全套防护服（连体式防护服、手套和头套，用于涉及高危害程度病原体的事故）；④有效预防化学物质和颗粒物质的全面罩式防毒面具；⑤房间消毒设备如喷雾器、甲醛熏蒸器等；⑥担架；⑦常用工具，如锤子、斧子、扳手、螺丝刀、梯子和绳子等；⑧划分危险区域界限的器材和警告标识。

四、可能遇到的紧急情况及处理原则

发生自然灾害或设施故障时，有可能使保存菌株等感染性或有毒材料的容器发生破裂，对操作人员、环境和后续的救助及清理人员等造成威胁。生物安全柜等关键设备出现故障或（和）实验室内压力、气流等发生逆转等事件时，可能造成感染因子的泄漏，对操作者和实验室人员造成威胁。针对以上紧急状况的处理原则如下。

（一）地震

在地震区不应建设 BSL-3 及以上级别的生物安全实验室。若发生地震，应根据实验室的破坏程度进行处理。

1. 房屋倒塌

BSL-2 及以上实验室应设立适当的封锁区域，然后对实验室周围的适当范围进行消毒及清理，由专业人员在做好个人防护的前提下对实验室边消毒边清理，直至菌（毒）种保存室。若菌（毒）种保存容器完好，可安全转移到其他实验室存放。如果菌（毒）种保存容器破坏，则需要进行彻底消毒灭菌等处理，对现场处理人员要进行适当的医学观察。

2. 实验室轻微损坏

可由专业人员进行相应的处理。

（二）水灾

在经常发生水灾的地区不应建设 BSL-3 及以上级别的生物医学实验室。水灾报警时应立即停止工作，转移菌（毒）种和其他实验材料，并对实验室进行彻底消毒；对实验设备进行消毒并做好防水处理。水灾过后应进行消毒、清理并试运转，各种检测参数合格后方可重新启用。

（三）火灾

实验室平时应加强防火管理。若发生火灾，对于 BSL-3 及以上级别的实验室，首先应考虑安全撤离，如果工作人员判断火势不会蔓延，可扑灭或控制火情。消防人员不得进入实验室，不得用水灭火。

（四）停电

迅速启动双路电源或自备发电机，电源转换期间应保护好呼吸道，如时间较短可屏住呼吸，时间较长则应进行个人防护，如佩戴专用头盔等。

（五）生物安全柜出现正压

应立即关闭安全柜电源，停止操作，缓慢撤出双手，离开操作位置，避开从生物安全柜出来的气流。保持房间负压，个人做好充分防护后进行消毒处理，然后撤离实验室。

（六）房间正压而生物安全柜负压

视为轻微污染，威胁不大，应停止工作，立即进行检修。

（七）房间和生物安全柜均为正压

视为严重污染，威胁较大，应立即关闭实验室和安全柜，停止工作，报告实验室负责人。实验人员要加强防护，在对房间消毒后按下列程序撤出：①进入第二缓冲间，进行淋浴或消毒，换鞋洗手，喷雾消毒离开；②开门进入半污染区，对半污染区进行消毒，个人消毒后进入第一缓冲间；③在第一缓冲间进行净化处理，用肥皂洗澡，离开实验室，锁住实验室入口，标示实验室污染。

五、意外事故的处理

应严格按照规范进行操作，实验中的任何疏忽和错误都可能造成严重后果，对操作者本人、实验室人员和实验室环境造成危害。及时处理这些意外事故对于保证实验室安全至关重要。以下是发生高危害病原微生物污染时的应急处理原则。

（一）感染性材料洒溢处理的一般原则

1）戴手套，穿防护服，必要时进行脸和眼睛的防护。
2）用布或纸巾覆盖并吸附溢出物质。
3）纸巾上倾倒适量消毒剂（0.5%次氯酸钠溶液）由外围向中心立即进行覆盖消毒。
4）消毒 30min 以后进行清理。
5）如果必要，以上消毒和清洁重复一次。
6）将污染材料按规定收集到包装袋中。
7）消毒结束后，报告管理部门污染的消毒清理工作完成。

（二）在生物安全柜内菌（毒）种的洒溢

1）若洒溢量较少，按上述方法处理后可继续工作。
2）若洒溢量较大，可视为有一定危险性，应及时处理。方法如下：立即停止工作，按上述方法进行消毒清理，并立即移出安全柜内的所有物品，打开台面钢板，向下槽中注入消毒液，消毒处理30min后打开收集槽下的放水阀门，将液体缓慢收集到一容器中。擦拭收集槽及面板，用水清洗干净，盖好台面钢板。用紫外线照射或甲醛熏蒸进一步消毒。

（三）在高等级生物安全实验室核心区、半污染区内发生洒溢

视为有很大危险性，应立即在充分做好个人防护后进行消毒清洁处理，对当事人进行医学观察。

（四）防护服污染

应立即进行局部消毒，然后对手进行消毒，到实验室缓冲区按操作规程脱掉防护服，用消毒液浸泡后进行高压灭菌处理。换上备用防护服，对现场可能的污染表面进行消毒，对可能的污染区域进行紫外线照射和通风。

（五）皮肤或黏膜被污染

视为较大危险，应立即停止工作，撤离到半污染区或缓冲区。立即对皮肤或黏膜进行消毒处理，然后用清水或生理盐水冲洗15～20min（冲洗废水收集后灭菌处理）之后撤离，视情况进行隔离或医学观察，视需要可进行预防性治疗。对污染的表面和区域应由专业人员在充分防护下按规程进行处理。

（六）皮肤刺伤

视为极大危险，应立即停止工作，对局部消毒。若手部受伤，应立即脱去手套避免再次污染，撤离到实验室缓冲区或半污染区，由他人戴上干净手套按规程对伤口进行消毒处理，清水冲洗15min（冲洗废水收集后灭菌处理）后，撤离实验室。视情况进行隔离和医学观察，视需要可进行预防性治疗。

（七）离心管破裂

非封闭离心桶的离心机内盛有潜在感染性物质的离心管发生破裂时，视为发生了气溶胶暴露事故，应立即处理，原则如下：

1）立即关闭电源，密闭离心桶30min以上，使气溶胶沉积。

2）立即报告实验室负责人。

3）在做好个人防护（呼吸道防护及戴好符合防护要求的手套）后进行清理及消毒。清理时，使用镊子将碎片取出，泡在无腐蚀性的消毒剂中消毒。未破损的离心管应消毒后回收。离心机内腔表面用消毒剂反复擦洗，用清水清洗后擦干。清理时的全部材料均应按照感染性废弃物处理。

所有封闭的离心桶（安全杯）都应在生物安全柜内装卸，如果怀疑在安全杯内发生破裂，应松开安全杯盖子并将离心管进行高压蒸汽灭菌。

六、发现相关症状后的处理

若操作者或实验室人员出现了与所操作病原微生物可导致的症状类似的症状时，应视为可能发生了实验室感染，应及时到指定医院就诊，并如实告知相关情况。必要时应采取隔离措施。一旦发生了实验室感染，必须严格控制，杜绝再传播，做到早诊断、早隔离、早治疗。

七、事故报告制度

（一）事故等级划分建议

1. 差错　分为一般差错和重大差错。

（1）一般差错　一般差错是指由操作不慎引起但能够及时安全处置的疏漏或错误事件。例如，生物安全柜内少量洒溢，没有造成严重后果。实验室内处理，当事人在紧急处理后应立即向实验室负责人汇报。

（2）重大差错　重大差错是指由操作不当或违反操作规程而引起的能及时安全处置的疏漏或错误事件。例如，生物安全柜内大量感染性材料洒溢，污染、半污染区和工作服小量洒溢，没有造成严重后果。当事人在处理的同时应向实验室负责人汇报，实验室负责人应及时向单位领导汇报。

2. 事故　分为一般事故、严重事故和重大事故。

（1）一般事故　一般事故是指严重违反操作规程而造成较大影响的事件。例如，感染性材料洒溢在实验室的清洁区、皮肤、黏膜，消毒不彻底，气溶胶外溢，非高致病微生物实验室相关的感染，没有造成严重后果。实验室必须及时向上级主管部门报告。

（2）严重事故　严重事故是指发生高致病性微生物相关实验室感染，但没有造成人员死亡和病例扩散的事件。实验室所在单位领导必须及时向省（自治区、直辖市）卫生主管部门汇报。

（3）重大事故　重大事故是指发生高致病性微生物实验室感染并可能造成死亡或病例扩散，以及高致病性微生物丢失、被盗的事件。省级卫生主管部门必须及时向国家卫生主管部门报告。

（二）事故差错报告原则

凡涉及病原微生物操作的单位均应建立实验室事故报告制度。一般应遵循以下原则。

1）发生突发事件、事故或严重差错，在妥善处理的同时向实验室负责人口头报告，负责人应立即向上级报告，必要时及时进入现场处理。

2）事故现场处理后，及时翔实填写事故及事故处理记录，由当事人和实验室负责人签字后上报。

3）处理后实验室负责人应立即向单位生物安全委员会详细汇报。

4）生物安全委员会应及时评估事故危险程度并提出下一步对策。

5）单位领导应及时向上级主管部门就事故情况、事故处理过程及已经采取和拟采取的下一步对策详细汇报。

6）对事故的经过及事故的原因和责任进行实事求是的分析，对感染者的发病过程作详细记录和检验。

7）事故有处理结果后，当事人、负责人应深入、实事求是地找出事故的根源，总结教训并写出书面总结。单位负责人要向上级主管部门写出书面报告，报告事情的经过、后果、原因和影响。

八、实验室感染的记录

1）由当事人在紧急处理现场后记录，包括时间、地点、人员，感染性物质的浓度、剂量，暴露途径，扩散方式、污染范围。

2）现场处理实际情况，由处理人员执笔，记录内容包括人员的个人防护，消毒剂种类、浓度、剂量、作用时间、实施程序及处理方法。

3）信息报告和传递由实验室负责人记录，包括报告人、上级对报告的批示等。

4）生物安全委员会对事故的危险评估和采取措施的决定。

5）患者的发病时间、症状、病程、物理特征、化验结果、治疗措施和用药等，由医师和实验室负责人共同实施。

此外，不定期组织实验室生物安全演练，有助于进一步规范实验室生物安全管理，提高实验人员的生物安全防护意识，健全实验室安全保障体系，确保实验室安全和有序运行（见知识扩展 1-2 和知识扩展 1-3）。

第六节　实验室生物安全管理

2004 年，温家宝总理签发的国务院 424 号令，即《病原微生物实验室生物安全管理条例》（以下简称《条例》），对中国实验室生物安全管理做了全面明确的规定。病原微生物实验室主要是指与病原微生物操作相关的场所，包括研究用实验室、动物实验室、临床检验实验室、公共卫生实验室、传染病监测实验室等。其目的是在工作中保证实验室安全，控制所从事的有害生物因子对工作相关人员和环境风险达到可接受的水平。近年来，实验室生物安全管理体系的重要意义日益受到国家和社会的重视。2021 年 12 月，教育部印发了《教育部办公厅关于开展加强高校实验室安全专项行动的通知》（见知识扩展 1-4），这是落实 2019 年印发的《教育部关于加强高校实验室安全工作的意见》（教技函〔2019〕36 号）（见知识扩展 1-5）的进一步实施方案。其中，要求高校把实验室安全教育纳入学生（包括本专科生和研究生）的培养体系中，针对不同学科和专业明确各级各类学生的培养要求，让安全教育入脑入心。

知识扩展 1-5

一、我国实验室生物安全管理体系

我国实验室生物安全管理体系包含诸多要素，包括法规、政府、人员、感染性材料、设备设施、个人防护和标准操作规程（standard operating procedure，SOP）等。法规是主导，政府是关键，人员和感染性材料是管理的主要对象，其他三项是具体措施。

（一）实验室管理组织体系

自《条例》颁发以来，实验室生物安全管理从单位管理变成从中央到地方各级政府的管理，从主要由专家管理变成法规管理和专家管理，从用时管不用时不管（无固定组织）变成日常化管理（有固定组织）的模式。

（二）法制管理

法制管理是我国实验室生物安全管理的法律根据，其主要内容如下。

1）2004 年 12 月 1 日开始施行的《中华人民共和国传染病防治法》，除了对传染病防治提出了全面要求，对实验室生物安全也提出了重大原则性要求，使得实验室生物安全管理纳入法制化管理。

2）《条例》是部门或地方省（自治区、直辖市）对各行各业根据国家法律的基本原则作出的管理规定，它虽然低于法律，但属于国家法规，要求强制性执行。

3）《实验室生物安全通用要求》是我国生物安全统一技术标准，自 2004 年 10 月 1 日起开始执行。

4）其他文件：各级政府各有关部门根据相关法规、条例、标准制定了各种具体的文件和要求，如卫生部（现国家卫生健康委员会）发布的《人间传染的病原微生物名录》《人间传染的高致病性病原微生物实验室和实验活动生物安全审批管理办法》等。

（三）政府管理

我国对实验室生物安全管理是由各级政府职能部门组织实施的。按照《条例》，对病原微生物根据致病对象进行分类管理，即对人致病的由卫生主管部门负责，对动物致病的由兽医主管部门负责；根据致病危害程度进行分级管理，即高致病性的由中央主管部门负责，其他的由地方主管部门负责并在中央主管部门备案。

1. 中央主管部门的责任

1）高等级生物安全实验室的建设由国家发改委与科技部负责项目的立项审批。

2）国务院环境保护部门负责组织进行实验室环境评价。

3）实验室工程质量由国家建设部门组织检测验收。

4）高等级生物安全实验室使用前由国家认证委员会认证认可，并由国务院认证认可管理部门依照《中华人民共和国认证认可条例》的规定，对实验室活动进行监督检查。

5）由国家卫生健康委员会或农业农村部验收认证，并发放从事高致病性病原微生物实验活动资格证书。

2. 县级以上地方人民政府卫生主管部门和兽医主管部门的责任

依照各自的分工履行以下职责。

1）对病原微生物菌（毒）种的采样、运输、存储进行检查监督。

2）对从事高致病性病原微生物相关活动的实验室是否符合《条例》的规定进行监督检查。

3）对实验室或其所属单位的培训、考核其工作人员和上岗人员情况进行监督检查。

4）对实验室是否按照有关国家标准、技术规范和操作规程从事病原微生物相关实验活动进行监督检查。

5）县级以上人民政府卫生、兽医、环保主管部门有权进入被检查单位和病原微生物泄漏单位或者扩散现场调查取证、采样、查阅复制有关资料。需要进入高致病性病原微生物实验活动实验室调查取证、采样时，应由卫生主管部门指定或委托有能力的单位进行。

6）国家病原微生物实验室生物安全专家委员会和以下各级专家委员会在政府和单位职能部门领导下参与实验室生物安全的咨询、认证和认可的论证工作。

（四）实验室单位管理

实验室或实验室所属上级单位是日常管理的主要责任人，其职责包括：①确立科研计划，组织科研团队，指定具有一定资历和能力的项目及实验室安全和质量保证责任人，任命感染性材料和资料保管人等；②对人员、资金、设施、设备、仪器和材料等进行宏观安排、协调和监督；③审核确立各负责人的工作计划并检查执行情况；④审核批准标准操作规程；⑤审核实验结果、做总结和撰写论文等。

（五）实验室人员的责任

1. 实验室安全责任人

实验室安全责任人一般是实验室主任，或者是单位生物安全委员会成员。其职责是：①制订实验室生物安全计划，贯彻执行已经确立的生物安全计划；②制订实验室安全操作规程，确保实验室设施、设备、个人防护器材、材料等符合国家要求，定期组织检查、维修、更新以确保其工作性能；③监督并阻止实验室的不安全活动。

2. 项目负责人

项目负责人除高质量地完成研究任务外，在实验室生物安全方面有以下职责：①应熟悉实验室生物安全；②制订生物安全工作标准和操作程序，并保证操作人员执行；③对工作人员进行实验室生物安全教育，执行实验室生物安全的一切规定。

3. 实验人员

①学习生物安全理论和实践，持证上岗，积极参与自身医疗监督；②保证遵守实验室的各项规定；③完成各项岗位任务；④在统一安排下完成硬件管理维修。

（六）致病微生物的管理

《条例》规定了我国的微生物危险分类，根据病原微生物的传染性、感染后对个体或者群体的危害程度，将其分为4类（表1-1）。我国对高致病性微生物的管理有严格的规定，有一系列的认证、认可和批准程序，相关生物安全单位必须遵守。

二、实验室生物安全管理制度

对病原微生物实验室生物安全的有关要求，必须通过完整、周密的规章制度并严格贯彻执行来体现和落实。国家卫生健康委员会、农业农村部畜牧兽医局等主管部门及其下属单位对实验室生物安全都制定了符合自身情况的规章制度。列举部分规章制度（但不限于这些）如下：

（一）人员培训制度

所有实验室相关人员上岗前都必须经过相应的培训。培训要有计划性、可持续性和更新性，并有完整的培训记录。应对培训者和被培训者进行考核评估，经考核合格方可上岗。

（二）实验室准入制度

1）凡是进入实验室的人员必须经过实验室安全责任人批准。

2）进入者必须被告知实验室的潜在风险。

3）进入者身体必须符合要求，下列情况人员禁止入内：孕妇、未成年人、免疫力低下者（如正经历放疗、化疗及疲劳过度等人员），以及感染后可能导致严重后果者。

（三）安全计划审核和检查制度

实验室的安全计划需经上级批准，并每年至少审核和检查一次，包括但不限于下列要素：①安全和健康规定，包括健康监护；②安全行为；③安全教育及培训，包括对工作人员的监督考核；④危险材料和物质的保管、使用和消耗；⑤急救设备；⑥实验记录和统计；⑦差错、事故或潜在事故危险调查。

实验室责任人及工作人员应每年对实验环境条件进行一次大检查，包括设施设备，以保证：①安全设施设备和个人防护器材状态完好；②实验和应急装备，特别是危险报警体系和应急功能正常；③危险物质泄漏、应急危险控制的程序和物资完好；④有害材料和感染性菌种（毒素）保存得当。

（四）标准操作规程制度

在涉及病原微生物操作时，生物安全实验室必须制订保证人员和环境安全的 SOP，以使风险降低到可接受的水平。SOP 的制订和内容主要包括但不限于如下内容。

1）就 SOP 的制订、批准、颁发、分类、编号、执行和存档等应制订相应的规定。

2）SOP 应放在生物安全实验室，必须醒目、使用方便。

3）实验室生物安全责任人必须对 SOP 内容进行动态管理，定期或不定期进行评估和修改。

4）在生物安全实验室，对于每一步操作可能的潜在危险、潜在危险的环节、控制风险的措施都必须明确。

（五）高等级生物安全实验室批准制度

根据实验室的生物安全防护水平，并依照实验室生物安全国家标准，将实验室分为 P1、P2、P3 和 P4 四级。并规定：P1 和 P2 实验室不得从事高致病性病原微生物的实验活动；新建、改建、扩建 P3 和 P4 实验室，或生产、进口移动式 P3 和 P4 实验室必须遵守国家相关规定，并依法履行有关审批手续后，方可进行。P3 和 P4 实验室应当通过国家认可，取得国家相关部门颁发的相应级别的生物安全实验室证书，证书有效期为 5 年。

P3 和 P4 实验室从事高致病性病原微生物实验活动，应当具备相关条件，拟从事的实验活动符合国务院卫生主管部门或者兽医主管部门的规定，通过国家认可，还必须具有与拟从事的实验活动相适应的工作人员。国务院卫生主管部门或者畜牧兽医主管部门依照各自职责，对 P3 和 P4 实验室是否符合条件进行审查，颁发从事高致病性病原微生物实验活动的资格证书。取得从事高致病性病原微生物实验活动资格证书的实验室，需要从事某种高致病性病原微生物或者疑似高致病性病原微生物实验活动的，应当依照国务院卫生主管部门或者兽医主管部门的规定，报省级以上人民政府卫生主管部门或者兽医主管部门批准。实验活动结果及工作情况应当向原批准部门报告。

（六）监督管理制度

县级以上地方人民政府卫生主管部门和兽医主管部门依照各自分工，履行如下职责：①对病原微生物菌（毒）种和样本的采集、运输及储存条件进行监督检查；②对从事高致病性病原微生物相关实验活动的实验室是否符合《条例》规定的要求进行监督检查；③对实验室或实验室的设立单位培训、考核其工作人员及上岗人员的情况进行监督检查；④对实验室是否按照有关国家标准、技术规范和操作规程从事病原微生物相关实验活动进行监督检查。

国务院认证认可监督管理部门依照《中华人民共和国认证认可条例》的规定对实验室认可活动进行监督检查。

卫生主管部门、兽医主管部门、环境保护主管部门应当依据法定的职权和程序履行职责，应当做到：①公正、公平、公开、文明、高效。②有 2 名以上执法人员参加，出示执法证件，并依照规定填写执法文书；现场检查笔录和采样记录等文书，经核对无误后，应当由执法人员和被检查人或被采样人签名；被检查人或被采样人拒绝签名的，执法人员应当在自己签名后注明情况。③自觉接受社会和公民的监督。④发现属于下级人民政府卫生主管部门、兽医主管部门、环境保护主管部门职责范围内需要处理的事项的，应当及时告知该部门处理。

（七）工作人员培训和上岗

实验人员上岗前必须经过相应的岗位培训。培训分为实验室生物安全培训和实验技术培训两类。实验室生物安全培训包括各种实验中可能发生的潜在危险的避免方法和一旦发生后的紧急处理办法，以保证人员的生命安全和研究设施的安全。培训至少应包括：消防安全、化学品和放射安全、生物危险和传染预防、应急措施等内容。培训内容应根据人员的岗位制订，并对培训效果进行评估，合格后方可上岗。实验室人员参加的各种培训要进行记录，作为档案永久保存。培训的主要内容如下：

1）生物安全培训，主要培训个人的生物安全防护知识，防止感染和病原微生物扩散或者外泄，避免实验室生物安全事故发生。

2）急救培训，主要了解实验室的潜在感染性材料、化学品或有害物质的作用及危害，发生意外危害时的应急医学处理措施。

3）个人安全防护培训，应明确实验室的任何个人防护装备均应符合国家有关标准，并配备适当的个人防护装备。

4）培训个人防护装备的选择、使用和维护，要求按使用指导操作。

5）特定情况下还要接受免疫培训，以预防可能发生的生物因子感染，并按规定保存免疫记录。

（八）感染性材料的管理

随着科技进步和生物技术的迅猛发展及地球环境的变化，生物安全问题已经成为影响国家乃至世界政治、经济和安全的重大问题。不仅要避免危险生物因子造成实验室人员暴露及向实验室外扩散并导致危害，还要防止病原体或毒素丢失、被窃、滥用、转移或有意释放，以避免因微生物资源的不适当使用而危及公共卫生安全（生物安全保障）。感染性材料的管理主要有（不限于）如下要求。

1. 感染性废物的管理

指定专人负责和协调感染性废物的管理；确定感染性废物的产生地并确定废物的成分及数量；建立隔离、包装、转运、保存和处置程序；建立有关废物管理培训、紧急情况处理和安全操作等的相应文件；有关操作要有记录，形成文件。

2. 建立病原微生物菌（毒）种库

参照现有的病原体危害等级划分评定，根据病原微生物或其毒素的毒力、致病性、生物稳定性、传播途径，以及病原体的传染性、有无有效的疫苗和治疗方法等指标，对研究中涉及的各种病原微生物进行评估，确定恰当的生物安全水平并归档，建立实验室的病原微生物菌（毒）种库。

3. 感染性样本的采集（接收）和保管

操作感染性或任何有潜在危害的材料时，必须戴手套和穿防护服。对有多种成分混合的感染性材料，应按危害等级较高者处理。处理含有锐利物品的感染性废料时，应使用防刺破手套。

（1）隔离　对实验室可能产生的感染性废物加以确定，并采取安全、有效、经济的隔离和处理方法。严格区分感染性和非感染性废物并加以隔离。

（2）锐利物　锐利物包括针、刀和任何可以穿破聚乙烯包装袋的物品。实验室应尽量减少使用可产生锐利物的用品。针或刀应保存在有明显标记、防泄漏、防刺破的容器内。

（3）标签　已经确认的感染性废物应分类丢入垃圾袋，所有收集感染性废物的容器都应有“生物危害”标志。所有运输未经处理的感染性废料的容器上都应有“生物危害”标志。

（4）包装　所有的感染性废物都必须进行包装，并应依据废物的性质及数量选用适合的包装材料。应使用红色或橘黄色聚乙烯或聚丙烯包装袋，并应标记有感染性物品。有液体的感染性废料应确保容器无泄漏。

（九）感染性标本的运输

1. 感染性标本的一般处理原则

（1）标本容器　标本容器应坚固，用盖子或塞子盖好后应无泄漏；容器最好使用塑料制品；容器外部不能有残留；容器上应当正确地贴标签以便于识别。标本的要求或说明书分开放置在防水的袋子里。

（2）标本在设施内的传递　为避免意外泄漏或溢出，应使用盒子等二级容器，并将其固定在架子上，使装有标本的容器保持直立。二级容器可以是金属或塑料制品，应可耐高压灭菌或耐受化学消毒剂。

（3）标本的接收　如果标本量大，实验室应安排专门的房间或空间存放接收的标本。

（4）标本包装的打开　操作人员应事先了解该标本对身体健康的潜在危害，并接受过相关培训，尤其是处理破碎或泄漏的容器时。标本的内层容器要在生物安全柜内打开，并预先准备好消毒剂。

2. 装有冻干感染性物质安瓿瓶的开启

安瓿瓶应在生物安全柜内小心打开。安瓿瓶内可能处于负压，突然打开可能使内容物向空气扩散。可按下列步骤操作：①对安瓿瓶外表面进行清洁和消毒；②用乙醇浸泡过的棉花垫在安瓿瓶的凹痕处用手打开安瓿瓶；③将安瓿瓶顶部小心移去并按污染材料处理；④缓慢向安瓿瓶中加入液体重悬冻干物，并避免出现泡沫。

3. 装有感染性物质安瓿瓶的储存

装有感染性物质的安瓿瓶不能储存在液氮中，因其可能在取出时破碎或爆炸。一般可保存在深低温冰箱或干冰中。从冷藏条件下取出安瓿瓶时，操作人员应做好眼睛和手的防护。取出时应对安瓿瓶外表面进行消毒。

4. 感染性血清的分离

1）操作人员必须经过严格的培训。

2）操作时应做好眼睛、手和黏膜的防护。

3）必须规范操作，避免喷溅和气溶胶的产生。

4）血清应当小心吸取，不能倾倒，严禁口吸。

5）移液管使用后应完全浸入消毒液中消毒。

6）废弃的标本管应置于适当的防漏容器内进行高压蒸汽灭菌和（或）焚烧。

7）备有适当的消毒剂以清理洒溢的标本。

5. 感染性物质的运输

感染性物质的运输是全球公共卫生和生物医药科学研究的重要课题。为了确保运输过程中人员、财产和环境的安全，协调全球感染性物质的运输，联合国制定了《关于危险货物运输的建议书》。以此为基础，各国际组织也制定了相应的国际危险货物运输规则，如WHO的《感染性物质运输》，国际民用航空组织（ICAO）的《危险性货物安全空运的技术指南》，国际航空运输协会（IATA）每年发布的《感染性物质运输指南》等。IATA成员运输上述物品时，必须遵守《感染性物质运输指南》。

我国参照联合国《危险性货物运输》规章范本的要求，结合我国具体情况，对危险货物运输制定了相应的法规、国家标准和行业规范。2004 年，国务院签发并实施了《病原微生物实验室生物安全条例》，对高致病性病原微生物菌（毒）种或样本的运输作了明确规定。2005 年 12 月，卫生部施行了《可感染人类的高致病性病原微生物菌（毒）种或样本运输管理规定》。

感染性及潜在感染性物质的运输必须严格遵守国家和国际的规定，主要有以下步骤。

（1）包装分类　病原微生物在实验室环境下的危害程度与运输过程中的危害程度不完全相同。实验室工作人员需要直接操作微生物，感染风险很高，而这些情况在运输过程中不易发生。

国际民用航空组织的《危险物品航空安全运输技术细则》中将感染性物质分为 A 和 B 两类。A 类：以某种形式运输的感染性物质，在发生暴露时，可造成人或动物的永久性残疾、生命威胁或致命性疾病。其中，可使人或同时使人和动物致病的感染性物质，归入 UN2814；只使动物致病的感染性物质，归入 UN2900。B 类：不符合 A 类标准的感染性物质，归入 UN3373，其正式运输名称为“诊断样品”或“临床样品”。

（2）基本的三层包装系统　在感染性及潜在感染性物质运输中应该选择使用三层包装系统，包括内层容器、中间层包装及外层包装。装载标本的内层容器必须防水、防漏并贴上可指示内容物的适当标签；内层容器外面要包裹足量的吸收性材料，以便在内层容器打破或泄漏时，能吸收溢出的所有液体。防水、防漏的中间层包装用来包裹并保护内层容器；有些包装好的内层容器可以放在独立的中间层包装中；有些规定中包括了感染性物质包装的体积及质量限度。外层包装用于保护中间层包装在运输过程中免受物理性损坏。最新规定还要求提供能够识别或描述标本的特性，以及能够识别发货人和收货人的标本资料单、信件和其他各种资料及其他任何所需要的文件。高危险度的生物体则必须按照更严格的要求进行运输。

（3）溢出物的清除　当发生感染性或潜在感染性物质溢出时，应参照前面内容按相应规程处理。

此外，实验室生物安全管理还包括实验室的设备管理、设施管理、生物安全档案管理、生物安全评价管理、生物安全防护管理、生物安全标识管理等，参照相应的文件和规定执行。

思考题

1. 实验室生物危害的来源主要有哪些？
2. 病原微生物目前在我国分为几类？分类的依据是什么？操作时怎样进行防护？
3. 生物安全防护实验室分为几级？各级生物安全实验室的设计和建造有什么特殊要求？
4. 感染性废液的主要处理方法有哪些？
5. 新型冠状病毒的操作应该在什么级别的生物安全实验室进行？依据是什么？
6. 谈谈你对实验室生物安全重要性的理解及如何保证实验室生物安全。

主要参考文献

敖天其，廖林川. 2015. 实验室安全与环境保护. 成都：四川大学出版社

柯昌文. 2008. 实验室生物安全应急处理技术. 广州：中山大学出版社

刘来福. 2010. 病原微生物实验室生物安全管理和操作指南. 北京：中国标准出版社

祁国明. 2006. 病原微生物实验室生物安全. 2 版. 北京：人民卫生出版社

汪宏良，骆明波. 2009. 临床实验室生物安全管理. 武汉：湖北科学技术出版社

徐涛. 2010. 实验室生物安全. 3 版. 北京：高等教育出版社

许钟麟，王清勤. 2004. 生物安全实验室与生物安全柜. 北京：中国建筑出版社

杨惠，王成彬. 2015. 临床实验室管理. 北京：人民卫生出版社
杨磊，苏鹤玉，王俊，等. 2009. 生物制药（品）废水的灭活与处理. 环境科学与管理，34（6）：111-116
余新炳. 2015. 实验室生物安全. 北京：高等教育出版社
张弘，农业部兽医局，中国动物疫病预防控制中心. 2006. 兽医实验室生物安全指南. 北京：中国农业出版社
赵德明，吕京. 2010. 实验室生物安全教程. 北京：中国农业大学出版社
郑春龙. 2013. 高校实验室生物安全技术与管理. 杭州：浙江大学出版社
钟玉清，相大鹏，黄吉城. 2011. 实验室生物安全管理体系文件编写及运行范例. 北京：中国标准出版社
Xia H，Huang Y，Ma H，et al. 2019. Biosafety level 4 laboratory user training program，China. Emerging Infectious Diseases，25（5）：180-220

拓展阅读

1. 中华人民共和国科学技术部. 2003. 实验室生物安全通用要求
2. 中华人民共和国国务院. 2004. 病原微生物实验室生物安全管理条例
3. 中华人民共和国卫生部. 1985. 中国医学微生物菌种保藏管理办法
4. 中华人民共和国卫生部. 2003. 微生物和生物医学实验室生物安全通用准则
5. 中华人民共和国国务院. 2011. 医疗废物管理条例（修订版）
6. 中华人民共和国卫生部. 2006. 人间传染的病原微生物名录
7. 中华人民共和国卫生部. 2006. 医疗机构临床实验室管理办法
8. 中华人民共和国卫生部. 2017. 消毒管理办法（修订版）
9. 中华人民共和国卫生部. 2003. 医疗卫生机构医疗废物管理办法
10. 中华人民共和国卫生部，国家环境保护总局. 2004. 医疗废物管理行政处罚办法
11. 国家环境保护总局. 2006. 病原微生物实验室生物安全环境管理办法
12. 中华人民共和国国家标准. 2011. 生物安全实验室建筑技术规范
13. 全国人民代表大会常务委员会. 2004. 中华人民共和国传染病防治法
14. WHO. 2005. 感染性物质运输规章指导
15. 联合国. 2017. 关于危险货物运输的建议书（第六修订版）
16. 中华人民共和国卫生部. 2005. 可感染人类的高致病性病原微生物菌（毒）种或样本运输管理规定
17. CDC and NIH of USA. 2020. Biosafety in Microbiological and Biomedical Laboratories. 6th ed
18. WHO. 2020. Laboratory Biosafety Manual. 4th ed
19. CDC Office of Biosafety of USA. 1974. Classification of Etiologic Agents on the Basis of Hazard

知识扩展网址（知识扩展 1-1 等有二维码的见正文，其余章节同此）

知识扩展 1-2：上海市病原微生物实验室生物安全应急处置演练，https://v.youku.com/v_show/id_XNzExMjk5MDI0.html

知识扩展 1-3：2020 年深圳市新型冠状病毒检测实验室生物安全事件应急处置演练，https://v-wb.youku.com/v_show/id_XNDk4NjQzMDc4OA==.html

知识扩展 1-4：教育部办公厅关于开展加强高校实验室安全专项行动的通知，http://www.moe.gov.cn/srcsite/A16/s7062/202112/t20211224_589878.html

第二章　转基因生物的安全性

转基因生物是指采用基因工程手段将从不同生物中分离或人工合成的外源基因或者双链RNA在体外进行酶切和连接，构建重组DNA分子，导入受体细胞后使新的（外源）基因在受体细胞内整合、表达，并能够通过无性或有性增殖过程，将外源基因遗传给后代，由此获得的转基因生物（genetically modified organism，GMO）。利用转基因生物技术，可以改善生物原有的性状或赋予其新的优良性状。该技术在目前乃至今后较长一段时间内都将是农业、食品、医药、能源、矿产和环境保护等领域的核心生物技术。目前的基因操作技术大多是将目的基因随机插入基因组内，这种随机整合的方式会带来一系列难以预测的安全隐患。近年来，一些新的基因操作技术［锌指核酸酶（ZFN）、转录激活因子样效应物核酸酶（TALEN）和成簇规律间隔的短回文重复序列（CRISPR）系统等基因编辑工具］已成功应用到细菌、酵母、果蝇、斑马鱼、小鼠、大鼠、家畜等多种生物的基因组定点修饰中，显示出基因编辑技术强大的优势，但目前仍然存在一些技术难题。基因编辑是否属于转基因的范畴，目前很难界定，对其监管也还没达成统一的意见。本章暂不对基因编辑生物的安全性做介绍，只介绍有外源基因加入的转基因生物及其安全性问题。

第一节　转基因生物概况

一、转基因植物及其应用

采用基因工程手段将从不同生物中分离或人工合成的外源基因在体外进行酶切和连接，构建重组DNA分子，然后导入植物受体细胞，使新的基因在受体细胞内整合、表达，并能通过无性或者有性增殖过程，将外源基因遗传给后代，由此获得的基因改良植物称为转基因植物（transgenic plant或genetically modified plant）。转基因植物技术彻底打破了常规育种中种属间不可逾越的障碍，为作物育种开辟了一条新的快捷途径。图2-1为常见转基因植物技术流程。

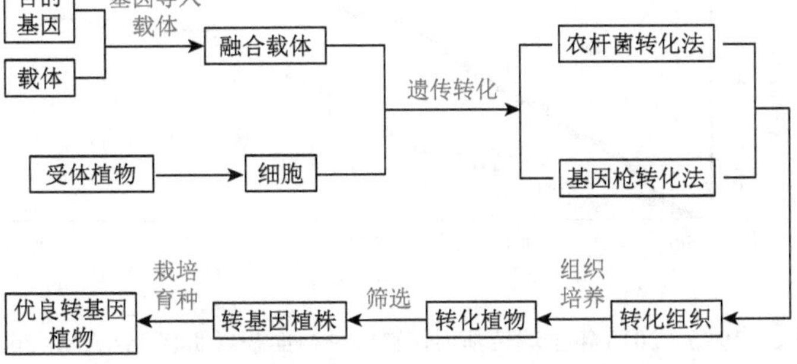

图2-1　常见转基因植物技术流程图

世界上首例转基因植物是 1983 年问世的抗除草剂转基因烟草。抗虫和抗除草剂的转基因棉花于 1986 年首次进行了田间试验。现今科学家已对 200 多种植物进行了转基因研究，包括粮食作物（如水稻、小麦、玉米、大豆、高粱、马铃薯、甘薯等）、经济作物（如棉花、油菜、亚麻、甜菜、向日葵等）、蔬菜（如番茄、黄瓜、芥菜、甘蓝、胡萝卜、茄子、生菜、芹菜、甜椒等）、水果（如苹果、李、番木瓜、甜瓜、草莓、香蕉等）、牧草（如苜蓿、白三叶等）、花卉（如矮牵牛、菊花、玫瑰）及造林物种（泡桐、杨树）等（见知识扩展 2-1）。

转基因农作物的应用在全球范围内快速发展，种植面积呈直线上升。1995 年种植面积仅为 120 万 hm^2，1999 年就达到了 3990 万 hm^2。到 2018 年，全球共有 70 个国家和地区种植或进口了转基因作物，种植面积达 1.917 亿 hm^2，比 2017 年的种植面积增加了 190 万 hm^2。其中，美国、巴西、阿根廷、加拿大和印度成为世界上转基因作物种植面积最大的前 5 个国家（表 2-1），占全球转基因作物种植面积的 91%，转基因大豆在全球的应用率最高，占全球转基因作物面积的 50%（图 2-2）（见知识扩展 2-2）。

知识扩展 2-2

表 2-1　2018 年全球转基因作物种植面积前十位国家及其转基因作物种类

排名	国家	种植面积/$\times 10^6 hm^2$	转基因作物
1	美国	75.0	玉米、大豆、棉花、油菜、甜菜、苜蓿、番木瓜、南瓜、马铃薯、苹果
2	巴西	51.3	大豆、玉米、棉花、甘蔗
3	阿根廷	23.9	大豆、玉米、棉花
4	加拿大	12.7	油菜、玉米、大豆、甜菜、苜蓿、马铃薯
5	印度	11.6	棉花
6	巴拉圭	3.8	大豆、玉米、棉花
7	中国	2.9	棉花、番木瓜
8	巴基斯坦	2.8	棉花
9	南非	2.7	玉米、大豆、棉花
10	乌拉圭	1.3	大豆、玉米

资料来源：ISAAA，2018

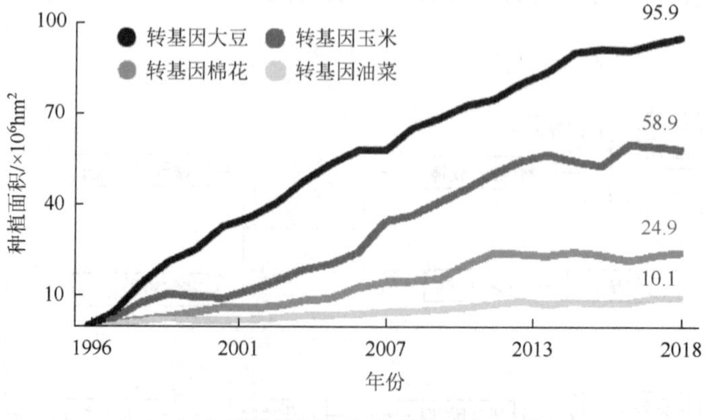

图 2-2　1996～2018 年全球转基因作物的种植面积（引自 ISAAA，2018）

当前，我国被批准进行商业化种植的转基因作物仅有棉花和番木瓜，被批准进口转基因品种包括大豆、玉米、油菜、棉花、甜菜、番木瓜等，但进口的转基因品种只能用作加工原料，不允许在国内种植（见知识扩展 2-3）。

目前转基因植物的研究和应用主要集中在以下几个方面。

（一）抗（耐）除草剂转基因植物及其应用

1. 抗（耐）除草剂转基因植物的应用情况

农田杂草会与栽培作物争夺光照、养分和水分，从而影响作物生长和降低作物产量，故而除草剂在农业生产上得到了广泛的应用。自 1942 年化学除草剂 2, 4-滴（2, 4-D）被发现以来，化学除草剂的研究和应用得到了迅速发展。但化学除草剂的广泛应用对农作物和牧草也造成了伤害甚至会危及环境安全。为减少化学除草剂的大量使用，抗除草剂转基因作物的研究和应用得到了飞速发展，其在全球种植面积约占转基因作物种植总面积的 80%。据国际农业生物技术应用服务组织（ISAAA）提供的数据（http://www.isaaa.org/gmapprovaldatabase/default.asp），截至 2021 年 12 月，全球共有 359 个抗除草剂品种被相关国家授权允许直接食用或作为添加剂或用于栽培种植。其中，玉米的抗除草剂转基因品种最多，有 215 个；棉花的抗除草剂转基因品种有 45 个；甘蓝型油菜和大豆的抗除草剂转基因品种均有 35 个。

由于草甘膦（glyphosate）是广泛使用的广谱灭生性除草剂，抗草甘膦的转基因大豆、转基因棉花、转基因油菜都被广泛研究并推广应用。既抗虫（Bt）又抗除草剂（HT）的复合性状比单一抗虫和单一抗除草剂更受欢迎，Bt + HT 玉米和棉花的普及率已分别达到 77%和 79%，Bt + HT 大豆也在快速推出和普及，并呈增长趋势。

2. 抗（耐）除草剂基因的来源

抗（耐）除草剂基因是培育抗除草剂转基因作物的基础。自 1983 年第一例抗草甘膦基因被报道以来，目前已经从微生物和植物中发掘出大量的除草剂抗性基因。

（1）自然来源的抗（耐）除草剂基因　从地衣芽孢杆菌（*Bacillus licheniformis*）中克隆了草甘膦-*N*-乙酰转移酶基因（*gat*），该酶能够将羧基基团从 CoA 转移到草甘膦的 N 端，使草甘膦失活。从一些植物的突变体（如拟南芥、长芒苋、水稻、高粱、玉米、大豆、马铃薯、蓖麻和油菜等）中发现了突变型原卟啉原Ⅸ（protoporphyrinogen Ⅸ，PPX）基因，导入这些基因的植株可编码突变的 PPX 蛋白，从而使目的植株对 PPX 抑制剂类除草剂有抗性。转基因过表达具有草铵膦解毒作用的 *N*-乙酰转移酶（PAT）基因 *pat* 或谷氨酰胺合成酶（glutamine synthetase，*GS*）基因，实现了对草铵膦的耐性。来自拟南芥的 *AFB5*、*AFB4* 和 *SGT1b* 等基因编码合成的蛋白质为吡啶甲酸酯生长素的结合物和受体，可以使得转基因作物对吡啶甲酸酯类除草剂具有抗性。

（2）人工诱变获得的抗（耐）除草剂基因　人工诱变是指利用物理因素（X 射线、γ 射线、紫外线、激光等）或化学诱变［如叠氮化钠（AZ）、乙基甲磺酸等］来处理植物，使植物发生基因突变。通过乙烷磺酸甲酯（EMS）诱变小麦种子，筛选出对乙酰辅酶 A 羧化酶（ACCase）抑制剂类除草剂具有抗性的小麦突变体。通过叠氮化钠和甲基亚硝脲（MNU）对水稻种子进行突变诱导，筛选出了对喹禾灵有抗性的水稻植株，该水稻突变体在 ACCase 编码区发生了突变。

（3）人工改造获得的抗（耐）除草剂基因　在发现的抗除草剂基因的基础上，人们通过基因定点突变和密码子改造方法获得了具有对一种及多种除草剂有耐性的基因，如在 5-烯醇式丙酮酰莽草酸-3-磷酸合酶（5-enolpyruvylshikimate-3-phosphate synthase，EPSPS）的基因编码区进行定点突变，可获得对草甘膦等甲基甘氨酸类除草剂具有抗性的 *epsps* 突变型基因。对来自拟南芥和烟草的乙酰乳酸合成酶（acetolactate synthase，ALS）的基因进行定点突变，将定点突变的 *als* 基因导入甜菜中，筛选获得了对磺酰脲、咪唑啉酮及嘧啶基（硫代）苯甲酸酯类除草剂有耐性的转基因甜菜。

（4）通过基因共表达获得的抗（耐）除草剂基因　将不同的除草剂耐性基因共表达，可以获得耐多种除草剂的融合基因。先正达公司构建的双元载体内含 *gs* 和 *pat* 基因，分别表达 GS 和 PAT 蛋白，这两种蛋白能使作物对草甘膦和草铵膦产生抗性，该载体已被成功导入多种作物如玉米、油菜、水稻和小麦等中。

表 2-2 所示为采用人工改造和基因融合等方法获得的一些新的抗（耐）除草剂基因。

表 2-2　抗（耐）除草剂基因的来源和各基因的独立转化品种数量

性状	基因来源	基因	作物品种				合计
			棉花	大豆	油菜	玉米	
抗草甘膦	根瘤农杆菌	*cp4*、*epsps*	3	4	3	5	15
	地衣芽孢杆菌	*gat4601*	0	1	0	0	1
		gat4621	0	0	2	1	3
	苍白杆菌	*goxv247*	0	0	2	1	3
	土壤球形节杆菌	*epsps*、*grg23*、*ace5*	0	0	0	1	1
	玉米	*mepsps*	0	0	0	1	1
		2mepsps	1	2	0	2	5
抗草铵膦	吸水链霉菌	*Bar*	5	2	11	6	24
	绿产色链霉菌	*pat*	1	8	1	17	27
抗咪唑啉酮类	拟南芥	*csr1-2*	0	1	0	0	1
抗 2, 4-D	代尔夫特食酸菌	*aad-12*	1	2	0	0	3
	鞘氨醇杆菌	*aad-1*	0	0	0	1	1
抗异噁唑草酮	荧光假单胞菌 A32	*hppd*、*PF*、*W336*	0	1	0	0	1
抗麦草畏	嗜麦芽窄食单胞菌	*dmo*	1	1	0	1	3
抗磺酰脲类	大豆	*gm-hra*	0	1	0	0	1
	玉米	*zm-hra*	0	0	0	1	1
	烟草	*S4-HrA*	1	0	0	0	1
抗硝磺草酮	燕麦	*avhppd-03*	0	1	0	0	1
抗溴苯腈	肺炎克雷伯氏菌亚种	*bxn*	9	0	1	0	10

资料来源：王园园等，2018

3. 抗（耐）除草剂转基因植物的抗性机制

目前研究者主要从以下三个方面入手来改善作物的抗（耐）除草剂特性。

（1）通过除草剂作用的靶酶过量表达，让植物吸收除草剂之后能够进行正常代谢　在莽草酸途径中，EPSPS 负责催化磷酸烯醇丙酮酸（PEP）和磷酸莽草酸（S3P）生成 5-烯醇式丙酮酰莽草酸-3-磷酸（EPSP）。该步骤是植物细胞合成芳香族氨基酸（色氨酸、酪氨酸和苯丙氨酸）并最终合成激素、次生代谢物及其他酚类化合物的关键环节（图 2-3）。草甘膦的作用机制

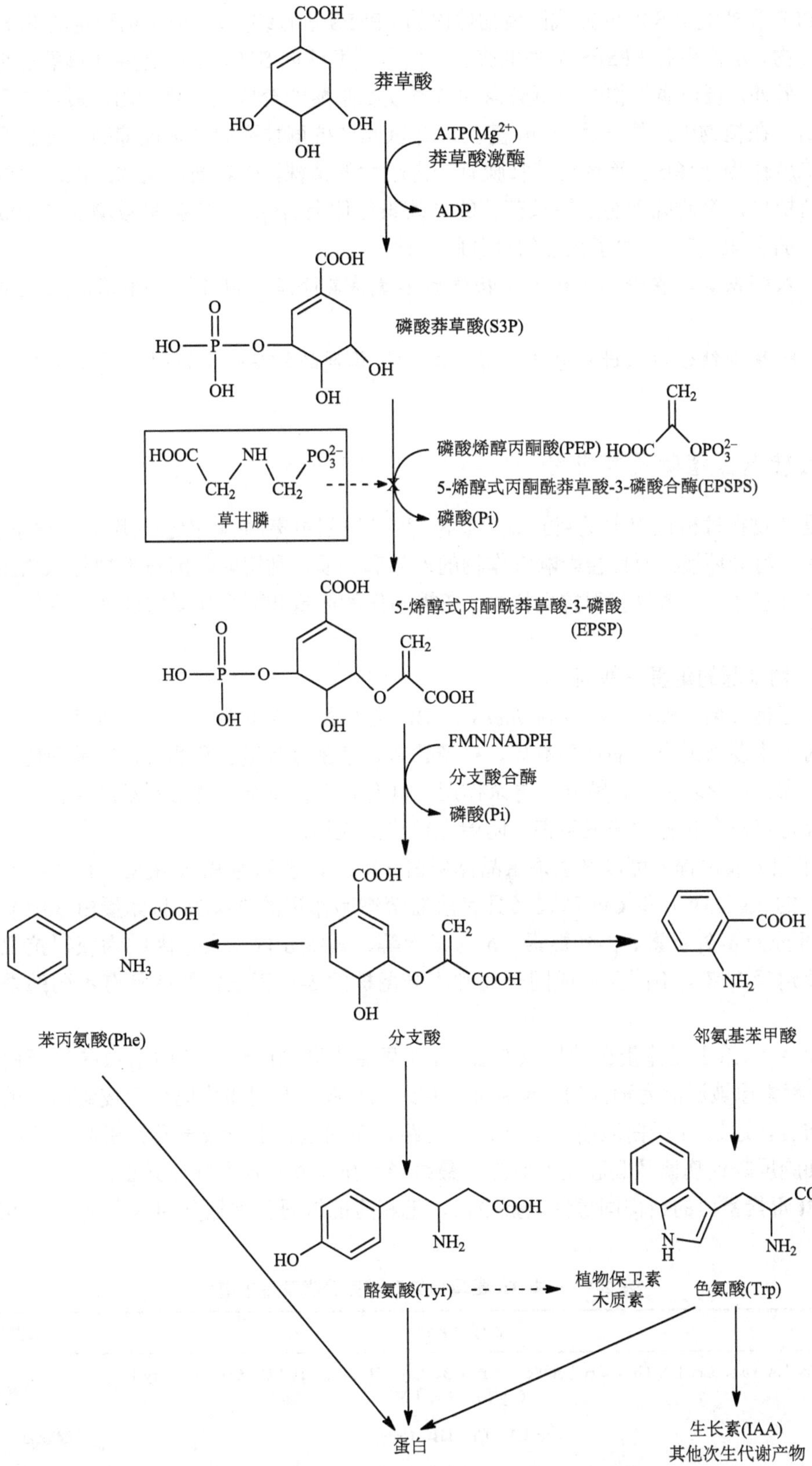

图 2-3　莽草酸合成途径和草甘膦作用位点（引自陈世国等，2017）

是以竞争 PEP 和非竞争 S3P 的方式同植物体内的 EPSPS 进行绑定，形成结构稳定的 EPSPS-S3P-草甘膦复合物，从而引起 EPSPS 活性的丧失，大量碳源流向 S3P，进而造成莽草酸在组织中的快速积累。另外，蛋白质生物合成所必需的芳香族氨基酸的合成则严重受阻，最终导致植物生长受到抑制。在植物中过量表达 *epsps* 基因，并以此拮抗草甘膦的竞争性抑制。通过不断提高草甘膦的浓度作为选择压，筛选对草甘膦有一定耐性的植株，或者通过植物组织培养的方法筛选抗草甘膦植株。有研究表明抗性长芒苋的多条染色体上 *epsps* 基因拷贝数增加了 100 倍，导致表达量增加了 40 倍，产生了极强的草甘膦抗性。

（2）引入酶系统，在除草剂进入植物体后迅速将其降解　目前这一策略尚未在生产上大量应用。

（3）对除草剂结合位点进行修饰，降低其对除草剂的敏感性　这是应用于生产实践上的主要方法。

（二）抗虫转基因植物及其应用

虫害是作物在种植过程中受到的最大危害。为了控制虫害，每年都会使用大量化学杀虫剂，不仅代价大，污染环境，而且会影响农作物的产量和品质。利用转基因技术把外源杀虫基因转化至植物中并表达，使植物获得抗虫特性，在提高作物产量和减少化学农药使用量等方面能发挥重要作用。

1. 微生物来源的毒蛋白基因

苏云金芽孢杆菌（*Bacillus thuringinensis*，Bt）是广泛存在的革兰氏阳性细菌，其突出特征是在芽孢内产生菱形或方形的伴孢晶体，对鳞翅目、鞘翅目等昆虫和螨类，以及动植物寄生线虫、原生生物、扁形动物等有特异性毒杀作用，具有对人畜安全、害虫不易产生抗性、易于工业化生产等特点，在农林业和卫生害虫防治上已广泛应用。

Bt 在芽孢形成过程中可以产生杀虫晶体蛋白（ICP），也称为 Bt 毒蛋白，由 *Cry* 基因（具有杀虫活性的 13 亚类）和 *Cyt* 基因（具有溶血溶细胞作用的 27kDa 晶体蛋白基因）编码。Bt 毒蛋白可分为 α-外毒素、β-外毒素、δ-内毒素等，其中 δ-内毒素基因成为获得抗虫转基因作物的主要途径。来自不同亚种或同一亚种不同菌株的 δ-内毒素，往往具有不同的杀虫效果和范围。

当 Bt 产生的杀虫晶体蛋白被昆虫取食后，在昆虫中肠的碱性环境中杀虫晶体蛋白会被降解，产生的毒素原被激活为毒性的 Cry 毒素，穿过围食膜后与昆虫中肠道上皮细胞上的钙黏着蛋白紧密结合，通过 G 蛋白激活了细胞死亡通路，在细胞膜上形成气孔，引起膜穿孔，破坏中肠上皮细胞屏障使病菌从肠腔侵入血腔，最终导致昆虫发生败血症而死亡。

根据 Bt 毒素蛋白的结构同源性及抗虫谱，把相应的编码基因划分为六大类（表 2-3）。

表 2-3　一些 Bt 毒蛋白编码基因分类及杀虫谱

种类	毒蛋白名称	杀虫范围
Cry Ⅰ	CryⅠA（a）、CryⅠA（b）、CryⅠA（c）、CryⅠB、CryⅠB（b）、CryⅠC、CryⅠD、CryⅠE、CryⅠF、CryⅠX	鳞翅目
Cry Ⅱ	CryⅡA、CryⅡB、CryⅡC	鳞翅目、双翅目
Cry Ⅲ	CryⅢA、CryⅢB、CryⅢB2、CryⅢC、CryⅢD	鞘翅目

续表

种类	毒蛋白名称	杀虫范围
Cry Ⅳ	CryⅣA、CryⅣB、CryⅣC、CryⅣD	双翅目
Cry Ⅴ	CryⅤA（a）、CryⅤA（b）、CryⅤB、CryⅤC	鞘翅目、鳞翅目
Cyt	CytA	双翅目

1987 年，转 Bt 毒蛋白基因抗虫烟草获得成功，成为首例抗虫转基因作物。随后，*Bt* 基因被成功导入棉花、玉米、马铃薯、大豆、水稻、甘蔗、番茄、油菜等多种作物中，抗虫效果非常显著。目前，转 *Bt* 基因的抗虫棉花、玉米和马铃薯等已进入商品化生产阶段。

2. 植物来源的抗虫基因

植物在长期的演化过程中形成了一套防御害虫侵袭的防护体系，如在植物组织中存在丰富的蛋白酶抑制剂和凝集素。

蛋白酶抑制剂能够抑制昆虫体内蛋白酶（如胰蛋白酶、胰凝乳蛋白酶）活性，影响其对食物中蛋白质的消化，扰乱正常代谢，最终导致昆虫发育不正常和死亡。蛋白酶抑制剂种类较多，在植物中已发现 4 类，分别是丝氨酸蛋白酶抑制剂、金属蛋白酶抑制剂、巯基蛋白酶抑制剂和酸性蛋白酶抑制剂。其中丝氨酸蛋白酶抑制剂与抗虫性关系最大，因为大多数昆虫利用胰蛋白酶消化食物。现已从豇豆、大豆、马铃薯、大麦等植物中分离纯化出多种蛋白酶抑制剂，并克隆了相应的蛋白酶抑制剂基因，将其导入植物中，获得了稳定表达并抗虫的转基因植株。豇豆蛋白酶抑制剂 CpTI 具有广谱抗虫性，对棉铃虫、红铃虫、玉米螟等鳞翅目，直翅目，鞘翅目的害虫都有毒杀作用。*CpTI* 基因已转入烟草、棉花、苹果、油菜、水稻、番茄、向日葵、马铃薯等 10 余种植物中获得转 *CpTI* 基因抗虫植物。

植物凝集素（lectin）是广泛存在于植物组织中的蛋白质成分，能够特异识别并可逆结合糖类复合物的非免疫性球蛋白。凝集素对植物有许多重要的生理作用，以不同的方式在植物生长的各个阶段保护植物免受害虫的侵害。植物细胞蛋白粒中的凝集素，被害虫摄入后在昆虫的消化道内被释放出来，同肠道围食膜上的糖蛋白相结合，影响营养物质的吸收，同时还可能在昆虫消化道内诱发病灶，促进消化道内细菌的增殖，导致昆虫发病死亡。已从植物中筛选出了多种植物凝集素，如雪花莲凝集素（GNA）、豌豆外源凝集素（P-Lec）、麦胚凝集素（WGA）和半夏外源凝集素（PTA）。其中 GNA 对刺吸式昆虫有明显的抑制作用，但对哺乳动物无毒或低毒，成为目前使用最为广泛的抗刺吸式昆虫的杀虫基因。现已获得转 *GNA* 基因的水稻、棉花、小麦、大豆、甘蔗、大白菜、芥菜、番茄等。

从植物中分离的抗虫基因还有几丁质酶基因、色氨酸脱羧酶基因、细胞分裂素基因、脂肪氧化酶基因、植物防卫素基因及具有抗蚜虫活性的基因。

3. 动物来源的毒素基因

蝎毒中含有对膜离子通道有选择性作用的神经毒素成分，能够专一性作用于昆虫细胞离子通道，导致昆虫快速地兴奋性收缩麻痹而死亡，而对哺乳动物的毒性较小。已经从多种蝎子毒液中分离到很多抗昆虫蝎毒成分。20 世纪 90 年代，巴通（Barton）分别将 5 种蝎子的毒素基因导入烟草中，发现转基因烟草对棉铃虫和烟青虫具有极强的致死性。

蜘蛛毒素中含有杀虫肽，毒素进入猎物体内后能够麻醉或杀死猎物。目前对蜘蛛毒素的研究较多，在生物防治方面有较好的应用前景。澳大利亚的迪肯（Deakin）公司从一种蜘蛛毒液中分离纯化到一种只有 37 个氨基酸的小肽。北京大学的研究人员人工合成了此肽的基因，将其导入烟草后，转基因烟草表现出明显的抗虫作用。

（三）抗病转基因植物及其应用

植物在生产中容易受到真菌、细菌、病毒、类病毒、植原体及线虫等病原物的侵害，造成巨大的损失。传统常规育种方法培育抗病植物品种耗时长，抗病性不稳定，在生产中难以得到广泛的应用。自 1986 年第一株转烟草花叶病毒（TMV）外壳蛋白（CP）的抗病毒烟草问世以来，转基因抗病植物研究不断取得新进展，抗真菌病害、抗细菌病害、抗病毒病害的转基因植物均已获得成功。所用的基因多为遗传背景明确的显性抗病基因，如抗番茄真菌性黄萎病害的 *Ve* 基因，抗水稻细菌性白叶枯病的 *Xa21* 基因，但目前市场上广泛应用的主要是抗病毒的转基因植物，如美国批准的抗病毒转基因马铃薯、西葫芦、番木瓜等。

1. 抗真菌病的转基因植物

几丁质酶和β-1, 3-葡聚糖酶分别具有降解大多数病原真菌细胞壁几丁质和β-1, 3-葡聚糖的作用，可以用它们对抗感染植物的真菌病原体。目前已从水稻、烟草、黄瓜、马铃薯、大豆等植物和某些细菌中获得了几丁质酶基因。美国、日本、荷兰等国已经获得转几丁质酶基因的抗白粉病烟草和抗枯萎病番茄（表 2-4）。核糖体灭活蛋白（RIP）能够破坏真核细胞的核糖体大亚基 RNA，使核糖体失活而不能与蛋白质合成过程中的延伸因子相结合，导致蛋白质合成被抑制，对控制病原真菌十分有效。将大麦 *RIP* 基因在转基因烟草上表达，转基因烟草表现出对真菌病原立枯丝核菌具有抗性。采用多基因转化的策略，将几丁质酶基因、β-1, 3-葡聚糖酶基因和 *RIP* 基因导入水稻，已成功培育出多价抗真菌基因的水稻转基因株系，并显示出对稻瘟病和纹枯病的抗性。

表 2-4　应用于抗真菌病转基因作物常见的基因

基因	描述	来源	转基因实例
多聚半乳糖醛酸酶	抑制多聚半乳糖醛酸酶活性	豆类、梨	葡萄、覆盆子、番茄
蛋白激酶	抗性基因	大豆	大豆
R 基因	抗性基因	大麦、水稻、大豆	大麦、羊茅、土豆、大豆
细胞死亡调节基因	调节细胞死亡	杆状病毒、鸡、线虫	小麦
毒素解毒剂	镰刀菌素解毒剂	拟分枝孢镰刀菌	大麦、小麦
PR 蛋白	病程相关蛋白	苜蓿、葡萄、豌豆、水稻等	棉花、大麦、葡萄、花生、土豆、水稻等
几丁质酶	降解几丁质	苜蓿、大麦、豆类、水稻等	苜蓿、苹果、胡萝卜、棉花、甜瓜等
草酸氧化酶	产生活性氧	大麦、小麦	豇豆、生菜、花生、土豆、大豆、烟草等
硫素	植物防御素	大麦、烟草	大麦、土豆、水稻
抗菌肽	抗菌蛋白	蛙、奶牛、小麦	棉花、葡萄、李、白杨、烟草、小麦
天蚕素	抗菌蛋白	大蚕蛾	棉花、玉米、番木瓜
二苯乙烯合成酶	多元酚类	葡萄	土豆、烟草
抗菌肽代谢物	抗菌肽代谢物	豌豆、番茄	葡萄、土豆、草莓、烟草

资料来源：Collinge et al.，2010

植物凝集素除了在抗虫转基因植物中得到应用，在抵抗植物真菌性病害中也发挥着作用，这是因为它可以与几丁质特异性结合。植物保卫素（植保素）是植物遭受病原物感染后或受到物理或化学因子刺激后产生并积累的低分子量的抗菌性次生代谢产物，大多数是类萜或黄酮类化合物。将植保素合成关键酶的基因导入植株后会提高植物体内植保素的合成水平，可以增强植物对病菌的抵抗力。另外，真菌酶或毒素抑制因子、多聚半乳糖醛酸酶（PG）等也具有提高植株对抗真菌病害能力的作用，可以用于进行转基因植物防治真菌病害的研究。

2. 抗细菌病的转基因植物

抗菌肽可以在细菌细胞质膜上穿孔形成离子通道，破坏细菌细胞膜结构，造成细菌内水溶性物质大量渗出而死亡。将抗菌肽基因导入作物，可以培育出抗青枯病的转基因马铃薯。抗菌肽基因也广泛用于水稻白叶枯病、番茄青枯病、柑橘溃疡病等植物病害的基因工程研究中（表 2-5）。

表 2-5 应用于抗细菌病转基因作物常见的基因

基因	描述	来源	转基因实例
蛋白激酶	抗性基因	水稻、番茄	水稻、番茄
R 基因	抗性基因	辣椒、番茄、大豆	番茄
转录因子	提高抗性	水稻、番茄	番茄
蛙皮素	抗菌蛋白	非洲爪蟾	葡萄
天蚕素	抗菌蛋白	大蚕蛾	苹果
溶菌酶	抗菌蛋白	奶牛、鸡	柑橘、土豆、甘蔗
吲哚里西啶	抗菌蛋白	奶牛	烟草
Hordothionin	抗菌蛋白	大麦	水稻、番茄
攻击素	抗菌蛋白	大蚕蛾	苹果、番木瓜、梨、土豆、甘蔗

资料来源：Collinge et al.，2010

细菌素是一种窄谱、蛋白质类抗生素，可以靶向杀死相关的细菌种类。凝集素类细菌素与细菌表面脂多糖（LPS）中含有 D-鼠李糖的寡糖结合，能促进凝集素类细菌素在细胞表面的对接及与外膜插入酶 BamA 的相互作用，通过一些尚不明确的机制导致细胞死亡。在假单胞菌属（*Pseudomonas*）的细菌中已鉴定出多种有价值的细菌素，包括 30kDa 凝集素样细菌素（PL1），转 *PL1* 基因的转基因烟草可以对植物病原菌丁香假单胞菌（*Pseudomonas syringae*）产生强大的抗病性。

溶菌酶能够特异性地水解细菌细胞壁的肽聚糖，马铃薯转 T4 噬菌体溶菌酶基因后提高了其对腐软病的抗性，将鸡蛋清溶菌酶基因导入棉花，已获得高抗棉花枯、黄萎病菌的转基因棉花。

3. 抗病毒病的转基因植物

抗病毒基因工程中，目前主要采用将病毒外壳蛋白（CP）的基因导入植物的方法。1986 年，美国科学家第一次将烟草花叶病毒外壳蛋白（TMV-CP）的基因转入烟草并表达，转基因烟草能够抑制 TMV 的复制，降低或阻止 TMV 的系统侵染并延迟发病。利用病毒 *CP* 基因获得抗病毒转基因植物的方法已使烟草、马铃薯、水稻、玉米、小麦、番茄等植物获得了一定的抗病性（表 2-6）。

表 2-6　应用于抗病毒病转基因作物常见的基因

基因	描述	来源	转基因实例
G5	单链 DNA 结合蛋白	噬菌体 M13	木薯
MP	病毒在植物中的系统运动	覆盆子浓密矮化病毒、番茄花叶病毒	覆盆子、番茄
核糖核酸酶基因	RNA 降解	酵母	豌豆、土豆、小麦
复制相关蛋白基因	病毒基因组复制	花椰菜花叶病毒、马铃薯叶卷病毒、番茄黄叶卷曲病毒	木薯、番木瓜、土豆、番茄
NIB	病毒 RNA 复制酶	番木瓜环斑病毒、马铃薯 Y 病毒、小麦条纹花叶病毒	甜瓜、土豆、南瓜、小麦
CP	病毒衣壳蛋白	超过 30 种植物病毒	大麦、甜菜、葡萄、莴苣、玉米、甜瓜等

资料来源：修改自 Collinge et al.，2010

另外，利用病毒复制酶基因、病毒卫星 RNA、缺陷干扰颗粒、核糖体失活蛋白基因、核糖核酸酶基因、运动蛋白、复制酶、植物体内的抗病毒基因等介导的抗病毒策略来开展转基因植物研究也有很多报道。

（四）抗逆境转基因植物及其应用

植物在生长过程中会遇到一些胁迫因子如干旱、寒冷、高盐、高温、重金属等，对植物生产造成损失，因而培育抗逆境植物具有重要的实际意义。

植物可以通过冷驯化刺激特定基因的表达，提高其耐低温能力，这些特定的基因包括非调控基因和调控基因。非调控基因是一类功能性基因，可以通过发挥其活性产物的功能而直接提高植物的抗寒性，包括抗冻蛋白、热激蛋白等。动物来源的抗冻蛋白基因导入玉米、番茄、烟草等植物，显示抗冻蛋白的转基因表达量和植物抗寒性呈正相关。将甜辣椒中的热激蛋白基因 *CaH-SP26* 导入烟草中，提高了烟草的抗寒性。从耐低温的北高丛蓝莓中克隆一个 CBF 编码基因 *BB-CBF*，将其转入低温敏感型的南高丛蓝莓中，可以提高其耐低温的水平。

植物在受到盐胁迫时，植物体内会积累甜菜碱来减缓逆境胁迫造成的伤害，而甜菜碱醛脱氢酶（betaine aldehyde dehydrogenase，BADH）是甜菜碱生物合成过程中的关键酶。将 *BADH* 基因转入马铃薯中，增加了转基因植株的耐盐性。将山菠菜 *BADH* 基因导入水稻和棉花中，在盐胁迫下转基因植株比非转基因植株的细胞膜结构更加稳定，表现出明显的耐盐性。

近年来，在抗旱相关的基因表达、转录调控及信号转导等方面的研究进展使我们对植物抗旱的分子机制及其相关的调控网络有了更进一步的认识。抗旱转基因研究正是以此为基础，发掘干旱胁迫相关的基因，明确这些基因在干旱胁迫中的作用机制，构建转基因植物从而获得耐旱的植物（图 2-4）。随着更多的植物干旱胁迫相关功能基因的发现，植物抗旱转基因工程将有更多的选择和更大的发展空间。

（五）调节发育的转基因植物及其应用

下面以转基因延熟番茄为例，介绍两种不同的转基因植物实现方式。

细胞壁水解酶对果实的成熟有促进作用，通过抑制细胞壁水解酶活性，可抑制果实细胞壁的降解，延缓成熟与衰老。多聚半乳糖醛酸酶（PG）可将细胞壁中的多聚半乳糖苷降解为低聚半乳糖苷，在果实成熟的过程中，*PG* 的 mRNA 水平可提高 100 倍。科学家利用反义 RNA

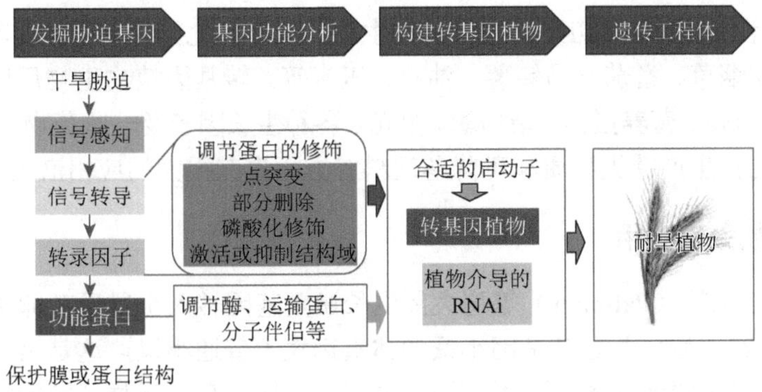

图 2-4　植物抗旱转基因研究示意图（改自 Umezawa et al.，2006）

技术将 *PG* 基因的反义基因片段与植物转化载体连接后，经农杆菌与番茄无菌苗子叶外植体共培养，获得了转化植株，这种转 *PG* 反义基因的番茄果实中，反义基因经转录产生的反义 RNA 与细胞原有 mRNA（靶 mRNA）互补形成双链 RNA，阻止靶 mRNA 进一步翻译形成 PG，PG 的 mRNA 水平及 PG 酶活性在果实成熟阶段明显降低，果实贮存期延长，不易损伤和感染。

乙烯是植物的内源激素，它的功能之一是催化植物果实的成熟。如果能降低乙烯的前体 1-氨基丙烷-1-羧酸（ACC）合成酶和 ACC 氧化酶［即乙烯形成酶（EFE）］在番茄果实中的水平或活性，或增加 ACC 脱氨酶（ACCd 酶）和 ACC 的前体 *S*-腺苷甲硫氨酸（SAM）水解酶的水平或活性，就能获得延熟番茄。奥勒（Oller）等将 ACC 合成酶的基因 *LE-ACC2* 的反义基因插入载体后转化番茄，从而引发内源 ACC 合成酶基因的沉默，降低了 ACC 合成酶的表达，使乙烯合成降低了 99.5%，延熟的果实用外源乙烯处理可以逆转。用 EFE 反义基因转化番茄，获得的延熟番茄在 13～30℃条件下可贮藏 45d，在 1996 年被批准为我国第一个商品化生产的农业基因工程产品。

（六）其他方面的转基因植物及其应用

自然界一些重要花卉的色彩不全。例如，月季、郁金香、康乃馨缺少蓝色和紫色，矮牵牛则缺少纯黄色。这些问题无法通过传统杂交育种的方法解决。花色素苷是影响花色的主要色素，控制花色从红色至紫色、蓝色的一系列变化，其含量的提高或降低都可能改变花的颜色。1988 年，研究者将编码查耳酮合成酶的结构基因导入矮牵牛植株，转基因植株的花色由紫色变成白色，且不同株系表现出不同程式的花色变异。转基因矮牵牛获得成功后，观赏植物基因工程得到广泛的应用和发展，以后陆续培育出了改变花色的蔷薇、玫瑰和金鱼草等。

通过转基因技术将胡萝卜素转化酶系统转入大米胚乳中可获得外表为金黄色的转基因大米，称为“黄金大米”。在转基因大米中有 3 个新插入的编码基因，分别表达茄红素合成酶（PSY）、胡萝卜素脱氢酶（CRTI）和番茄红素 β-环化酶（LCY）以调控 β-胡萝卜素蛋白在胚乳中的合成途径。这种大米富含胡萝卜素，其 β-胡萝卜素的含量是普通大米的 23 倍，且富含维生素 A，可帮助人体增加对维生素 A 的吸收。2012 年，湖南衡阳发生用儿童测试转基因“黄金大米”事件，引发了公众的极大关注。澳大利亚和新西兰食品标准局公布相关信息，称经评估“黄金大米”是安全的。2021 年 7 月 21 日，菲律宾成为世界上第一个批准“黄金大米”商业化种植的国家，该项举措旨在减少贫困地区的营养不良问题。

研究者自20世纪90年代初开始进行植物生物反应器研究，至今已育成表达多种外源基因的转基因植物，如烟草、番茄、马铃薯、油菜、玉米等。转基因植物生物反应器可以生产细胞素、激素、单克隆抗体、营养蛋白、蛋白酶、疫苗、各种生长因子及一些药物（见知识扩展2-4）。此外，转基因植物在生产糖类物质和可降解塑料等方面也有很大的应用潜力。

二、转基因动物及其应用

1982年，帕尔米特（Palmiter）等将大鼠生长激素基因转入小鼠受精卵基因组中，培育出6只快速生长的超级小鼠，并且转基因小鼠的体重远大于普通小鼠，这是第一例成功的转基因动物。随后，转基因动物研究扩展到猪、牛、羊、兔、鸡、鱼、果蝇、家蚕等。由于动物体细胞不具有全能性，动物转基因技术与植物转基因技术相比存在明显的差异，一般不利用离体组织培养转化技术，而是采用早期胚胎进行遗传操作或弱病毒感染技术。目前，转基因动物的制作方法主要有DNA显微注射法、逆转录病毒感染法、基因打靶法、精子载体法、体细胞核移植法、转座子介导法等。

（一）转基因动物应用领域

随着研究的不断深入及实验技术的不断完善，转基因动物应用已深入生命科学研究、动物生产、医药等多个方面（见知识扩展2-5）。

1. 转基因动物在生命科学研究中的应用

利用转基因动物研究基因敲除和过量表达等方法可以研究相关基因的结构、表达、功能和调控。例如，水通道蛋白家族于1989年被发现，学者利用十几年时间构建出一系列水通道蛋白基因敲除小鼠，研究水通道蛋白在尿浓缩、消化液、脑脊液代谢等过程中的生理功能。类似的研究还有许多，转基因动物技术已成为生命科学研究领域内的重要工具。

2. 转基因动物在动物生产中的应用

转基因技术的应用弥补了传统动物育种的不足，为快速改良或提高动物生长发育、肉质质量、抗病能力等农业性状提供了良好的解决措施。例如，将人的生长激素基因导入猪的受精卵，使猪的生长速度和饲料利用率得到显著的提高；将脂肪酸去饱和酶基因（*FAD-2*）转入猪的基因组中，转*FAD-2*猪的猪肉不饱和脂肪酸含量高于普通猪20%，提高了猪肉品质。此外，在羊、牛和鸡等家畜、家禽及鱼类中都有类似的转基因研究。

动物生物反应器研究是转基因动物的一个重要领域，利用转基因动物生产目的基因产物蛋白质（主要是营养保健蛋白或药用蛋白）。动物乳腺生物反应器是目前国际上唯一证明可以达到商业化生产水平的生物反应器。自1987年报道首例乳腺生物反应器的小鼠模型以来，研究人员迅速将其应用于猪、牛和羊等大动物的研究中，其中血清白蛋白、乳铁蛋白和溶菌酶等的表达已经达到商业化水平。现已应用转基因牛、羊和猪生产出一些贵重的药用蛋白，如人凝血因子、抗凝血酶、胶原、血纤维蛋白原等。

3. 转基因动物在医药上的应用

利用动物转基因技术来构建相关人类疾病的动物模型可以解决自然突变和人工诱变带来的突变率低及突变方向难控制的问题。许多研究人员已经成功构建相关人类疾病的动物模型。例如，阿尔茨海默病模型*APP/PS1*转基因小鼠的建立，这种过量表达型转基因小鼠如今是世界范围内广泛使用的评价这一病症药物和治疗疫苗的动物模型。贫血病转基因小鼠的建立，为研究分析贫血病的发病机制、药物治疗效果提供了必要的动物模型。而关于糖尿病、神经退行性疾病和心血管疾病转基因猪模型也有较多报道。目前，多种疾病的转基因动物模型已经建立，为动物相关的疾病预防及控制研究提供了方便。

异种器官移植和异种细胞移植是解决人供体器官短缺的重要途径，而猪则被认为是人体异种器官来源及异种细胞再生的首选动物，其器官不但体积和组织结构上与人类器官非常相似，而且可避免灵长类动物作为异种供体源的伦理问题。尽管猪可能作为人体器官移植的供体，但直接将正常的猪器官移植至患者体内，会出现一系列的免疫排斥反应，如超急性排斥反应、急性血管性排斥反应和慢性排斥反应等。同时，猪内源性逆转录病毒（PERV）对人也具有潜在风险。因此如何避免免疫排斥反应和 PERV 的跨物种感染是实现猪的器官异种移植首先要攻克的两大难题。2002 年，研究人员通过同源重组方法敲除猪 α-1, 3-半乳糖转移酶（α-1, 3-galactosyltranferase，GGTA1）的基因，阻断半乳糖-α-1, 3-半乳糖抗原表位（抗原决定簇）的生成，有效克服了异种器官移植的超急性排斥反应。转基因或基因编辑猪的研究为异种器官移植提供了巨大的可能性，同时为打破人类器官移植资源匮乏的现状带来了曙光（见知识扩展 2-6）。

（二）转基因动物研究中出现的问题

转基因动物的研究和应用仍有诸多问题需要克服。首先，利用体细胞克隆技术生产转基因动物的效率很低。例如，转基因猪阳性率仅有 1%～2%，远低于体内受精胚胎在母猪子宫内的发育效率。低下的转基因效率使得转基因动物的应用成本大幅增加，迫切需要探索更有效的方法来提高转基因动物的生产效率。其次，外源基因在宿主基因组中的整合等难以控制。转入的基因在宿主基因组中随机插入，可能导致内源基因破坏或失活，也可能激活正常情况下处于关闭状态的基因，从而导致转基因阳性动物个体出现不育、胚胎死亡、四肢畸形等异常现象，或插入引起突变可导致肿瘤发生。最后，转入的基因表达水平极低。许多转基因插入位点效应影响可导致大部分转入基因表达水平低且难以检测，而个别转入基因表达水平太高，但外源基因的高水平表达可能使宿主动物难以承受。

三、转基因微生物及其应用

转基因微生物是研究和应用最早的转基因生物。受体微生物主要是大肠杆菌、酵母菌、沙门氏菌、痘苗病毒、腺病毒、禽痘病毒及志贺氏菌等。1977 年，研究人员首次将生长激素释放抑制因子基因导入大肠杆菌并成功表达；1978 年，有研究者利用大肠杆菌成功生产转基因人胰岛素；1982 年，美国食品药品监督管理局批准了转基因胰岛素的生产和应用，成为世界上第一例获准上市的转基因药物。2000 年，中国第一例获准商品化生产的转基因微生物——固氮粪产碱菌转 *ntrC-nifA* 基因工程菌 AC1541（在高铵下表现出固氮活性，并能集聚在水稻根表面）在中国辽宁省进行了商品化生产。

随着社会的发展和科学的进步，微生物在工业、农业、医药、环境、能源等领域中所发挥的作用愈来愈受到关注。由于转基因微生物比较容易培育，在医药、农业和工业等领域得到了广泛应用。

（一）在医药领域的应用

转基因微生物在医药领域中的应用主要是生产基因工程药物和疫苗。自 1982 年美国第一例基因工程药物人胰岛素上市以来，基因工程药物飞速发展，提供了可靠、大量而又稳定的药品来源。目前，基因工程菌生产的药物涉及胰岛素、干扰素、白介素、人类生长激素等。应用基因工程技术能生产出不含感染性物质的亚单位疫苗、稳定的减毒疫苗及能预防多种疾病的多价疫苗。例如，把编码乙型肝炎表面抗原的基因插入酵母菌基因组，制成了 DNA 重组乙型肝炎疫苗。目前，乙肝、丙肝、霍乱、口蹄疫病毒、单纯疱疹病毒等疫苗都是通过基因工程技术进行生产的。2022 年 3 月 1 日，国家药品监督管理局附条件批准重组新型冠状病毒蛋白疫苗（CHO 细胞）上市注册申请。该疫苗是首个获批的国产重组新型冠状病毒蛋白疫苗，适用于预防新型冠状病毒传染病（COVID-19）。

（二）在农业领域的应用

1. 生产微生物农药

转基因微生物农药的商业化应用主要包括杀虫转基因微生物和防病转基因微生物。利用基因工程方法将不同的杀虫基因导入野生型病毒，能够增加病毒毒力而杀灭害虫。例如，中国科学家构建了缺失蜕皮激素载体-UDP 葡萄糖基转移酶基因同时表达蝎子神经毒素基因的双重重组棉铃虫病毒（HaSNPV），该重组病毒感染害虫致死时间缩短，杀虫速度明显加快。将 Bt 毒蛋白基因导入能在玉米植株维管束内繁殖的内生菌中，杀虫毒素可随着内生菌的繁殖而增加，能够显著降低玉米螟的危害。除杀虫外，通过基因操作对植物生防菌进行遗传改造，也可以增强植物抗病菌活性和扩大防治对象。

2. 生产微生物肥料

转基因微生物肥料主要指遗传改良的联合固氮菌和根瘤菌，采用分子技术对外源固氮基因及其调控基因进行转移而构建出固氮活性提高的新型基因重组固氮菌。例如，在联合固氮菌中引入多拷贝的四碳二羧酸运输系统（Dct，固氮菌的能量运输系统，由两个操纵子构成，*dctDB* 是调节基因，*dctPQM* 是结构基因）基因，解决了菌体能量供应限制问题，从而获得了高效固氮的基因工程菌。

3. 生产饲料添加剂

将酶制剂、抗菌肽、生长激素等基因利用基因工程技术导入工程菌中，可提高饲料酶的活性、饲料利用率和改善饲料某些特性等。转植酸酶酵母表达的中性植酸酶量比天然菌株提高了 4000 倍以上，已通过农业农村部转基因生物安全评价，并已生产和应用。欧洲食品安全局于 2019 年分别发布了转基因菌株产生的两种植酸酶和 4 种氨基酸的饲用添加剂安全性评估报告。转基因粟酒裂殖酵母（*Schizosaccharomyces pombe*）菌株产生的 PHYZYME XP 植酸酶主要用作禽类和猪的饲料添加剂；转基因法夫驹形氏酵母（*Komagataella phaffii*）菌株产生的 APSA PHYTAFEED 植酸酶主要用作鸡的饲料添加剂。此外，还有的将鱼生长激素基因转入微生物中，利用微生物发酵技术来生产重组鱼生长激素，作为促进鱼生长的饲料添加剂，以满足鱼类养殖的需要。

4. 生产兽用工程疫苗

利用基因工程技术表达病原微生物的抗原性片段可以作为兽类疫病防治的工程疫苗。1991 年，我国第一个商品化的疫苗——仔猪腹泻大肠杆菌 K88/K99 二价基因工程疫苗研制成功并实现了首次商业化应用。已通过农业农村部农业转基因生物安全评价的疫苗有猪生长抑制基因工程疫苗、马立克氏病基因工程活载体疫苗、猪囊虫核酸疫苗、幼畜腹泻双价基因工程疫苗、新城疫重组鸡痘病毒基因工程疫苗、动物去势疫苗等。狂犬病毒糖蛋白的重组疫苗已被多个国家批准注册或进入商业化生产。进入安全性评价不同阶段的工程疫苗产品越来越多，应用的数量也会不断上升。

（三）在工业领域的应用

转基因重组微生物在工业领域主要应用于食品工业，其中大多是利用转基因技术进行微生物的菌种改良，生产食品如乳制品、酒类、酱油、食醋等所需的酶制剂和添加剂。欧洲食品安全局于 2020 年 5 月发布了转基因黑曲霉 NZYM-FP 产生的食品酶磷脂酶的安全性评估，该磷脂酶主要用于油脂脱胶。

（四）在其他领域的应用

转基因微生物可以被应用于能源领域，如生物燃料（乙醇）生产，科学家对酿酒酵母进行了基因改造，新得到的酵母菌株可以发酵葡萄糖、纤维二糖和木糖，能更好、更多地把植物发酵成替代性的燃料乙醇。转基因微生物还被广泛应用于环境领域，如有机污染物的降解、环境重金属的富集、矿物的浸提、饮用水砷化物的检测等。

第二节　转基因生物的安全性评价

一、转基因生物的潜在安全问题及风险

转基因技术能够通过操作基因而改变生物的一些生物学性状、代谢过程甚至某些生命活动过程，并且可以突破生物间天然的生殖障碍，打破生物进化形成的遗传壁垒，使基因在不同生物体间转移，产生显著不同于传统杂交方法所产生的生物。人类可以在一定程度上设计、改造某种生物，创造自然界中原本不存在的生物物种。转基因生物技术也存在一定的问题或风险，并且具有不确定性和难预测性。虽然转基因生物技术及其产物是被严格控制的，但通过转基因技术产生的转基因生物可能会对受体生物、生态安全、食品安全及社会伦理等方面产生难以预测的负面影响。

（一）转基因操作对受体生物的影响

转基因导入的外源基因及其产物对受体生物是否有不利影响？外源基因引入后，是否会影响其他重要的调节基因，是否会激活动物原癌基因？一些研究表明，转基因可给动物造成插入突变和机能紊乱，转基因动物被发现存在健康状况较差和存活率较低等问题。例如，转 *GH* 基因小鼠的 GH 水平过高会抑制黄体功能，导致母鼠不孕。

目前转基因植物实验中使用的标记基因可分为两大类：选择基因和报告基因。标记基因大多数会表达相应的酶或其他蛋白质，它们有可能对转基因植株产生有害影响。外源基因的插入对植物存在影响，由于外源基因插入的位置及拷贝数的变化，可能产生多方面的影响。例如，可能会导致转基因的失活或沉默，也可能会使受体植物的某些基因表现出插入失活。

（二）转基因生物对生态安全的影响

转基因生物释放到环境中或在农业生产中应用以后，可能会带来生态安全的问题，主要有以下几个方面。

1. 转基因生物成为有害生物

抗除草剂转基因作物变成杂草，即抗性作物自身“杂草化”，包括抗性作物逃逸生成杂草

和抗性自生苗对下茬作物的危害。种子休眠期改变、种子萌发率提高、对有害生物和逆境耐受性增强等生长优势性状的改变都可能增加转基因植物杂草化的趋势。

由于人类赋予了转基因生物的某些特殊性状，增强了它们在该地区生存条件下的竞争能力，有人认为转基因生物有可能成为“入侵的外来物种”，威胁到生态系统中其他生物的生存（见知识扩展 2-7）。

2. 转基因生物的基因漂移

所谓基因漂移，指的是一种生物的目标基因向附近野生近缘种的自发转移，导致附近野生近缘种发生内在的基因变化，具有目标基因的一些优势特征，形成新的物种，以致整个生态环境发生结构性的变化。

转基因植物中的基因漂移可通过种子传播、花粉流和非有性杂交三种方式来实现，其中花粉传播是主要途径，可以借助风力、昆虫、鸟类、野生动物或流水等发生转移（图 2-5）。转基因作物在收获后，其种子散落在田间地头，可能会形成转基因土壤种子库。沃里克（Warwick）等在加拿大抗除草剂油菜田附近收集到其野生亲缘种——芜菁（*Brassica rapa*），其中就发现了一株具有抗性的野生芜菁。

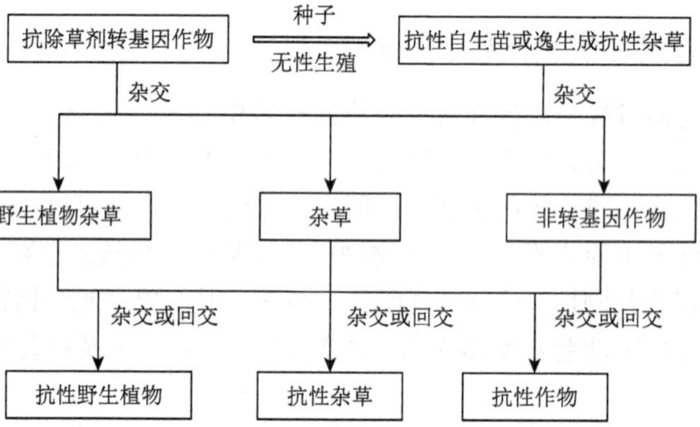

图 2-5　抗除草剂作物的抗性基因在环境中移动的主要路径及存在的形式（引自张伟，2011）

转基因动物基因转移的主要形式是转基因动物在环境释放后与其近缘野生动物种间的杂交；而转基因微生物是否与其他微生物、植物、动物进行遗传物质交换，尚待研究。

转基因生物基因漂移对近缘物种存在潜在威胁，远缘杂交有可能使转基因植物中的抗病、抗虫、抗除草剂、抗逆境等基因通过水平（转基因向其他物种转移）和垂直（转基因向近缘物种转移）两个方向进行转移。抗除草剂转基因作物的抗性基因“漂移”到杂草上，导致抗药性杂草的产生。这种作物对野生植物群落的潜在影响，即逸生（从栽培转变为野生状态的植物）后是否会像外来植物一样，替代当地某些植物，改变植物的群落结构；抗性基因“漂移”到其他野生动物、植物或微生物上，可能会改变（提高或降低）它们的适应性，导致生物群落结构的改变。

抗病毒转基因作物存在产生新病毒的可能性。对大多数抗病毒转基因植物而言，表达序列与靶病毒 RNA 基因组之间具有同源性，病毒与病毒的重组或者核苷酸之间的交换，都可以产生新病毒，可能会扩大病毒寄主范围，病毒的协同作用可能会使病毒病变得更加严重。1992 年，法里内利（Farinelli）等研究报道，含一种马铃薯 Y 病毒属的外壳蛋白基因的转基因烟草，被另一种马铃薯 Y 病毒属病毒感染后，转基因作物上出现了两种病毒类型，除正常的感染病毒外，还有一种是由转基因植物合成的外壳蛋白包装的病毒。

3. 转基因生物对非靶标生物的影响

在生态系统中，除了靶标昆虫，其他生物（非靶标生物）也可能直接或者间接地取食抗虫转基因植物。例如，转 *Bt* 基因抗虫玉米（或水稻、棉花）的叶片、花粉、根等可能会对非靶标生物如家蚕和帝王斑蝶等鳞翅目昆虫、传粉蜂类、蚜虫和盲蝽等刺吸式害虫、蚯蚓等土壤生物、大型蚤和鱼类等水生生物、鸟类、鼠类等生物的生长发育和繁殖产生影响。此外，通过“抗虫转 *Bt* 基因植物-害虫-天敌”食物链而间接取食转基因植物的捕食性天敌（如蜘蛛、瓢虫和草蛉）和寄生性天敌（寄生蜂）的生长发育和繁殖也可能会受到影响。总之，转基因植物可通过直接被取食或进入食物链从而影响非靶标生物的生存（见知识扩展 2-8）。

知识扩展 2-8

4. 害虫的抗性进化

转基因 Bt 作物的大面积释放可能会加速害虫对 Bt 毒蛋白的抗性进化，害虫中肠受体的任何突变都可能导致害虫的抗性进化。有研究者发现，害虫的抗性基因并非像我们通常认为的都是隐性的，显性抗性也是存在的。

近年来，携带多个叠加 Bt 抗性基因作物的出现正是为了应对害虫对 Bt 作物的耐受性进化的结果，但其应对害虫抗性进化的效果却并不显著。中国在大规模释放 Bt 抗虫棉不到 8 年的时间里，就已经有报道害虫抗性进化的案例。然而，与种植非转基因棉花作为避难所相比，利用“天然避难所”策略在延缓抗性方面的效率还是比较低的。与杂食性的棉铃虫形成鲜明对比，生长在南方长江流域的红铃虫（*Pectinophora gossypiella*）由于专食棉花，又没有“天然避难所”的存在，其抗性进化较为明显。在印度，田间抗性红铃虫种群的抗性能达到敏感种群的 40 多倍。

害虫产生抗药性会促使害虫更加猖獗，因此需要施用更多农药。如此恶性循环，更加剧了对环境的污染。

5. 转基因成分对土壤生态系统的影响

随着转基因作物的大面积种植，科学家和公众都会担忧转基因作物是否会对自然和农业生态系统产生负面影响。转基因作物在插入新的外源基因后，可能导致其植株及根际分泌物化学成分质与量的变化，从而影响土壤中动物的数量与多样性，最终对土壤生态系统的多种功能形成潜在威胁。已有研究表明，转基因作物代谢产物可以在食物链中传递。当土壤中的生物体通过捕食、竞争或共生等相互影响，敏感生物的快速反应达到一定程度后，会引起其他生物的连锁反应，最终导致对土壤生态系统的多项功能产生影响。

有些转基因植物可能会将外源转基因转移给根际微生物，其根际分泌物和作物残体也可能影响土壤生态系统，降低植物的自然分解率，影响土壤的肥力及土壤的生物多样性。Bt 毒素从转基因作物的残枝落叶进入土壤和水中，可能会对土壤和水中的无脊椎动物及养分循环过程产生负面影响。含 Bt 杀虫蛋白的根部渗出物能够与根表面的土壤颗粒结合，使其不易被生物降解。有报道认为，纯化的 Bt 毒素在特定土壤中能够持续保持杀虫效果达 234d。

（三）转基因生物来源的食品对人类健康可能的影响

世界上第一例转基因食品是 1993 年投入美国市场的转基因番茄。植物来源、动物来源和微生物来源的转基因食品发展迅速，市场上出现了各种类型的转基因食品或含转基因生物成分的食品。人们担心导入外源基因后是否对食品质量有影响，基因表达的蛋白是否是过敏原或有毒。转基因生物来源的食品对人类健康可能存在以下几个方面的影响。

1. 食品营养品质的改变

转基因生物导入的外源基因，初衷是期待改良生物的品质或性能，但被加工成食品后也可能对食品的营养价值产生无法预期的改变，增加或降低了食品的营养成分。

2. 抗生素抗性

在转基因的过程中，常使用抗生素抗性基因作为标记基因用于筛选和鉴定。一般来说，标记基因无安全性问题，在肠道中水平转移的可能性小。但人们担忧转基因食品中的抗生素抗性基因可能会通过转染肠道细菌，而使消费者对这些抗生素产生抗性，也就是耐药性。

3. 潜在毒性

转基因的插入可能会激活或增加一些植物毒素的合成，如马铃薯的茄碱、木薯和马豆的氰化物、豆科植物的蛋白酶抑制剂等毒素的增加，从而对人体健康造成影响。

4. 潜在的过敏原

有资料显示有近2%的成年人和4%～6%的儿童患有食物过敏。转基因生物通常插入特定的基因来表达特定的蛋白，若所表达的蛋白是已知的过敏原，则会引起过敏人群的不良反应。若转入的蛋白是新蛋白时，这种异性蛋白就有可能引起食物过敏，需要判断新的重组蛋白是否具有导致过敏的活性。

5. 转基因动物食品与激素

评价转基因动物食品的安全性还要考虑用于饲喂动物的药物、饲料的安全性。对于人工合成的激素类，如赤霉烯酮、醋酸美仑孕酮等，与天然激素不同，它们不能由生物体自己产生，并且这些成分的代谢速度不如天然激素类快，即使是微量的改变也可能给人的生理带来永久的变化。

二、转基因生物安全性评价的目的和原则

鉴于前面提到的转基因生物可能存在潜在的安全性风险，对转基因生物的安全性评价就成为研发和应用转基因生物不可或缺的主要工作内容。

（一）评价目的

生物技术在为人类的生活和社会进步带来巨大利益的同时，也可能对人类健康和环境造成负面影响。转基因生物安全管理一般包括转基因生物安全性的研究、评价、检测、监测和控制措施等技术内容。其中，安全性评价是安全管理的核心和基础，其主要目的是从技术上分析转基因生物及其产品的潜在危险，确定安全等级，制定防范措施，防止潜在危害，也就是对转基因生物研究、开发、商品化生产和应用各个环节的安全性进行科学、公正的评价，为转基因生物安全管理提供决策依据，使其在保障人类健康和生态环境安全的同时，也有助于促进生物技术的健康、有序和可持续发展，达到趋利避害的目的。

1. 提供科学决策的依据

生物安全性评价是进行生物技术安全管理和科学决策的需要。对于每一项具体工作的安全性或危险性进行科学、客观的科学评价，划分安全等级，在技术上是可行的。转基因安全性评价的结果是制定必要的转基因生物安全监测和控制措施的工作基础，为决定研究工作是否开展及如何开展提供了充分的依据。

2. 保障人类健康和环境安全

生物安全性评价是保障人类健康和环境安全的需要。当科学技术的发展与环境安全和人类健康发生冲突时，就需要对此做出全面、合理的评价以决定如何取舍。通过安全性评价，可以明确转基因生物存在哪些主要的潜在危险及其危险程度，从而可以有针对性地采取与之相适应的监测和控制措施，避免或减少其对人和环境的危害。

3. 回答公众疑问

生物安全性评价是回答公众有关转基因生物及其产品安全性疑问的需要。转基因生物的研究、开发和利用想要健康有序、可持续地发展，必须获得公众的认可和社会的支持。考虑到转基因技术水平对基因操作的影响和人类认识水平有限的现实，社会各界对于转基因生物安全性的高度关注和种种疑虑是必然的、可以理解的。对有关转基因生物向自然环境中的释放和生产应用进行科学、合理的安全性评价，有利于消除公众由于缺乏了解产生的误解，形成对转基因生物安全性的正确认识，既不走“谈转基因色变”一概拒绝的极端，也不是不予理会，丝毫没有安全意识。

4. 促进国际贸易，维护国家权益

生物安全性评价是促进国际贸易和维护国家权益的需要。随着经济全球化步伐的加快，国际贸易蓬勃发展，生物技术产业作为高科技技术也不可避免地加入激烈竞争的行列。转基因生物及其产品的安全水平与其用途、使用方式及其所处的环境具有极其密切的关系，在一个国家比较安全的生物产品，在另一个国家就可能不安全甚至是十分危险的。因此，对进、出口产品生物安全性评价和检测的水平，不仅关系到国际贸易的正常发展和国际竞争力，而且关系到国家形象和权益。另外，由于对转基因生物及产品的安全性所存在的顾虑及贸易保护主义的壁垒，转基因生物及其产品进出口时受到了远大于其他一般商品的阻力。为了克服种种阻力，打破贸易和技术的双重壁垒，赢得竞争中的主动权，高水平的生物安全评价内容和检测手段成为一个必备条件。

5. 促进生物技术可持续发展

生物安全性评价是保证和促进转基因生物技术的稳定、健康和可持续发展的需要。生物技术的安全问题是自现代生物技术兴起以来一直备受世人关注和争论的焦点。随着转基因生物在医药、农业、食品等领域产业化进程的飞速发展及其展现出来的巨大应用前景，其安全问题日益突出。出于不了解或其他原因，一些团体或组织的反转基因生物的抗议或破坏在有些国家时有发生，不利于生物技术的健康发展。通过对转基因生物的安全性评价，科学、合理、公正地认识转基因生物的安全性，有利于及时采取适当的措施对其可能产生的不利影响进行科学的防范和控制。

（二）评价原则

生物安全管理体制体现国家意志，展示国家形象，关系国家综合国力的增长。我国生物安全管理实施原则如下。

1. 研究开发与安全防范并重的原则

生物技术在解决人口、健康、环境与能源等诸多社会经济重大问题中发挥了重要作用，已成为 21 世纪的经济支柱产业之一。对此，世界各国纷纷采取一系列政策对生物技术进行更广泛的研究与开发。一方面要采取一系列政策措施，积极支持、促进生物技术的研究和产业化发展，另一方面对转基因生物安全问题的广泛性、潜在性、复杂性和严重性予以高度重视。同时要充分考虑伦理、宗教等诸多社会因素，以对全人类和子孙后代长远利益负责的态度开展生物安全管理工作。坚持在保障人体健康和环境安全的前提下，发展转基因生物及其相关产业，促进生物技术产品的国内外经济贸易发展。

2. 预防为主的原则

不同的转基因生物，其受体生物、基因来源、基因操作、拟议用途及商品化生产和商业营销等环节在技术与条件上存在多种差异，要按照生物技术产品的生命周期，在其实验研究、中间试验、环境释放、商品化生产及加工、贮运、使用和废弃物处理等诸多环节上防止其对生态环境的不利影响和对人体健康的潜在隐患。特别是在最初的立项研究和中试阶段一定要严格地履行安全性评价和相应的检测工作，做到防患于未然。

3. 相关职能部门协同合作的原则

生物技术产品根据其应用领域分属于农林、医药卫生和食品等行业。其安全性管理既涉及人体健康和生态环境保护，也涉及出入境管理及国际经济贸易活动。为此，必须坚持行业部门间的分工与协作，协同一致，各司其职，共同为我国高新技术产业的发展而努力。

4. 公正、科学的原则

基因工程产品的研制具有明显的技术专利性，对知识产权应予以保护。其安全性评价必须以科学为依据站在公正的立场上予以正确评价，对其操作技术、检测程序、检测方法和检测结果必须以先进的科学技术为准绳。对所有释放的生物技术产品要依据规定进行定期或长期的监测，根据监测数据和结果，确定采取相应的安全管理措施。国家生物安全性评价标准与检测技术不仅在国内应具备科学技术的权威性，而且在国际上应具有技术的先进性，其科学水平应获得国际社会的认可。国家应大力支持与生物安全有关的科学研究和技术开发工作，对评估程序、实验技术、检测标准、监测方法、监控技术及有关专用设备等的研究应优先支持。

5. 公众参与的原则

提高公众的生物安全意识是开展生物安全工作的重要课题。必须给予广大消费者知情权，使公众能了解所接触、使用的转基因生物产品与传统产品的等同性和差异性，对某些特异新产品应给予消费者知情权和选择权。通过宣传教育，建立适宜的机制，使公众成为生物安全的重要监督力量（见知识扩展 2-9）。在生物安全的管理上对产品的贮运加工、废弃物处理等方面，要充分考虑社会公众对生物安全的认识差异和实际情况，借鉴国外的经验，采取必要措施积极保护公众的利益，促进生物技术工作在我国健康发展。

6. 个案处理和逐步完善的原则

通过基因工程使基因在不同生物个体之间，甚至不同的生物种属之间转移及表达成为可能。但是就当前的科学水平，人们还不能精确地控制每种基因在生物机体中的遗传信息的具体交换及其影响。事实上，各种受体生物经过不同的遗传操作产生的遗传信息交换的作用影响是错综复杂的。为此，必须针对每种基因产品的特异性，根据科学依据进行具体分析和评价。在此基础上，有关部门将实事求是地根据基因工程工作进展的时段采取相应的安全措施。随着科学技术的进步、经验的积累，也包括公众舆论可接受程度的提高，转基因生物技术应逐步改进并完善。

三、转基因生物安全性评价的内容

为了加强农业转基因生物安全管理，保障人体健康和动植物、微生物安全，保护生态环境，促进农业转基因生物技术研究，国务院制定了我国《农业转基因生物安全管理条例》（2001 年 5 月 23 日中华人民共和国国务院令第 304 号公布，先后经历 2011 年和 2017 年修订，以下简称《条例》），即农业转基因生物是指利用基因工程技术改变基因组构成，用于农业生产或者农产品加工的动植物、微生物及其产品，主要包括：①转基因动植物（含种子、种畜禽、水产苗种）和微生物；②转基因动植物、微生物产品；③转基因农产品的直接加工品；④含有转基因动植物、微生物或者其产品成分的种子、种畜禽、水产苗种、农药、兽药、肥料和添加剂等产品。根据《条例》，农业农村部制定了《农业转基因生物安全评价管理办法》（2002 年 1 月 5 日农业部令第 8 号公布，先后经历 2004 年、2016 年和 2017 年三次修订。以下简称《办法》）。目前，我国的转基因生物研究及开发均参照农业转基因生物进行分级评价和管理。

（一）转基因生物的安全等级

《条例》第一章第六条规定，国家对农业转基因生物安全实行分级管理评价制度。农业转基因生物按照其对人类、动植物、微生物和生态环境的危险程度，分为Ⅰ、Ⅱ、Ⅲ、Ⅳ四个等级。具体划分标准由国务院农业行政主管部门制定。《办法》第二章第九条将农业转基因生物分为以下4个等级：安全等级Ⅰ，尚不存在危险；安全等级Ⅱ，具有低度危险；安全等级Ⅲ，具有中度危险；安全等级Ⅳ，具有高度危险。

（二）评价步骤

《办法》第二章第十条规定，我国农业转基因生物安全评价和安全等级的确定按以下步骤进行。

1）确定受体生物的安全等级。
2）确定基因操作对受体生物安全等级影响的类型。
3）确定转基因生物的安全等级。
4）确定生产、加工活动对转基因生物安全性的影响，建议转基因产品的安全等级。
5）综合性评价及建议转基因生物或其产品的生物安全等级。

（三）具体评价内容

转基因生物安全评价的内容包括转基因生物对人类健康的影响和对生态环境的影响两个大的方面，并且每个方面的具体评价内容在不同国家或不同应用领域有所不同，也是一个不断发展和完善的过程。现以我国对农业转基因生物的安全性评价为例来进行介绍说明。

1. 受体生物安全等级的确定

根据受体生物的特性及其安全控制措施的有效性将受体生物分为4个安全等级，分别为Ⅰ、Ⅱ、Ⅲ和Ⅳ（表2-7）。由于植物、动物和微生物的特点有显著不同，对受体生物的安全性评价的内容也有很多不同。

表 2-7　受体生物的安全等级及划分标准

安全等级	受体生物符合的条件
Ⅰ	对人类健康和生态环境未曾发生过不利影响；或演化成有害生物的可能性极小；或用于特殊研究的短存活期受体生物，实验结束后在自然环境中存活的可能性极小
Ⅱ	对人类健康和生态环境可能产生低度危险，但是通过采取安全控制措施完全可以避免其危险的受体生物
Ⅲ	对人类健康和生态环境可能产生中度危险，但是通过采取安全控制措施，基本上可以避免其危险的受体生物
Ⅳ	对人类健康和生态环境可能产生高度危险，而且在封闭设施之外尚无适当的安全控制措施避免其发生危险的受体生物。包括：①可能与其他生物发生高频率遗传物质交换的有害生物；②尚无有效技术防止其本身或其产物逃逸、扩散的有害生物；③尚无有效技术保证其逃逸后，在对人类健康和生态环境产生不利影响之前，将其捕获或消灭的有害生物

受体植物的安全性评价包括：①受体植物的背景资料，如学名、俗名和其他名称；分类学地位；试验用受体植物品种（或品系）名称；是否野生种；原产地及引进时间；用途；在国内的应用情况；对人类健康和生态环境是否发生过不利影响；从历史上看，受体植物演变成有害

生物的可能性；是否有长期安全应用的记录。②受体植物的生物学特性，包括是一年生还是多年生；对人及其他生物是否有毒；是否有致敏原；繁殖方式；是虫媒传粉还是风媒传粉；在自然条件下与同种或近缘种的异交率；育性；全生育期；在自然界中生存繁殖的能力，包括越冬性、越夏性及抗逆性等。③受体植物的生态环境，包括在国内的地理分布和自然生境；生长发育所要求的生态环境条件，包括自然条件和栽培条件的改变对其地理分布区域和范围影响的可能性；是否为生态环境中的组成部分；与生态系统中其他植物的生态关系，包括生态环境的改变对这种（些）关系的影响，以及是否会因此而产生或增加对人类健康和生态环境的不利影响；与生态系统中其他生物（动物和微生物）的生态关系，包括生态环境的改变对这种（些）关系的影响，以及是否会因此而产生或增加对人类健康或生态环境的不利影响；对生态环境的影响及其潜在危险程度；涉及国内非通常种植的植物物种时，应描述该植物的自然生境和有关其天然捕食者、寄生物、竞争物和共生物的资料。④受体植物的遗传变异：遗传稳定性；是否有发生遗传变异而对人类健康或生态环境产生不利影响的资料；在自然条件下与其他植物种属进行遗传物质交换的可能性；在自然条件下与其他生物（如微生物）进行遗传物质交换的可能性。⑤受体植物的监测方法和监控的可能性。⑥受体植物的其他资料。⑦根据上述评价划分受体植物的安全等级。

受体动物的安全性评价包括：①受体动物的背景资料，这部分与受体植物的内容相同。②受体动物的生物学特性，这部分与植物差异较大。包括各发育时期的生物学特性和生命周期；食性；繁殖方式和繁殖能力；迁移方式和能力；建群能力；对人畜的攻击性、毒性等；对生态环境影响的可能性。③受体动物病原体的状况及其潜在影响，包括是否具有某种特殊的易于传染的病原体；自然环境中病原体的种类和分布，对受体动物疾病的发生和传播，对其重要的经济生产性能及对人类健康和生态环境产生的不良影响；病原体对环境的其他影响。④受体动物的生态环境，包括在国内的地理分布和自然生境，这种自然分布是否会因某些条件的变化而改变；生长发育所要求的生态环境条件；是否为生态环境中的组成部分，对草地、水域环境的影响；是否具有生态特异性，如在环境中的适应性等；习性，是否可以独立生存，或者协同共生等；在环境中生存的能力、机制和条件，天敌、饲草（饲料或饵料）或其他生物因子及气候、土壤、水域等非生物因子对其生存的影响；与生态系统中其他动物的生态关系，包括生态环境的改变对这种（些）关系的影响，以及是否会因此而产生或增加对人类健康和生态环境的不利影响；与生态系统中其他生物（植物和微生物）的生态关系，包括生态环境的改变对这种（些）关系的影响，以及是否会因此而产生或增加对人类健康或生态环境的不利影响；对生态环境的影响及其潜在危险程度；涉及国内非通常养殖的动物物种时，应详细描述该动物的自然生境和有关其天然捕食者、寄生物、竞争物和共生物的资料。⑤受体动物的遗传变异。遗传稳定性，包括是否可以和外源 DNA 结合，是否存在交换因子，是否有活性病毒物质与其正常的染色体互作，是否可观察由基因突变导致的异常基因型和表现型；是否有发生遗传变异而对人类健康或生态环境产生不利影响的资料；在自然条件下与其他动物种属进行遗传物质交换的可能性；在自然条件下与微生物（特别是病原体）进行遗传物质交换的可能性。⑥受体动物的监测方法和监控的可能性。⑦受体动物的其他资料。⑧根据上述评价划分受体动物的安全等级。受体动物的安全性评价比受体植物的安全性评价多了一项内容，就是受体动物病原体的状况及其潜在影响。

无论是植物用转基因微生物还是动物用转基因微生物，受体微生物的安全性评价都包括：①受体微生物的背景资料。②受体微生物的生物学特性。③受体微生物的生态环境。④受体微生物的遗传变异。⑤受体微生物的监测方法和监控的可能性。⑥受体微生物的其他资料。⑦确定受体微生物的安全等级。

2. 基因操作对受体生物安全性的影响

基因操作对受体生物安全等级的影响分为三种类型（表 2-8）。

表 2-8　基因操作的安全类型及划分标准

类型	安全性	基因操作类型
1	增加受体生物的安全性	去除某个（些）已知具有危险的基因或抑制某个（些）已知具有危险的基因表达的基因操作
2	不影响受体生物的安全性	改变受体生物的表型或基因型而对人类健康和生态环境没有影响的基因操作
3	降低受体生物的安全性	①改变受体生物的表型或基因型，并可能对人类健康或生态环境产生不利影响的基因操作；②改变受体生物的表型或基因型，但不能确定对人类健康或生态环境影响的基因操作

转基因植物与转基因动物、植物用转基因微生物和动物用转基因微生物的基因操作安全性评价内容一致，包括以下几项内容：①转基因动植物中引入或修饰性状和特性的叙述。②实际插入或删除序列的以下资料：插入序列的大小和结构，确定其特性的分析方法；删除区域的大小和功能；目的基因的核苷酸序列和推导的氨基酸序列；插入序列在植物细胞中的定位（是否整合到染色体、线粒体，或以非整合形式存在，或植物叶绿体）及其确定方法；插入序列的拷贝数。③目的基因与载体构建的图谱，载体的名称、来源、结构、特性和安全性，包括载体是否有致病性及是否可能演变为有致病性。④载体中插入区域各片段的资料：启动子和终止子的大小、功能及其供体生物的名称；标记基因和报告基因的大小、功能及其供体生物的名称；其他表达调控序列的名称及其来源（如人工合成或供体生物名称）。⑤转基因方法。⑥插入序列表达的资料：插入序列表达的器官和组织，如植物根、茎、叶、花、果实、种子等；插入序列的表达量及其分析方法；插入序列表达的稳定性。⑦根据上述评价内容划分基因操作的安全类型。

3. 转基因生物安全等级的确定

根据受体生物的安全等级和基因操作对其安全等级的影响类型及影响程度，确定转基因生物的安全等级（表 2-9）。

表 2-9　转基因生物体的安全等级与受体生物和基因操作安全等级的关系

受体生物的安全等级	基因操作的安全等级	转基因生物体的安全等级
Ⅰ	1 或 2	Ⅰ
	3	Ⅰ、Ⅱ、Ⅲ或Ⅳ
Ⅱ	1	Ⅰ或Ⅱ
	2	Ⅱ
	3	Ⅱ、Ⅲ或Ⅳ
Ⅲ	1	Ⅰ、Ⅱ或Ⅲ
	2	Ⅲ
	3	Ⅲ或Ⅳ
Ⅳ	1	Ⅰ、Ⅱ、Ⅲ或Ⅳ
	2 或 3	Ⅳ

（1）受体生物安全等级为Ⅰ的转基因生物

1）安全等级为Ⅰ的受体生物，经类型 1 或类型 2 的基因操作而得到的转基因生物，其安全等级仍为Ⅰ。

2）安全等级为Ⅰ的受体生物，经类型 3 的基因操作而得到的转基因生物，如果安全性降低得很小，且不需要采取任何安全控制措施的，则其安全等级仍为Ⅰ；如果安全性有一定程度的降低，但是可以通过适当的安全控制措施完全避免其潜在危险的，则其安全等级为Ⅱ；如果安全性严重降低，但是可以通过严格的安全控制措施避免其潜在危险的，则其安全等级为Ⅲ；如果安全性严重降低，而且无法通过安全控制措施完全避免其危险的，则其安全等级为Ⅳ。

（2）受体生物安全等级为Ⅱ的转基因生物

1）安全等级为Ⅱ的受体生物，经类型 1 的基因操作而得到的转基因生物，如果安全性增加到对人类健康和生态环境不再产生不利影响的，则其安全等级为Ⅰ；如果安全性虽有增加，但对人类健康和生态环境仍有低度危险的，则其安全等级仍为Ⅱ。

2）安全等级为Ⅱ的受体生物，经类型 2 的基因操作而得到的转基因生物，其安全等级仍为Ⅱ。

3）安全等级为Ⅱ的受体生物，经类型 3 的基因操作而得到的转基因生物，根据安全性降低的程度不同，其安全等级可为Ⅱ、Ⅲ或Ⅳ，分级标准与受体生物的分级标准相同。

（3）受体生物安全等级为Ⅲ的转基因生物

1）安全等级为Ⅲ的受体生物，经类型 1 的基因操作而得到的转基因生物，根据安全性增加的程度不同，其安全等级可为Ⅰ、Ⅱ或Ⅲ，分级标准与受体生物的分级标准相同。

2）安全等级为Ⅲ的受体生物，经类型 2 的基因操作而得到的转基因生物，其安全等级仍为Ⅲ。

3）安全等级为Ⅲ的受体生物，经类型 3 的基因操作而得到的转基因生物，根据安全性降低的程度不同，其安全等级可为Ⅲ或Ⅳ，分级标准与受体生物的分级标准相同。

（4）受体生物安全等级为Ⅳ的转基因生物

1）安全等级为Ⅳ的受体生物，经类型 1 的基因操作而得到的转基因生物，根据安全性增加的程度不同，其安全等级可为Ⅰ、Ⅱ、Ⅲ或Ⅳ，分级标准与受体生物的分级标准相同。

2）安全等级为Ⅳ的受体生物，经类型 2 或类型 3 的基因操作而得到的转基因生物，其安全等级仍为Ⅳ。

转基因植物的安全性评价包括：①转基因植物的遗传稳定性。②转基因植物与受体或亲本植物在环境安全性方面的差异：生殖方式和生殖率；传播方式和传播能力；休眠期；适应性；生存竞争能力；转基因植物的遗传物质向其他植物、动物和微生物发生转移的可能性；转变成杂草的可能性；抗病虫转基因植物对靶标生物及非靶标生物的影响，包括对环境中有益和有害生物的影响；对生态环境的其他有益或有害作用。③转基因植物与受体或亲本植物在对人类健康影响方面的差异：毒性；过敏性；抗营养因子；营养成分；抗生素抗性；对人体和食品安全性的其他影响。④根据上述评价，参照上述有关标准划分转基因植物的安全等级。

转基因动物的安全性评价包括：①与受体动物比较，转基因动物的如下特性是否改变：在自然界中的存活能力；经济性能；繁殖、遗传和其他生物学特性。②插入序列的遗传稳定性。③基因表达产物、产物的浓度及其在可食用组织中的分布。④转基因动物遗传物质转移到其他生物体的能力和可能后果。⑤由基因操作产生的对人体健康和环境的毒性或有害作用的资料。⑥是否存在不可预见的对人类健康或生态环境的危害。⑦转基因动物的转基因性状检测和鉴定技术。⑧根据上述评价和食品卫生的有关规定，参照上述标准划分转基因动物的安全等级。

植物用转基因微生物的安全性评价包括：①与受体微生物比较，植物用转基因微生物如下特性是否改变：定殖能力；存活能力；传播扩展能力；毒性和致病性；遗传变异能力；受监控的可能性；与植物的生态关系；与其他微生物的生态关系；与其他生物（动物和人）的生态关系，人类接触的可能性及其危险性，对所产生的不利影响的消除途径；其他重要生物学特性。②应用的植物种类和用途。与相关生物农药、生物肥料等相比，其表现特点和相对安全性。③试验应用的范围，在环境中可能存在的范围，广泛应用后的潜在影响。④对靶标生物的有益或有害作用。⑤对非靶标生物的有益或有害作用。⑥植物用转基因微生物转基因性状的监测方法和检测鉴定技术。⑦根据上述标准确定植物用转基因微生物的安全等级。

动物用转基因微生物的安全性评价包括：①动物用转基因微生物的生物学特性；应用目的；在自然界的存活能力；遗传物质转移到其他生物体的能力和可能后果；监测方法和监控的可能性。②动物用转基因微生物的作用机制和对动物的安全性：在靶动物和非靶动物体内的生存前景；对靶动物和可能的非靶动物高剂量接种后的影响；与传统产品相比较，其相对安全性；宿主范围及载体的漂移度；免疫动物与靶动物及非靶动物接触时的排毒和传播能力；动物用转基因微生物回复传代时的毒力返强能力；对怀孕动物的安全性；对免疫动物子代的安全性。③动物用转基因微生物对人类的安全性：人类接触的可能性及其危险性，有可能产生的直接影响、短期影响和长期影响，对所产生的不利影响的消除途径；广泛应用后的潜在危险性。④动物用转基因微生物对生态环境的安全性：在环境中释放的范围、可能存在的范围及对环境中哪些因素存在影响；影响动物用转基因微生物存活、增殖和传播的理化因素；感染靶动物的可能性或潜在危险性；动物用转基因微生物的稳定性、竞争性、生存能力、变异性及致病性是否因外界环境条件的改变而改变。⑤动物用转基因微生物的检测和鉴定技术。⑥根据上述标准确定动物用转基因微生物的安全等级。

4. 转基因产品安全等级的确定

根据农业转基因生物的安全等级和产品的生产、加工活动对其安全等级的影响类型和影响程度，确定转基因产品的安全等级（表 2-10）。农业转基因产品的生产、加工活动对转基因生物安全等级的影响分为三种类型：类型 1，增加转基因生物的安全性；类型 2，不影响转基因生物的安全性；类型 3，降低转基因生物的安全性。

表 2-10　转基因产品安全等级与转基因生物安全和产品的生产加工类型的关系

转基因生物的安全等级	生产、加工类型	转基因产品的安全等级
Ⅰ	1 或 2	Ⅰ
	3	Ⅰ、Ⅱ、Ⅲ或Ⅳ
Ⅱ	1	Ⅰ或Ⅱ
	2	Ⅱ
	3	Ⅱ、Ⅲ或Ⅳ
Ⅲ	1	Ⅰ、Ⅱ或Ⅲ
	2	Ⅲ
	3	Ⅲ或Ⅳ
Ⅳ	1	Ⅰ、Ⅱ、Ⅲ或Ⅳ
	2 或 3	Ⅳ

（1）转基因生物安全等级为Ⅰ的转基因产品

1）安全等级为Ⅰ的转基因生物，经类型1或类型2的生产、加工活动而形成的转基因产品，其安全等级仍为Ⅰ。

2）安全等级为Ⅰ的转基因生物，经类型3的生产、加工活动而形成的转基因产品，根据安全性降低的程度不同，其安全等级可为Ⅰ、Ⅱ、Ⅲ或Ⅳ，分级标准与受体生物的分级标准相同。

（2）转基因生物安全等级为Ⅱ的转基因产品

1）安全等级为Ⅱ的转基因生物，经类型1的生产、加工活动而形成的转基因产品，如果安全性增加到对人类健康和生态环境不再产生不利影响的，其安全等级为Ⅰ；如果安全性虽然有增加，但是对人类健康或生态环境仍有低度危险的，其安全等级仍为Ⅱ。

2）安全等级为Ⅱ的转基因生物，经类型2的生产、加工活动而形成的转基因产品，其安全等级仍为Ⅱ。

3）安全等级为Ⅱ的转基因生物，经类型3的生产、加工活动而形成的转基因产品，根据安全性降低的程度不同，其安全等级可为Ⅱ、Ⅲ或Ⅳ，分级标准与受体生物的分级标准相同。

（3）转基因生物安全等级为Ⅲ的转基因产品

1）安全等级为Ⅲ的转基因生物，经类型1的生产、加工活动而形成的转基因产品，根据安全性增加的程度不同，其安全等级可为Ⅰ、Ⅱ或Ⅲ，分级标准与受体生物的分级标准相同。

2）安全等级为Ⅲ的转基因生物，经类型2的生产、加工活动而形成的转基因产品，其安全等级仍为Ⅲ。

3）安全等级为Ⅲ的转基因生物，经类型3的生产、加工活动而形成的转基因产品，根据安全性降低的程度不同，其安全等级可为Ⅲ或Ⅳ，分级标准与受体生物的分级标准相同。

（4）转基因生物安全等级为Ⅳ的转基因产品

1）安全等级为Ⅳ的转基因生物，经类型1的生产、加工活动而得到的转基因产品，根据安全性增加的程度不同，其安全等级可为Ⅰ、Ⅱ、Ⅲ或Ⅳ，分级标准与受体生物的分级标准相同。

2）安全等级为Ⅳ的转基因生物，经类型2或类型3的生产、加工活动而得到的转基因产品，其安全等级仍为Ⅳ。

转基因植物、转基因动物与转基因微生物产品的安全性评价内容相同，包括以下几方面内容：①转基因生物产品的稳定性。②生产、加工活动对转基因生物安全性的影响。③转基因生物产品与转基因生物在环境安全性方面的差异。④转基因生物产品与转基因生物在对人类健康影响方面的差异。⑤参照上述标准划分转基因生物产品的安全等级。

5. 转基因生物安全性的综合性评价和建议

在综合考查转基因生物及其产品的特性、用途、潜在接收环境的特性、监控措施的有效性等资料的基础上，确定生产加工活动对转基因生物安全性的影响，明确转基因生物及其产品的安全等级，释放环境对生物安全性的影响，形成对转基因生物安全性的评价意见，提出安全监控和管理的建议。

（四）转基因生物安全性评价试验方案

1. 转基因植物试验方案

（1）试验地点　提供试验地点的地形和气象资料，对试验地点的环境作一般性描述，标明试验的具体地点。

试验地周围属自然生态类型还是农业生态类型。若为自然生态类型，则说明距农业生态类型地区的远近；若为农业生态类型，列举该作物常见病虫害的名称及发生为害、流行情况。

列举试验地周围的相关栽培种和野生种的名称及常见杂草的名称，并简述其为害情况。

列举试验地周围主要动物的种类，是否有珍稀、濒危和保护物种。

试验地点的生态环境对该转基因植物存活、繁殖、扩散和传播的有利或不利因素，特别是环境中其他生物从转基因植物获得目的基因的可能性。

（2）试验设计　田间试验的起止时间；试验地点的面积（不包括隔离材料的面积）；转基因植物的种植资料：转基因植物品种、品系、材料名称（编号）；转基因植物各品种、品系或材料在各试验地点的种植面积；转基因植物的用量；转基因植物如何包装及运至试验地；转基因植物是机械种植还是人工种植；转基因植物全生育期中拟使用农药的情况；转基因植物及其产品收获的资料：转基因植物是否结实，是机械收获还是人工收获、如何避免散失，收获后的转基因植物及其产品如何保存。

（3）安全控制措施　隔离措施包括：隔离距离；隔离植物的种类及配置方式；采用何种方式防止花粉传至试验地之外；拟采用的其他隔离措施。

防止转基因植物及其基因扩散的措施；试验过程中出现意外事故的应急措施；收获部分之外的残留部分如何处理；收获后试验地的监控：试验地的监控负责人及联系方式，试验地是否留有边界标记，试验结束后的监控措施和年限。

2. 转基因动物试验方案

（1）试验地点　试验地点及其环境气象资料；试验地点的生态类型；试验地点周围的动物种类；试验地点的生态环境对该转基因动物存活、繁殖、扩散和传播的有利或不利因素，特别是环境中其他生物从转基因动物获得目的基因的可能性。

（2）试验设计　试验起止时间；转基因动物的品种、品系名称（编号）；转基因动物品种、品系在各试验地点的规模；转基因动物及其产品的生产、包装和贮运方法；转基因动物及其产品的用量，剩余部分处理方法；转基因动物的饲养、屠宰、加工和贮运方式。

（3）安全控制措施　隔离方式，并附试验设计图；转基因动物屠宰和加工后的残余或剩余部分处理方法；防止转基因动物扩散的措施。

此外，还有试验实施过程中出现意外事故的应急措施；试验全过程的监控负责人及联络方式；试验结束后的监控措施和年限。

3. 转基因微生物试验方案

（1）试验地点　试验地点的气象资料，试验地点的地形，环境的一般性描述，标明试验地点的位置示意图；试验地周围的生态类型；释放地点周围的动物、植物种类；释放地点的生态环境对该植物用转基因微生物的存活、繁殖、扩散和传播的有利或不利因素，特别是环境中其他生物从转基因生物获得目的基因的可能性。

（2）试验设计　试验的起止时间；试验菌株名称或编号；拟开展试验的地点和试验面积；生产、包装、贮存及运输至试验地的方式；使用方法及剂量，未使用部分的处置方式；试验植物的种植方法及田间管理措施。

（3）安全控制措施　在试验地点的安全隔离措施：如隔离方式和隔离距离；防止植物用转基因微生物扩散的措施；试验过程中出现意外事故的应急措施；试验期间的监控负责人及其联系方式。

试验期间和试验结束后，试验植物的取样或收获方式，残余或剩余部分的处理方法。

试验结束后的监控措施：试验结束后对试验地点及其周围环境的安全监控计划；试验结束后的监控年限；监控负责人及其联系方式。

（五）转基因生物安全评价各阶段的要求

我国转基因生物安全评价应按照《农业转基因生物安全评价管理办法》的规定撰写申请书，并按照要求提供各阶段安全评价材料。

根据生物安全评价的需要和转基因生物的特殊性，农业转基因生物技术检测机构的检测指标增减遵循个案分析的原则。现以我国农业转基因植物生物安全评价各阶段的要求为例做进一步说明。

1. 试验研究

试验研究是指在实验室控制系统内进行的基因操作和转基因生物研究工作。申请需要提供外源基因（包括目的基因、标记基因、报告基因，以及启动子、终止子和其他调控序列）名称及序列；转基因性状，包括产量性状改良、生理性状改良、杂种优势改良、抗逆、抗病、抗虫、抗除草剂、生物反应器等资料；试验转基因植物材料数量及试验年限（一般为1～2年）。

2. 中间试验

中间试验是指在控制系统内或者控制条件下进行的小规模试验。提供外源插入序列的分子特征资料；提供每一个转化体的转基因植株自交和杂交代别，以及相应目的基因和标记基因PCR检测或转化体特异性PCR检测资料；按照《转基因植物及其产品食用安全性评价导则》（NY/T 1101-2006）提供受体植物、基因供体生物的安全性评价资料；提供新表达蛋白质的分子和生化特征等信息，以及提供新表达蛋白质和已知毒蛋白质、抗营养因子和致敏原氨基酸序列相似性比较的资料；提供抗虫植物表达蛋白质和已商业化种植的转基因抗虫植物对靶标害虫作用机制的分析资料，评估可能产生交互抗性的风险。

3. 环境释放

环境释放是指在自然条件下采取相应安全措施所进行的中规模的试验。申请环境释放需要提供申请中间试验提供的相关资料，以及中间试验结果的总结报告；提供每个转基因株系中目的基因和标记基因整合进植物基因组的Southern杂交图和插入拷贝数，或提供每个转基因株系转化体特异性PCR检测图，并注明转基因株系的代别及编号；提供目的基因在转录水平或翻译水平表达的资料；提供转基因株系遗传稳定性的资料，包括目的基因和标记基因整合的稳定性、表达的稳定性和表型性状的稳定性；对于抗虫转基因植物，提供目标蛋白的测定方法，植物不同发育阶段目标蛋白在各器官中的含量，以及对靶标生物的田间抗性效率；新蛋白质在植物食用和饲用部位表达含量的资料；提供靶标害虫对新抗虫植物和已商业化种植的抗虫植物交互抗性的研究资料；提供对可能影响的非靶标生物（至少一种非靶标植食性生物和两种有益生物）的室内生物测定资料；提供目标性状和功能效率的评价资料，如抗虫植物应明确靶标生物种类并提供室内或田间生物测试报告。

4. 生产性实验

生产性试验是指在生产和应用前进行的较大规模的试验，分为两种类型：一是转化体申请生产性试验，二是用已取得农业转基因生物安全证书的转化体与常规品种杂交获得的衍生系申请生产性试验。

转化体申请生产性试验，需提供所申报转基因植物样品、对照样品及检测方法；申请环境释放提供的相关资料，以及环境释放结果的总结报告；提供转化体外源插入序列整合进植物基因组的 Southern 杂交图和插入拷贝数，以及转化体特异性 PCR 检测图，并注明提供材料的名称和代别；提供目的基因和标记基因翻译水平表达的资料，或目标基因在转录水平或翻译水平表达的资料；提供该转化体至少两代的遗传稳定性资料，包括目的基因整合的稳定性、表达的稳定性和表现性状的稳定性；提供该转化体个体生存竞争能力的资料；提供该转基因植物基因漂移的资料；提供目标性状和功能效率的评价资料，如抗虫植物应提供靶标生物在转基因植物及受体植物试验田季节性发生危害情况和种群动态的试验数据；提供靶标生物对抗病虫转基因植物的抗性风险评价资料；提供对非靶标生物、对生态系统群落结构和有害生物地位演化影响的评价资料；提供新表达蛋白质体外模拟胃液蛋白消化稳定性、热稳定性试验资料；必要时提供全食品毒理学评价资料；提供农业转基因生物技术检测机构出具的检测报告，包括：确认转化体身份的核酸检测，抗病虫等转基因植物对特定非靶标生物的影响，转基因抗旱植物的生存竞争力等，新表达产物在植物可食部分的表达量及新表达蛋白质体外模拟胃液蛋白消化稳定性等。

5. 安全证书

在农业转基因生物试验结束后拟申请安全证书的，试验单位应当向农业转基因生物安全管理办公室提出申请。试验单位提出申请时，应当按照相关安全评价指南的要求提供下列材料：①安全评价申报书；②农业转基因生物的安全等级和确定安全等级的依据；③中间试验、环境释放和生产性试验阶段的试验总结报告；④按要求提交农业转基因生物样品、对照样品及检测所需的试验材料、检测方法等。农业农村部收到申请后，组织农业转基因生物安全委员会进行安全评价，并委托具备检测条件和能力的技术检测机构进行检测；安全评价合格的，经农业农村部批准后，方可颁发农业转基因生物安全证书。农业转基因生物安全证书应当明确转基因生物名称（编号）、规模、范围、时限及有关责任人、安全控制措施等内容。从事农业转基因生物生产和加工的单位与个人及进口的单位，应当按照农业转基因生物安全证书的要求开展工作并履行安全证书规定的相关义务。

安全证书分为农业转基因生物安全证书（生产应用）和农业转基因生物安全证书（进口用作加工原料）两种类型。其中，农业转基因生物安全证书（生产应用）包括转化体申请生产证书，以及用取得农业转基因生物安全证书的转化体与常规品种杂交获得的衍生品系申请安全证书两种情况。

（六）转基因生物安全控制措施

为了防止转基因生物在研究开发及商业化生产、储运和使用过程中涉及对人体健康和生态环境可能发生的潜在危险，从事农业转基因生物试验和生产的单位，应当根据相关规定确定安全控制措施和预防事故的紧急措施，做好安全监督记录，以备核查。在开展转基因生物的试验研究、中间试验、环境释放和商业化生产之前，就应该进行详细的安全性评估，并采取对应的安全措施。安全等级Ⅱ、Ⅲ、Ⅳ的转基因生物，在废弃物处理和排放之前应当采取可靠措施将其销毁、灭活，以防止其扩散和污染环境。

1. 生物安全控制措施的类别

（1）按照控制措施类别划分　按照控制措施类别可分为物理控制、化学控制、生物控制、环境控制和规模控制等。

1）物理控制措施是指利用物理方法限制转基因生物及其产物在实验区外的生存及扩散，如设置栅栏，防止转基因生物及其产物从实验区逃逸或被人或动物携带至实验区以外等。

2）化学控制措施是指利用化学方法限制转基因生物及其产物的生存、扩散或残留，如生物材料、工具和设施的消毒等。

3）生物控制措施是指利用生物措施限制转基因生物及其产物的生存、扩散或残留，以及限制遗传物质由转基因生物向其他生物的转移，如设置有效的隔离区及监控区、清除试验区附近可与转基因生物杂交的物种、阻止转基因生物开花或去除繁殖器官，或采用花期不遇等措施，以防止目的基因向相关生物的转移。

4）环境控制措施是指利用环境条件限制转基因生物及其产物的生存、繁殖、扩散或残留，如控制温度、水分、光周期等。

5）规模控制措施是指尽可能地减少用于试验的转基因生物及其产物的数量或减小试验区的面积，以降低转基因生物及其产物广泛扩散的可能性，在出现预想不到的后果时，能比较彻底地将转基因生物及其产物消除。

（2）按照工作阶段划分　按照工作阶段，安全控制措施可分为实验室控制措施，中间试验和环境释放控制措施，商品储运、销售及使用措施，应急措施，废弃物处理措施等。

1）实验室控制措施包括相应安全等级的实验室装备、相应安全等级的操作要求及相应安全等级的安全控制措施。

2）中间试验和环境释放控制措施要求相应安全等级的包装、运载工具、贮存条件、销售、使用具备符合公众要求的标签说明。

3）商品储运、销售及使用措施要求针对转基因生物及其产物的意外扩散、逃逸、转移应采取的积极应对措施，包含报告制度、扑灭、销毁试验材料等。

4）应急措施要求按照相应安全等级采取防污处置的操作。转基因生物发生意外扩散，应立即封闭事故现场，查清事故原因，迅速采取有效措施防止转基因生物继续扩散，并上报有关部门。对已产生不良影响的扩散区，应暂时将区域内人员进行隔离和医疗监护。对扩散区应进行追踪监测，直至不存在危险。

5）废弃物处理措施要求有长期或定期的检测记录及报告制度。

2. 生物安全控制措施的针对性

生物安全控制措施具有很强的针对性，必须根据不同的转基因生物的特异性采取不同的有效安全措施。例如，转基因生物的繁殖隔离问题，动物、植物和微生物的生境差异极大，相应安全等级的转基因生物隔离条件要求也不相同。应当参考、借鉴国内外的经验和做法，必要时要经过周密的研究以确保生物安全控制措施具有针对性和安全有效。

3. 影响生物安全控制措施有效性的条件

生物安全控制措施的实效如何，取决于安全控制措施的有效性。安全控制措施的有效性，取决于以下几个条件：①安全评价的科学性和可靠性；②根据评价所确定的安全等级，采取与当前科学技术水平相适应的安全措施；③所确定的安全控制措施是否认真贯彻落实；④设立长期或定期的检测调查和跟踪研究。

四、转基因生物安全性评价实例

（一）转基因玉米安全性评价

2021年1月，农业农村部科技教育司发布了《2020年农业转基因生物安全证书（生产应用）批准清单》，其中包含北京大北农生物技术有限公司申报的转*epsps*和*pat*基因耐除草剂玉米DBN9858，生产应用区域为北方玉米区，安全证书有效期均为2020年6月11日至2025年6月11日。

我国农业农村部对于转基因生物安全证书的发放有严格的程序，包括实验研究、中间试验、环境释放、生产性试验和申请安全证书等多个阶段。上述转基因品种获批安全证书需要通过分子特征检测、食品安全检测及环境安全检测。不过，根据《农业转基因生物安全管理条例》的规定，转基因品种获得生物安全证书后，还需要通过品种审定并获得种子生产和经营许可证，才可以进入商业化生产应用。正常程序下市场准入审核周期为1～2年。

转*epsps*和*pat*基因耐除草剂玉米DBN9858是北京大北农生物技术有限公司培育的耐除草剂基因玉米品系，选用来源于土壤农杆菌中的*epsps*基因及绿产色链霉菌（*Streptomyces viridochromogenes*）的*pat*基因，核苷酸序列经优化后，利用农杆菌介导的转化方法，将其转入玉米自交系DBN178中获得的。该品系可作为抗虫玉米庇护所材料使用，与抗虫耐除草剂玉米品系配合使用（稀释田间抗性等位基因的频率），以延缓玉米害虫抗性的产生（庇护所策略）。其农业转基因生物安全评价资料如下。

1. 受体生物学特性

受体植物为玉米（*Zea mays*），属于单子叶植物纲禾本科玉蜀黍属栽培玉米亚种。玉米原产于墨西哥或中美洲，栽培历史已有4500～5000年，中国不是玉米的起源地，没有玉米近缘种和野生种。

本转化体DBN9858的受体植物是玉米DBN178，是优良的玉米自交系。

2. 基因操作

DBN9858是采用农杆菌介导的转化方法，将含有*epsps*表达盒（注：由启动子、靶基因和报告基因组成，能在特定组织中表达并易于检测的一组DNA序列）和*pat*表达盒的T-DNA片段插入受体玉米基因组中，使所获得的转基因玉米产生对除草剂草甘膦和草铵膦的耐受性。

*epsps*来源于土壤农杆菌，编码5-烯醇式丙酮酰莽草酸-3-磷酸合成酶，提供对除草剂草甘膦的耐受性。土壤农杆菌生活在土壤中，目前没有农杆菌对人体或者动物具有致病能力的报道，也未发现有人群对该细菌敏感。*pat*来源于绿产色链霉菌，该菌为不属于植物、人类或其他动物的致病菌，没有任何致敏性或毒性的报道。本转化体没有使用报告基因和标记基因。

*epsps*基因表达盒包括水稻*OsAct1*启动子、拟南芥*AtCTP2*信号肽、*epsps*编码序列和农杆菌*nos*终止子序列。*pat*基因表达盒包括花椰菜花叶病毒（CaMV）35S启动子、*pat*编码序列和CaMV 35S终止子序列。分子特征分析表明，插入片段以单拷贝形式整合在玉米第4号染色体177Mb附近，无转化质粒骨架残留。

3. 遗传稳定性

（1）目的基因整合的稳定性　对T_0～T_4代的植株逐代进行目的基因PCR检测，对T_5～T_8代进行转化体特异性PCR检测，对T_2代、T_3代和T_4代进行Southern杂交检测分析，结果表明目的基因以单拷贝稳定存在于转化体中，并可以稳定遗传。

（2）目的基因表达的稳定性　对转化体T_2代、T_3代、T_4代的花期和成熟期的根、茎、叶、花及种子中的目的蛋白EPSPS与PAT进行ELISA分析，检测结果表明在各世代转化体玉米植株的根、茎、叶、花和种子中均可检测到EPSPS蛋白和PAT蛋白稳定表达。

（3）目的性状表现的稳定性　对转化体T_1～T_4代植株进行除草剂耐受性检测，结果表明转化体DBN9858的目标性状符合孟德尔单位点遗传规律并且能够稳定遗传。

4. 环境安全评价

（1）生存竞争能力　与受体对照相比，转化体DBN9858在生殖方式与生殖率、传播方式与传播能力、休眠期、适应性及对环境中有益或有害生物的影响方面无显著差异；也未增加基因从转化体转移至其他玉米种、野生近缘种、野生种及杂草的可能性，演变为杂草的可能性与受体对照无显著差异。

（2）基因漂移的环境影响　对转基因玉米遗传物质向野生近缘种转移的可能性进行了分析。中国非玉米起源地，境内无玉米的野生种［大刍草，又名墨西哥野玉米（*Euchlaena mexicana*）］和近缘种的分布。近年来，遗传学研究上少量引进了玉米近缘种摩擦禾与薏苡等，分布范围基本受限于少量试验田，玉米花粉与它们杂交表现为不亲和性，基本上排除了近缘种异交。因此不存在向野生近缘种转移的可能性。

转入新基因并未对玉米的生物学特性产生影响，其漂移距离也与传统玉米相当。

（3）功能效率评价　对 T_0～T_3 代的转基因植株进行目标除草剂耐受性检测，结果表明，转化体 DBN9858 能耐受高剂量草甘膦（标签推荐中剂量的 4 倍）和草铵膦（标签推荐中剂量的 4 倍）除草剂。

中国农业科学院植物保护研究所在田间对转化体 DBN9858 的功能效率进行评价，结果表明转化体 DBN9858 至少能够耐受标签推荐中剂量 4 倍量的草甘膦和草铵膦除草剂。转化体 DBN9858 在主要病虫害、长势和产量等方面与受体材料没有显著差异。

（4）对生态系统群落结构和有害生物地位演化的影响　在山东省和吉林省评价了转化体 DBN9858 的 T_3 代植株对田间生物多样性的影响，同时原环境保护部南京环境科学研究所在吉林省对 T_4 代进行了再次评价。转化体 DBN9858 与受体材料 DBN178、常规品种‘先玉 335’/‘农华 101’的田间节肢动物物种数、多样性指数、均匀性指数和优势集中性指数的大小，因调查时间而异，但各指标随时间动态变化的趋势基本一致；转化体 DBN9858 与受体对照 DBN178 相比，两者均未对鳞翅目害虫表现出抗性，在玉米病害发生时无显著差异；苗期喷施目标除草剂，可有效减少田间杂草数量，收获时杂草的种类与人工除草的处理没有显著差异。

原农业部环境保护科研监测所评价了 DBN9858 的 T_4 代和 T_5 代植株对土壤微生物多样性的影响。结果表明，DBN9858 玉米田土壤细菌、古菌及固氮微生物数量与受体 DBN178 玉米田相比没有显著差异。

（5）对具有生态功能生物的影响　中国农业科学院植物保护研究所和原环境保护部南京环境科学研究所评价了转化体 DBN9858 对生态环境中有益生物的安全性影响，结果表明，与受体 DBN178 相比，转化体 DBN9858 的新表达蛋白或植物组织对草蛉、蜜蜂、大型蚤、蚯蚓、鱼类、鸟类等生物的生长发育无不利影响。

（6）对非目标除草剂的耐受性　中国农业科学院植物保护研究所在室内评价了转化体 DBN9858 对田间常用（非目标）除草剂的耐受性，检测结果表明转化体 DBN9858 对玉米田常规（非目标）除草剂乙草胺、莠去津、苯唑草酮、烟嘧磺隆具有良好的耐受性，对单子叶（非目标）除草剂氟吡甲禾灵没有耐受性，转化体 DBN9858 对各除草剂的耐受性与受体对照相比无显著差异。如果需要防除自生苗，可以使用高效氟吡甲禾灵进行杀灭。

5. 食用安全评价

（1）营养学评价　原农业部转基因生物食用安全监督检验测试中心（北京）（简称为北京测试中心）对转化体 DBN9858 及其受体 DBN178 的 3 份不同批次籽粒的关键成分进行了检测，检测结果表明转化体 DBN9858 籽粒中的营养素、矿质元素及水分、灰分的含量与受体 DBN178 相比差别很小，不存在营养上的差异。

抗营养因子检测结果显示植酸和胰蛋白酶抑制剂的含量与受体材料的含量差异不显著，且均在正常范围内。

（2）毒理学评价

1）基因来源：*epsps* 基因来源于土壤农杆菌，*pat* 基因来源于绿产色链霉菌，二者广泛存在于自然界，具有长期安全接触史，不含毒蛋白和抗营养因子。与已知毒蛋白和抗营养因子氨基酸序列相似性进行比较发现，EPSPS 和 PAT 蛋白与已知毒蛋白和抗营养因子无较高的序列相似性。

2）新表达蛋白的毒理学试验：北京测试中心对新表达蛋白的急性经口毒性进行检测。结果表明，EPSPS 蛋白小鼠经口急性毒性最大耐受剂量高于 5000mg/kg BW①，PAT 蛋白小鼠经口急性毒性最大耐受剂量高于 5000mg/kg BW，其对应的 LD_{50} 也相应大于上述数值。

3）膳食暴露量：转化体 DBN9858 籽粒中 EPSPS 蛋白的表达量为 14.37μg/g 干重，PAT 蛋白的表达量为 1.61μg/g 干重；按籽粒含水量 13%来计算，其湿重籽粒中外源蛋白含量，EPSPS 蛋白 12.5μg/g 湿重，PAT 蛋白 1.4μg/g 湿重。而根据小鼠急性毒性试验，EPSPS 和 PAT 蛋白的耐受剂量均大于 5000mg/kg BW。结合 2002 年中国营养与健康调查结果中中国人均玉米消费量为 9.9g/d，评价中考虑到极端情况，我们将该数值设置为 1kg/d，因此可推算 EPSPS 蛋白的暴露边界比（MOE）可达到 2.0 万倍［按照成人 50kg 体重，每天食用 1kg 玉米计算（注意分母单位需要换算为 mg）］，PAT 蛋白的暴露边界比可达到 17.9 万倍。也就是说，即使每天食用 2t 玉米（临界值为 2.0 万×1kg＝20t 以内）也不会对人体健康构成威胁，但人类每天玉米摄入量不可能达到此数量。因此 DBN9858 具有良好的食用安全性。

（3）致敏性评价

1）基因来源：*epsps* 基因来源于土壤农杆菌，*pat* 基因来源于绿产色链霉菌，两者均具有长期的安全应用历史，不含有致敏原。

2）新表达蛋白热稳定性及消化稳定性：试验结果表明，尽管 EPSPS 蛋白和 PAT 蛋白在 90℃水浴时未能完全降解，但两种蛋白在模拟胃消化液中 15s 后就被消化完全，说明其在人胃消化液中极易被消化，造成过敏的可能性极低。

（4）全食品安全性评价 北京测试中心以 DBN9858 的籽粒为饲料进行大鼠 90d 喂养试验，未发现 DBN9858 对大鼠体重增量、总进食量、食物利用率、脏器系数、血生化、血常规产生不良影响，未发现与转基因饲料相关的病变。

（5）农药残留评价 北京测试中心对 DBN9858 玉米籽粒的除草剂残留情况进行了检测，结果表明，苗期喷施标签推荐中剂量的 4 倍量目标除草剂，收获后玉米籽粒中未检出除草剂残留。

（6）生产加工的影响 玉米收获后的加工，如蒸煮或高温条件下的干磨、湿磨等过程，可破坏外源 *epsps* 基因和 *pat* 基因及其表达的蛋白结构，进而使其丧失部分生物活性，因此，生产、加工活动不会增加转基因植物的安全性风险。

（二）转基因三文鱼安全性评价

2015 年，转基因三文鱼成为全球首个进入市场的转基因动物食品。转基因三文鱼的产业化历经 20 年的生物安全评价和审核，在 2018 年正式进入美国食品链。

野生大西洋三文鱼的生长发育对水温要求高，适应环境能力差，生长时间长。美国水赏公

① BW. bodyweight，体重

司（AquaBounty Technologies）所培育的转基因三文鱼（AquAdvantage salmon，简称 AAS）是利用奇努克三文鱼的生长激素基因和大洋鳕鱼的抗冻蛋白基因对大西洋三文鱼进行遗传改造（见知识扩展 2-10），产生的具有可全年生长，上市时间大大缩短，体型更大的新品种（图 2-6）。尽管该转基因鱼类优势众多，但人们最为关心的仍是其生物安全问题。AAS 产生的生长激素种类和野生大西洋三文鱼完全相同，最终鱼肉中生长激素浓度与野生型三文鱼相比也没有增加。转基因三文鱼在口感、色泽及营养物质含量方面与大西洋三文鱼相比没有差异。此外，对这种新培育的三文鱼在繁殖过程中的指标进行了检测，在基因及遗传上均未发现变异。

知识扩展 2-10

图 2-6　转基因三文鱼与野生三文鱼的比较（同为 18 个月大）（改自华再东等，2019）

出于安全性的考虑，所有转基因三文鱼均为雌性，高达 99.8%的三文鱼是三倍体，这使得它们无法繁殖。AAS 在养殖过程中，采取了纯陆基饲养方式，有多道冗余生物和物理隔绝机制（见知识扩展 2-11）。也就是说，无生育能力的转基因三文鱼不会带来对生态系统的破坏和改变野生三文鱼种群等负面影响。FDA 认为，印第安纳州养殖基地的渔网、过滤器等多种物理控制措施可防止 AAS 逃跑。即便进入大自然中，这些无生育能力的三倍体三文鱼也不会影响到自然界的生态系统。归纳起来，采取的安全措施一是在封闭环境中饲养转基因三文鱼，不让转基因鱼逃逸到自然环境中；二是培育不孕不育品系，避免与野生三文鱼杂交产生后代。

知识扩展 2-11

转基因三文鱼 AAS 的生物安全评价的内容及结果简要总结如下。

1. AAS 的遗传分子特征

AAS 是一种转基因大西洋鲑鱼，在 EO-1α 的基因座上含有一个拷贝 *opAFP-GHc2* 转基因。*opAFP* 启动子在鲑科鱼中驱动功能基因表达，构建的转基因序列中没有已知的毒性蛋白。

（1）三文鱼的种类和系谱　AAS 包括了大西洋鲑鱼几个品种的遗传背景，是一种驯化的转基因大西洋鲑鱼品种。

（2）转基因成分的遗传与稳定性　插入在 EO-1 基因座的 *opAFP-GHc2* 基因按照孟德尔遗传比率进行传递。

2. AAS 的生物学和生态学特性

（1）体型、生长速度和激素水平　与非转基因三文鱼相比，AAS 的主要表型变化是二者在测定同等年龄时 AAS 生长和大小的增加。AAS 的加速生长表型表现出很强的可塑性，并受到环境条件的强烈影响。

（2）形态学、代谢和生理学　在商业养殖规模和商业饲料条件下，AAS 的身体组成及生长特征处于商业养殖的大西洋鲑鱼的范围内。目前还没有关于 AAS 在其他生命阶段身体组成的信息，也没有关于 AAS 喂养的自然猎物的信息。

（3）健康状况　与野生大西洋鲑鱼相比，AAS 对病原体的敏感性是否发生了改变，目前尚没有足够的数据支持以得出结论。

（4）生活史、行为及繁殖　在人工条件下，AAS 性成熟的倾向降低，并且比非转基因的更快达到二龄鲑（smolt，初次由河入海的小鲑鱼）状态。关于 AAS 的行为信息有限。三倍体 AAS 在功能上是不育的。AquaBounty Technologies 提出的选择出口的 AAS 卵的取样程序确保了至少 95%的诱导三倍体效果。

3. AAS 环境暴露

（1）暴露特征　对 AAS 暴露于加拿大环境的评估包括其进入外部环境的可能性和一旦进入外部环境后的可能后果。AAS 在加拿大王子岛和巴拿马的饲养设施中逃逸及在两个地点之间的运输具有潜在的意外逃逸释放到环境的可能性。AAS 繁殖的潜力，宰杀处置 AAS 过程也是可能暴露于外部环境的途径。

在王子岛养殖设施中，物理安全屏障发生严重故障的可能性被认为可以忽略不计。AAS 从王子岛设施可能缓慢释放的危险也被认为是可以忽略的。在王子岛和巴拿马养殖设施之间的过境过程中释放的可能性同样被认为可以忽略不计。

（2）AAS 在接收环境中生存、扩散和持续存在的可能性　在小概率可能发生的意外逃逸事件中，限制 AAS 存活、扩散和存在的主要因素是接收环境的环境条件（如水温和盐度）。高水温是限制 AAS 从巴拿马的可能泄漏点向加拿大环境中扩散的主要环境因素。此外，AAS 卵在运输过程中意外地从容器中释放出来是不太可能的。

（3）在加拿大处置 AAS 的残体作为暴露途径的可能性　在加拿大处置 AAS 卵或残体所产生的潜在接触风险被认为是可以忽略的。建议的处置方法（焚烧或填埋）符合城市废物处置标准和做法，不会导致 AAS 遗传物质或 AAS 中含有毒性的物质释放到环境中。

4. AAS 环境暴露评估

AAS 暴露于加拿大环境中的可能性是可以忽略不计的。凭借机械屏障的有效性和冗余性及标准的操作程序和有效的操作监督，AAS 的物理密封设施的有效性是可以保证的。

5. 间接危害人类健康

（1）对人体的潜在毒性　AAS 产生的外源性或内源性毒素对人体健康的潜在间接危害可以忽略不计。

（2）AAS 的潜在致敏性　在 AquaBounty Technologies 设施工作的工人在接触 AAS 期间，没有与 AAS 相关的对人类健康造成不良影响的报告。

（3）可能作为人类病原体的载体　AAS 作为人类病原体的载体对人类健康的间接危害程度很低。

（4）间接人类健康危害评估　AAS 对人类健康的间接危害很低，这是相当确定的。

6. 环境危害

（1）环境风险特征　环境危害评估描述了 AAS 对加拿大环境可能造成的潜在有害影响及严重程度。对以下评估因素的潜在危险进行了评估：大西洋鲑鱼的野生种群、大西洋鲑鱼的猎物、大西洋鲑鱼的捕食者、大西洋鲑鱼的竞争对手及栖息地和生物多样性。

（2）风险的考虑　AAS 对捕食者的潜在毒性所造成的环境危害程度被认为是低的。AAS 与可能的高水平基因转移相关的环境危害可以忽略。

（3）对环境危害评估终结点的潜在影响　AAS 对大西洋鲑鱼野生种群的潜在危险被认为是高的。对野生大西洋鲑鱼的猎物而言，最大的潜在危险可能与 AAS 的摄食动机有关。

AAS 对野生大西洋鲑鱼捕食的潜在危险被认为是中等的，但有很大的不确定性。

预测的 AAS 对野生大西洋鲑鱼的潜在毒性被认为是低的，但不确定性很高。

专家意见表明，AAS 对生境的潜在危害较小，但其不确定性较大。这种不确定性是由于缺乏关于 AAS 适应度、种群大小、迁移和产卵行为、成年产卵期的体型大小、产卵倾向和 AAS 重复产卵的寿命等相关信息。

AAS 对加拿大生物多样性的潜在危害尚不清楚。

（4）环境风险评估　环境危害的最终排序是按照排名最高的因素及其相关的不确定性。AAS 对加拿大环境的最终环境危害被认为是高的，并具有不确定性。

由于缺乏自然环境中 AAS 表型特征的信息，基因型与环境相互作用情况，以及依赖于替代的 GH 转基因物种的信息，导致了最终环境危害评估具有不确定性。关于生长激素转基因鱼在不同自然环境中的潜在生态和遗传效应的预测是复杂的。近 20 年来的研究表明，饲养条件、资源水平、遗传背景、生活史阶段和捕食水平都可能影响到 GH 转基因鲑科鱼的潜在生态后果。因此，AAS 的潜在环境危害的大小是难以预测的，并且有很大的不确定性。

第三节　转基因生物安全管理体系

各国政府为了确保转基因生物安全的有效管理，建立了各自的转基因生物安全评价方法、程序及相关法规。为保障人体健康和动植物、微生物安全，保护生态环境，我国参照国际通行指南，借鉴美国、欧盟的管理经验，立足我国国情，已建立了一整套严格规范的农业转基因生物安全评价制度。

一、我国的转基因生物安全管理

（一）我国对转基因生物及其产品的生物安全管理体系

我国政府十分重视农业转基因生物安全管理工作，坚持立法先行、有法可依、执法保障，已经形成了一整套适合我国国情并与国际惯例相衔接的法律法规、技术规程和管理体系，依法实施安全管理取得了显著成效。目前，我国转基因生物安全管理法律体系包括以下 4 个层次。

1. 我国缔结并参加的转基因生物安全国际条约和公约

《生物多样性公约》（Convention on Biological Diversity）是一项保护地球生物资源的国际性公约，于 1992 年 6 月 1 日由联合国环境规划署发起的政府间谈判委员会第七次会议在内罗毕通过，1992 年 6 月 5 日，由签约国在巴西里约热内卢举行的联合国环境与发展大会上签署。该公约于 1993 年 12 月 29 日正式生效。常设秘书处在加拿大的蒙特利尔。联合国《生物多样性公约》缔约国大会是全球履行该公约的最高决策机构，一切有关履行《生物多样性公约》的重大决定都要经过缔约国大会通过。中国于 1992 年 6 月 11 日签署了该公约，1992 年 11 月 7 日获批准，1993 年 1 月 5 日交存加入书。《卡塔赫纳生物安全议定书》是在《生物多样性公约》框架下缔结和通过的一项国际协定（条约），为保护生物多样性和人体健康而控制和管理“生物技术改性活生物体”（living modified organism，LMO）越境转移的国际法律文件。议定书以最初计划缔结和通过所在的哥伦比亚城市命名为《卡塔赫纳生物安全议定书》。该议定书的最终案文于 2000 年在蒙特利尔商定并于 2003 年 9 月 11 日生效。加入该议定书并同意受其条款的法律约束的国家和区域经济一体化组织被称作议定书缔约方。只有已是《生物多样性公约》缔约方的国家或区域经济一体化组织才可成为《卡塔赫纳生物安全议定书》缔约方。中国于 2000 年 8 月 8 日签署了该议定书，国务院于 2005 年核准了该议定书。

2. 国务院制定的转基因生物安全行政法规

早在 1993 年，国家科学技术委员会（科技部前身）就发布了《基因工程安全管理办法》，对生物工程的实验室安全操作和风险管理制定了规范和制度。随后，农业部于 1996 年颁布了《农业生物基因工程安全管理实施办法》，开始对农业转基因生物实施实质性的管理。2001 年 5 月 23 日，国务院颁布了《农业转基因生物安全管理条例》（以下简称《条例》，2017 年第二次修订），对在中国境内从事的农业转基因生物研究、试验、生产、加工、经营和进口、出口等活动进行全过程安全管理，为转基因生物安全评价提供了方针性的指导。为了实施《条例》，农业部于 2002 年发布了与《条例》配套的三个管理办法，分别是《农业转基因生物安全评价管理办法》（2022 年 1 月 21 日修订版）、《农业转基因生物进口安全管理办法》（2017 年 11 月 30 日修订版）和《农业转基因生物标识管理办法》（2017 年 11 月 30 日修订版），进一步细化对转基因生物和进口转基因产品进行安全性评价的基本要求和程序。《条例》及其配套规章的发布与实施，标志着我国开始对农业转基因生物的研究和实验、生产和加工、经营和进出口实施严格管理，进入了全程管理的阶段。2006 年 5 月，农业部农业转基因生物安全管理办公室又发布了《转基因作物田间试验安全检查指南》。农业部于 2006 年发布了《农业转基因生物加工审批办法》。

我国对农业转基因生物的安全管理，采取农业部（现为农业农村部）与省、市、县农业厅（局）分级实施的模式。《条例》规定，农业部负责全国农业转基因生物安全的监督管理；县级以上地方各级人民政府农业行政主管部门负责本行政区域内的农业转基因生物安全的监督管理。

《条例》规定，国务院建立农业转基因生物安全管理部际联席会议制度。农业转基因生物安全管理部际联席会议由农业、科技、环境保护、卫生、外经贸、检验检疫等有关部门的负责人组成，负责研究、协调农业转基因生物安全管理工作中的重大问题。我国的农业转基因生物安全评价工作由农业转基因生物安全委员会负责，2016 年 6 月组建了第五届农业转基因生物安全委员会，委员由生物、生态、遗传、环保、卫生、医药、食品、检验检疫等多领域多学科的 76 名专家担任。

我国对农业转基因生物实行分阶段安全评价管理制度，按过程分为 5 个阶段进行评价，即实验研究、中间试验、环境释放、生产性试验和申请安全证书。任何一个阶段发现食用或环境安全性问题则立即终止研发。

《条例》规定对农业转基因生物及其产品的研究、试验、生产、加工、经营和进口、出口，每一个环节都必须采取严格的安全管理措施。《条例》对试验、生产、加工、经营有详细的规定。农业转基因生物田间试验，一般分为中间试验、环境释放和生产性试验 3 个阶段。《条例》规定，需要从上一个试验阶段转入下一个试验阶段的，试验单位应向农业部提出申请，经农业转基因生物安全委员会进行安全评价合格的，由农业部批准转入下一个试验阶段。待生产性试验结束后，试验单位向农业部申请领取农业转基因生物安全证书。经过安全评价合格的，农业部方可颁发农业转基因生物安全证书。转基因生物及其含有转基因生物成分的产品，没有取得农业转基因生物安全证书的，不得进行审定、登记或者评价、审批。

《条例》规定，凡是从事转基因植物种子、种畜禽、水产苗种生产的，必须取得农业部颁发的生产许可证；从事经营的，必须取得农业部颁发的经营许可证。进口或者出口转基因生物及其产品的，必须向农业部提出申请，经过批准后方可进行。转基因植物种子、种畜禽、水产种苗，利用农业转基因生物生产的或者含有农业转基因生物成分的种子、种畜禽、水产种苗、农药、兽药、肥料和添加剂等，在依照有关法律、行政法规的规定进行审定、登记或者评价、审批前，应当取得农业转基因生物安全证书。

3. 国务院有关部门制定的转基因生物安全行政规章

为了进一步完善农业转基因生物安全管理，卫生部于2002年发布了《转基因食品卫生管理办法》（已废止，自2007年12月1日起施行《新资源食品管理办法》）；国家质量监督检验检疫总局于2004年发布了《进出境转基因产品检验检疫管理办法》（2018年第三次修正）；国家林业局于2006年发布了《开展林木转基因工程活动审批管理办法》（2017年12月26日修订）。此外，已经出台的《中华人民共和国种子法》《中华人民共和国农产品质量安全法》和《中华人民共和国食品安全法》等法律对农业转基因生物管理均作出了相应规定。《中华人民共和国种子法》对转基因植物品种选育、试验、审定、推广和标识等作了专门规定。《中华人民共和国农产品质量安全法》规定，属于农业转基因生物的农产品，应当按照农业转基因生物安全管理的有关规定进行标识。《中华人民共和国食品安全法》规定，生产经营转基因食品应当按照规定进行标示。

4. 地方政府相关主管部门制定的规范性文件

作为补充，地方政府相关主管部门也可制定有关规范性文件，如《深圳市农业转基因生物安全监督检查办法》《2021年珠海市农业转基因生物安全监管实施方案》等。

基于一部行政法规、近十部行政规章、若干地方规范性文件，以及部分相关法律和国际条约，我国现有的转基因生物安全立法初步形成了一个相互联系、相互配合、相互补充、内部基本协调一致的有机整体（见知识扩展2-12）。

（二）我国对所有转基因生物均实施标识管理

《农业转基因生物安全管理条例》（以下简称《条例》）规定，在中华人民共和国境内销售列入农业转基因生物目录的农业转基因生物，应当有明显的标识。《条例》规定，列入农业转基因生物目录的农业转基因生物，由生产、分装单位和个人负责标识；未标识的，不得进行销售。经营单位和个人在进货时，应当对货物和标识进行核对。经营单位和个人拆开原包装进行销售的，应当重新标识。

农业转基因生物标识应当载明产品中含有转基因成分的主要原料名称；有特殊销售范围要求的，还应当载明销售范围，并在指定范围内销售。我国对转基因大豆、玉米、油菜、棉花、番茄等5类作物17种产品实行按目录定性标识，凡是列入标识管理目录并用于销售的农业转基因生物，即使最终产品检测不出转基因成分，也都必须进行标识。

我国现行转基因食品标识制度的主要内容包括：①标注原则。转基因食品的标签应当真实、客观，不得包含明示或暗示的可以治疗疾病，或虚假、夸大宣传产品的作用，以及国家卫生健康委员会规定的禁止标识的其他内容。②标注内容。食品产品中含有基因修饰有机体的，要标注“转基因某食品”或“以转基因某食品为原料”；转基因食品来自潜在致敏食物的，还需要标注“本产品转某食物基因，对某食物过敏者谨慎食用”。③标注方式。有包装外盒的，在标签的明显位置上标注；散装的，在价格标签上或另行设置的告示牌上标注；需要转运的，在交运单上标注；进口的，在贸易合同和报关单上标注。

二、美国和欧盟的转基因生物安全管理

（一）美国的转基因生物安全管理

美国的转基因技术发达，并且是转基因产品的出口大国，因此，美国对转基因作物采用宽松的评价模式，以缩短评价时间和程序，加快转基因技术的研发和推广。其转基因生物安全管理体系也是世界上建立最早、较完备的体系之一。

早在 1976 年，美国国立卫生研究院（NIH）就颁布了世界上第一部《重组 DNA 分子研究准则》，成为第一个对转基因技术研究活动安全管理的法规。1980 年以后，经过多方论证，美国认为转基因生物及其产品与非转基因生物及其产品没有本质上的区别，管理中应遵循“实质等同性原则”，即认为依据目前的科学水平，若无证据表明转基因生物对人体是有害的，即可推定转基因生物与传统的非转基因生物没有本质区别，同样是安全的。

监控管理的对象应当是转基因生物及其产品，而非生物技术本身。为了保证生态环境和人类健康的安全，同时保证监管弹性，避免过度抑制生物技术和产业的发展，美国并没有针对转基因生物及其产品进行单独立法，而是将已经颁布的某些法律延伸适用于转基因生物及其产品，即利用已有的相关法律来管理转基因生物及其产品。美国总统办公厅科技政策办公室于 1986 年颁布《生物技术监管协调框架》（1992 年和 2017 年重新修订，简称《框架》），阐明了生物技术安全管理的基本原则，并按照转基因生物及其产品的最终用途规定了所适用的法律和相应的政府管理部门，确立了较为松散的转基因生物安全监管模式。《框架》是美国生物安全管理的框架性法律，具有基础性和指导性地位。在经过较长时间的严格管理和经验积累之后，管理程序总体上逐渐简化。

《框架》为美国开展生物安全立法提供了依据和参考，为美国生物安全管理政策奠定了良好的基础。在此框架下，美国食品药品监督管理局（FDA）、环境保护署（EPA）、农业部（USDA）分别依据《联邦食品、药品和化妆品法》《联邦杀虫剂、杀菌剂和杀鼠剂法》《植物检疫法》和《联邦植物病虫害法》等部门法规对所有转基因生物、转基因生物产品的产业化进行监管。其中美国农业部负责转基因作物种植生产的安全性，美国环境保护署负责涉及农药应用的环境安全性，美国食品药品监督管理局负责食品的安全性。例如，抗虫粮食作物由美国农业部、美国环境保护署、美国食品药品监督管理局协同监管，改变含油量的粮食作物则只由美国农业部和美国食品药物管理局协同监管，而改变花色的观赏植物则只需要由美国农业部监管。

1. 美国农业部

美国农业部的管理目的是确保基因修饰生物体的安全种植，有 2 个机构涉及该管理工作，即美国农业部动植物卫生检疫局（APHIS）和食品安全检验局（FSIS）。美国动植物卫生检疫局依照《联邦植物病虫害法》和《植物检疫法》负责监管尚未获批的转基因植物的田间试验，评估转基因生物对农业和环境的潜在风险，通过一个审批系统来控制包括转基因生物、植物害虫和兽药产品，并负责发放转基因作物和转基因食品商业化释放许可证。食品安全检验局负责监管肉类和禽类产品的安全性。

2. 美国食品药品监督管理局

美国食品药品监督管理局负责包括转基因作物安全评价、牛奶和乳制品在内的其他食品的安全问题。1992 年，FDA 根据美国《联邦食品、药品和化妆品法》（FDA 联邦登记第 57 卷，

第 104 号，案卷编号 92N—0139）发布了植物新品种（包括通过重组 DNA 技术获得的新品种）来源食品的安全评价流程的政策声明。1994～1995 年第一例获批的转基因作物依据安全评价流程进行了安全评价，尽管现在的安全评价更复杂些，但是其基本流程是一致的。FDA 针对转基因生物食品安全性的政策是与非转基因生物的类似品种同样安全，即以产品为基础的评价方式，而不考虑其生产方法。

3. 美国环境保护署

美国环境保护署则主要负责评估转基因植物整合的杀虫性基因（如携带编码苏云金芽孢杆菌晶体蛋白基因的植物即 Bt 植物，携带抗病毒基因的植物如抗李痘病毒的李子树），以及化学除草剂和杀虫剂。依据《联邦食品、药品和化妆品法》《联邦杀虫剂、杀真菌剂和杀鼠剂法》和《有毒物质控制法》等对农药（包括植物农药，即转抗病/虫基因产生的蛋白质）进行管理。任何转基因生物的田间释放都必须向 EPA 提出申请。

作为转基因作物商业化种植和消费最大的国家，美国在 2020 年之前一直坚持自愿标识原则。2016 年 7 月 29 日，奥巴马总统签署了一项要求转基因食品信息公开的法案，要求美国农业部两年之内决定如何对含有转基因成分的食品进行标识，以满足消费者的知情权。2018 年 5 月 3 日，美国农业部公布《全国生物工程食品信息披露标准》（以下简称《标准》）。《标准》称，今后含转基因成分的食物将被标识为“生物工程改良”或是简单的“可能经过生物工程改良”。为避免误导消费者，美国农业部采用了多款笑脸的标识来消除消费者疑虑。2020 年 1 月美国开始实施“部分强制”的新标准，规定转基因成分含量不高于 5%，就不必标注；转基因成分含量高于 5%的食品，就必须向消费者披露转基因信息。

为了降低农业生物技术产品的开发成本，提高公众信心，扩大美国农产品的国际市场，美国白宫于 2019 年 6 月 11 日发布了总统特朗普签署的《农业生物技术产品监管框架现代化》的行政命令（以下简称“命令”）。“命令”主要有以下几个方面内容：①安全评价方面。要求美国农业部、环境保护署和食品药品监督管理局，自命令发布之日起 180 个自然日内，确定需要精简的法规和技术指南，并采取必要的措施完成法规体系的简化；2 年内对法规和技术指南中基因组编辑作物产品有关条款进行审查，去除不必要的监管措施，更新法规和技术指南，以促进基因组编辑技术的应用，并每 90 个自然日汇报进展情况；自“命令”发布之日起 180 个自然日内，建立统一的信息平台，申请人可在平台咨询监管政策和信息，并得到唯一且一致的答复。②科普宣传方面。首先从联邦政府层面提出加强科普宣传的行政命令，要求农业部部长协调环境保护署署长、食品药品监督管理局局长等官员，自命令发布之日起 180 个自然日内制订出具体的行动计划，以建立公众对农业生物技术产品的信心。③国际贸易方面。自“命令”发布之日起 120 个自然日内制定一项国际贸易战略，消除不公平的贸易壁垒，提高国际社会对农业生物技术产品的接受程度，以便打开并维持美国农业的出口市场。

（二）欧盟的转基因生物安全管理

欧盟认为现代科技水平还难以解释很多科学问题，这导致当前评价转基因食品安全性的信息并不充分全面。实际上，无论采用何种详尽周密的研究方法和手段，所得结论均不可避免地带有一定程度的不确定性，这反映了以技术为基础的评价方式所固有的局限性。鉴于此，欧盟委员会以“预防原则”为指导方针，构建针对应用转基因生物技术的食品安全监管措施。“预防原则”赋予了欧盟成员国在无需确凿信息证明转基因食品有害的前提下，能严格规范转基因食品的研发试验、生产加工和进口交易等活动。

1. 欧盟转基因生物安全管理

在“预防原则”指导下，欧盟地区对转基因生物及食品进行规范时，严格遵守登记追踪的程序性规定，并构建了完备的法律规范制度。1986 年，欧洲共同体公布了《共同体生物技术管制框架》，确立了对转基因生物产品管理的总政策取向，即对转基因生物产品的管理采取个案审查原则，并将其最初的管理目标界定为在确保对人类健康和自然环境维持高水平的同时，保证内部单一市场管制政策的协调与一致。1990 年，欧洲共同体理事会通过了关于转基因微生物在封闭环境中使用的 90/219/EEC 指令和关于转基因生物体向环境有意释放的 90/220/EEC 指令。2001 年，欧洲议会与欧盟委员会通过了转基因生物向环境有意释放的 2001/18/EC 指令，废止了 90/220/EEC 指令。2003 年 9 月，欧盟地区在对应用了转基因生物技术食品和饲料的安全管制上取得了重大突破，制定通过了 1829/2003 号《有关转基因食品和饲料的条例》，该条例采用集中审核批准的方式监管控制转基因食品和含转基因物质构成的饲料的生产及进口，审批权力统一由欧洲食品安全局行使，解除欧盟地区各个国家享有的安全评价和审核批准的权力。同时取消简易审核审批流程，要求所有转基因食品及含有转基因成分的饲料都一定要经审核批准后才可允许进口和上市，严谨慎重地对待转基因食品审核批准工作。还通过了 1830/2003 号《关于转基因生物的可追溯性和标识以及由转基因生物生产的食品饲料的可追溯性条例》，该条例建立了转基因食品追踪制度及强制性能效标签识别制度，只要含转基因物质构成的食品及饲料都必须贴上标签，注明成分。除此之外，买卖双方的身份信息也必须以书面形式记录并保存五年，供日后参考。至此，欧盟新的 GMO 立法的主体框架宣告完成。此外，为了与《卡塔赫纳生物安全议定书》的有关规定相衔接，针对欧盟成员国与其他国家之间的 GMO 越境转移问题，欧洲议会与欧盟委员会在 2003 年通过了有关转基因生物越境转移的 1946/2003/EC 条例。欧盟转基因法规的主体框架由 2001/18/EC、1829/2003/EC 和 1830/2003/EC 构成，因此欧盟转基因产品的立法重点可归结为“转基因生物向环境的有意释放”和“转基因食品”两个方面，立法以审批程序、标签和可追溯性为中心。

在规制机构方面，欧盟关于转基因食品安全问题的规制主体有立法机构、执行机构和咨询机构。负责立法的规制主体是欧洲理事会（欧盟的最高权力机构，是由欧盟各成员国的国家元首或政府元首与欧盟委员会主席共同参加的首脑会议，有关欧盟立法和政策的各项重大决策主要都由其做出）、欧洲议会（欧盟立法机构）和欧盟委员会（欧盟常设执行机构，也是唯一有权起草法令的机构）。欧洲理事会负责草拟规范应用了转基因生物技术食品的立法框架，决定通过转基因食品的相关立法。欧洲议会针对立法问题向欧盟理事会提出可供参考和利用的意见，再一同做出是否采纳该意见的决策。最后由欧盟委员会出台具体可行的法规和条例。负责执行的是食品和兽医办公室。1997 年，食品和兽医办公室在爱尔兰成立，从属于欧盟委员会，主要任务是察看督促欧盟各成员国调整转基因食品的法律法规的执行情况，以及监测国外出口到欧盟的转基因食品的安全状况。敦促各成员国遵守有关饮食卫生安全的法律规定，以保证进入交易流通阶段的食品没有安全危险且符合卫生要求。负责咨询的是 2002 年设立的欧洲食品安全局，其工作的关键是对食品及动物饲料的安全进行评估，给出科学判断，帮助欧盟委员会、欧洲议会在转基因食品和饲料方面制定出具体可行的法律规范。欧洲食品安全局管理并解决与转基因生物相关的科技问题，受转基因食品安全直接或间接影响的人类身体健康和动植物保护等相关问题。

2. 欧盟转基因产品标识管理

根据 1830/2003/EC 的要求，转基因食品的标签包括以下几种情况：①对于含有两种以上成分，并包括转基因成分的食品，“转基因”或者“源自转基因（成分的名称）”应在成分列表中，并在相关成分的后面用括号表示。②如果成分及类别明确，“含有转基因生物体的名称”或者“含有源自转基因生物体的名称”的字样应出现在成分的列表中。③如果没有成分列表，“转基因”或者“源自转基因（生物体的名称）”的字样应清晰地标注在标签中。④如果没有成分列表，可以在标签中采用其他的形式标注。⑤如果用于提供给最终消费者的食品是非预包装食品，或者包装的面积不足 $10cm^2$，本段要求的信息应在产品的主要展示版面或者附带的展示版面，或者在包装材料上展示，展示信息应清晰可读。欧盟对转基因食品的标签是强制性的，作为豁免情况，根据 1829/2003/EC 的规定，如果食品含有或者包括的转基因成分低于 0.9%，或者含有某种单一的转基因组分而其存在的不确定性在技术上无法解决，则不需要标识。对于豁免进行标识的情况，生产者应向欧洲食品安全局提供充足的证据。

65/2004/EC 建立了转基因产品唯一标识符的发展和分配系统。欧盟在建立转基因食品唯一标识时，考虑到维持国际框架下的一致性，采取了国际经济合作和发展组织（OECD）建立的唯一标识的格式，生物追溯产品数据库的使用，以及《卡塔赫纳生物安全议定书》关于生物多样性的公约。在转基因食品获得授权的同时，也获取了指定的唯一标识。

最后，对于基因编辑作物的监管问题，不同国家给出了不同的政策。美国农业部已经明确基因编辑作物无须受到与转基因作物规格相同的监管。2018 年 3 月 28 日，美国农业部在关于植物育种创新的声明中指出：“根据农业部生物技术法规，只要使用新技术开发农作物过程中没有使用植物有害生物作为供体或载体，并且其本身不是植物有害生物，农业部不会对使用这些新技术培育的农作物进行监管。”而且美国、加拿大农业公司所研制的敲除一个导致褐变基因的非褐变编辑苹果（在空气中不会再被氧化而变成褐色）已经在美国成功上市。日本基因编辑食品也不需要经严格安全性审查，只需向政府登记即可上市销售。但欧盟最高法院规定，基因编辑作物应与转基因生物遵守同样严格的法规。2018 年 7 月欧洲法院表示，通过诱变获得的生物体属于转基因生物，并且原则上受到转基因生物法规所规定义务的约束。目前，我国政府在监管法规层面，尚未对基因编辑作物做出明确的裁定。

思考题

1. 为什么要对转基因生物进行安全性评价？
2. 转基因植物可能引起的生态风险有哪些？
3. 转基因食品安全吗？如何看待当前网络上很多的转基因生物安全方面的负面消息？
4. 比较各国对转基因生物安全管理的异同。
5. 结合我国国情，分析我国对转基因生物安全管理为什么不能照抄国外模式。
6. 简述转基因生物安全评价的内容及步骤。
7. 简述转基因作物在农业生产上的实际应用情况。
8. 分析抗除草剂转基因大豆大规模种植对环境可能产生的影响，以及如何避免出现不利影响。

主要参考文献

北京大北农生物技术有限公司. 2020. 转 *epsps* 和 *pat* 基因耐除草剂玉米 DBN9858 在北方春玉米区生产应用的安全证书. 北京：中华人民共和国农业农村部

陈世国，强胜，毛婵娟. 2017. 草甘膦作用机制和抗性研究进展. 植物保护，43（2）：17-24

傅淑，刘昭霞，陈金芝，等. 2019. 植物介导的害虫 RNA 干扰. 昆虫学报，62（12）：1448-1468
华再东，刘圣财，肖伟，等. 2019. 转基因动物安全评价浅谈. 湖北畜牧兽医，40（9）：10-14
黄春蒙，朱鹏宇，王智，等. 2020. 基于 RNAi 技术的转基因植物研究进展. 生物技术进展，10（1）：1-9
康乐，陈明. 2013. 我国转基因作物安全管理体系介绍、发展建议及生物技术舆论导向. 植物生理学报，49（7）：637-644
刘谦，朱鑫泉. 2001. 生物安全. 北京：科学出版社
农业部. 农业转基因生物安全评价管理办法. 2017 年第 8 号修订. http://www.moa.gov.cn/ztzl/zjyqwgz/zcfg/201712/t20171227_6129154.htm[2022-03-20]
谭万忠，彭于发. 2014. 生物安全导论. 北京：科学出版社
王明远. 2010. 转基因生物安全法研究. 北京：北京大学出版社
王园园，王敏，相世刚，等. 2018. 全球抗除草剂转基因作物转化事件分析. 农业生物技术学报，26（1）：167-175，183-257
吴刚，金芜军，谢家建，等. 2015. 欧盟转基因生物安全检测技术现状及启示. 生物技术通报，31（12）：1-7
吴刚，李文龙，石建新，等. 2019. 澳大利亚转基因生物安全监管概况及启示. 生物技术通报，35（3）：138-143
张树珍. 2006. 农业转基因生物安全. 北京：中国农业大学出版社
张伟. 2011. 生物安全学. 北京：中国农业出版社
中华人民共和国国务院. 2017. 农业转基因生物安全管理条例. https://flk.npc.gov.cn/detail2.html?ImY4MDgwODE2ZjNjYmIzYzAxNmY0MTIzNDhhYjE5NWU%3D[2020-10-23]
Goodman R E，吴昊，胡斌，等. 2014. 生物安全：美国转基因作物的评价与管理. 华中农业大学学报，33（6）：83-109
Adang M J，Crickmore N，Fuentes L J. 2014. Chapter two-diversity of *Bacillus thuringiensis* crystal toxins and mechanism of action. Advances in Insect Physiology，47：39-87
Collinge D B，Jorgensen H J L，Lund O S，et al. 2010. Engineering pathogen resistance in crop plants：current trends and future prospects. Annual Review of Phytopathology，48：269-291
DFO. 2013. Summary of the environmental and indirect human health risk assessment of AquAdvantage® salmon. Canadian Science Advisory Secretariat Science Response：1-26
ISAAA. 2018. Global Status of Commercialized Biotech/GM Crops in 2018：Biotech Crops Continue to Help Meet the Challenges of Increased Population and Climate Change. ISAAA Brief No. 54. ISAAA：Ithaca，NY.
Umezawa T，Fujita M，Fujita Y，et al. 2006. Engineering drought tolerance in plants：discovering and tailoring genes to unlock the future. Current Opinion in Biotechnology，17（2）：113-122

拓展阅读

1. 薛达元. 2009. 转基因生物安全与管理. 北京：科学出版社
2. 中华人民共和国农业农村部. http://www.moa.gov.cn/ztzl/zjyqwgz/zxjz/
3. 国际农业生物技术应用服务组织. http://www.isaaa.org/gmapprovaldatabase/default.asp
4. 中国生物安全信息网. http://www.biosafety.com.cn/Index.html
5. 中国转基因食品安全网. http://www.jiyin100.com/
6. 中国生物技术信息网. http://www.biotech.org.cn/
7. 澳大利亚转基因生物环境安全管理网站. http://www.ogtr.gov.au/
8. 欧盟转基因生物田间试验数据网. http://gmoinfo.jrc.ec.europa.eu/

知识扩展网址

知识扩展 2-1：10 种转基因植物，https://www.ibilibili.com/video/BV1es411i7Yg

知识扩展 2-3：农业农村部办公厅关于鼓励农业转基因生物原始创新和规范生物材料转移转让转育的通知，http://www.moa.gov.cn/xw/bmdt/202102/t20210218_6361747.htm

知识扩展 2-4：番茄·马铃薯·抗乙肝，https://tv.sohu.com/v/cGwvNTIxMDQ4MC8xODA4NjAyNi5zaHRtbA==.html?vid=18086026&wx=0&channeled=1211020100&aid=5210480

知识扩展 2-5：转基因动物，https://haokan.baidu.com/v?pd=wisenatural&vid=15071703063730924789

知识扩展 2-6：全球首例！人类首次接受转基因猪心脏移植，https://haokan.baidu.com/v?pd=wisenatural&vid=16405588923056669903

知识扩展 2-7：美国将释放数百万只转基因蚊子，科学家感到担忧，https://news.china.com/socialgd/10000169/20200610/38331568.html

知识扩展 2-9：转基因科普，终于有一场有血有肉，有理有据的演讲了，https://www.kepuchina.cn/yc/201808/t20180830_699257.shtml

知识扩展 2-12：全球转基因作物丰收 中国谨慎发展，http://news.cctv.com/2016/04/14/VIDECcC5vnHlxwakQImhi1Os160414.shtml

第三章　食品安全与风险防控

食品是人类赖以生存的首要物质前提。食品安全有三个方面的定义：一是食品数量安全，指的是一个国家或社会是否具有足够的食物供应；二是食品质量安全，指的是食品中是否存在影响人体健康的有毒、有害物质；三是未来食品安全，指的是需要对生态安全进行良好保护，才能可持续利用资源，以确保子孙后代的食品安全。本章主要介绍食品质量安全，它有两层含义：绝对安全与相对安全。绝对安全是指确保不可能因食用某种食品而危及健康或造成伤害，也就是食用该食品绝对没有安全风险。理论上，绝对安全的食品不存在。相对安全是指，一种食物或其成分在合理食用方式和正常食量的情况下，不会损害人体健康，但不能保证在不正常情况下食用可能会带来健康风险。影响食品相对安全的因素可分为生物性、化学性和物理性三大类。生物性因素来源于动物、植物和微生物。它们有可能是天然带毒，也可能是污染所致。其中微生物性危害成了头号食品安全问题。食物的化学性危害来源于食品生产、加工、运输与贮藏等多个环节。其中有机合成农药残留、超量使用或非法使用非食品用添加剂，以及重金属污染引发的食品安全问题较为常见。针对不同原因引发的食品安全风险的防控措施不同。总之，食品安全既关乎国家安危，又与所有人的切身利益相关。

第一节　食品安全概述

一、安全食品

安全食品的概念有广义和狭义之分。广义的安全食品是指长期正常食用不会对身体产生阶段性或持续性危害的食品，而狭义的安全食品则是指按照一定规程生产，符合营养、卫生等各方面标准的食品。在我国，安全食品可分为普通食品、无公害食品、绿色食品和有机食品 4 个等级。

普通食品，是指对生产环境等没有特殊要求，但是各种有害物质残留量没有超过规定标准，食用后不会引起中毒事故发生的食品。这是安全食品的最低要求。按照国家以前的规定，国内米、面、油、酱油、醋等加工食品，肉制品、乳制品、饮料、调味品、方便面、饼干、罐头等必须有“QS”标志才能出厂销售。“QS”是英文“quality safety”的缩写，意为“质量安全”，表明食品符合质量安全的基本要求。根据新《食品生产许可管理办法》规定，2018 年 10 月 1 日及以后的食品及食品添加剂包装上一律不得继续使用原包装和标签以及“QS”标志，取而代之的是使用“SC”(“生产”拼音字母缩写）加 14 位阿拉伯数字作为食品生产许可证的标志。“SC”后跟的 14 个阿拉伯数字，依次为：3 位食品类别编码、2 位省（自治区、直辖市）代码、2 位市（地）代码、2 位县（区）代码、4 位顺序码、1 位校验码。新标志最大的好处是能够实现食品追溯，让消费者买得放心和安心。

无公害食品，是指无污染、无毒害、安全优质的食品。在国外，无公害食品又称为无污染食品、生态食品或自然食品。在我国，无公害食品的产地环境、生产过程和产品质量均需符合国家有关标准和规范，通过部门授权审定批准，并可无偿使用无公害食品标志。无公害食品生产过程中允许使用农药和化肥，但不能使用国家禁止使用的高毒、高残留农药。

绿色食品，是指产自优良生态环境、按照绿色食品标准生产、实行全程质量控制并获得绿色食品标志使用权的安全、优质食用农产品及相关加工产品。绿色食品认证依据的是农业农村部发布的推荐性绿色食品行业标准，对农药、化肥使用量和残留量的规定比无公害食品的标准严格。根据技术等级，绿色食品又可分为 A 级和 AA 级两个等级。A 级绿色食品要求产地环境符合《绿色食品产地环境质量标准》，生产过程需严格按绿色食品生产资料使用准则和生产操作规程要求，限量使用限定的化学合成生产资料，并积极采用生物方法，保证产品质量符合绿色食品产品标准要求。AA 级绿色食品要求更高，它不仅要求生产地环境质量符合《绿色食品产地环境质量标准》，而且在生产过程中不得使用化学合成的农药、化肥、食品添加剂、饲料添加剂、兽药及有害于环境和人体健康的生产资料，而是通过使用有机肥、种植绿肥、作物轮作、生物或物理防虫防病方法等技术，培肥土壤，控制病虫草害，保护或提高产品品质，从而保证产品质量符合绿色食品产品标准要求。为了与其他食品区别开，绿色食品有统一标志（表 3-1）。

从化学成分角度来考虑，所有的食品都应该是有机的。而从安全食品角度考虑，有机食品则是专指一类真正来自于自然、富营养、高品质和安全环保的生态食品。它强调食品来自生态良好的有机农业生产体系，生产和加工过程中不使用化学农药、化肥、化学防腐剂等合成物质，也不使用基因工程生物及其产物。我国有机食品主要包括粮食、蔬菜、水果、畜禽产品（包括乳蛋肉及相关加工制品）、水产品及调料等。为了凸显与其他食品的区别，有机食品也有统一标志（表 3-1）。各级别食品在追溯性、标识使用、认证组织等方面也有一些差别。

表 3-1　中国安全食品等级比较

层次	普通食品	无公害食品	绿色食品		有机食品
			A 级	AA 级	
质量目标	—	无污染的安全食品	无污染的安全、优质、营养食品		无污染、纯天然、高质量的健康食品
生产环境	一般	良好	优良		优秀
技术要求	—	有毒有害物质量在安全允许范围内	限定使用允许的化学合成物质	不使用农药、化肥、生长激素等	不使用人工合成的肥料、农药、生长调节剂和饲料添加剂
追溯性	不可追溯				可追溯
标识使用	—	政府强制、无偿使用、统一标识	知识产权、有偿使用统一标识		知识产权、有偿使用有机产品标志统一、认证机构标志不统一
标识	质量安全				
执行标准	—	国家标准、行业标准和地方标准	行业标准		国际标准
认证组织	—	农业农村部和各省厅	中国绿色食品发展中心		国际有机食品认证委员会

注：QS 标志已停用，所有食品销售均需用“SC 加 14 位数字”的标志

二、食品安全危害因素

《食品召回管理规定》（国家质量监督检验检疫总局，2007 年第 98 号文）第四条定义的不安全食品，是指有证据证明对人体健康已经或可能造成危害的食品。这些不安全食品包括：已经诱

发食品污染、食源性疾病或对人体健康造成危害甚至死亡的食品；可能引发食品污染、食源性疾病或对人体健康造成危害的食品；以及含有可能引发特定人群健康危害的成分而在食品标签和说明书上未予以标识，或标识不全、不明确的食品；有关法律、法规确定的其他不安全食品等。

潜在损坏或危及食品安全和质量的因子或因素，包括生物、化学及物理等几个方面（表 3-2）。一旦食品含有这些危害因素或者已经受到这些危害因素的污染，就会成为具有潜在危害的食品。这些危害可以发生在食物链和食品生产加工的各个环节。

表 3-2　食品安全的危害因素

指标	生物性	化学性	物理性
来源	植物（包括菌类）、动物（寄生虫、虫鼠害等）、微生物（感染与毒素）	自身含有、环境或包装物污染、人为添加或加工过程产生	外来杂质或自身物理伤害
主要成分	生物碱、毒素、致敏性物质等	天然毒素或过敏原，农药、兽药或激素残留，重金属或添加剂超标，加工过程产生毒性物质等	玻璃、金属、石头、塑料等

食品中的生物性危害，是指生物本身及其代谢过程、代谢产物（如毒素）、寄生虫、虫卵及昆虫等对食品原料、加工过程和产品的污染。常见生物性危害包括天然生物毒素危害、动物性危害和微生物危害三大类。多数生物性危害本质上属于化学性危害。

食品中的化学性危害，是指有毒化学物质污染食物而引起的危害。这些化学物质除生物体天然存在的化学物质外，还包括生产过程中残留的化学物质、加工过程中人为添加的化学物质、偶然污染的化学物质等。常见的化学性危害有自然毒素、农用化学药物、重金属、添加剂、包装材料、放射污染及其他化学性危害。食品中的化学性危害可能对人体造成急性中毒、慢性中毒或过敏，从而影响身体发育、生育，带来致癌、致畸、致死等后果。

食品中的物理性危害，是指食用后可能导致物理性伤害的食品。这些物理性伤害可以来自食品中的异物，也可以来自食品自身。造成物理性伤害的异物通常肉眼可见，如碎骨头、碎石头、碎玻璃、铁屑、木屑、头发、蟑螂等昆虫残体等。它们主要来源于食品生产、加工或运输过程中操作人员的疏忽或有意添加。这些外来异物在食用时或食用后，可能会对人体造成不同程度的损伤，如口腔割伤、咽部划伤等；一些进入体内的异物如不能及时排出，还需要通过外科手术取出，这会带来更大的伤害。因食物的体积、温度、黏度或放射性污染等造成的伤害属于自身物理性伤害，这种伤害也可能源于天然或人为因素。

自然界本身就有来源于宇宙射线和环境中的放射性核素，这构成了环境天然放射性本底。这种源于自然本底的放射性，由于剂量极低，一般不会带来食品安全问题。而随着人类社会的发展，为保存食品而发展的食品辐照技术的大规模应用，以及核爆炸、核工业三废排放、意外核事故等带来的人为放射性污染逐步增多。这些放射性污染会通过食物链等逐步转移进入人体，并在人体内储留。这些低剂量放射性物质在各种组织、器官和细胞产生的长期内照射效应，会给人体免疫系统、生殖系统等带来损伤，并有致癌、致畸、致突变等潜能。其毒性往往远高于一般化学物毒性，辐射损伤还具有遗传性、人体感觉器官无法感知、射线的强穿透性与蜕变能力及放射性活度只能通过自然衰变而减弱等特性。人类在面对放射性污染时可采取的措施很少，唯有加强对污染源的监督与防护，方可减少与避免此类型的伤害。

此外，为了满足人类日益增长的对食品色、香、味及食疗和保健等功能的特殊需求，各种新型功能食品、强化食品和转基因食品不断涌现，它们的安全性问题也越来越受到人们的关注。

三、食品安全问题的若干误区

由于食品安全的重要性及食品安全案例的层出不穷，食品安全问题受到全社会的普遍关注。民以食为天，但人们对食品安全的认识仍然存在很多误区。以下列出了几个常见的食品安全的认知误区。

（一）食品应该100%安全

世界上不存在100%安全的食品，任何食品的安全都与剂量、消费对象之间存在密切关系。例如，食盐作为调味品，它对于保持人体电解质平衡、维持神经系统活动有重要作用，但若过量食用，则可能会引发电解质失衡、组织水肿、血压升高等症状，所以盐分的日常摄入量应当保持在6g/d以下。再比如，正常蛋白质含量的普通大米对于普通消费者来说是安全食品，但由于慢性肾病患者的蛋白质代谢能力弱，这些普通大米对于慢性肾病患者来说就属于不安全食品。

（二）天然、无添加剂的食品一定安全

很多天然食品含有毒素。例如，河鲀的卵巢、肝脏等含有河鲀毒素，食用它们轻则引起头晕、恶心，重则导致死亡。再如，很多食品，如大米等，如果不加适量添加剂，反而容易导致食品霉变积累毒素，进而影响食品安全。

（三）吃了含有致癌物的食品就一定会得癌症

大量食品中含有致癌物质，但由于它们的含量很低，正常食用不会致癌。自然界绝对不含致癌物质的食品数量其实非常少。

（四）化学性污染危害大于微生物污染

人们往往非常关注食品中各种化学物质是否超标，诚然这是非常重要的指标。事实上，由微生物污染导致的感染性疾病和中毒性疾病才是食品安全的头号问题。例如，肉制品被肉毒梭菌污染、粮食被黄曲霉污染等引发的食品污染都可能引发中毒甚至死亡。

（五）不合格食品就是有毒食品

不合格食品指的是生产、包装、运输或贮藏某个环节不符合标准的食品，有毒食品是指对人体有害的食品。过了保质期的食品、使用落地果生产的果汁等都属于不合格食品，它们是否有毒则需要检测才能确定。所以，不合格食品≠有毒食品。

（六）“检出”=“超标”=“不安全”

随着检测技术的进步，很多有毒有害物质在食品中被检出是正常现象。例如，土壤基质中含有多种重金属元素，该类土壤长出的稻谷中能检测出镉、汞等重金属元素，但只要稻米中的重金属含量不超标，从重金属危害的角度来说，稻米仍是安全的。

（七）“非法添加物”=“食品添加剂”

随着食品工业的不断发展，食品添加剂在食品工业发展中发挥着至关重要的作用，并被誉为现代食品工业的灵魂。这是因为食品添加剂的使用不仅能改善食品品质，还能增强食品营养

成分、延长食品保存期、便于食品加工、改进生产工艺、提高生产率、增加企业效益等。但是食品添加剂只能在特定的范围内按照标准限量使用，任何超范围、过量使用的做法都将对食品安全造成危害。例如，三聚氰胺、苏丹红、瘦肉精、吊白块等均属于非法食品添加剂，禁止在任何食品中使用；防腐剂、食用色素、糖精等食品添加剂的过量使用也会对人类健康带来危害。

（八）安全食品可以无节制地多吃

世界上没有绝对安全的食品。即使食用某一食品对身体非常有益，但这仅是指正常食用量范围内的有益。任何食品，如果无节制地多吃，都会对身体造成伤害。

第二节 生物性危害及其防控

一、天然生物毒素

天然生物毒素是指生物体自然产生的有毒化合物。这些毒素对有机体本身无害，但在食用时可能对其他生物（包括人类）有毒。这些化合物具有不同的化学结构，并且在生物学功能和毒性机制方面也各不相同。一些毒素由植物产生，是植物抵御食草动物、昆虫或微生物的天然防御机制。一些毒素虽然在植物性食品中出现，但是可能是受气候影响（如干旱或极端潮湿）而造成霉菌等微生物侵染所致。例如，某些毒花生是由黄曲霉污染所致。一些毒素可能来源于动物的腺体或脏器，人类食用后可能会导致激素失衡或中毒。一些毒素可能来源于海洋或湖泊中的有毒藻类和浮游生物，这些有毒藻类或浮游生物对吞食它们的鱼类或贝类无毒，但当人们食用了含有这些毒素的鱼类或贝类后，就会患病。还有些毒素则可能来源于人类误食一些与食用菌相似的有毒真菌引起。

（一）天然植物毒素

天然植物毒素是由植物产生的可引起人类致病的物质。目前发现的对人体健康构成风险的植物毒素，本质上多数是植物的次生代谢物质，少数是蛋白质。次生代谢物质毒素主要包括生物碱、苷类、酚类、血管活性胺和有机酸等；蛋白质毒素则包括对红细胞有凝集作用的凝集素、对消化酶有抑制作用的蛋白酶抑制剂、可分解维生素等的水解酶等。植物源天然有毒物质与其毒性机制见表3-3。

表3-3 植物源天然有毒物质与其毒性机制

序号	有毒物质类别		代表物质	机制	代表植物
1	次生代谢物质	生物碱	龙葵碱	刺激黏膜、麻痹神经系统和呼吸系统、溶解红细胞等	茄科植物，如发芽的土豆
			秋水仙碱	进入人体被氧化后，迅速生成的二秋水仙碱对人体胃肠道、泌尿系统具有毒性，并产生强烈的刺激作用	百合科、石蒜科植物，如鲜黄花菜
2		苷类	氰苷	氰基水解后产生的氢氰酸易与细胞色素氧化酶结合，阻断呼吸链电子传递，使细胞代谢停止	禾本科、豆科等植物的种子、幼枝、花、叶等
			皂苷	刺激黏膜、伤肠胃	豆科、五加科、蔷薇科、菊科、葫芦科和苋科等植物
3		酚类	棉酚	一种细胞原浆毒，对心、肝、肾及神经、血管、生殖系统等均有毒性	棉花、大豆等

续表

序号	有毒物质类别		代表物质	机制	代表植物
4	次生代谢物质	胺类	多巴胺和酪胺	多巴胺是肾上腺素型神经细胞释放的神经递质。该物质可直接收缩动脉血管，明显提高血压。酪胺可将多巴胺从贮存颗粒中解离出来，使之重新参与血压的升高调节	香蕉和鳄梨等
5	次生代谢物质	有机酸	植酸	可与食物中钙、镁、铁、锌等结合生成不溶性的化合物，影响人体对食物中钙等的吸收利用	种子或果实中普遍存在，荞麦、燕麦、玉米、豆类、坚果等中的含量相对较高
			草酸和草酸盐	在人体内可与钙结合形成不溶性的草酸钙，在组织内尤其肾脏内沉积，可引起肾结石。大量食用含草酸的食品，可影响人体对钙的吸收	苋科、藜科植物，以及酢浆草、马齿苋等
			白果酸	损害神经系统和末梢神经，并具溶血作用	白果假种皮与胚中含量较高
			甘草次酸	具有细胞毒性，长时间大量食用可导致严重的高血压和心脏肥大	甘草
6	蛋白质	有毒蛋白或肽	外源凝集素	对红细胞有凝聚作用，破坏红细胞的输氧能力；当外源凝集素结合人肠道上皮细胞的碳水化合物时，可造成消化道对营养成分吸收能力的下降，进而造成动物营养素缺乏和生长迟缓	广泛存在于800多种植物（主要是豆科植物）的种子和荚果中
			蛋白酶抑制剂	动物消化酶的抑制剂，阻止动物对食物的消化与吸收	豆类、谷类、土豆、茄子、洋葱等
7	蛋白质	酶	硫胺素酶和脂氧化酶	分解维生素等人体必需成分或释放出有毒化合物	蕨类植物（硫胺素酶）、大豆（脂氧化酶）等植物

不同毒素，其来源的物种、在植物体内的存在部位及毒性机制各不相同。人们在面对含有毒素的不同植物性食品时，往往需要采取不同的预防措施。下面重点介绍几种常见的植物源性食物（图 3-1）的中毒机制、表现及其预防措施。

图 3-1　几种常见的有毒植物源食物（引自中国植物图像库）

A. 大豆；B. 鲜黄花菜；C. 木薯；D. 蓖麻籽

1. 豆类植物的中毒机制与预防措施

豆科植物包括大豆、蚕豆、豌豆、绿豆、菜豆、小豆等，种类繁多，栽培遍布世界各地。由于其富含碳水化合物、蛋白质、脂肪、矿物质、膳食纤维及维生素和黄酮类等各种营养物质，豆类及其制品已经成为世界各地的主要副食品。但由于豆类本身含有一些影响食物安全的物质降低了其生物利用率，但通过合理烹调、科学加工的方式，可有效去除这些有毒物质的干扰。

（1）蛋白酶抑制剂　存在于大豆、菜豆等食物中，能抑制胰蛋白酶、糜蛋白酶、胃蛋白酶的活性，以胰蛋白酶抑制剂最为普遍。未灭活的胰蛋白酶抑制剂进入体内会抑制人胰蛋白酶活性，影响蛋白质的消化吸收，引起不良胃肠道反应。例如，喝未煮熟的豆浆或菜豆会有呕吐、拉肚子等症状就是这个原因。破坏蛋白酶抑制剂的最有效方法是高温灭活，因此只要将食物煮透即可有效消除蛋白酶抑制剂的毒性。

（2）脂肪氧化酶 大豆中存在的脂肪氧化酶可催化多聚不饱和脂肪酸的氧化，使得大豆及其制品具有固有的豆腥味，影响豆制品风味。高温煮透、乙醇处理后减压蒸发、酶或微生物脱臭等方法，均可除去部分豆腥味。

（3）凝集素 大豆、蚕豆、菜豆等多种豆类都含有能使红细胞凝集的糖蛋白，称为植物红细胞凝集素。未灭活的凝集素不仅会破坏红细胞的输氧能力，还与人肠道上皮细胞的碳水化合物结合，引起进食者恶心、呕吐等症状，严重者还会导致死亡。由于凝集素的本质是一种糖蛋白，将食物煮透即可将之灭活去毒。

（4）植酸 大豆等豆类中的植酸，其化学成分是肌醇六磷酸。它是一种强酸，具有很强的螯合能力。除能与金属阳离子结合外，它还能与蛋白质分子有效配合，最终形成“植酸-金属离子-蛋白质”的三元复合物。这种复合物不仅溶解度低，动物和人类消化利用率也低。发酵、发芽或温水浸泡种子等手段均可在一定程度上激活植酸酶，降低食物中的植酸含量。

（5）巢菜碱苷 又名蚕豆苷，是新鲜嫩蚕豆中含有的一种苷类次生代谢物质。它是6-磷酸葡萄糖的竞争性抑制物，可引起急性溶血性贫血（即蚕豆黄病）。煮熟煮透后可消除其影响。

2. 发芽马铃薯的中毒机制与预防措施

龙葵素，又称为龙葵碱，是一类结构类似、理化性质相近、有毒的甾体皂苷类生物碱，包括茄碱、卡茄碱等。它们主要存在于马铃薯、番茄、茄子等植物中。龙葵素具有腐蚀性、溶血性，并能对运动中枢及呼吸中枢产生麻痹作用。成熟的马铃薯中龙葵素含量较低，可以安全食用。而未成熟或表皮变绿和发芽的马铃薯中龙葵素含量大幅增加。发芽多的或皮肉为黑绿色的马铃薯不能食用。若发芽少或变绿面积小，通过剔除芽眼、去皮后再水浸30～60min，可去除大部分的龙葵素。由于龙葵素遇乙酸易分解，因此在烹调时加些醋，可有助于破坏残余毒素。

3. 鲜黄花菜的中毒机制与预防措施

食用黄花菜指的是百合科植物黄花菜（*Hemerocallis citrina*）的花朵。刚采摘的黄花菜里的秋水仙碱在进入人体后会被迅速氧化成二秋水仙碱。二秋水仙碱会对人体胃肠、泌尿系统和呼吸系统具有强烈的刺激作用，食用后会出现心慌胸闷、头痛、呕吐、腹泻等症状。由于长时间干制可破坏秋水仙碱，因此民间一般食用干制后的黄花菜。如若想食用鲜黄花菜，一般需要经过沸水焯烫、清水浸泡、再煮透等工序后方可食用。

4. 白果的中毒机制与预防措施

裸子植物银杏（*Ginkgo biloba*）的种子称作白果。虽然白果具有一定的药用保健价值，但其假种皮、子叶和胚乳中含有白果二酚、白果酚、白果酸等有毒次生代谢物质。手接触假种皮，会出现脱皮、过敏等症状；大量食用白果，尤其是其中的绿色胚，往往会表现出恶心、呕吐、腹痛、腹泻等消化系统，以及头痛、极端恐惧等中枢神经系统受损症状；严重者可导致呼吸麻痹甚至死亡。采摘处理时应避免皮肤直接接触，食用时保证限量食用熟食，可以较好地避免白果中毒。

5. 柿子的中毒机制与预防措施

柿子（*Diospyros kaki*）是柿科柿属植物的肉质果实。它不仅营养丰富，还具有很高的药用价值和经济价值。但要注意不可食生柿子，不要空腹食柿子，不食柿皮，不与虾等富含蛋白质的水产品同食。这是因为生柿子中含有大量单宁，酸涩无法食用；而熟柿子中含有大量鞣酸、果胶和柿胶酚等物质，空腹吃柿子时，上述物质会与胃酸凝结成硬块，形成“柿石”，引起恶心、呕吐、胃溃疡，甚至胃穿孔等症状；柿皮中的鞣酸含量最高，蛋白质在鞣酸的作用下更容易形成胃柿石，所以需要避免食用柿皮，以及避免与高蛋白水产品同食。

6. 苦杏仁和木薯的中毒机制与预防措施

苦杏仁［蔷薇科山杏（*Armeniaca sibirica*）的种子］与木薯［大戟科木薯（*Manihot esculenta*）的块根］均含有生氰糖苷。该类物质水解后产生的氢氰酸（HCN），易与细胞色素氧化酶结合，阻断呼吸链的电子传递，使细胞代谢停止。误食含有氰苷的苦杏仁或木薯后，会出现流涎、头痛、恶心、呕吐等多种症状，重者会因呼吸麻痹或心跳停止而死亡。由于日晒、浸泡、水煮等加工过程可以去除80%～95%的氰苷化合物，因此食用前需要经过一定的加工，以尽可能多地去除氰苷，同时还需要注意不可大量食用。

7. 蓖麻籽的中毒机制与预防措施

蓖麻籽是大戟科蓖麻（*Ricinus communis*）的种子，不能食用。由于其小巧可爱，经常被孩童误食。蓖麻籽的毒性在于其中含有蓖麻毒素、蓖麻碱和蓖麻血凝素等毒性物质。食用蓖麻籽首先会引起呕吐、腹泻等消化系统症状，进而可能会出现心力衰竭和呼吸麻痹。目前对蓖麻毒素尚无特效解毒药物。

（二）天然动物毒素

摄入某些动物性食品也会由于其体内含有毒素而食物中毒。动物性食物中毒发病率和病死率因动物种类和食用部位的不同而异。例如，青鱼、草鱼的胆汁中含有氰苷、胆盐等有毒物质；河豚（本称河鲀）卵巢等器官内含有剧毒物质河鲀毒素；贝类体内往往由于附着或吞食有毒藻类而带毒素；蟾蜍体表毒腺分泌酯类毒素；畜类的甲状腺与肾上腺等由于含有激素，食用后会导致人体内分泌紊乱；大量食用牛、羊等肝脏有可能会导致维生素 A 过量。动物源天然有毒物质与其毒性机制详见表3-4。

表 3-4 动物源天然有毒物质与其毒性机制

毒素来源	有毒物质类别	代表物质	毒性机制	代表动物
鱼类	苷类	氰苷	氰基水解后产生的氢氰酸（HCN），易与细胞色素氧化酶结合，阻断呼吸链的电子传递，使细胞代谢停止	青鱼、草鱼、鲢鱼等的胆中含有氰苷
	生物碱	河鲀毒素	阻抑神经和肌肉的电信号传导。毒素量大时，迷走神经麻痹，呼吸减慢至停止，迅速死亡	存在于鱼纲硬骨鱼亚纲鲀形目的近百种河鲀和其他生物体内。各部分毒性：卵巢＞肝脏＞肾脏＞血液＞眼球＞腮＞皮＞精囊＞肌肉
		组胺	引起过敏反应：对人胃肠道和支气管的平滑肌有兴奋作用，从而导致人呼吸紧促、疼痛、恶心、呕吐和腹泻，这些症状经常伴随神经性和皮肤的症状如头痛、刺痛、发红或荨麻疹等	鲭鱼亚目（如青花鱼、金枪鱼、秋刀鱼、蓝鱼和飞鱼等）及沙丁鱼、凤尾鱼和鲱鱼等
	有机酸及衍生物	胆盐及氧化物	破坏细胞膜	青鱼、草鱼、鲢鱼、鲤鱼等我国主要淡水经济鱼类
	维生素类	维生素 A	过量维生素 A 引起中毒	蓝点马鲛等大型马鲛鱼、鲨鱼等海产鱼
	神经毒素	雪卡毒素	一种很强的“钠通道毒素”，能兴奋神经及骨骼肌细胞膜的钠通道，增加膜对钠的通透性；通过对肾上腺神经末梢的强烈刺激，释放大量去甲肾上腺素，作用于平滑肌细胞。毒性约为河鲀毒素的 100 倍	取食藻类和珊瑚礁碎渣的鱼，如海鳝、黑真鲷鱼、双棘石斑鱼等

续表

毒素来源	有毒物质类别	代表物质	毒性机制	代表动物
贝类	麻痹性贝类毒素	石房蛤毒素	抑制神经传导，导致动物麻痹，抑制血管运动中枢和呼吸中枢，致呼吸困难而死亡	取食有毒海藻的蛤和贻贝
	腹泻性贝类毒素	软海绵酸、扇贝毒素等	直接作用于平滑肌，可使人、豚鼠、家兔平滑肌系统持续性收缩	倒卵形鳍藻等的毒素，被其毒化的贝类有贻贝、文贝、扇贝、杂色蛤、赤贝、牡蛎等
	神经性贝类毒素	短裸甲藻毒素	可选择性地开放钠通道，快速抑制钠离子的失活，而使细胞膜去极化，并与钠通道结合	短裸甲藻产生的毒素毒化的多种贝类
	遗忘性贝类毒素	软骨藻酸	谷氨酸盐的拮抗剂，可作用于中枢神经系统红藻酸受体，导致去极化、钙内流，最终细胞死亡	硅藻属海藻产生的毒素毒化的贻贝
海参	皂苷	海参皂苷	溶血、神经肌肉活性和细胞毒性	紫轮参、荡皮海参及刺参等含有，常食用的海参是安全的
蟾蜍	酯类	蟾毒配基-3-辛二酰精氨酸酯	主要兴奋迷走神经，直接影响心肌，引起心律失常；另外还有刺激胃肠道、缩血管和升压、引起幻觉等作用	蟾蜍
畜类	甲状腺	甲状腺素	大量外源激素干扰人体正常内分泌活动	猪、牛、羊等
	肾上腺	肾上腺素		
	病变淋巴腺	病原微生物	内含的大量病原微生物可引发疾病	鸟类、哺乳类
畜禽类	肝脏	硫黄胆酸、脱氧胆酸、胆酸	对人类的肠道上皮细胞癌如结肠、直肠癌有促进作用	熊、牛、羊、山羊和兔等

由于不同动物可能具有不同的毒性机制，因而也就具有不同的预防措施。下面重点介绍几种常见动物源性食物中毒的表现及预防措施（图 3-2）。

A B C D

图 3-2 几种常见的有毒鱼（A 和 B 引自刘静等，2019；C 和 D 引自李林春，2015）

A. 河鲀；B. 胆毒鱼（鲤鱼）；C. 青皮红肉鱼（秋刀鱼）；D. 肝毒鱼（草鱼）

1. 鱼类的中毒机制与预防措施

（1）河鲀 河鲀泛指硬骨鱼纲鲀形目鲀科的各属鱼类。其肉味鲜美、营养丰富，有“长江第一鲜”之美称。但其卵巢、肝脏、肾脏、眼睛、血液中含有剧毒素——河豚毒素。处理不当或误食，轻者中毒，重者丧命。所以自古以来就有“拼死吃河鲀”的说法。

河鲀毒素为氨基全氢喹唑啉型化合物，属于生物碱，其毒性比氰化物还要高 1000 多倍，是自然界中发现的毒性最大的神经毒素之一。该毒素对肠道有刺激作用，吸收后会迅速作用于神经末梢和神经中枢，高选择性和高亲和性地阻断神经、兴奋膜上的钠离子通道，阻碍神经传导，从而引起神经麻痹而致死亡。该毒素的中毒潜伏期很短、发病急，死亡率高，中毒后也缺乏有效的解救措施。所以食用河鲀需要专业人员严格处理，严禁流入市场销售。

（2）青皮红肉鱼 青皮红肉鱼指的是一类表皮呈青黑色、肉呈红色的海水鱼，包括三文鱼、金枪鱼等。它们体内富含组氨酸，在鱼腐败变质时，游离组氨酸在脱羧酶作用下生成组胺。当组胺积蓄到一定量时，人食用后会引起呼吸急促、疼痛、恶心、呕吐和腹泻等消化道和呼吸系统症状，以及头痛、刺痛、发红或荨麻疹等过敏反应。这类鱼需要在冷冻条件下运输和储藏，以防止腐败变质产生组胺；尽量避免食用不新鲜或腐败变质的鱼类食品；烹饪时还可加入食醋以降低其毒性。

（3）*胆毒鱼*　鱼胆有毒的鱼统称为胆毒鱼。我国共有 12 种胆毒鱼，包括草鱼、青鱼、鲢鱼、鳙鱼、鲤鱼、鲫鱼、团头鲂、鲮鱼、翘嘴鱼、拟刺鳊、赤眼鳟、圆口铜鱼等，它们均属于鲤形目鲤科。它们的胆汁中含有胆盐及氧化物、氰苷、组氨等有毒次生代谢物质，它们或阻断呼吸链的电子传递，或破坏细胞膜，从而导致细胞与机体受损。不论生吃、熟食、泡酒吞服，还是胆汁滴眼外用，都会引起中毒，且中毒程度与服用剂量呈正相关。鱼胆中毒后，首先会出现胃肠道症状，以腹痛、恶心、呕吐、腹泻、上消化道出血为主，其后累及多器官。重度中毒者，以肾功能衰竭为典型表现。避免鱼胆中毒的最有效方法就是坚决不食用鱼胆。

（4）*肝毒鱼*　鱼肝有毒的鱼统称为肝毒鱼。青鱼、草鱼、鲢鱼等淡水鱼，以及大型马鲛鱼、鲨鱼等海产鱼均属于肝毒鱼。鱼肝有毒主要源于两个方面，一是肝脏含有毒素或含有使人畜食用后不适的物质；二是少数鱼类的肝脏中含有丰富的维生素 A、维生素 D 和脂肪，人食用后将引起维生素过多症。过量食用肝毒鱼的鱼肝后，初期会出现胃肠道症状，后期会有鳞状脱皮等皮肤症状，重者毛发还会脱落。最好的预防措施是不食用该类鱼的鱼肝。

2. 贝类的中毒机制与预防措施

贝类并不是自身带毒，而是由于海洋中的有毒藻类通过食物链传递给贝类，进而在贝类体内蓄积形成的贝类毒素。贝类毒素包括麻痹性贝类毒素、腹泻性贝类毒素、神经性贝类毒素和健忘性贝类毒素等 4 类。

麻痹性贝类毒素的毒性与河鲀毒素相当，是毒性很强的毒素之一。食用后会导致麻痹，抑制血管与运动中枢、呼吸中枢功能，致呼吸困难而死亡。腹泻性贝类毒素是一种脂溶性毒素，因被人食用后产生以腹泻为特征的中毒效应而得名。神经性贝类毒素属于高度脂溶性毒素，人类一旦食用这些染毒贝类便会引起以麻痹为主要特征的食物中毒。人类还可因在赤潮区吸入含有该毒素的有毒藻类的气雾，引起气喘、咳嗽、呼吸困难等中毒症状。它是贝类毒素中唯一可以通过吸入导致中毒的毒素。健忘性贝类毒素是一种强烈的神经毒性物质，因可导致记忆功能的长久性损害而得名。

由于蛤、贻贝、文贝、扇贝、杂色蛤、赤贝、牡蛎等常见食用贝类均易被有毒藻类感染，而且毒素危害具有突发性和广泛性，且其毒性大、反应快、无适宜解毒剂，这给防治带来了很大困难。卫生防疫部门需要加强监督，及时测定产地和市售贝毒素含量，一旦超标，应立即禁止销售和食用。

3. 海参类的中毒机制与预防措施

海参是珍贵的滋补食品，有的还具有药用价值。但有少数，如紫轮参、荡皮海参等海参体内含有的皂苷类海参毒素，具有很强的溶血作用。接触由此类海参消化道排出的黏液会出现烧灼样疼痛、红肿等皮炎症反应；毒液接触眼睛时可引起失明；食用会出现腹痛、恶心、呕吐等症状。一般常吃的食用型海参体内的海参毒素很少，可以安全食用，非食用型海参不能食用。

4. 蟾蜍的中毒机制与预防措施

蟾蜍的腮腺和皮肤腺能分泌蟾蜍毒素。其主要化学成分是蟾蜍二烯醇化合物，可兴奋迷走神经，直接影响心肌，引起心律失常。进食煮熟的蟾蜍（特别是头和皮）、服用过量的蟾蜍制剂，或伤口接触毒液均可引起神经系统中毒症状。轻者胸部胀闷、心悸、脉缓，重者头昏头痛、发绀、抽搐、休克，死亡率高。故而蟾蜍及其制品不能作为食品食用。

5. 畜禽类的中毒机制与预防措施

（1）甲状腺和肾上腺　畜类的甲状腺和肾上腺中分别含有高含量的甲状腺素与肾上腺素。误食后，大量外源甲状腺素或肾上腺素会扰乱人体内分泌平衡。人体内甲状腺素含量过高会引起头晕、头痛、恶心、呕吐等症状，并可能伴有出汗、心悸或高热、心动过速等症状；肾上腺素含量偏高时，轻者导致血压升高、恶心呕吐等症状，重者则可能导致瞳孔散大，并诱发中风、心绞痛、心肌梗塞等危及生命的症状出现。须避免误食这些腺体。

（2）病变淋巴腺　淋巴腺属于动物的免疫器官。当病菌、病毒等病原微生物侵入机体后，免疫系统会将它们聚集到淋巴腺消灭。但是一些淋巴腺可能也会出现如充血、出血、肿胀、化脓、坏死等病理变化。虽然食用正常淋巴腺引起相应疾病的可能性较小，但是由于普通消费者很难区分淋巴腺是否病变，为了食用安全，建议一律废弃淋巴腺。

（3）肝脏　肝脏是消化系统中最大的消化腺。它富含蛋白质、维生素 A 和叶酸等营养成分，但熊、牛、羊、山羊和兔等动物肝脏中还含有硫黄胆酸、脱氧胆酸、胆酸等毒性成分。如大量食用，初期会出现胃肠道症状，后期会有鳞状脱皮等皮肤症状。对这些动物的肝脏应注意少量食用健康肝脏。猪肝中并不含足够数量的胆酸，可以经常适量食用以补充各种营养物质。

（三）天然蕈菌毒素

蕈菌是指一类广泛分布，肉眼可见，形状、大小、颜色各异的大型真菌子实体。古代中国称它们为“蕈”，现代生物分类学将它们分属于担子菌与子囊菌类。许多蕈菌子实体富含蛋白质和氨基酸，口感鲜美。蕈菌中的双孢蘑菇、木耳、香菇、灵芝、银耳等均是人们喜食的食用菌。但也有很多大型真菌的子实体在被食用后会导致人或畜禽产生中毒反应，这类真菌被称为毒蕈或毒蘑菇（图 3-3）。多数毒蕈的毒性较低，中毒症状表现轻微，但有些蘑菇毒素的毒性极高，可迅速致人死亡。

图 3-3　几种常见的毒蕈（引自吴兴亮等，2010）

A. 黄疸粉末牛肝菌（*Pulveroboletus icterinus*）；B. 红鬼笔（*Phallus rubicundus*）；C. 黄毛乳菇（*Lactarius representaneus*）；D. 触黄红菇（*Russula luteotacta*）

蕈菌毒素的化学本质多为蛋白肽、生物碱和有机酸等。根据它们的损伤部位，可以将这些毒素分成胃肠炎型、神经精神型、肝肾损伤型和溶血型等 4 种类型。由于野生蘑菇是否有毒辨别困难，一些毒蕈中毒后，病情发展快，病死率高，所以需要慎重采食野生蘑菇。误食后，须尽快设法通过催吐、洗胃、导泻等措施排除毒物，并立即送往附近医院救治。

二、寄生虫危害

虽然对食品安全带来潜在危害的动物源因素有寄生虫、虫鼠害等多种，但仍有越来越多的人追求“生鲜口味”，生食或半生食鱼虾、肉类等现象较为常见，导致我国的食源性寄生虫感染率明显上升。

文献报道的影响食品安全的人兽共患寄生虫病有40余种，流行和危害比较严重的有10种左右。它们主要经食物或水感染。根据寄生虫中间宿主或转续宿主的不同，我国常见食源性寄生虫病可分成5类：植物源性寄生虫病、淡水甲壳动物源性寄生虫病、鱼源性寄生虫病、肉源性寄生虫病、螺源性寄生虫病等。而根据寄生虫的分类地位，常见的食源性寄生虫病又可被分为吸虫病、绦虫病、线虫病和原虫病等四大类。下面将按照寄生虫的分类地位介绍我国常见的几种食源性寄生虫病。

（一）吸虫病

我国的食源性吸虫病主要由华支睾吸虫、并殖吸虫、肝片吸虫、姜片吸虫、异形吸虫和棘口吸虫等引起。它们多以淡水中生长的鱼虾、甲壳类、螺类、蛙类和蛇类或水生植物为中间宿主或转续宿主，进而通过食物链或接触等进入人体，寄生于人体的小肠、肝管或肺等部位，引发消化系统感染症状（并殖吸虫多引起肺部症状）。针对吸虫病的预防，需要注意污染水体处理、不生食水生植物、不喝生水、动物类食物需要煮熟煮透方可食用等。

（二）绦虫病

我国常见的食源性绦虫病有三种，它们分别由猪肉绦虫、牛肉绦虫和曼氏裂头绦虫感染所致。猪肉绦虫是我国最主要的人体寄生绦虫。它的中间宿主是家猪和野猪。“米猪肉”或“豆猪肉”即由猪肉绦虫囊尾蚴寄生所致。牛肉绦虫常寄生于黄牛、水牛、羊、鹿等体内，食用不熟牛排常会导致感染。这两种绦虫在进入人体后，幼虫常广泛分布，成虫则寄生于小肠，常引起消化系统症状。因此建议食用牛肉、猪肉前，尽量煮熟煮透。

曼氏裂头绦虫的中间或转续宿主是剑水蚤及青蛙、蛇、鸟和人等脊椎动物。人喝了不洁生水或食用了未煮熟的感染动物，会导致幼虫侵入人体，进而寄生于脑部、生殖系统或小肠等处，引发相关部位的病症。为避免感染曼氏裂头绦虫，需要保持水体卫生，不喝生水，不生食食物。

（三）线虫病

我国常见的食源性线虫病主要由旋毛形线虫、蛔虫、异尖线虫、棘颚口线虫、广州管圆线虫和肾膨结线虫等感染引起。

旋毛虫病在我国被列为三大人兽共患寄生虫病（旋毛虫病、囊虫病及棘球蚴病）之首。它是我国肉类进出口、屠宰动物及我国政府提出让人民吃上“放心肉”首检和必检的人兽共患病。随着饲养动物及居民肉类消费量的增加及感染动物种类的增加，该寄生虫又相继在食用狗肉、羊肉和马肉等中出现，导致人旋毛虫病的发病率近年来呈上升和扩散趋势。

蛔虫是人体肠道内最大的寄生线虫。人的蛔虫病是蛔虫寄生于小肠引起的一种常见寄生虫病，在儿童中发病率相对较高。带卵粪便在施加到田间后，会污染土壤、水体与蔬菜瓜果；人皮肤接触到虫卵，或喝有虫卵的生水，或吃被污染的蔬菜瓜果后，虫体会在小肠内聚集，消耗营养。虫体少时通常无感，但虫体多时会引发食欲不振、营养不良，甚至肠梗阻等症状。讲究个人卫生，粪便处理后施用，瓜果生食前洗烫等都可以很好地避免感染该病。

异尖线虫、棘颚口线虫、广州管圆线虫、肾膨结线虫这几种线虫或以海洋动物为中间宿主，或以淡水鱼虾、螺或多变正蚓等为中间宿主。它们进入人体后，分别寄生于消化系统、全身、神经系统与肾脏等处，引发相应症状。通过不喝生水，不生食食物等措施可以避免感染。

（四）原虫病

在影响食品安全的人兽共患寄生虫病中，原虫病是以分布广、涉及宿主传播方式多样、防治难度大而成为最为严重的食源性疾病。我国的原虫病主要有弓形虫病和肉孢子虫病两种类型。

弓形虫病是由刚地弓形虫寄生引起的一种传染病，爬虫类、鱼类、昆虫类、鸟类、哺乳类等动物和人均是其中间宿主，猫科动物是其最终宿主。世界上三分之一的人口感染有弓形虫或为弓形虫携带者，流行病学调查显示我国人口感染率为0.33%～38.6%。

接触患者的尿液、唾液、眼泪、鼻涕、猫的粪便及食用未煮透的肉制品均会导致感染。感染最主要的途径是被污染的食物、器具和饮用水。弓形虫进入人体后寄生于细胞内，并随血液流动到达全身各部位，破坏大脑、心脏、眼底，致使人的免疫力下降，进而罹患各种疾病。加强对家畜、家禽和可疑动物的监测与隔离，加强饮食卫生管理、强化肉类食品卫生检疫制度，不吃生或半生的肉、蛋、乳制品，孕妇不养猫、不接触猫及其食具等措施，可以有效减少弓形虫病的发生率。

肉孢子虫是一种广泛寄生于人类和哺乳动物、鸟类、爬行动物等细胞内的寄生虫。其所产生的肉孢子虫毒素能严重损害宿主的中枢神经系统和其他重要器官，肉孢子虫病是一种重要的甚至致死的人畜共患寄生虫病。本病在世界各地均有流行。人体感染后主要出现消化道症状，重者可发生贫血、坏死性肠炎等症状。该病目前尚无特效疗法。管理好动物及其粪便，加强监督检疫，肉煮熟煮透后食用可以降低该病的发生率。食源性寄生虫严重危害着我国的食品安全体系，使人兽共患病流行传播，而人兽共患病不仅给畜牧业造成巨大的经济损失，同时给人类带来极大的危害，严重时还可能造成社会经济动荡。食源性寄生虫关乎民生，需要对其造成的食品安全问题提高重视。

三、微生物污染性危害

食品的微生物污染是指食品在生产、加工、运输、贮藏、销售过程中被微生物及其毒素的污染。微生物引发的食源性疾病是人类面临的头号食品安全问题。

土壤是微生物的大本营。蔬菜、水果等植物性食品的原料来自田园，均可能携带有土壤中的病原微生物。空气中的病原微生物也会随着灰尘、飞沫和气流的飞扬或沉降，而附着到食品上。此外，食品生产过程中如果直接使用未经净化消毒的地面水也会导致微生物污染食品的机会大为增加。从事食品生产的人员，他们体内和体表的微生物也可能通过各种方式附着到食品上，引发微生物污染。食品加工过程中涉及的设备可能会由于未彻底灭菌而成为微生物污染源。带菌包装材料或容器也有可能成为媒介使微生物污染食品。

引起食源性疾病的微生物分为细菌、真菌和病毒三大类（表3-5），而从引发食物中毒的方式又可将之分成毒素型、感染型和混合型三种类型。毒素型食物中毒是指微生物在食物中繁殖并产生毒素，因食用这种食物引起的中毒，该类型的中毒一般不发热。感染型食物中毒是指含有大量活体微生物的食物被摄入人体后，微生物在人体内大量繁殖，进而引起人体消化道等器官的感染而造成的中毒，该类型的中毒一般会发热。混合型食物中毒则是由毒素型和感染型两种协同作用导致的食物中毒。细菌可通过三种方式引发食物中毒，真菌主要通过产生毒素的方式引发食物中毒，病毒主要通过感染的方式引发食物中毒。

表 3-5　不同类型食源性微生物危害特征比较

致病菌	中毒类型	中毒机制	流行病学特点	中毒发生原因
	毒素型	细菌繁殖产生毒素引起中毒，一般不发热		
细菌	感染型	细菌繁殖，人体摄入后引起消化道感染而中毒，一般会发热	明显具有季节性，病程短、恢复快、预后好、死亡率低；主要由动物性食物引发	牲畜屠宰及畜肉在运输、贮藏、销售等过程中受到致病菌的污染
	混合型	兼有毒素和感染		
真菌	毒素型	真菌在食品中繁殖，产生毒素，引发中毒	中毒与某些食物有关，有季节性与地区性，人体不能产生抗体，也不能免疫	粮食生产、贮存与加工过程中被某些真菌污染
病毒	感染型	病毒侵染人体，在细胞内增殖、扩散，损伤机体；机体过度免疫也可能进一步损伤机体	多以粪-口途径传播，也有通过带毒人员或带毒动物传播的。除朊病毒外，多数可以通过免疫防治与控制	摄入含有致病性病毒污染的食品引起

（一）细菌性食物中毒

细菌属于原核微生物。它们形状细短，结构简单，多以二分裂方式繁殖，是自然界分布最广、个体数量最多的有机体。尽管多数细菌是人类的朋友，然而少数细菌是疾病的病原体，它们中的多数通过食物引发人类疾病。因而，细菌引起的食品安全问题也是评价食品卫生和安全的重要指标。

引发人类常见食物源中毒的细菌性病原物分属于厚壁菌门和变形菌门。分属于厚壁菌门的细菌均为 G^+菌，分属于变形菌门的细菌均为 G^-菌。其中，金黄色葡萄球菌、肉毒梭菌、蜡样芽孢杆菌、霍乱弧菌和酵米面黄杆菌通过产生毒素引发食物中毒；志贺氏菌、大肠杆菌、李斯特菌、变形杆菌、副溶血性弧菌和空肠弯曲菌通过毒素和感染的混合型机制引发食品中毒；伤寒沙门氏菌属中的多数种通过感染引发食物中毒，部分种则可以通过混合方式引发食物中毒。

细菌引发的食物中毒发病季节性明显，全年皆可发生，但多发生在温度相对较高的 5～10 月。引起细菌性食物中毒的主要食物是动物性食物，它们多是在运输、贮藏、销售等过程中受到致病菌的污染。

1. 沙门氏菌

以伤寒沙门氏菌为代表的沙门氏菌属细菌属于变形菌门 γ-变形菌纲肠杆菌科。虽然无芽孢、对热和盐的抗性弱，但它在世界各国细菌性食物中毒中常列榜首。它主要通过粪便传染。沙门氏菌食物中毒的病症表现多样。一般可分为胃肠炎型、类伤寒型、类霍乱型、类感冒型和败血症型等 5 种类型，其中以胃肠炎型最为多见。它主要通过活菌侵袭肠黏膜，引起肠黏膜充血、水肿、组织发炎，并可经淋巴系统进入血液，出现菌血症，进而引起全身感染。此外，它所产生的肠毒素也起一定的致病作用。

2. 志贺氏菌

与沙门氏菌同属肠杆菌科的志贺氏菌属细菌，也称为志贺氏菌或者痢疾杆菌，是人类细菌性痢疾最为常见的病原菌。多数志贺氏菌在体外抗性弱，仅宋内志贺氏菌和福氏志贺氏菌在体外的生存力相对较强，所以它们也是志贺氏菌食物中毒的主要病原物。它们主要经“粪-口”途径传播。引起食物中毒的食品主要是冷盘和凉拌菜。志贺氏菌的感染灶局限于小肠黏膜层。菌体不仅可在小肠上皮细胞内感染繁殖，形成病灶，还可释放毒素作用于肠壁、肠黏膜和肠壁植物性神经，引发混合型食物中毒。

3. 金黄色葡萄球菌

厚壁菌门芽孢杆菌纲葡萄球菌科的金黄色葡萄球菌为侵袭性细菌。它主要通过产生肠毒素，刺激中枢神经系统进而引起中毒反应。金黄色葡萄球菌肠炎起病急，中毒症状严重，主要表现为呕吐、发热、腹泻。它不仅常见于人和动物的体表、体内，还在空气、污水等环境中广泛存在。不仅活菌抗性强，可在干燥的环境中生存数月，其产生的肠毒素（多肽）还对热具有较强的抵抗力，并能抵抗胃肠道中蛋白酶的水解作用。金黄色葡萄球菌是仅次于沙门氏菌和志贺氏菌的人类第三大微生物致病菌。

4. 肉毒梭菌

肉毒梭菌又名肉毒杆菌，是一种生长在常温、低酸和缺氧环境中的厌氧型细菌，在罐头食品及密封腌渍食物中具有极强的生存能力。其分泌的肉毒素本质上是一种多肽。肉毒素能通过抑制神经传导介质乙酰胆碱的释放，导致肌肉麻痹和神经功能不全，进而致死。其毒性比氰化钾大 1 万倍，是毒性最强的天然物质之一，也是世界上最毒的蛋白质之一。由于肉毒素是一种神经麻醉剂，能使肌肉暂时麻痹，医学界常将之用于治疗各种局限性张力障碍性疾病，如面部痉挛和其他肌肉运动紊乱症，以达到停止肌肉痉挛的目的。但需要注意的是，肉毒素注射手术存在一定风险，会产生头痛、过敏、表情不自然等不良反应。

肉毒梭菌广泛存在于土壤、江河湖海淤泥沉积物和动物粪便中，其中土壤是最重要的污染源。家庭自制的臭豆腐、豆瓣酱等发酵食品与厌氧条件下保存的肉类制品及罐头食品均易感染肉毒梭菌。由于亚硝酸盐和高酸环境可以抑制肉毒梭菌的繁殖，肉毒素不耐高温，因此酸性条件下腌制食品、生产罐头食品时加入适量的亚硝酸盐，以及可疑肉毒素污染食物食用前彻底加热均可有效解除毒害。

5. 大肠杆菌

大肠杆菌，又叫大肠埃希氏菌，是一类在 37℃能发酵乳糖产酸、产气，好氧和兼性厌氧的动物肠道正常寄居菌。其中很少一部分在一定条件下能够引起人体或动物胃肠道感染，还会引起尿道感染、关节炎等多种感染症状。目前国际公认的致病性大肠杆菌可以分为肠道致病性大肠杆菌、肠道产毒素性大肠杆菌、肠道侵袭性大肠杆菌、肠道出血性大肠杆菌、肠集聚性大肠杆菌及肠产毒素与侵袭力兼有的大肠杆菌等 6 类。

病原大肠杆菌常常具有一定的宿主特异性，对人有致病作用的菌株常常很少引起动物感染，反之亦然。人大肠杆菌病的主要传染源是患者粪便，主要通过“粪-口”途径传播。因此，大肠杆菌既可作为粪便污染食品的指标菌，又可以作为粪便污染食品的指标菌。为保证食品从产地到餐桌全过程卫生，食用前彻底加热食品等举措可以很好地预防该疾病的发生与传播。

总之，虽然不同食源性细菌性疾病的病原菌及致病机制各不相同，但如果能很好地做好个人卫生、加强水粪管理、做好食品贮藏、食物煮熟煮透后再食用等，就可以很好地预防食源性细菌性疾病的发生。

（二）真菌性食物中毒

虽然不少真菌如霉菌和酵母菌等会被有目的地应用于食品和饮料生产中，但是有些真菌会寄生于粮食、饲料及食品中，进而通过产生毒素引起食物中毒性真菌病。霉菌引起的食物中毒是真菌性食物中毒的典型代表。需要注意的是，能产毒素的霉菌仅限于曲霉属、青霉属、镰刀菌属、交链孢霉属等的少数种，而这些菌种中也只有部分菌株能产毒素。产毒菌株的产毒能力还有可变性和易变性，也就是说产毒菌株经过累代培养有可能完全失去产毒能力，而非产毒菌株在一定条件下，也可能会出现产毒能力。产毒霉菌产生的霉菌毒素也没有严格的专一性，一种霉菌或毒株可产生几种不同的毒素，一种毒素也可由几种霉菌产生。例如，黄曲霉毒素可由黄曲霉、寄生曲霉等产生，而岛青霉则可产生黄天精、红天精、岛青霉毒素及环氯素等多种毒素。真菌性食物中毒与某些食物有关系，中毒发生有季节性和地区性，机体对真菌毒素不能产生抗体，因而不能免疫。

人类对真菌毒素的全面研究始于 1960 年。现已发现对人类危害严重的真菌毒素主要有十几种，其中黄曲霉毒素、杂色曲霉毒素、黄绿青霉毒素、展青霉毒素、青霉酸、单端孢霉烯族化合物、伏马菌素和交链孢霉毒素等是最常见，也是危害相对严重的真菌毒素。

1）黄曲霉毒素：是一类由黄曲霉和寄生曲霉等霉菌产生的具有二呋喃和香豆素结构的生物毒素。这类毒素在人和动物体内进行脱甲基、羟化和环氧化等反应后，形成具有强致癌活性的物质。这些活性物质是目前已知毒性最强的真菌毒素（是砒霜毒性的 68 倍），也是已知活性最强的化学致癌物质（主要诱发肝癌发生）。黄曲霉毒素在花生、玉米等粮食中常见。人类摄入被该毒素污染的食品，可引发食欲减退、恶心呕吐、腹胀及肝区触痛，甚至出现水肿昏迷、抽搐而死等症状，长期食用可诱发原发性肝癌、胃癌、肺癌等疾病。

2）杂色曲霉毒素：是一类由杂色曲霉和构巢曲霉等产生的结构中含有双呋喃环和氧杂蒽酮的生物毒素。这类毒素主要致使肝肾致癌，其致癌性仅次于黄曲霉毒素。杂色曲霉毒素分布广泛，常出现在大米、玉米和面粉等粮食中。人类摄入被该类毒素污染的食物后，往往会导致皮肤曲霉病、肝肾坏死、皮肤和内脏器官高度黄染、肝癌、肾癌、皮肤癌和肺癌等严重疾病。

3）黄绿青霉毒素：是一种由黄绿青霉分泌的毒性很强的神经毒素。它主要通过麻痹中枢神经，进而麻痹心脏及全身，最终导致呼吸停止。黄绿青霉毒素常见于大米、玉米和小麦等粮食中，人类摄入被该类毒素污染的食物后，常会出现呕吐、痉挛、上行性脊髓麻痹，伴有血压下降和心力及呼吸衰竭等症状，长期摄入还能引起肝肿瘤和贫血症。

4）展青霉毒素：是由扩张青霉等青霉属和棒曲霉等曲霉属真菌产生的不饱和杂环内酯类生物毒素。展青霉毒素可以破坏细胞膜透性，使跨膜物质转运异常，从而间接引起生理异常。此外，它还有致突变作用。该毒素常见于各种霉变水果与青贮饲料中。人类摄入含有该毒素的食物，常会导致胃肠道功能紊乱和多个器官的水肿和出血、神经麻痹、肾功能衰竭等症状。

5）青霉酸：是由软毛青霉、圆弧青霉等青霉属及曲霉属真菌产生的一类多聚乙酰类霉菌毒素。它最主要的毒性是致突变作用。高粱、小麦、大麦、玉米和大米等粮食中常见该毒素，但在花生和大豆中未发现。人类摄入含有青霉酸的食物会出现刺激心脏、血管扩张、利尿、肝肿大、致癌等症状。

6）单端孢霉烯族化合物：是一类由雪腐镰刀菌、禾谷镰刀菌等镰刀菌属真菌产生的毒素。该毒素大都属于组织刺激因子和致炎物质，可直接损伤消化道黏膜。粮食和饲料是其主要污染对象。人类摄入含有该毒素的食物后，多会导致消化系统慢性损伤，严重的可引发白细胞缺乏、骨髓再生障碍等疾病。

7）伏马菌素：是一类由串珠镰刀菌等镰刀菌属真菌产生的结构上有多氢醇和丙三羧酸的双酯类生物毒素。该毒素常见于玉米等粮食制品中，人类摄入能损伤肝肾，并可诱发食道癌等。

8）交链孢霉毒素：是由交链孢霉属真菌产生的一类结构不同的有毒代谢产物。该毒素常见于果蔬谷物及其制品中。现有体外数据表明其有致畸和致突变作用。

综上可知，真菌毒素属于小分子物质，大多毒性强，耐热力强，一般加工手段极难将其去除。因此，预防真菌性中毒，唯有通过加强粮食管理，防止食物霉变，人类不食用霉变食物，霉变饲料使用前须做好去毒、灭活等措施方可避免。

（三）病毒性食物中毒

食源性病毒感染是指由摄入含有致病性病毒或致病性病毒污染的食品而引起的以急性胃肠炎症状为主的一类食源性疾病。由于病毒在外界生存能力强，危害性大，微小感染量即可引发疾病，并可导致大规模的暴发和流行。病毒分离、培养困难，研究难度大；病毒可在活细胞内生存，治疗难度大。当今社会人口老龄化加剧、人类活动范围扩大等多种因素叠加，使得食源性病毒性疾病的发病率将会大大增加。加强预防和控制食源性病毒疾病具有深远的现实意义。引起食源性疾病的常见病毒有甲型肝炎病毒、诺沃克病毒和轮状病毒等。

1）甲型肝炎病毒：是我国最常见的食源性单链正链 RNA（+ ssRNA）病毒。传染源多为患者，主要通过“粪-口”途径传播。主要污染食物有水源、常见食物和海产品等。一旦病毒侵入人体后，将会先在肠黏膜和局部淋巴结增殖，继而进入血液，最终侵入肝脏。一方面病毒在肝细胞内增殖会损伤肝脏，另一方面机体过度免疫应答也会损伤肝组织，最终导致人出现肝功能损伤和黄疸型肝炎症状。

2）诺沃克病毒：是一种常引发成人和 5 岁以上小儿患急性无菌性胃肠炎的单链 DNA（ssDNA）病毒。传染源是无症状携带者和隐性感染者，主要通过“粪-口”途径和水污染传播。主要污染食品是污水里生长的动物与污水浇灌的蔬菜。病毒侵入人体后，主要通过引起十二指肠与空肠黏膜病变、上皮细胞受损、抑制消化酶活性等引发典型胃肠炎症状。

3）轮状病毒：是引发婴幼儿严重腹泻最主要的病原，是一种双链 RNA（dsRNA）病毒。传染源是患病婴儿与家畜，主要通过“粪-口”途径传播。污染食品广泛存在。病毒侵入肠道，与靶蛋白结合后进入肠上皮细胞，在十二指肠与空肠柱状上皮细胞内繁殖，并产生肠毒素，引发急性胃肠炎。除对人类健康的影响之外，轮状病毒也会感染动物，是家畜病原体之一。

4）柯萨奇病毒：是一种可引起婴幼儿腹泻、呼吸道感染、急性心肌炎等疾病的 + ssRNA 病毒。传染源是患者或病毒携带者，主要通过“粪-口”与“口-口”（共用餐具、唾液与飞沫传播等）途径传播。常见污染食物多为被污水和苍蝇污染的各种水源与食物。病毒进入人体细胞后繁殖复制，主要出现呼吸道感染症状，一些患者也会出现腹泻、喉炎、呼吸系统炎症、脑炎与脊髓炎、心肌炎与心包炎等多种症状。

5）埃可病毒：是一种只引起人类感染的 + ssRNA 病毒。传染源是患者或病毒携带者，带毒食物主要是牡蛎、毛蚶等海产品，主要通过“粪-口”途径传播，也可以通过咽喉分泌物经呼吸道传播。病毒在咽部和肠黏膜细胞增殖后，引发上呼吸道感染、非化脓性脑膜炎和皮疹等症状；侵入血液，形成病毒血症。

6）疯牛病病毒：又称为朊病毒，是一类可引发传染病的小分子无免疫性疏水蛋白质。传染源为患痒病的绵羊、牛海绵状脑病牛及带毒牛等。主要通过食入污染的饲料、牛羊肉制品而感染。病毒进入人体后，使神经细胞出现进行性空泡化、星形细胞胶质增生、灰质中出现海绵状等病变。主要表现为步态不稳、抽搐、肌肉痉挛等，最后由于呼吸困难、心率异常而死亡。

在当前新型冠状病毒全球大流行的背景下，针对食品介质中病毒存活状态及“物传人”机制不清，尤其是冷冻储运和销售食品中污染的新型病毒灭活产品、设备装置及效果评价技术缺乏等关键问题，研究低温食品中新型病毒存活力、感染性的时间-环境效应，探明新型病毒“物传人”的传播机制，构建大宗冷冻食品储运和流通条件下生物危害物智能控制技术对保护我国的食品安全有重要意义。由于病毒病传播速度快、治疗难度大，食源性病毒性疾病重在预防。预防措施主要在控制传染源、切断传播途径和保护易感人群等三个方面加强落实。

第三节　化学性危害及其风险防控

食源性化学性危害是指食品被有毒有害化学物质直接污染导致的危害。这些化学物质可能来源于生产、生活或环境中的污染物，如农药或兽药残留、重金属、食品添加剂、环境内分泌干扰物（如二噁英等），以及从食品容器、包装材料和运输工具等中迁移而来的各种污染物。

化学性食物中毒的发生与含有毒化学物的食物有关。一般有毒化合物毒性越强、浓度越高、食用量越大，发病越快、病情越重。化学性食物中毒发病常有群体性（即有共同进食史、相同临床表现）、无地域性、无季节性和无传染性等特点。一般在剩余食物、呕吐物、血尿等样品中可检出相应的化学毒物。

化学性食物中毒处理要“快”。及时处理不仅可挽救患者的生命，同时对控制事态发展（特别是群体中毒）更为重要。此外，注意较轻症患者和未出现症状者的治疗观察、防止潜在危害、及时清除毒物、对症治疗和特效治疗等均是防止化学性中毒的重要举措。

一、农药残留

农药是指农业上用于防治病虫害、鼠害和调节动植物生长发育的药剂或制剂。目前，全世界实际生产和使用的农药品种有上千种。按其来源，农药可分为有机合成农药、生物源农药和矿物源农药三大类。有机合成农药又可进一步按照化学组成和结构分为有机磷、氨基甲酸酯、拟除虫菊酯、有机氯、有机砷、有机汞等几大类。生物源农药可根据来源分为植物源、动物源和微生物源农药，其毒性一般相对较小。矿物源农药包括硫制剂、铜制剂和矿物油乳剂等。鉴于目前农药多属于有机农药且其危害性明显高于其他几种类型，因此，此处的农药残留主要指有机农药残留。

农药的药效主要源于其对病虫害和鼠害等的直接毒性。不当生产与不当使用农药不仅会带来环境污染，危害有益昆虫和鸟类，导致生态平衡失调，同时还可能通过残留农药污染食品，进而或引发急性中毒，或通过食物链累积与“三致”（致畸、致突变、致癌）作用危害人类健康。目前，农药残留引起的食物中毒发病率居食源性化学性中毒之首！食品中农药残留已成为全球性的共性问题和一些国际贸易纠纷的起因。我国是世界农药生产和消费大国，农药残留产生的食品安全问题尤为严重。有机磷类、有机氯类、氨基甲酸酯类和拟除虫菊酯类等农药残留引发的食物中毒最为常见。

（一）有机磷类农药

有机磷类农药属于磷酸酯或硫代磷酸酯类化合物，是目前使用量最大的一类农药，其本质上属于神经性毒素，可竞争性抑制乙酰胆碱酯酶的活性，导致神经传导递质乙酰胆碱的积累，从而引起中枢神经中毒。常见的有机磷类农药有甲胺磷（高毒）、敌百虫（中毒）和敌敌畏（低毒）等。有机磷类农药的食物中毒主要是蔬菜水果等在施用农药后未过安全间隔期食用造成的。

（二）有机氯类农药

有机氯类农药是指主成分含有氯元素的一类有机农药。此类常见农药有“六六六”粉、滴滴涕（DDT）等。有机氯类农药具有高度的物理、化学和生物学稳定性，在自然界中不易分解，具广谱、高效、价廉、急性毒性小、高残留等特点。有机氯类农药的脂溶性很强，易通过食物链在生物体脂肪中富集和累积。我国早已停止生产和使用有机氯类农药，但由于其性质稳定，在水域、土壤中仍有残留，并将在相当长时间内继续影响食品安全，危害人类健康。

（三）氨基甲酸酯类农药

氨基甲酸酯类农药是20世纪40年代美国加利福尼亚大学科学家合成的巴豆有毒生物碱的类似物。常见药品有西维因、涕灭威等。这类农药被微生物分解后产生的氨基酸和脂肪酸，还可作为土壤微生物的营养来源，促进微生物繁殖。这类农药克服了有机氯类农药的高残留和有机磷类农药的耐药性的缺点，具有高效、低毒、低残留、选择性强等优点。在农业生产上，它主要用作杀虫剂、除草剂和杀菌剂。如果未过安全间隔期食用，该类农药进入人体后仍会产生较大的毒性。氨基甲酸酯类农药引发中毒的机制在于其能可逆抑制胆碱酯酶活性，急性中毒时会出现流泪、颤动、瞳孔缩小等胆碱酯酶抑制症状。

（四）拟除虫菊酯类农药

拟除虫菊酯是模拟天然菊酯的化学结构而合成的一类有机农药，是近年来发展较快的一类广谱杀虫剂。代表药品有丙烯菊酯、氰戊菊酯等，具有高效、广谱、低毒和可生物降解等特性。拟除虫菊酯一方面用于防治棉花、蔬菜与水果害虫，另一方面还作为家用杀虫剂被广泛应用。食物中毒常见于食用被过量施药的未过安全间隔期的蔬菜水果引起。食用后可对皮肤有刺激和过敏作用，其他症状少见。

随着农药产业的快速发展，农药的高效、低毒和低残留特性逐步增强，但由于历史上使用的农药土壤残留，或由于过量使用，或由于未过安全间隔期等，农药残留引发的食物中毒现象还是时有发生。可以通过加强农药管理、规范使用农药、正确食用蔬菜水果等措施加以预防。

二、兽药残留

现代畜牧业日益趋向于规模化和集约化生产，越来越多的兽药被用于预防、治疗、诊断动物疾病或者调节动物生理机能。畜禽养殖过程中如果不规范使用兽药，不仅可能不能够保证动物健康，还容易造成药物残留污染食品，进而影响到人类健康，影响国家对外经贸往来和国际形象。目前我国肉制品中常见的兽药残留主要有抗生素类、磺胺类、硝基呋喃类和激素类药物（表3-6）。

表3-6　食品中常见的兽药残留

兽药种类	代表药品	主要作用
抗生素类	青霉素类、氨基糖苷类、大环内酯类、四环素类等	防治细菌性疾病
磺胺类	磺胺嘧啶等	防治细菌性疾病和球虫感染
硝基呋喃类	呋喃妥因、呋喃唑酮等	治疗肠道与尿路感染
激素类	性激素、糖皮质激素	防治疾病、调节繁殖、加快生长

长期食用兽药残留超标的食品，当体内蓄积浓度达到一定程度时，就可能对人体产生多种急慢性毒性。例如，磺胺类药物在体内的过量积累会损伤肝脏，丁苯咪唑等具有致畸作用，雌激素等具有致癌作用，喹诺酮类药物个别品种对真核细胞具有致突变作用，青霉素类、四环素类药物具有致敏作用等。抗生素在肉制食品中的蓄积还会导致人体内微生物菌群的失衡；抗生素在环境中的释放还会导致耐药菌株的产生，影响到生态平衡。

合理使用兽药，加强对兽药残留的监控与检测，方可保证动物性食品的食用安全性与环境的生态平衡。同时，食品检测既要针对正规注册的大企业，也要针对小企业、小作坊执行同样的标准。事实上，兽药残留导致的食品安全质量问题多发生在小企业、小作坊，监督检测的片面性造成了食品安全质量问题的频发。

三、食品添加剂

食品添加剂指的是为改善食品品质和色、香、味，以及为防腐、保鲜和加工工艺需要而加入的人工合成物或天然物质。它是一类人为加入食品中的具有特定功能的特殊物质，既可以是单一成分，也可以是混合物。按其来源，食品添加剂可被分为天然与化学合成两大类。现阶段，天然食品添加剂的品种较少，价格较高；人工合成食品添加剂的品种较全、价格较低、使用量较小，但其毒性往往大于天然食品添加剂。按其用途，食品添加剂在不同国家还可被划分为不同的种类。联合国粮食及农业组织/世界卫生组织（FAO/WTO）将食品添加剂分为 21 类（1988 年），美国分为 25 类，欧盟仅分为 9 类，日本则分为 31 类，我国将食品添加剂分为 23 类。

随着经济的不断发展，人民生活水平的不断提高，食品添加剂在增加食品种类和品质、增加食品附加值、延长食品保存时间、增强食品安全性等方面起着巨大作用。可以说，食品添加剂是现代食品工业的灵魂。理想的食品添加剂应该是有益无害的物质。大量科学实验也表明，不管是天然的还是合成的食品添加剂，只要按照国家标准生产使用，对人体就是安全无害的。但是对人体健康而言，任何物质的超量食用都有可能带来安全隐患，食品添加剂也是如此。例如，过量食用增味剂谷氨酸钠（味精）会出现短时头痛、心跳加速、恶心症状，如果烹饪时遇到高温（≥100℃），谷氨酸钠还会分解出具有一定毒性的焦谷氨酸钠；甜味剂虽然表观上可以减少人类对糖的摄入，但是过量摄入人工合成的甜味剂会刺激胰岛素分泌，进而增强食欲，扰乱肠道微生态环境。近年来，一些不法生产者为了降低生产成本，提高产品品相，延长货架期等，违规加入过量的食品添加剂，甚至添加诸如“吊白块”“苏丹红”“三聚氰胺”等非食品用添加剂。这不仅危害到人体健康，还给社会环境造成了不良影响。食品添加剂安全使用的首要关键是严格按照国家标准，控制添加剂使用范围和使用剂量。食品添加剂在生物体内有强蓄积性作用，可能通过食物链的富集进而在人体内达到一定浓度。因此，在风险防控方面重点是提前发现才能做到防控得力。风险源头发现及食品检测在提前发现化学风险方面起到了举足轻重的作用。例如，在食用肉类检测中，我们不仅要对动物养殖过程中的防病免疫、消毒杀菌、治疗等措施使用的兽药等方面进行全面管控和核查，同时也要对肉食加工过程中食品添加剂及其他一些外源性风险进行管控和检测，以防其进入食品中。表 3-7 展示了几种常见影响食品安全的添加剂。

表 3-7　几种常见影响食品安全的添加剂

序号	名称	化学式	添加目的	毒副作用
1	吊白块（甲醛次硫酸氢钠）	$NaHSO_2 \cdot CH_2O \cdot 2H_2O$	增白、保鲜、增加口感、防腐	加热后的产物甲醛剧毒，食用后会引起胃痛、呕吐和呼吸困难，并对肝脏、肾脏、中枢神经造成损害，严重时还会导致癌变和畸形病变。二氧化硫、硫化氢、甲醇等也均有剧毒
2	苏丹红Ⅰ（1-苯基偶氮-2-萘酚）	$C_6H_5 = NC_{10}H_6OH$	增色	致癌、致突变、致敏；代谢产物苯胺有毒
3	三聚氰胺（1, 3, 5-三嗪-2, 4, 6-三胺）	$C_3N_3(NH_2)_3$	增加含 N 量，提高凯氏定氮法中的蛋白检出率	三聚氰胺进入人体后，发生取代反应，生成三聚氰酸，三聚氰酸和三聚氰胺形成大的网状结构，进而形成结石
4	甲醛	HCHO	防腐、增加口感	甲醛与蛋白质、氨基酸结合后，可使蛋白质变性凝固，严重干扰人体细胞正常代谢，对细胞具有极大的伤害作用。甲醛容易与细胞亲核物质发生化学反应，导致 DNA 损伤
5	亚硝酸盐	NO_2^-	增色、抑菌、抗氧化、增强风味等	高铁血红蛋白症、婴儿先天畸形、甲状腺肿、癌症等

（一）吊白块

“吊白块”的化学本质是甲醛次硫酸氢钠。它常温时较稳定，高温时分解生成的强还原性亚硫酸有漂白和防腐等作用，因而在印染、树脂和橡胶等工业中被广泛使用。由于它在高温时还会分解产生甲醛、二氧化硫和硫化氢等有毒气体，因此严禁在食品领域使用吊白块。但由于其显著的增白、保鲜、防腐及增加口感等功能，食品领域非法使用“吊白块”现象屡禁不止。食用吊白块处理过的食品，易引起胃痛、呕吐和呼吸困难等症状，并对肝脏、肾脏、中枢神经造成损害，严重的还会导致癌变和畸形病变。一次性食用剂量达到 10g 会有生命危险。

（二）苏丹红

苏丹红是一类常见的人工合成的亲脂性偶氮类红色染料，被广泛用于如溶剂、油、蜡、汽油的增色，以及鞋、地板等的增光方面。它有Ⅰ、Ⅱ、Ⅲ和Ⅳ四种类型，其中苏丹红Ⅰ号最为常见。进入人体内的苏丹红经胃肠道微生物和肝脏等组织还原酶的作用，代谢生成苯胺类物质。由于苯胺类具有“三致”毒性，因此，在食品和化妆品领域严禁使用苏丹红。但由于其具有良好的增色效果，苏丹红仍常在辣椒粉、鸭蛋、口红等产品中被检出。

（三）三聚氰胺

三聚氰胺，俗称密胺、蛋白精，是一种几乎无味的三嗪类含氮杂环有机化合物。它在进入人体后会发生取代反应，生成三聚氰酸；三聚氰酸又进一步与三聚氰胺形成大的网状结构，进而形成结石，从而对身体造成危害。此外，三聚氰胺还是一种潜在的致癌物质。因此，三聚氰胺不可用于食品加工与生产领域。

奶制品的关键质控指标是蛋白质含量，而检测奶制品蛋白质含量的国标方法曾经是检测总氮量的凯氏定氮法。2008 年发生在我国的奶制品污染事件，就是在奶制品中非法添加三聚氰胺，旨在不添加蛋白的基础上提高总蛋白表观检测率。

（四）甲醛

甲醛是一种无色、有刺激性的还原性气体。甲醛能与蛋白质中的氨基发生反应，使蛋白质变性、病原菌失活，因而具有防腐杀菌性能。高浓度甲醛对皮肤、黏膜具有刺激作用，长期暴露会降低机体的呼吸、神经、免疫和心血管等多个系统的功能；甲醛还是致癌、致畸物质。所以，在食品行业严禁使用甲醛。但由于甲醛不仅防腐消毒效果好，还能使蛋白质变脆，从而显著提高食品的口感，因此，依然会有不法商贩将之添加于豆制品、血液制品等产品中。

（五）亚硝酸盐

亚硝酸盐进入人体内后，会将二价铁氧化成三价铁，形成高铁血红蛋白，进而抑制正常的血红蛋白的携氧和释放氧的功能，致使组织缺氧；此外，亚硝酸盐在体内还能与多种氨基化合物（主要来自蛋白质分解产物）反应，产生致癌的*N*-亚硝基化合物，如亚硝胺等。动物试验表明，长期小剂量摄入与一次足量摄入*N*-亚硝基化合物均有致癌作用。由于目前仍未找到理想的肉毒梭菌抑制剂，亚硝酸盐仍被作为食品添加剂使用，但在使用时必须严格控制其使用剂量。此外，由于抗坏血酸（维生素 C）等抗氧化剂能与亚硝酸盐作用减少亚硝胺的形成，食品工业中常添加抗坏血酸、山梨酸、山梨酸醇、鞣酸、没食子酸等来降低亚硝酸盐产生的安全风险。

四、重金属危害

食品污染领域中的“重金属”，是指对生物有显著毒性的元素。这些元素或源自自然环境，或源自食品生产、加工与运输等过程中的人为污染。它们或自身在生物体内有强蓄积性作用，或通过食物链的富集进而在人体内达到一定浓度。它们通过置换生物分子中必需的金属离子，改变生物分子构象或高级结构，阻断生物分子活性表现等，最终导致人体解毒关键器官肝、肾等的组织损伤，甚至致癌。

不同的金属元素、同一金属元素不同的存在形式、机体的健康和营养状况、食物中蛋白质、维生素 C 等营养素的含量和平衡情况，以及机体中其他金属元素的存在状况都对金属离子毒性的发挥有很大影响。目前最引人注意的影响食品安全的重金属元素有汞、镉、铅、砷[①]等（表 3-8）。

表 3-8　食品中常见有毒金属的毒性机制与中毒表现

重金属	毒性机制	污染来源	中毒表现	典型案例
汞（Hg）	毒性主要取决于化学状态，有机汞特别是甲基汞（CH_3-Hg）毒性强，对机体中枢神经系统损伤不可逆	环境污染（含汞废水灌溉与养鱼）、有机汞农药	人体内的微量汞，可经尿、粪和汗液等途径排出体外；如含量过高，即产生神经中毒症状，严重者精神紊乱，进而疯狂、痉挛致死。甲基汞中毒临床症状：初为肢体末端和口唇周围麻木，并有刺痛感，后出现手部动作、知觉、视力等障碍，伴有语态、步态失调，甚至发生全身瘫痪、精神紊乱	日本水俣病
镉（Cd）	破坏肾脏近曲小管，产生骨质疏松等	工业污染、食物链富集、食品容器及包装材料的污染、农药等	硫化镉、硒磺酸镉的毒性较低，氧化镉、氯化镉、硫酸镉毒性较高。长期摄入含镉食品，可使肾脏发生慢性中毒，主要是损害肾小管和肾小球，导致蛋白尿、氨基酸尿和糖尿。此外，镉还是致癌物和弱致突变剂	日本骨痛病

① 砷是非金属元素，但因其引起的危害与重金属类似，将其归于重金属

续表

重金属	毒性机制	污染来源	中毒表现	典型案例
铅（Pb）	危害神经系统，抑制血红蛋白合成，损伤肾脏等	自然本底、工业污染、含铅农药、食品容器和包装材料等	急性中毒：呕吐、腹泻和流涎，部分患者可有腹绞痛，严重者可有痉挛、瘫痪和昏迷。慢性中毒：早期表现为贫血、感觉虚弱和疲倦、注意力不集中、易冲动、牙齿出现黑色铅线等症状，还可引起慢性肾病、流产、死产及早产等	我国“血铅超标”事件
砷（As）	元素砷几乎无毒，硫化物毒性低，氧化物和盐类的毒性较大。无机砷为致癌物，可诱发多种肿瘤	自然本底、工业三废、含砷农药使用、水生生物的富集等	无机砷特别是 As_2O_3（砒霜）的毒性最大。主要表现为：头痛、头晕、失眠、多梦、记忆力减退、四肢无力、外周神经炎及脱发等	日本森永奶粉事件，我国台湾、香港地区黑脚病

（一）汞

在自然界中，汞有金属单质（水银）、无机和有机等几种存在形式。随着工业的发展，汞的用途越来越广，环境中的汞含量大为增加。它们通过污染水体与生活在其中的动植物（尤其是鱼贝类），进而经食物链进入人体。进入人体内的汞的毒性主要取决于其化学状态。有机汞特别是甲基汞（CH_3-Hg）的毒性强于无机汞。它们均通过损害中枢神经系统产生毒性，且对机体的损伤不可逆。人体汞摄入量过多时，就会产生神经中毒症状，严重者精神紊乱，进而疯狂，痉挛致死。20 世纪 50 年代在日本水俣湾出现的轰动世界的水俣病，就是工业废水排放导致水俣湾水体汞污染而造成的公害病。

（二）镉

镉在自然界是比较稀有的元素。环境中的镉污染主要源于工业污染。镉在生物体中有富集作用。食品中的镉污染主要源于环境污染、食物链富集、含镉镀层的食品容器等。镉的不同化合物具有不同毒性。硫化镉、硒磺酸镉的毒性较低，氧化镉、氯化镉、硫酸镉的毒性较高。镉被人体吸收后，部分以金属蛋白质复合物的形式贮存在肾脏中。长期接触过量镉会导致肾小管损伤，临床上可出现蛋白尿、氨基酸尿、糖尿和高钙尿及高血压等症状。镉离子还会取代骨骼中的钙离子，妨碍钙在骨质中的正常沉积与骨胶原的正常固化成熟，导致软骨病。此外，镉还具有致癌、致突变等作用。20 世纪 50～70 年代，在日本富山县神通川流域发生的“痛痛病”公害事件就是上游含镉污水的排放，使下游河底污泥中镉含量上升，农民将河底污泥作为肥料在稻田中施用，造成了食物中镉含量增加与镉慢性中毒。

（三）铅

铅是原子量最大的非放射性元素，世界上每个角落都有它的存在。由于金属铅抗腐蚀力强，四乙基铅可提高燃料的辛烷值，且具有防止发动机爆震等作用，铅在工业上应用范围极广，导致铅污染物广泛存在。食品中的铅污染主要来自环境污染、食物链富集、食品容器和包装材料等。

铅进入人体后，90%蓄积于骨骼中，1%存在于血液中，但血液铅是慢性铅中毒的主要原因。铅在人体的生物半衰期为 4 年，在骨髓内的半衰期可达 10 年，因此铅进入人体后较难排出。铅主要危害人体神经系统、心血管系统、骨骼系统、生殖系统和免疫系统的功能，引起胃肠道、肝、肾和脑的疾病。成人膳食铅的吸收率在 10%以下，而 3 个月至 8 岁的儿童膳食铅的吸收率，最高可达 50%；而血铅在达到 100μg/L 以上时，即可影响儿童智力发育，所以儿童尤其易受铅的影响。铅中毒可使儿童的智力、学习能力、感知理解能力下降，注意力不集中、多动、易冲动，并造成语言学习障碍。孕妇是易受铅影响的另一个群体，铅中毒会导致孕妇流产、早产、死产等现象发生。自 2000 年以来，我国就已发生过多起由企业违规操作或排放导致儿童和居民血铅超标，甚至严重中毒的事件发生。

（四）砷

砷在自然界中有元素砷、三价砷和五价砷三种存在形式。其化合物对哺乳动物的毒性因价位、有机或无机、溶解度、粒径大小、吸收率、代谢率、纯度等不同而异。一般认为，无机砷毒性大于有机砷，三价砷毒性大于五价砷；砷硫化物的毒性较低，砷氧化物和盐类的毒性较大；有机砷的毒性一般随着甲基数量的增加而递减，但三甲基砷具有高毒性；在目前已知的砷化合物中，砷化氢的毒性最强。

无机砷和有机砷广泛存在于自然界。许多芳香族含砷化合物如洛克沙砷等具有抗微生物活性，导致含砷农药和兽药在很长一段时间内被广泛使用。食品中的砷化物主要来自于自然环境、农药和兽药残留及食物链富集。砷主要通过食道、呼吸道和皮肤黏膜进入机体，引起人体急性和慢性中毒。砷中毒不仅可引起常见的皮肤损害、周围神经损伤、肝坏死和心血管疾病等，更为严重的是可导致皮肤癌和多种内脏癌。长期受砷毒害后，皮肤还会出现白斑，后逐渐变黑、角化增厚，并出现龟裂性溃疡等症状。20 世纪 50 年代，日本森永公司将含有三氧化二砷的工业磷酸钠用作乳质稳定剂，导致 130 名婴儿夭折。曾在我国台湾、新疆、内蒙古等地区，以及印度、孟加拉国、智利、阿根廷等 20 余个国家出现的黑脚病，就是由于长期饮用含砷量过高的天然水，因而是一种地方性砷中毒疾病。

总的来说，重金属引起的食品污染多数是环境或者人为因素造成的。为此需要全社会提高环境保护意识，遵守相关环保规定，大力推广无毒工艺，严格控制工业重金属排放量，消除食品污染。政府管理部门要完善制度，加强对工业及土壤和水体污染的监测，严控重金属进入食品。同时，作为消费者，我们也要认识到重金属的危害，了解其一旦进入食品中就很难通过清洗及高温蒸煮去除的特点，自觉不选购易富集有害重金属的食品。

五、食品加工过程导致的化学性危害

在食品及其原料的生产、加工和烹饪过程中，会产生一些有毒有害的化学污染物。例如，食品在油炸过程中会产生丙烯酰胺，肉类在高温烹饪下会产生杂环胺和多环芳烃，腌制品中的硝酸盐、亚硝酸盐进入人体后会转化成亚硝胺等化学物。如果这些物质大量存在，会给人体健康带来危害。本部分将介绍食品加工生产过程中产生的几种常见化学污染物（表 3-9 和图 3-4）。

表 3-9　食品加工过程中产生的化学污染物及其毒性

序号	化学污染物	代表物质	毒性机制	产生途径	污染食品
1	丙烯酰胺	丙烯酰胺	经表皮进入人体后，损伤神经细胞；其中约 10%会在线粒体中转变成具有较强遗传毒性和“三致”作用的环氧丙酰胺	高温烘烤、油炸富含淀粉类的食品	淀粉类油炸或焙烤食品
2	氯丙醇类	单氯丙二醇等	生殖毒性、神经毒性、“三致”作用，并能引起肝脏和甲状腺癌变	植物蛋白酸水解、高温处理食品与调味品等	普遍存在于含有油脂的食品中，如面包、油炸食品、香肠、酱油、咖啡等

续表

序号	化学污染物	代表物质	毒性机制	产生途径	污染食品
3	杂环胺类	2-氨基-1-甲基-6-苯基咪唑[4,5-b]吡啶等	致癌、致突变和心肌毒活性	在高温下，动物性食品蛋白质中的色氨酸、谷氨酸裂解，进而形成一系列多环芳胺化合物	油炸和烧烤肉、鱼类
4	多环芳烃类	苯并[α]芘、二噁英等	多数有遗传毒性，部分有致癌毒性	有机化合物的不完全燃烧，地球化学过程，工业三废污染等	烤羊肉串、公路旁的蔬菜水果、柏油路面晾晒的食物等

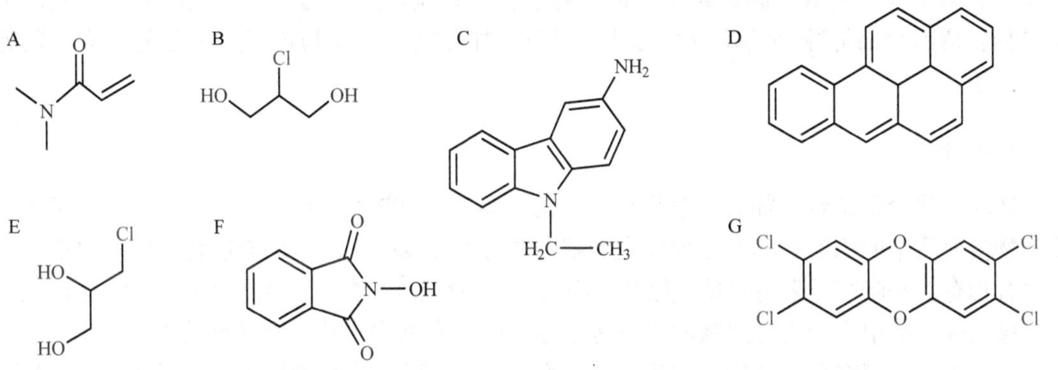

图 3-4　食品加工生产过程中产生的几种常见化学污染物的分子结构

A. 丙烯酰胺；B. 3-一氯丙烷-1, 2-二醇；C. 3-氨基-9-乙基咔唑；D. 苯并[α]芘；E. 2-一氯丙烷-1, 3-二醇；F. *N*-羟基苯邻二甲酰亚胺；G. 二噁英

（一）丙烯酰胺

丙烯酰胺是一种具有神经毒性的小分子化合物。它主要由高碳水化合物、低蛋白食品中的游离天冬酰胺在加工过程中通过美拉德反应形成。天冬酰胺和碳水化合物是形成丙烯酰胺必需的物质基础，高温（高于 120℃）是丙烯酰胺形成的关键条件，加工方式、水活度和 pH 等因素也影响其形成。

丙烯酰胺的毒性居于中等。它可通过未破损的皮肤、黏膜、肺和消化道等吸收进入人体，通过影响脑能量代谢损伤神经细胞。其中 10%左右的丙烯酰胺还会在线粒体中转变成遗传毒性较强的环氧丙酰胺。因此，理论上丙烯酰胺中毒不仅可能带来神经性伤害，还可能导致某些脏器发生实质性病变，甚至引发癌症。长期接触丙烯酰胺的人员会出现四肢麻木、乏力、手足多汗、头痛头晕、远端触觉减退等症状，严重时还可导致小脑萎缩、视野缺损等症状。

鉴于丙烯酰胺在油炸焙烤类食品中广泛存在，我们不仅需要通过各种技术减少食品中丙烯酰胺的产生，还需要改变饮食方式，比如改善烹调方法、均衡膳食、多食用蔬菜和水果、减少油炸焙烤类食品摄入量等，以减少人体对丙烯酰胺的摄入。

（二）氯丙醇

氯丙醇是甘油（1, 2, 3-丙三醇）的氯化衍生物，包括 2-一氯丙烷-1, 3-二醇（2-MCPD）和 3-一氯丙烷-1, 2-二醇（3-MCPD）及其脂肪酸酯等。实验证明氯丙醇具有急慢性毒性、致突变性和致癌性。其毒性会引起小鼠等实验动物形成肿瘤，造成肾脏、生殖系统和乳腺等的损伤。

食品加工贮藏过程的多个阶段均易受到氯丙醇污染，其中酱油、蚝油等调味品加工过程中产生氯丙醇是其污染食品的主要途径。传统方法生产的天然酿造酱油中并没有发现氯丙醇。由于酸水解蛋白液成本低，以及其中含有的氨基酸系列物质和呈味性成分能增加食品中的营养成分，酸水解蛋白液成为近年来蓬勃发展的新型调味品原料。但在加入过量酸水解蛋白时，大量游离氨基酸在酸性条件下会与脂肪的降解产物甘油反应生成氯丙醇。某些酱油等调味品之所以会被检出有氯丙醇，是由于添加了不符合卫生条件的酸水解蛋白液。此外，高温处理食品也易产生氯丙醇。

食品中的氯丙醇污染主要来自酸水解植物蛋白、酱油、烤谷物和焦麦芽、饼干、面包、烧煮鱼和肉制品、发酵香肠、家庭烹调、包装材料、饮水等。为了限制氯丙醇的摄入，可以从选择合适的食品鲜味剂、减少烧烤油炸环节、加强技术革新与创新、采用无污染工艺等多方面入手。

（三）杂环胺

杂环胺化合物是食品加工、烹调过程中的高温（＞190℃，如油炸、煨炖及微波烹调等）使动物蛋白质中的色氨酸和谷氨酸发生裂解，进而再形成的一组多环芳胺化合物。常见的杂环胺化合物有氨基咪唑氮杂芳烃类、氨基咔啉类等。杂环胺的产生与动物食品中的肌酸和肌苷有关，植物性食品中由于没有肌酸和肌酐等成分，因而在其中未检出杂环胺化合物。

在用正常温度充分烹调肉类但没有变焦变糊时，杂环胺化合物检出量相对较低；但若用油炸、烧烤等高温方式加工食物时，杂环胺化合物的检出量就会提高。因此，为了避免杂环胺对人体的伤害，需要注意食品加工的加热方式、温度与时间，少用油炸、烧烤等加热方式。在保证食品安全的前提下降低加工温度和缩短加热时间，不食用烧焦的动物性食品，并配合食用适量蔬菜、水果和不饱和脂肪酸等可以有效减少杂环胺化合物的潜在伤害。

（四）多环芳烃

多环芳烃类化合物是一类分子结构上有两个以上苯环，并以稠环形式相连的化合物，最常见的多环芳烃类化合物有苯并[α]芘和二噁英。多环芳烃类化合物主要来源于有机化合物，如煤、汽油、香烟等的热解和不完全燃烧及地球化学过程等。它们中的大多数具有遗传毒性或可疑遗传毒性，部分具有致癌或可疑致癌毒性。多环芳烃类化合物在摄入后分布于全身各处，并在脂肪组织中含量最丰富。多环芳烃类化合物还能通过胎盘屏障进入胎儿体内影响胎儿健康。苯并芘在体内还可通过芳烃羟化酶和环氧水化酶的作用，代谢活化为多环芳烃环氧化物。该氧化物与 DNA 的结合活性高，是苯并芘的终致癌物。

食品加工过程，包括食品的烟熏、烘干和烹饪过程等，是食品多环芳烃类化合物污染的最主要方式。此外，道路旁种植蔬菜水果、柏油路晾晒粮食等也易导致多环芳烃污染食物。因此，为了降低多环芳烃的污染风险，不仅需要加强环境治理，减少环境污染，还需要制定食品允许的含量标准、改进食品加工和粮食晾晒方式等。

六、食品包装材料带来的化学性危害

为了保护食品质量和卫生，方便运输，促进销售，提高货架期和商品价值，往往需要对食品进行一定的包装。但由于生产包装材料的原料、制作工艺及包装材料的稳定性等不同，不同包装材料中含有影响食品安全的成分和影响安全的程度不同（表 3-10）。有的是因为原料本身有毒（如塑料、合成橡胶等），有的是因为材料生产过程中的各种添加剂有害（如纸、塑料、橡胶、涂料等），有的是由于材料表面的微生物污染（如纸、塑料等），有的是因为金属物质渗出并迁移到食物中造成污染（如涂料、陶瓷、搪瓷和金属器皿等）。

表 3-10　食品包装材料中的主要污染物

序号	包装材料	有害物质来源
1	纸	造纸原料，造纸助剂残留，彩色颜料污染，浸蜡包装纸的多环芳烃污染，杂质及微生物污染等
2	塑料	树脂本身毒性，树脂中残留有毒单体、裂解物及老化产生的有毒物质，容器表面的微尘杂质及微生物污染，塑料制品制作过程中添加的稳定剂、增塑剂、着色剂等，回收再利用不当带来的污染等
3	天然橡胶	各种添加剂
	合成橡胶	单体和添加剂残留
4	涂料	防止龟裂的增韧剂；如沥青等高温液化涂料、氧化成膜型树脂自身有毒；加固化剂交联成膜涂料中的树脂中单体环氧丙烷有一定的毒性；高分子乳液涂料聚合不充分时，含氟低聚物有毒
5	陶瓷、搪瓷	釉料中含有铅、锌、镉、锑、钡、钛等多种金属氧化物硅酸盐和金属盐类，它们多为有害物质，当用其盛装酸性物质或酒时，这些物质容易溶出而迁移入食品，甚至引起中毒
6	金属	马口铁（又名镀锡铁）罐头表层的锡会溶出而污染罐内食品。回收铝合金制品中的杂质和金属难以控制，也易造成食品污染
7	玻璃制品	玻璃是一种惰性材料，但容易破碎引起伤害，低质玻璃可能因含有杂质而析出有害物质

作为一类新兴的工业材料，塑料不仅牢固、轻便、不透水、易于封闭、光洁、美观、透明，同时还具有耐酸、耐水、耐油等特点。作为一种理想的食品包装材料，塑料较易被制作成各种包装材料如塑料膜、容器具、餐具、管道、罐头包装等，而被广泛应用于食品工业。但由于塑料易带电，易造成包装表面微尘杂质污染食品，塑料材料自身含有的部分有毒残留物质可能会迁移而污染食品，包装材料由于回收或处理不当而有可能带入污染物从而影响食品安全。因此，塑料制品引发的食品安全问题是最主要的由食品包装材料引发的食品安全问题。由于不同塑料的单体成分、添加剂等的不同，它们对食品安全性的影响也不同。

（一）聚乙烯、聚丙烯和聚苯乙烯塑料

聚乙烯（PE）塑料成品中的少量低聚体残留易溶于油脂，而易使食品带蜡味，影响食品感官性状，导致低聚体残留成为聚乙烯塑料的主要污染物。因此需要注意避免使用该类塑料制品盛放油脂。此外，聚乙烯塑料不耐高温也是它的一个重要缺点。

相比于聚乙烯塑料，聚丙烯（PP）塑料的抗性更强。它耐高温消毒、耐油脂、透明度和透气性好、安全性高。但聚丙烯塑料易老化，所以在生产过程中需要添加抗氧化剂和紫外线吸收剂等添加剂。这些添加剂残留也就成为食品污染的主要来源。

聚苯乙烯（PS）塑料制品中的单体聚苯乙烯、甲苯、己苯和异丙苯等残留是其主要污染原因，但由于其毒性较弱，因此一般很少影响到食品安全。但是，PS 塑料制品储存牛奶、肉汁、糖液、酱油等会产生异味，制品低温时易开裂等缺点限制了其在食品包装中的应用。因此，在食品包装中 PS 塑料制品一般被用作一次性餐具。由于白色污染对生物圈造成的危害，PS 塑料制品在食品包装中的应用被进一步限制。

（二）聚氯乙烯塑料

聚氯乙烯（PVC）塑料是目前产量最大的一种塑料。因 PVC 的相容性广，在生产过程中

可以加入多种添加剂，因而 PVC 塑料的规格较多。这些塑料制品色泽鲜艳、耐腐蚀、牢固耐用，在建筑、民用和器械领域被广泛应用。

PVC 单体可与 DNA 结合，进而可作用于神经、骨骼和肝脏等，引发脏器癌变。多种添加剂对人类健康存在潜在危害。例如，增塑剂二乙基羟胺就有诱发癌症、新生儿先天缺陷和男性不育等疾病的潜能。若用含有二乙基羟胺的 PVC 制成保鲜膜，该膜在遇上油脂或加热时，其中的二乙基羟胺就容易释放出来，并随食物进入人体，危害健康。因此，PVC 塑料一般不能用作食品包装容器，但其薄膜制品被广泛用作水果、蔬菜等的外包装。需要注意不要把这类薄膜用于包裹熟食品，更不要加热使用。

（三）聚碳酸酯塑料

聚碳酸酯（PC）是分子链中含有碳酸酯基的线形高分子聚合物，是一种强韧的热塑性树脂。它主要由双酚 A 和碳酸二苯酯通过酯交换与缩聚反应合成。双酚 A 型 PC 是最重要的工业产品。由于具有良好的光学性、韧性和耐高温性等特性，自 20 世纪 60 年代以来，PC 塑料被广泛用于制造从矿泉水瓶、医疗器械到食品包装的各种制品。

随着研究的深入，科学家逐渐发现双酚 A 具有类雌激素的功能。动物实验显示，双酚 A 可能会增加女性患乳腺癌的危险。而塑料制品中的双酚 A 在加热后可以融入食品，进而危害人类健康。此外，还有研究表明，双酚 A 还能导致内分泌失调，威胁胎儿和儿童的健康；癌症和新陈代谢紊乱导致的肥胖也可能与之有关。欧盟还认为含双酚 A 奶瓶会诱发性早熟。鉴于双酚 A 的系列副作用，现在 PC 塑料一般不用于食品工业。

（四）复合塑料

不同塑料各有其优缺点，为了更好地发扬优点、减弱缺点，工业上发展出用两种或两种以上的塑料复合制成的新型塑料，这就是所谓的复合塑料。例如，用聚乙烯（PE）和偏聚二氯乙烯塑料复合制成的一种复合塑料薄膜，可避免 PE 透气性大与偏聚二氯乙烯难以封口的缺点，具有耐水、透明、美观、易封口、印刷性好等优点，被广泛用于包装奶粉、茶叶、糖、油脂、糕点及乙醇性饮料等食品。但如何减少如偏聚二氯乙烯单体及黏合剂等添加剂的残留，从而减少它们对食品的污染是这类塑料制品生产和使用过程中需要注意的问题。

为了减少由于食品包装材料带来的食品化学性污染，开发越来越多的绿色包装材料与容器及其清洁生产技术，完善相关法令法规将是该行业的发展方向。

第四节　几种新型食品的安全性问题

为了满足人们日益增长的对粮食和健康食品的需求，功能食品、强化食品和转基因食品等各种新型食品不断涌现。它们的安全性问题也越来越受到人们的关注。

一、功能食品

功能食品指的是一类除具有普通食品所拥有的营养和感观功能外，还具有能调节人体生理活动等功能的食品。因此，这类食品中需要含有一定含量的多糖、维生素、活性菌、矿质元素、肽和蛋白质、功能性油脂、功能性甜味剂和自由基清除剂等功能因子或有效成分。这些有效成分在一定程度上有利于人体健康。例如，有些功能食品可以增强人体体质（增强免疫能力，激活淋巴系统等），防止疾病（高血压、糖尿病、冠心病、便秘和肿瘤等），恢复健康（控制胆固醇、防止血小板凝集、调节造血功能等）等功能。功能食品除拥有与普通食品共有的安全问题（如重金属、农药残留、激素、病原菌等是否超标等）外，功能食品的安全问题还有其特殊性。

首先，功能食品只是“长期服用，维护健康”，不可能代替药品，其保健作用发挥速度也不可能与药物相比。但为了迎合消费者“见效快”的消费需求，功能食品中往往会出现违规使用功效成分的问题。例如，为了增强功效，一些不法商家可能会违规提高功效成分的添加量，甚至添加违禁药物（见知识扩展 3-1）。一些减肥产品添加违禁药物就是一个常见的问题。

其次，不同功能食品有不同适应人群，如果非适应人群误食，将有可能产生不良后果。因此，对于功能产品的不适应人群必须明确标注。例如，褪黑素产品必须标注有“儿童禁服”等字样。

最后，功能食品归根结底还属于食品范畴，但一些商家为了利益，会结合“抗氧化”“抗突变”“免疫调节”等敏感词汇随意夸大宣传，导致消费者过量食用而带来安全隐患。

因此，为了保证功能食品的安全性，除满足普通食品基本安全要求外，还需要保证其原材料、辅料安全可靠，不得添加禁用物品；需要保证原料及产品经必要的动物和（或）人群功能试验，以保证其无急性、亚急性、慢性危害，并提交“毒理学安全性评价报告”和“保健功能评价报告”；需要按照《保健食品检验与评价技术规范》的要求提交样本，并经系列功能实验检验合格等。只有等系列检测合格后，才可以准许功能食品进入市场。

二、强化食品

几乎没有任何一种天然食品能完全满足人体所需各种营养素的需要，而食品在烹调、加工、贮存等过程中还伴随有部分营养素的损失。因此，为了弥补天然食品的营养缺陷，或补充食品加工、贮存过程中营养素的损失，或满足不同人群对营养素的特殊需要，就需要向食品中添加一定量的天然或人工合成的添加剂，以提高食品的营养价值。加入食品中的添加剂被称为食品营养强化剂（简称强化剂），而强化以后的食品被称为强化食品。

食品中添加的营养强化剂必须是公认的营养素。我国国家卫生健康委员会批准的食品强化剂主要有维生素、矿物质和氨基酸三类，其中维生素 A、维生素 B_1、维生素 B_2、叶酸、烟酸、铁、碘、锌、钙等 9 种营养素为最常见的主要强化剂。此外，天然食物及其制品，如大豆粉、谷胚、大豆蛋白等也常作为营养强化剂添加于食物中。2002 年，我国基本确定盐、面粉、食用油、酱油和儿童辅助食品作为食品强化战略的实施载体。目前，我国市场上被营养强化剂强化的载体食品主要有谷物及谷物制品、膨化食品、饮料、乳及乳制品、食盐和调味品等。例如，用碘强化的盐，用赖氨酸、维生素 B_1 和维生素 B_2、钙盐等强化的面包，用维生素 B_1 和维生素 B_2、维生素 A 等强化的豆浆，用维生素 C 强化的果汁等都很常见。

各种强化食品中强化剂的使用量须严格按照《食品营养强化剂使用标准》（GB 14880-2012）的规定添加，不能超量；必须保证强化剂的纯度，避免污染物或副产物影响食用安全；强化后的各种营养素之间，如钙、磷及脂肪间需要保持平衡；强化食品要有明确的针对性，即针对什么样的人群，解决什么实际问题。

按照国家标准生产的强化食品对人体是无害的。但如果过量添加强化剂或非法添加强化剂也会产生食品安全问题。例如，锰是人体必需的微量元素，但如果摄入过量，人会无缘无故地大笑；硒是抗氧化元素，摄入过多会影响呼吸，皮肤有大蒜味，指甲变脆变黑，嘴里有金属味，头晕、恶心等；婴幼儿与孕（产）妇食用含有兴奋剂和激素的食品会对婴幼儿和胎儿的健康带来威胁。因此，只有商家在规定剂量内添加合格营养强化剂，质量技术监督部门和其他政府职能部门加大检查和执法力度，方可确保强化食品的安全。

三、转基因食品

转基因技术是指人为使用基因工程或分子生物学技术将特定外源目的基因转移到受体生物中，并使之产生可预期和定向遗传改变的技术。以转基因生物为直接食品或为原料加工生产的食品被称为转基因食品（GM 食品）。例如，转基因大豆，以及用转基因大豆生产的食用油、面包、冰淇淋、巧克力等都属于转基因食品。

自 1994 年转基因作物——延熟型番茄被人类第一次商业化种植以来，大量转基因生物涌现。目前，转基因植物、动物与微生物均已进入食品领域。其中植物性转基因食品种类最多，产量最大。截至 2020 年，全球范围内被批准商业化生产的转基因生物有 13 种，它们分别是大豆（抗虫、耐除草剂）、西葫芦（抗病）、棉花（抗虫、耐除草剂）、玉米（抗虫、耐除草剂）、番木瓜（抗病）、油菜（耐除草剂）、苜蓿（耐除草剂）、甜菜（耐除草剂）、土豆（抗虫、耐除草剂）、苹果（防褐变）、菠萝（哥斯达黎加，营养强化）、茄子（孟加拉国，抗虫）和甘蔗（巴西，抗虫）。我国允许商业化种植的转基因作物只有抗虫棉花和抗病毒番木瓜；批准进口用作加工原料的转基因作物目前有大豆、玉米、油菜、棉花和甜菜。此外，在美国，还有一种转基因动物——AquAdvantage 三文鱼（特点是生长迅速）被 FDA 批准用于食用。

2018 年，全球范围内 26 个国家种植了转基因作物，种植面积达 1.917 亿 hm^2，排名前 7 位的国家分别是美国、巴西、阿根廷、加拿大、印度、巴拉圭和中国。就种植面积而言，88.5%转基因作物种植在美洲，9.5%种植在亚洲，1.5%种植在非洲，0.4%种植在大洋洲，欧洲种植面积占比小于 0.1%。美国是转基因作物种植品种最多、面积和产量最大的国家，也是转基因农产品最大的出口国。其市场上的色拉油、面包、饼干、薯片、蛋糕、巧克力、番茄酱、酸奶、奶酪等常见食品中都或多或少地含有转基因成分。全球市场上种植面积和产量最大的 4 种转基因作物分别是大豆、玉米、棉花和油菜。除 26 个国家种植转基因作物之外，另有 44 个国家进口转基因作物，因此，全球共有 70 个国家应用了转基因作物。

虽然转基因作物被大量种植，但除了抗病毒番木瓜，我国目前转基因农作物主要用于生产加工。例如，在食品行业中，转基因大豆主要被加工成食用油和蛋白粉、转基因玉米主要被加工成糖浆等，进而被进一步广泛应用到饼干、果汁和冷冻食品等多种食品中。

随着转基因作物商业化生产的不断发展，转基因食品在食品市场中所占份额不断增加，有关转基因食品是否安全的争论也越来越引起人们关注。人们主要担心的是，食品里加入的新基因或新成分是否会威胁到人类健康？转基因植物的种植是否会对生态环境造成危害？

诚然，如果转基因技术和转基因食品不被严加监管，就有可能对人类健康和生态安全带来潜在威胁。实际情况是，大量未能通过严格审查的转基因生物未能得到环境释放，已经面市的转基因生物和转基因食品均经过了严格审查并被确认其安全性。迄今为止，科学界的共识是已经获准商业化的转基因食品不会对人类健康构成威胁，转基因食品与普通食品同等安全。世界卫生组织也表示："目前在国际市场上可以买到的转基因食品已经通过安全评估，不会对人类健康构成威胁。"

此外，转基因技术除了能改善食品营养品质，提高保健成分含量，改善植物性食品加工性能，更重要的是能通过抗虫、抗除草剂、抗逆等功能基因的使用，减少农药使用量，稳定与提高作物产量。这不仅有利于保护环境，减少人力，更有利于增加全球粮食产量，降低粮食价格。这对提高粮食数量安全性有着积极的意义，但也存在一定的安全风险（见第二章内容）。可以预见，随着转基因技术的迅猛发展，转基因食品将会越来越多地出现在市场和老百姓的餐桌上。

第五节　食品安全风险的评估与防控体系概述

随着我国各项事业的快速发展，人民群众对食品安全和食品质量提出了更高的要求，从吃得饱到吃得好和吃得精的转变带动了广大民众对食品安全问题的高度关注。食品安全关乎民众健康，如何在食品行业建立一套有效的安全监管体系，是一个全球性的课题。目前公认的最有效降低食品安全风险的途径就是在食品生产（种植或养殖）、加工、销售和使用的整个链条（即从“农田到餐桌”的整个环节）中遵循预防性原则，把食品质量和安全控制落实到食品生产到消费的整个环节，依据食品安全风险分析、操作规范、法规条例、技术标准及监管体系来保障食品安全。

一、食品安全风险分析

（一）食品安全风险分析概述

食品安全涉及从“农田到餐桌”的整个食品生产和销售的供应链（见知识扩展3-2），在多个方面存在着安全风险，而消费者处于食品供应链的终端，受年龄和生活阅历等影响，对食品安全的理解也不尽相同。一般来说，食品安全主要是指食品的相对安全，即食品安全风险应限制在大众可以接受的范围内，在现有知识体系和技术支撑下，在一个相对安全的范围内来理解和解决目前的食品安全问题。

总体来说，我国目前的食品安全问题概括起来主要有如下三个特点：一是问题食品的涉及面越来越广。问题食品已从过去的粮、油、肉、禽、蛋、菜、豆制品、水产品等传统主副食品，扩展到水果、酒类、南北干货类、奶制品、炒货食品等，呈立体式、全方位态势。二是问题食品的危害程度越来越深。问题食品不仅限于过期、变质，还出现了细菌总数超标，农药、化肥、化学药品残留等新问题，危害程度越来越严重。三是制假制劣手段花样翻新、五花八门。违规违法手法越来越隐蔽，从食品外部走向食品内部，从物理污染走向化学污染。产生上述食品安全问题的根源主要有如下几个方面：①监管不力。我国的食品监管一直采取分段管理为主、品种管理为辅的方法。在实际操作过程中，各职能部门之间有时会出现争着监管、重复执法，或争着不管、相互推诿扯皮的现象。这就给某些食品行业违法生产、销售不合格食品提供了可乘之机。②法律体系不健全。我国的食品安全法律法规条文，有些还不是很完善，难以操作；法律法规和标准体系滞后食品行业发展，许多重要标准至今尚未制定。这为不法厂商和企业违法生产不合标准的食品提供了可乘之机。③消费者缺乏常识。我国有些消费者由于缺乏相应常识，食品安全意识淡薄，导致在购买食品时，多关注价格，少关注质量和卫生问题；在加工和食用时，操作不规范，导致一些食源性疾病或食物中毒事件时有发生（见知识扩展3-3）。因此，为了预测食品中可能存在的危害，需要对食品安全风险进行分析。食品安全风险分析主要是指通过对影响食品安全的各种危害因素进行评估、定性或者定量描述其风险特征，在参考有关危害因素的前提下，提出管控措施并对相关情况进行交流的过程。

开展食品风险分析必然成为加强食品安全监管体系的关键步骤。为了完善和有效开展食品风险分析，各国一直在努力完善食品安全风险分析的主要因素及所遵守的一些基本准则。1997 年，美国建立了风险评估联盟，就食品安全风险分析的因素按照其发生的概率和损失的程度等开展分析。2000 年，欧盟通过成立欧洲食品安全局进行食品风险和交流的工作；2002 年，欧盟委员会制定了 178/2002 号规则，明确了食品安全风险评估中必须要尊重科学，要遵守卓越性、独立性及透明性和公开性这些基本准则。2002 年，日本提出了“关于确保食品安全的改革建议”，通过食品安全委员会进行食品安全风险评估，对食品安全措施实施监管，并在 2003 年 7 月依托全国食品安全委员会对食品安全风险进行了分析。相比发达国家，我国有关食品安全风险分析的研究和实践起步较晚，直至 2000 年后才逐渐被重视，并陆续公布了一些管理文件，如《出入境检验检疫风险预警及快速反应管理规定》(2001 年)、《中华人民共和国农产品质量安全法》(2006 年) 等。2008 年，全国人民代表大会常务委员会在《中华人民共和国食品安全法》草案修订时强化了食品安全风险的监测和评估，并在 2009 年实施的《中华人民共和国食品安全法》中加入了食品安全风险的评估措施，提出将在评估机制上建立各级政府部门和相关职能部门的议事日程（见知识扩展 3-4）。2019 年 5 月，中共中央、国务院印发了《关于深化改革加强食品安全工作的意见》，指出新业态、新资源潜在风险增多，风险监测评估预警等基础工作薄弱，要求牢固树立风险防范意识，强化风险监测、风险评估和供应链管理等法律法规。相关立法及政策的出台对保障人民群众的身体健康和生命安全有重要意义，也体现了我国政府对于开展食品安全风险分析以保障食品安全工作的高度重视。近年来，我国相关职能部门紧抓食品安全的立法工作，不断调整应对食品安全风险的对策，完善食品安全法制体系，并利用各种媒介积极引导消费者认识食品安全问题，取得了很大成效。尽管普通民众对食品安全问题的重视程度正逐渐提高，但由于食品行业涉及从生产、运输到消费多个环节，难免有些食品相关的标准有所缺失，相关职能部门有时会出现监管不力的现象，导致不法分子有机可乘。基于此，就需要进一步完善食品安全的风险评估、预警及食品安全可追溯体系的法规和管理制度。

（二）食品安全风险分析的主要内容

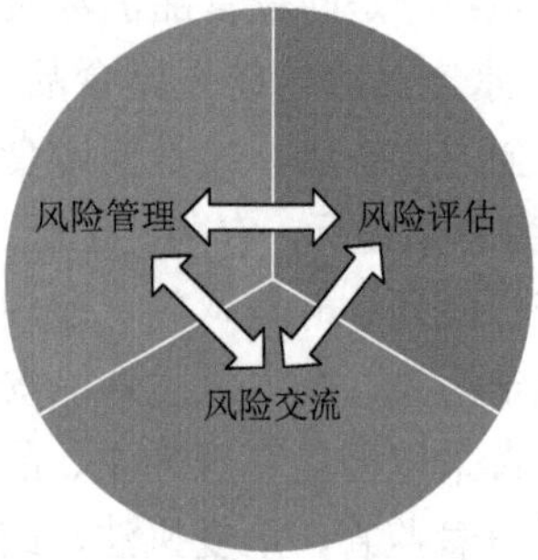

图 3-5　风险分析框架示意图

食品安全风险分析主要包括风险评估、风险管理和风险交流三大核心内容。风险评估的重点是获取研究数据或科学依据，风险管理是管理措施的制定与执行，而风险交流的重点则是信息的沟通与交流。三者之间的关注点不尽相同，但也存在相互交融和协同关系；三者之间既相互独立又相互作用（图 3-5)。

风险评估是对消费者接触或者食用有害食品所造成的后果及尚未发生的有害毒副作用的一种科学评估。这种评估可以是定性的，也可以是定量的，而且是一个动态变化的过程。相关科学和技术的深度发展与食品安全评估工作相关的新信息的出现有可能改变最初的评定结论。

风险管理是针对评估结论实施的有针对性的政策活动，以最大限度地降低危险系数，最终达到可接受程度。风险管理的主体主要是政府组织，同时也可以包括消费者权益组织、食品工业和贸易代表、教育科研机构及规章规划和制定的机构。这些组织机构可以通过协商讨论及会议等形式加以公开评价和审议。在形成最终决策前，管理者要了解风险评估过程所确定的风险特征，并以人体健康作为首要考虑因素，再结合经济成本及技术可行性进行综合决策。在形成科学规范的决策后，接着要对控制措施效果及接触人群的风险影响开展进一步监察，以确保食品安全目标得以实现。

风险交流是政府机构、科研机构及相关利益主体之间对风险评估和风险管理进行风险信息交流互动及有关风险信息的双向流通意见的表达过程。为了切实保障风险管理，并能有效把危害公众健康的各种食源性风险降到最低，风险交流应该存在于风险分析的整个过程中，并在风险管理和风险评估两者之间反复地交换意见。

可以说，风险评估、风险管理和风险交流是不可分割的有机体，彼此互依互存、相互协调。其中，风险评估是风险管理的前提基础，而风险交流则渗透在风险评估与风险管理的每一个环节。只有在交流的全过程中进行评估，才能进一步进行科学合理的风险评估，最终制定出科学的风险管理举措进而确保食品安全。

1. 食品安全风险评估

食品安全风险评估是对暴露于危害所产生伤害的可能性和严重性所进行的综合科学评价，一般可分为 4 个过程，即危害识别、危害描述、暴露评估和风险特征描述（图 3-6）。

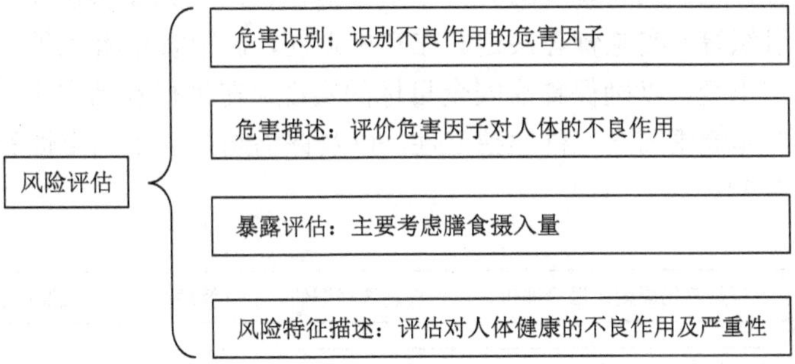
风险评估
危害识别：识别不良作用的危害因子
危害描述：评价危害因子对人体的不良作用
暴露评估：主要考虑膳食摄入量
风险特征描述：评估对人体健康的不良作用及严重性

图 3-6　食品安全风险评估一般过程

（1）*危害识别*　风险评估的第一步是正确鉴别可能存在于食品中的对人体健康产生毒副作用的生物、化学及物理等不良因素。这一鉴别过程一般采用流行病学结合动物毒理学及体外实验进行。相关权威机构已经建立了分析食品类化学物质毒理的一般原则。对化学物质进行动物毒理学研究常可根据代谢物、食品食用历史等综合信息进行综合评价，或从公开发表的科研论文中获得相关信息，或基于医院大数据获得病例流行病学数据进行危害识别评估，或从研究中获得部分数据或线索进行危害识别。

（2）*危害描述*　危害描述是指对有害作用的评价，主要是针对不利于人体健康的副作用进行定性或者定量估量。它主要包括毒性极限值及相应剂量水平的评价、毒性物质在人体内的代谢过程评价及致毒的化学机制等。例如，分析和计算食品添加剂、农药、兽药及污染物在食品中的含量，以及由此引发的弱毒性是否会对人体产生毒性作用等。

（3）*暴露评估*　暴露评估是指对摄入量的定性或者定量估算，是基于一定专业知识且熟悉消费者日常饮食习惯所做出的估算。其评估结果很大程度上影响了整个风险评估的方向。评估人需要了解，某一化学物质残留既可能出现在一种或多种食物中，也可能出现在非膳食的暴露途径中。只有尽可能评估所有暴露途径，才可能做出准确评估。例如，在根据食品添加剂、农药、兽药等规定的使用范围和使用量来估计膳食摄入量时，需要评估蔬菜、水果、肉制品、饮用水等多种来源的相应化学物质的残留量，并与每日允许摄入量（acceptable daily intake，ADI）进行比对，方可确保实际摄入量低于 ADI 值。

（4）*风险特征描述*　风险特征描述是指对潜在有害作用的可能性和严重性进行估计。对于非遗传性致癌物，可采用 NOEL 法（no observe effect level，无作用水平）建立 ADI 值。而对于遗传毒性致癌物而言，为了最大限度地保护消费者的健康，建议在合理可行的条件下，将膳食暴露水平降至尽可能低的水平。

2. 食品安全风险管理

食品安全风险管理的目标是选择和实施适当程序与措施鉴定食品危害程度进而建立防范措施，使安全风险降低到可接受的水平。其核心是建立一整套科学可行的框架和流程。FAO/WHO 提出，食品安全风险管理的一般性框架主要包括 4 个基本环节，即风险评价、风险管理选择评估、执行管理决定，以及监控和审查。

风险评价是风险管理的初始阶段，其结果将直接影响到风险管理的整体效果。风险评价包括的内容较多，主要涉及识别食品安全问题、描述风险轮廓、确定风险管理目标，以及确定是否需要做进一步的风险评估和分级活动等。风险管理选择评估是风险管理的第二阶段。在这一阶段，首先需要确定现行的管理措施是否可行，进而评价可供选择的管理措施，最后选择合适的风险管理措施进行评估。风险管理的第三个阶段是由政府部门牵头组织相关人员（包含食品企业、消费者权益组织等）实施管理决定。在实施期间，风险管理者还须对风险管理实施措施的有效性进行监控与审查，以确保食品安全目标的实现。在进行食品安全风险管理时，还需要遵循过程规范化、人体健康第一、科学独立性，以及评估结果的不确定性和持续循环过程性等几项基本原则（图 3-7）。

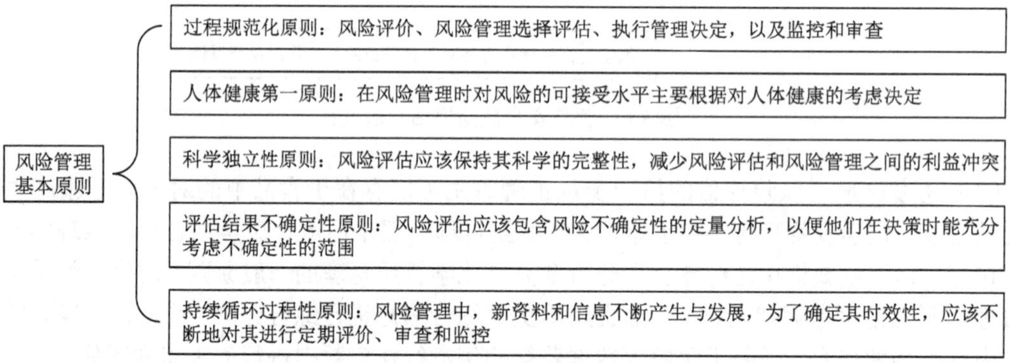
风险管理
基本原则
过程规范化原则：风险评价、风险管理选择评估、执行管理决定，以及监控和审查
人体健康第一原则：在风险管理时对风险的可接受水平主要根据对人体健康的考虑决定
科学独立性原则：风险评估应该保持其科学的完整性，减少风险评估和风险管理之间的利益冲突
评估结果不确定性原则：风险评估应该包含风险不确定性的定量分析，以便他们在决策时能充分考虑不确定性的范围
持续循环过程性原则：风险管理中，新资料和信息不断产生与发展，为了确定其时效性，应该不断地对其进行定期评价、审查和监控

图 3-7　食品安全风险管理的基本原则

3. 食品安全风险交流

政府及相关管理部门针对的食品风险主要是根据统计、风险概率与死亡率等数据估算出来的，而食品风险给食品使用者带来的影响却是与个人生活息息相关的。因此，食品安全风险交流已成为食品安全监管中的重要环节。但由于有效的科学传播、信息公开及消费者专业知识等的缺失，民众对食品安全的感知与官方数据存在较大的差距。作为食品提供者与消费者中间媒介的食品安全监管部门，需要负责平衡专业的食品提供者与普通消费者之间所存在的专业知识落差，为缺乏专业判断的普通消费者提供可参考的食品购买依据，迫使食品提供者无法以食品知识形成专业门槛，从而有助于食品安全的大众监管和风险控制。

二、食品安全风险监管与控制

食品安全的管理问题是世界性难题。从各国的经验来看，政府集中管理食品安全是共识。例如，美国为了解决食品安全问题，实行了食品药品监督管理局、农业部及环境保护署多部门协同管控、共同负责的模式；而德国则在食品安全局和联邦消费者保护部的共同协调下，联合欧洲快速预警系统联络点相关部门发现并管控食品安全风险。近年来，西方发达国家相继推出一系列新制度、新技术，以及具有前瞻性和实用性的方法，对食品安全进行监督和管理。例如，美国通过部署区块链技术，对诸如产地等产品信息在整个供应链上进行实时查询和跟踪；而日本在食品药品安全防护方面，一直很重视企业的召回责任。尽管当前欧美发达国家拥有先进的食品安全管理经验和技术，但从历史上看，世界范围内的食品安全问题一直较为突出，也未能得到彻底解决。从农田到餐桌的食品供应要经历漫长的过程，这使得食品安全面临很多复杂的环节。FAO/WHO 在《保障食品的安全和质量：强化国家食品控制体系指南》中，将食品安全控制定义为一种强制性的规范行为，以强化国家或者地方当局对消费者的保护，并确保所有食品在其生产、加工、储藏、运输及销售过程中是健康的，并符合食品安全及质量要求。科学研究和实践证明，食品链上一些潜在的安全危害完全可以通过应用良好操作规范加以控制，这应作为食品安全监管与控制中的一项重要内容，如良好操作规范（good manufacturing practice，GMP）、良好农业规范（good agricultural practices，GAP）、良好卫生规范（good hygienic practice，GHP）等。一种重要的预防性方法——危害分析与关键控制点（hazard analysis and critical control point，HACCP）可应用于食品生产、加工和处理的各个环节，目前 HACCP 已成为提高食品安全性的一个重要工具。此外，食品安全管理应该遵循公开和透明的原则。管理部门应许可食品生产和销售链上所有的利益攸关者都能发表积极的建议，并在决策过程保证公开和透明，以提高食品安全管理体系的社会认同性和消费者对食品质量与安全的信心。

目前，大多数国家食品安全管理体系由 5 个单元构成：①食品法规；②食品管理；③食品监管；④实验室检测；⑤信息、教育、交流和培训。在食品安全控制过程中，由相互联系和相互制约的各个组成部分构成有机体，这个体系具有整体性、相关性、目的性和环境的适应性等特征。在技术层面上，食品安全监管与控制主要由预警体系、追溯体系和召回制度构成。

（一）食品安全预警体系

食品安全预警体系是通过对食品安全问题的监测、追踪、量化、分析、信息通报及预报等建立起的一整套针对食品安全问题的预警功能系统。它主要包含食品数量安全预警体系、质量预警体系及可持续发展三个层次。为了加强监测和管理，完善管理制度，提高监管的靶向性和准确性，需要逐步将监督抽检、风险监测与评价性抽检分离，依法及时公开抽检、监测、评价信息；建立多边合作信息通报机制；依托高校和科研院所组建一批食品安全评估实验室，开展前沿科学研究，增强评估风险能力；培养一批食品安全专家型学者，定期进行食品安全风险交流，普及食品安全常识，并对社会公众进行答疑解惑。

（二）食品安全追溯体系

食品安全追溯体系是指在食品产供销的各个环节中，食品质量安全及其相关信息能够被顺向追踪（生产源头—消费终端）或者逆向回溯（消费终端—生产源头），从而使食品的整个生产经营活动始终处于有效监控之中。为了有源可追，需要首先建立危害分析与关键控制点、良好操作规范、良好生产规范等食品安全控制技术；然后通过合适的食品安全溯源技术，如无线射频识别技术、二维码技术或条形码技术等对食品包装打上溯源码标签。消费端或监管端一旦发现问题，可以通过扫码联网溯源查询，进而确定引发食品安全问题的某个具体环节。

（三）缺陷食品召回制度

缺陷食品召回制度是指生产商生产的食品存在缺陷并已进入流通领域时，为避免缺陷食品危及人身安全及造成财产损失，生产商必须及时将相关情况向国家有关部门进行报告，并提出召回申请。如果生产商不主动召回，政府可以强行将缺陷食品进行召回。《中华人民共和国食品安全法》规定，食品生产经营者在食品药品监督管理部门责令其召回而不予召回时，应当对其违法生产的设施等物品加以没收，同时处以较大额度的罚款，情节严重的可能会面临营业执照和其他行政许可的吊销处理。

三、我国食品安全风险分析与管控现状

长期以来，我国的食品供应体系主要是围绕增加食品供给数量而建立起来的。随着经济的迅猛发展和人民收入的迅速提高，我国的食品行业获得了空前快速的发展，但是层出不穷的食品安全问题也严重威胁着广大群众的身体健康。苏丹红工业添加剂事件、三聚氰胺事件、瘦肉精事件、地沟油事件、敌敌畏火腿事件、毒黄花菜事件等重大食品安全问题为人们敲响了警钟。近年来，我国大力开展了食品安全风险分析和控制的系列工作。例如，食品质量安全市场准入制度与“QS”标识（注：QS是质量安全，即quality safety的缩写，经过行政管理部门批准的食品生产企业必须经过强制性检验合格且在最小销售单元的食品包装上标注食品生产许可证编号，并加印食品质量安全市场准入标志即“QS”标志后才能销售）开始实施，食品质量与安全教育人才培养体系已初步形成等。但由于我国相关工作起步较晚，基础较弱，仍有食品检测机构参差不齐、监督管理资金投入不足等问题的存在，我国的食品安全分析与整体控制能力与国际水平和现实需求仍存在较大差距。以下总结了现阶段在我国食品安全监管体系中的一些不足，主要表现在以下4个方面。

（一）食品安全风险与管理法规体系仍需完善和健全

多年来，我国持续在食品“从土地到餐桌”的整个链条的多个环节，在食品安全标准体系和法律体系、食品安全风险分析与控制体系等方面，进行了相关法律和政策的制定、调整与优化。现已形成了以《中华人民共和国食品安全法》《中华人民共和国农产品质量安全法》《中华人民共和国进出境动植物免疫法》，以及《中华人民共和国标准化法》和《中华人民共和国产品质量法》等30多部法律为主，并辅以《食品生产加工企业质量安全监督管理办法》等160多部规章的法规链条。这些法规链条架构了我国食品安全相关的相对完整的法律框架和制度体系。但与发达国家相比，它们仍存在一定的不足。例如，虽然系统性较好，但存在细节性与执行性不够、惩罚力强但震慑力较弱等问题。因此，我们仍需对标国际前沿，继续加强精准科学研究与科学评价，制定出指导性与操作性更强的法规体系。

（二）食品安全检测能力仍需加强

在食品安全检测中不仅应对食品进行检测，还需对食品生产、加工、运输全过程中可能产生的风险因素进行逐一核查，全面评估。例如，在肉类检测中，不仅要检测肉制品，还需要检测饲料及其生产加工环节，检测动物养殖过程涉及的兽药使用与养殖环境、检测、运输、贮存等环节。在检测技术上，既要学习国际先进检测技术和方法，也要根据我国食品生产、运输及储藏等的特点，发展新的检测技术。在检测设备上，既要引进先进的检测设备，也要提升我国

的自主研发能力，生产我国自己的高精尖检测设备。在检测程序上，需要建立抽检与全面检查相结合的检测体系，强化检查网络的完整性，降低食品安全事故发生的概率。

（三）食品风险数据采集与共享能力亟待提高

完善的食品安全风险分析与控制依赖于完善的覆盖全国并渗透到每个消费终端的完善的监测网络。但现阶段，我国食品“从土地到餐桌”的整个链条上，不仅数据采集量不足，而且数据共享程度低，尚未形成多方参与的联合数据采集、共享与评估机制。因此，建立与完善“从土地到餐桌”的全链条食品安全数据采集与分享的监测网络就显得尤为重要了。

（四）信息公开和科普教育有待强化

诚然，部分食品安全问题是由于部分不良生产、运输和销售企业为了追求经济效益有意而为；但也有部分食品安全事故是源于生产者、销售者与消费者等缺乏相应常识、食品安全意识淡薄；部分所谓的食品安全事故则是网络谣言导致。食品安全权威管理部门应该掌握将何种与食品安全有关的信息介绍给公众。这些信息包括对食品安全事件的科学意见、调查报告、涉及食源性疾病食品细节的发现、食物中毒的情节及食品造假行为等。只有这样，消费者才能更好地理解食源性危害，并在食源性危害发生时，能最大限度地减少损失。此外，食品安全监管部门需要吸纳食品行业相关科研教学人员，加入食品安全科普行列，强化食品安全科普教育，以提高广大民众的食品安全素养。

食品安全，任重而道远！2022 年国家科技部门正陆续出台相关研究计划，针对有关食品安全管控中的难点和重点问题开展专项研究，其中包括“新型病毒低温食品传播规律及智能防控关键技术研究”“预制调理食品生物危害物传播迁移与控制技术研究”“新型食品全链条风险因子高效识别与阻控关键技术研究”“跨境食品危害因子快速识别及精准测定关键技术研究”“冷链食品储运安全风险检测及智能监控关键技术研究”“现场执法食品安全快速检测产品研发与应用示范”“食品全程全息风险感知及防控体系构建与应用示范”等。

总之，为了保障我国的食品安全，需要建立和完善食品安全标准与技术体系，建立和完善食品安全控制技术及规范，建立健全的食品安全法律法规与管理体系，加强监管，为食品安全保驾护航。相信通过不断提高与完善，我国的食品安全监管体系一定会在不断提升我国食品安全与社会稳定上发挥更大的作用！我国的食品安全状况一定会越来越好！

思考题

1. 请简述无公害食品、绿色食品和有机食品三者的概念及最主要的差别。
2. 细菌诱发的食源性疾病的发生机制有哪些？
3. 食物中毒发病的特点是什么？
4. 引起亚硝酸盐食物中毒的原因是什么？
5. 安全购买食品的注意事项是什么？
6. 食品污染造成的危害主要有哪些？
7. 请简述有毒金属污染食品的途径。
8. 请简述预防 *N*-亚硝基化合物污染食物的措施。
9. 请简述预防杂环胺类化合物对人体危害的措施。
10. 食品杂物污染的主要途径有哪些？

11. 食品安全风险分析有什么意义？
12. 请简述风险评估、风险管理、风险交流之间的关系。
13. 请综述我国在食品安全领域的重大举措和进展。

主要参考文献

安振武. 2020. 浅议国家食品安全管理体系构建：现状、困境和策略. 食品工业，41（6）：265-268

白新鹏. 2017. 热点食品安全问题的案例解析. 北京：科学出版社

陈彬，管彬彬. 2020. 我国食品安全风险评估与风险监测现状研究. 食品安全质量检测学报，11：5111-5114

陈君石，罗云波. 2012. 从农田到餐桌：食品安全的真相与误区. 北京：北京科学技术出版社

丁晓雯，柳春红. 2016. 食品安全学. 2 版. 北京：中国农业大学出版社

房军，元延芳. 2019. 我国食品安全风险分析与建议. 中国食物与营养，25：24-27

宫本宪一. 2015. 日本公害的历史教训. 曹瑞林，译. 财经问题研究，8：30-35

何风娣. 2009. 病从口入：食品安全速查手册. 北京：中国妇女出版社

黄兵. 2015. 动物寄生虫与人类健康. 北京：中国农业科学技术出版社

姜金良. 2015. 熊本水俣病环境诉讼案评介及启示. 人民司法：108-111

蒋晨曦. 2019. 米粉中“吊白块”添加情况分析. 现代食品，（3）：28-32

靳红果，刘华琳，张瑞，等. 2013. 食品中甲醛及其检测方法. 食品工业科技，34（19）：373-377

赖天兵，胡小红，刘晓革. 2007. 减肥类保健食品违禁添加药物现状及特点. 中国食品卫生杂志，19（4）：336-337

李好琢. 2021. 农产品常见重金属危害及预防措施. 现代农业科技，15：228-230

李林春. 2015. 中国鱼类图鉴. 太原：山西科学技术出版社

李明华. 2015. 食品安全概论. 北京：化学工业出版社

李彦蓉，李立，王欣，等. 2016.《人类食品现行良好操作规范和基于风险的危害分析及预防性控制措施》解读及应对措施研究. 检验检疫学刊，26（4）：42-44

梁海燕，张谦元. 2012. 我国土壤污染与食品安全问题探讨. 山东省农业管理干部学院学报，29（5）：42-43，52

梁雪. 2020. 论转基因食品危害与管控分析. 现代食品，1：157-158，162

刘回春. 2019. 添加剂“美”了食品，乱用“损”了健康. 中国质量万里行：57-59

刘静，付仲，赵春龙，等. 2019. 渤海鱼类. 北京：化学工业出版社

刘明远，刘全，方维焕，等. 2014. 我国的食源性寄生虫病及其相关研究进展. 中国兽医学报，34（7）：1205-1224

刘仁绿，连宾. 2015. 白酒塑化剂及其食品安全分析. 食品与发酵工业，41（5）：220-226

马杰. 2020. 健康中国战略背景下食品安全问题研究. 吉林：北华大学硕士学位论文

全国人民代表大会常务委员会. 2018. 中华人民共和国食品安全法. https://flk.npc.gov.cn/detail2.html?ZmY4MDgxODE3YWIyMmUwYzAxN2FiZDhkODVhmjAIZjE%3D[2020-10-20]

沈俊炳. 2020. 基于 HACCP 体系的食品快速检验机构质量控制体系研究. 食品安全质量检测学报，11（21）：8005-8009

宋欢，王坤立，许文涛，等. 2014. 转基因食品安全性评价研究进展. 食品科学，35（15）：295-303

孙文汇，高洪，刘海峰. 2008. 苏丹红与食品安全. 动物医学进展，29（4）：103-105

孙圆圆，唐文君，张欣欣，等. 2017. 国外良好农业规范认证现状、特征及其对中国的启示. 世界农业，（3）：23-28

唐晓纯. 2013. 国家食品安全风险监测评估与预警体系建设及其问题思考. 食品科学，34：342-348

王高红，杨中瑞，杨春，等. 2021. 植物源食品中有机氯农药测定前处理研究进展. 食品工业，42（6）：333-337

王威，高敏蕙. 2015. 日本乳制品安全由乱到治的经验与借鉴. 科技与管理，17（3）：7-12

王伟国. 2014. 从三鹿到福喜事件的反思. 中国食品安全报，2014 年 9 月 6 日第 A02 版

王志江. 2016. 食源性病原微生物的危害. 现代食品，24：35-36

吴澎. 2017. 食品安全管理体系概论. 北京：化学工业出版社

吴兴亮，戴玉成，李泰辉，等. 2010. 中国热带真菌. 北京：科学出版社

谢明勇，陈绍军. 2016. 食品安全导论. 2 版. 北京：中国农业大学出版社

辛宏志. 2017. 食品安全控制. 北京：化学工业出版社

易宗娓，何作顺. 2014. 镉污染与痛痛病. 职业与健康，30（17）：2511-2513

张晋. 2009. 凤翔血铅案“招伤”之痛. 中国报道，9：24-25
张双灵. 2017. 食品安全学. 北京：化学工业出版社
张晓文，邵柳逸，连宾. 2018. 四种太湖水产品体内重金属富集特征及食用安全性评价. 食品科学，39（2）：310-314
中国政府法制信息网. 2019. 司法部、市场监管总局负责人就《中华人民共和国食品安全法实施条例》答记者问. 饮料工业，22（6）：1-3
中华人民共和国国务院. 2019 年. 中华人民共和国食品安全法实施条例. https://flk.npc.gov.cn/detail2.html?ZmY4MDgwODE2ZjNjYmIzYzAxNmY0MGRiNjQ3MDA3OTg%3D[2020-10-20]
Gedikoglu H，Gedikoglu A. 2021. Consumers' awareness of and willingness to pay for HACCP-certifed lettuce in the United States：Regional differences. Food Control，130：108263
Nordhagen S. 2022. Food safety perspectives and practices of consumers and vendors in Nigeria：A review. Food Control，134：108693
Pushparaj K，Liu W C，Meyyazhagan A，et al. 2022. Nano-from nature to nurture：A comprehensive review on facets，trends，perspectives and sustainability of nanotechnology in the food sector. Energy，240：DOI：10.1016/j.energy.2021.122732
Sun D S，Liu Y F，Grant J，et al. 2021. Impact of food safety regulations on agricultural trade：Evidence from China's import refusal data. Food Polocy，105：102185
Zagorski J，Reyes G A，Prescott M P，et al. 2020. Literature review investigating intersections between US foodservice food recovery and safety. Resources，Conservation and Recycling，168：105304

拓展阅读

1. Nauta Maarten. 2021. Foodborne Infections and Intoxications. 5th ed. New York：Academic Press
2. Gordon A，DeVlieger D，Vasan A. 2020. Food Safety and Quality Systems in Developing Countries. New York：Academic Press
3. 中国食品安全网. https://www.cfsn.cn/
4. 中华人民共和国农业农村部. http://www.moa.gov.cn/ztzl/zjyqwgz/zxjz/
5. 中国食品安全网. http://zt.cfsn.cn/
6. 国家市场监督管理总局. https://www.samr.gov.cn/
7. 国家食品安全风险评估中心. http://www.cfsa.net.cn/
8. 美国农业部（USDA）. https://www.fsis.usda.gov/wps/portal/fsis/home
9. 欧洲食品安全局（EFSA）. http://www.efsa.europa.eu/

知识扩展网址

知识扩展 3-1：不合格保健食品 三成非法添加违禁药品，https://www.cfsn.cn/front/web/site.newshow?hyid=12&newsid=2205&pdid=713

知识扩展 3-2：央视关心食品安全，https://v.qq.com/x/page/k0173fk1ye4.html

知识扩展 3-3：2021 食品安全科普知识大全，https://www.5068.com/zhianquan/c285531.html

知识扩展 3-4：中华人民共和国食品安全法实施条例，http://www.gov.cn/zhengce/content/2019-10/31/content_5447142.htm

第四章　大规模流行病、生物恐怖及生物战

大规模流行病是人类生存和发展的巨大威胁，历史上一些大的瘟疫事件对人类文明进程产生了重要影响。另外，动物和植物也会发生大规模流行病，影响农业生产和人民生活。人类、动物及植物流行病的防范都要坚持预防为主的原则。在大规模传染病流行时，控制传染源、切断传播途径和保护易感宿主三个基本环节中的任何一个，即可控制传染病的流行。生物战或生物恐怖袭击会导致大量人员患病甚至死亡，农作物大面积减产绝收，经济动物大量患病死亡，造成严重的经济问题，导致人心恐慌和社会动荡。生物恐怖活动威胁全人类和平与发展，已成为当今国际社会需要共同面对的严重安全问题，特别是随着现代生物技术和合成生物学的迅猛发展，人们可以操作和编辑基因，改造微生物，制造生物武器，而大量生物信息数据的产生及互联网资源的迅猛发展使得恐怖组织获取生物武器制造的信息并实施恐怖袭击的风险增大。做好应对可能发生的生物恐怖与生物战工作，防范和应对生物安全风险，是保障国家安全的重要举措。本章概要介绍了大规模流行病、生物恐怖与生物战的一些基本知识。

第一节　大规模流行病

2019 年 12 月新型冠状病毒肺炎疫情突然暴发，迅速蔓延。至 2021 年 12 月 31 日，全球累计新型冠状病毒肺炎患者超 2.8 亿例，累计死亡超 545 万例，是百年来全球发生的最严重的传染病大流行，也是传播速度最快、感染范围最广、防控难度最大的重大突发性公共卫生事件。2021 年随着世界多国研发的新型冠状病毒疫苗投入使用，在本以为疫情可以得到有效控制之时，却又不断出现新型冠状病毒的变异毒株。其中，有些变异毒株（如德尔塔毒株、奥密克戎毒株等）与原始毒株相比传播能力显著增强，潜伏期更短，对人类威胁更大。其实，人类自诞生之日起，就一直与瘟疫相伴，各种瘟疫是人类健康和生存的重大威胁，影响了人类社会的发展进程。今天，科学技术虽然取得了巨大的进步，但人类始终摆脱不了大规模流行病的威胁，人类与瘟疫的斗争仍然在继续（见知识扩展 4-1）。

一、大规模流行病概况

大规模流行病是指由病原体引起的，能在较短时间内感染众多人口、动物或植物并广泛蔓延的传染病。引起大规模流行病的病原体中大部分是微生物，小部分为寄生虫。大规模流行病可以发生在人与人之间，也可以发生在动物与动物、人与动物、植物与植物之间。

发生在人与人之间的大规模流行病，通常被称为瘟疫。历史上，一次又一次的瘟疫流行，让人类付出了惨痛的代价。东汉后期，我国瘟疫频发，“家家有僵尸之痛，室室有号泣之哀。或阖门而殪，或覆族而丧”是当时的真实写照，全国人口从东汉中期的 6000 多万锐减到三国时期的 1600 多万。即使与战乱相比，瘟疫仍然是造成人口锐减的最大因素。在东汉末年瘟疫流行的背景下，我国古代著名医学家张仲景广泛收集医方，写出了传世巨著《伤寒杂病论》。它确立的“辨证论治”原则，是中医临床的基本原则，成为当时和后世对抗瘟疫的有

力武器。14 世纪中后期，被称为“黑死病”的大规模瘟疫——鼠疫席卷整个欧洲，夺走了约 2500 万人的性命，占当时欧洲总人口的 1/3，对欧洲经济和社会发展产生了重大影响。天花曾长期肆虐欧亚大陆，16 世纪初，欧洲殖民者又把它带到了美洲大陆。由于美洲大陆的印第安人从未遇到过这种疾病，对天花不具备抵抗能力，有 2000 万～3000 万印第安人因此而亡，导致整个印第安文明的衰落。虽然现代科学技术的发展使人类对大规模流行病有了比较深入的认识，但人类与瘟疫的斗争仍然在继续。例如，2003 年暴发的严重急性呼吸综合征（severe acute respiratory syndrome，SARS），2009 年暴发的甲型 H1N1 流感（influenza A，H1N1），以及 2019 年 12 月暴发至今仍在肆虐的新型冠状病毒肺炎（COVID-19）等，都给人类社会带来了巨大的灾难。

此外，历史上暴发的动物与动物、人与动物及植物与植物之间的大规模流行病也不胜枚举。例如，疯牛病（见知识扩展 4-2），学名为牛海绵状脑病（bovine spongiform encephalopathy，BSE），是由不含有遗传物质（核酸）的朊病毒引起的一种慢性、神经性、致死性传染病，不仅可以在牛等动物间传播，还可以传染给人，并引起新型变异型克雅病。1985 年在英国首次被发现后，逐渐在世界范围内蔓延，对养牛业、饮食业及人的生命安全造成了巨大威胁，直接经济损失达数百亿美元。马铃薯是 19 世纪爱尔兰人的主要粮食来源，1845～1850 年，由马铃薯晚疫病菌［致病疫霉（*Phytophthora infestans*）］造成马铃薯茎叶死亡和块茎腐烂与失收，引发了惨痛的爱尔兰大饥荒（见知识扩展 4-3），短短 5 年时间造成爱尔兰人口锐减了将近 1/4，给爱尔兰人民留下了永久的创伤。

二、大规模流行病的特征及危害

（一）人类大规模流行病

人类历史上发生的流感、天花、霍乱、鼠疫和结核病等，都曾在全球范围内肆虐流行，人类的生存发展史从某种意义上来说就是一部与传染病不断斗争的历史。1989 年 2 月第七届全国人民代表大会常务委员会第六次会议通过，并历经 2004 年 8 月第十届全国人民代表大会常务委员会第十一次会议和 2013 年 6 月第十二届全国人民代表大会常务委员会第三次会议两次修订或修正的《中华人民共和国传染病防治法》（见拓展阅读），将全国发病率较高、流行面较大、危害严重的 37 种急性和慢性传染病列为法定管理的传染病，并根据其传播方式、速度及其对人类危害程度的不同分为甲类、乙类和丙类（表 4-1）。其中，两种甲类传染病，即鼠疫（见知识扩展 4-4）和霍乱（见知识扩展 4-5），传染性强，传播速度快，且致死率高，在人类历史上危害最严重。不过，随着国家的有力防控和医学水平的不断进步，这两种传染病都已经得到有效控制。

表 4-1　法定管理的传染病类别及传染病名称

类别	传染病名称
甲类（2 种）	鼠疫、霍乱
乙类（25 种）	传染性非典型肺炎、艾滋病、病毒性肝炎、脊髓灰质炎、人感染高致病性禽流感、麻疹、流行性出血热、狂犬病、流行性乙型脑炎、登革热、炭疽、细菌性和阿米巴性痢疾、肺结核、伤寒和副伤寒、流行性脑脊髓膜炎、百日咳、白喉、新生儿破伤风、猩红热、布鲁氏菌病、淋病、梅毒、钩端螺旋体病、血吸虫病、疟疾
丙类（10 种）	流行性感冒、流行性腮腺炎、风疹、急性出血性结膜炎、麻风病、流行性和地方性斑疹伤寒、黑热病、包虫病、丝虫病，除霍乱、细菌性和阿米巴性痢疾、伤寒和副伤寒以外的感染性腹泻病

在日常生活中，大多数人接触的传染病一般都属于乙类和丙类。法定传染病的类别管理不是固定不变的，一旦病情严重，政府会根据具体情况调整防治办法。例如，《中华人民共和国传染病防治法》将乙类传染病中传染性非典型肺炎、炭疽中的肺炭疽和人感染高致病性禽流感，采取甲类传染病的预防和控制措施；针对 2019 年 12 月暴发的新型冠状病毒肺炎，国家卫生健康委员会虽将其纳入乙类传染病，但实际上采取的是甲类传染病的预防和控制措施。

人类大规模流行病与其他疾病相比，有以下主要特征：①每一种大规模流行病都有其特异性的病原体，这些病原体可能是微生物（如细菌、病毒等），也可能是寄生虫。②都具有传染性和流行性，病原体可以通过某种途径短时间内感染他人，并广泛蔓延。③大规模流行病具有传染病的流行病学特征，即需要传染源、传播途径和易感人群这三个基本条件才能够完成或构成传染和流行。④被感染的机体发生特异性反应，免疫功能正常的人在接触传染病病原体之后，都能产生针对这种病原体或者针对这种病原体毒素的特异性免疫，也就是产生特异性的抗体。有的抗体是具有保护性的，如乙肝表面抗体；有的抗体不具有保护性，但可以作为诊断这种病的一个依据，如抗 HIV 抗体。⑤每种大规模流行病都具有特征性的临床症状，表现出特有的病理变化，产生特异性抗体和变态反应，这些特征性的临床症状可以为大规模流行病的诊断提供依据。

回顾人类历史上发生的重大疫情，可以发现人类社会的发展也伴随着疫情的频繁发生。大规模流行病的暴发不但会对人民生命健康、社会生产秩序、经济运行状况、国际舆论导向等造成重大影响，而且与国家安全紧密相连。2400 多年以前，雅典瘟疫导致全城近 1/2 人口死亡，整个雅典几乎被摧毁；公元 2 世纪中后期安东尼瘟疫使统治欧洲的罗马本土 1/3 人口死亡，并直接导致罗马帝国“黄金时代”的终结；14 世纪的欧洲黑死病，夺走了近 1/3 欧洲人的生命；17～18 世纪欧洲天花，死亡 1.5 亿人；1918 年亚、欧、美、非暴发的西班牙流感，造成全世界约 10 亿人感染，2000 万～5000 万人死亡；19 世纪初至 20 世纪末，大规模流行的霍乱共发生了 8 次。中国古代历史上也是疫情频发，据文献记载的瘟疫流行，秦汉 22 次、魏晋 17 次、隋唐 21 次、两宋 32 次、元代 20 次、明代 64 次、清代 74 次。时至近现代，重大传染性流行病仍不时暴发，疯牛病、疟疾、口蹄疫，以及 21 世纪发生的 H5N1 型禽流感、SARS、中东呼吸综合征（Middle East respiratory syndrome，MERS）等传染性流行病，这些重大疫情都对人类社会造成了深刻影响。重大烈性传染病并未随人类科技水平的进步及卫生医疗条件的改善而消亡，在人类逐步认识传染病相关机制并相继“消灭”曾对人类社会造成巨大灾难的大部分烈性传染病之后，新型传染病导致的疫情仍然不时出现，如埃博拉出血热、SARS、MERS、COVID-19 等。这些疫情的发生伴随着人类科技水平的进步，从细菌性病原向病毒性病原演变，从复杂细胞结构体朝简单非细胞结构体演变，以及从多细胞微生物、细菌等生命形态向腺病毒、朊病毒、冠状病毒和类病毒等类生命形态演变。

（二）动物流行病及人兽共患病

近些年来，包括非洲猪瘟、口蹄疫、疯牛病、禽流感在内的动物流行病的不断暴发不仅造成了巨大的经济损失，而且严重威胁和影响到人类健康。研究结果显示，动物流行病的危害程度和暴发频率正超过人类流行病。据 WHO 的统计资料，人类传染病的 60%来源于动物，50%的动物传染病可以传染给人。对人类致死率很高的流行病，大约有 70%是人兽共患病（zoonosis）（见知识扩展 4-6）。

2021 年 1 月 22 日第十三届全国人民代表大会常务委员会第二十五次会议第二次修订的

《中华人民共和国动物防疫法》将规定管理的动物疫病分为一、二、三类（见知识扩展 4-7 和知识扩展 4-8）。一类疫病，是指口蹄疫、非洲猪瘟、高致病性禽流感等，这类疫病对人和动物构成特别严重危害，可能造成重大经济损失和社会影响，并需要采取紧急、严厉的强制预防和控制措施；二类疫病，是指狂犬病、布鲁氏菌病、草鱼出血病等，它们对人和动物构成严重危害，可能造成较大经济损失和社会影响，需要采取严格预防和控制措施；三类疫病，是指大肠杆菌病、禽结核病、鳖腮腺炎病等常见多发疫病，对人和动物构成危害，可能造成一定程度的经济损失和社会影响，需要及时预防和控制。农业部 2008 年的《一、二、三类动物疫病病种名录》共列入 157 种动物疫病，其中一类动物疫病共有 17 种，包括口蹄疫、猪水泡病、猪瘟、非洲猪瘟、高致病性猪蓝耳病、非洲马瘟、牛瘟、牛传染性胸膜肺炎、牛海绵状脑病、痒病、蓝舌病、小反刍兽疫、绵羊痘和山羊痘、高致病性禽流感、新城疫、鲤春病毒血症、白斑综合征；二类动物疫病共有 77 种，如狂犬病、牛结核病、经典猪蓝耳病、鸡传染性喉气管炎等；三类动物疫病共有 63 种，如大肠杆菌病、牛流行热、马流行性感冒、猪传染性胃肠炎、猪流行性感冒等。

人畜共患病是指人类和畜禽之间自然感染和传播的疾病，即由共同病原体所引起的人类和畜禽在流行病学上相关联的疾病。人畜共患病的病原体主要来源于人类饲养、驯化的畜禽，因此也称动物源性疾病。近年来，SARS、口蹄疫、疯牛病、禽流感等人畜共患病通过多种途径频频突袭人类。过去的 20 世纪，虽然人类对人畜共患病的防治取得了巨大成绩，有效控制了一些长期严重威胁人类和动物健康的传染病，但目前在 200 余种动物传染病中，仍有半数以上可以传染给人类，另有 100 种以上的动物寄生虫病可以感染人类；在 250 余种人畜共患病中，我国有 90 余种。我国农业部会同卫生部组织制定并于 2009 年 1 月 19 日施行的《人畜共患传染病名录》（见知识扩展 4-9）中，列举的人畜共患病有 26 个，其中 4 种为病毒性疾病，1 种为立克次体疾病，1 种为螺旋体疾病，12 种为细菌性疾病，8 种为寄生虫病（表 4-2）。这些人畜共患病直接侵扰人类和畜牧业的健康发展，造成巨大的危害。有效控制人畜共患病的发生和蔓延，是一项艰巨而持久的任务。

表 4-2 人畜共患传染病名录

序号	病原体类别	人畜共患传染病名称
1	病毒	牛海绵状脑病、高致病性禽流感、狂犬病、猪乙型脑炎
2	立克次体	Q 热
3	螺旋体	钩端螺旋体病
4	细菌	沙门氏菌病、牛结核病、猪Ⅱ型链球菌病、炭疽、布鲁氏菌病、马鼻疽、野兔热、大肠杆菌病（O157：H7）、李氏杆菌病、类鼻疽、放线菌病、禽结核病
5	寄生虫	弓形虫病、棘球蚴病、日本血吸虫病、旋毛虫病、猪囊尾蚴病、肝片吸虫病、丝虫病、利什曼病

引起人畜共患病的 5 类病原体中，除引起牛海绵状脑病（疯牛病）的朊病毒（prion）外，都含有 DNA 或 RNA，但朊病毒中根本没有 DNA 或 RNA 这样的遗传物质存在，仅凭蛋白质传染疾病。引起疯牛病的 prion 蛋白和动物体内“正常”的 prion 蛋白虽然是氨基酸序列完全相同的同一种蛋白，但却具有不同的空间结构（图 4-1）。“正常”的 prion 蛋白位于细胞膜的表面，通过糖脂与细胞膜相连，叫作 PrP^c（其右上角的“c”表示“cellular”）。引起疾病的 prion

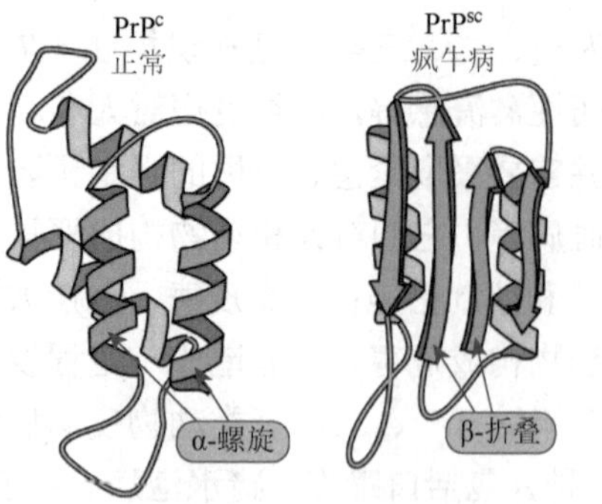

图 4-1　引起牛海绵状脑病的 prion 蛋白和动物体内的“正常”prion 蛋白结构差异（引自 https://www.scienceabc.com/pure-sciences/what-are-prions.html）

蛋白空间结构改变，叫作 PrP^{sc}（其右上角的“sc”表示“scrapie”），即引起疯牛病的蛋白质。改变了形状的 prion 蛋白自身还能作为模板，不断将“正常”的 prion 蛋白 PrP^{c} 变成 PrP^{sc}，使得体内的 PrP^{sc} 越来越多，形成纤维状的聚合物，再积累形成“淀粉样”（amyloid）的斑块，导致神经组织损伤，并引起疾病的发生。

需要说明的是，人畜共患病是一种传统的提法，自 20 世纪 70 年代以来在全球范围内新出现的传染病有半数以上是人畜共患病。人类不仅与其饲养的畜禽之间存在共患疾病，与野生脊椎动物之间也存在共患疾病，后果甚至更为严重。1979 年世界卫生组织和联合国粮食及农业组织将“人畜共患病”这一概念扩大为“人兽共患病”，即人类和脊椎动物之间自然感染与传播的疾病。

动物流行病和人类流行病具有相似的特征：①都是由病原体引起的；②都有传染性和流行性；③都具有特征性的临床症状和病理变化；④被感染的机体能发生特异性反应。动物流行病的流行同样也必须具备三个基本条件，即传染源、传播途径和易感动物。

动物流行病的危害不亚于人类的流行病，可以归结于以下几个方面：①动物流行病发生后会引起大批动物死亡，造成重大的经济损失。②一些源于动物的流行病也会危害人类健康。从 SARS 和禽流感等几次重大疫情发生并导致人传染或感染死亡的事件中，可以看到重大动物疫情与人类的健康密切相关。③一些流行病引起家畜的死亡率虽然不高，但能降低畜禽的生产性能。例如，鸡传染性支气管炎，虽然被传染上的产蛋鸡死亡率不高，但产蛋量和蛋的品质均显著下降。④动物流行病还会影响到一个国家的食品出口和外贸信誉。例如，英国 1996 年暴发疯牛病后，欧盟在全球范围内带头出台了针对英国牛肉的进口禁令，在随后的很长一段时间内，面对全球市场的禁令，英国牛肉和相关产品只能在国内自产自销。

（三）植物流行病

同动物和人类一样，植物也会发生流行病。例如，小麦会发生小麦条锈病、小麦赤霉病、小麦印度腥黑穗病、小麦链格孢叶枯病；水稻会发生稻瘟病、南方水稻黑条矮缩病；马铃薯会发生马铃薯晚疫病、马铃薯黄化矮缩病毒病；甘蔗会发生甘蔗鞭黑粉病、甘蔗锈病；香蕉会发生香蕉细菌性菌蔫病、香蕉束顶病、黑条叶斑病；烟草会发生霜霉病；苹果和梨树会发生火疫病；柑橘会发生柑橘黄龙病；咖啡会发生咖啡锈病……

引起植物流行病的病原体有真菌、细菌、病毒、线虫及寄生性种子植物等。其中，真菌是引起植物流行病的一类主要病原生物，在作物病害中，80%以上的病害是由真菌引起的。例如，引起麦类赤霉病的镰孢菌（*Fusarium* spp.）、全蚀病的禾顶囊壳菌（*Gaeumannomyces graminis*）、白粉病的布氏白粉病菌（*Blumeria graminis*），引起甘薯黑斑病的甘薯长喙壳菌（*Ceratocystis fimbriata*），引起多种作物黑粉病的黑粉菌（*Ustilago* spp.）和多种作物锈病的锈菌等都是真菌。引起植物流行病的病原细菌目前已知的有 5 属、40 多个种、近 200 多个致病变种/型（pathovar），如水稻白叶枯病、棉花角斑病、花生和烟草等的青枯病、甘薯瘟、马铃薯黑胫病和环腐病等都属于细菌引起的植物流行病。引起植物流行病的病毒，到目前为止已发现 700 多种。植物病毒引起的病害数量和危害性仅次于真菌，大田作物、果树、蔬菜、花卉上都有病毒病害，如水稻黄矮病、普矮病、条纹叶枯病；小麦土传花叶病、黄矮病；大豆花叶病；油菜病毒病；番茄病毒病；烟草花叶病等。除以上病原微生物外，线虫和寄生性种子植物也可以引起植物流行病。例如，线虫可以引起小麦粒线虫病、水稻潜根线虫病和根结线虫病等；寄生性种子植物菟丝子（*Cuscuta chinensis*）可以寄生于植物的茎部，导致被害植物发育不良，甚至萎黄枯死。

病原生物侵染植物导致植物生病后，植物一般会表现出一定的病状（见知识扩展 4-10）。症状类型主要有以下几类：①变色，植物受害后局部或全株失去正常的绿色。②斑点，植物的细胞和组织受到破坏而死亡，形成各式各样的病斑。③腐烂，植物的组织细胞受病原生物的破坏和分解可发生腐烂，如根腐、茎基腐、穗腐、块茎和块根腐烂等。④萎蔫，植物的茎或根部的维管束受病原菌侵害，大量菌体堵塞导管或产生毒素，影响水分运输，引起叶片枯黄、凋萎，造成黄萎、枯萎，甚至死亡。⑤畸形，植物受害后，可以发生增生性病变，产生肿瘤、丛枝、发根等；也可以发生抑制性病变，使植株或器官矮缩、皱缩等；植物病部组织发育不均衡，可呈现畸形、卷叶等。病原生物侵染植物后，植物除表现出一定的病状外，还会表现出一定的病症，如在植物的发病部位上，往往伴随出现各种颜色和形状不同的霉状物、粉状物、脓状物、颗粒状物、菌核、小黑点、线虫等。这些都是病原菌在病部表面所为，是植物侵染性病害的标志之一。

植物流行病是危害农业生产和生态环境的自然灾害之一，严重时能造成以下损失：①农作物大幅度减产并使农产品品质变劣，如水稻稻瘟病和小麦赤霉病。②带有危险性病害的农产品不能出口，影响外贸。③人畜食用带病的农产品可能引起中毒，如小麦赤霉病、稻曲病。④运输、贮藏中易发生腐烂，影响和限制了产品的流通及供应，如蔬菜、水果。⑤使高产的品种被淘汰。例如，因对赤霉病、白粉病等病害抗性差，导致历史上的一些小麦高产品种被淘汰。

植物大规模流行病的危害不亚于人类大规模流行病的危害。例如，爱尔兰发生过毁灭性的马铃薯晚疫病，造成严重的饥荒；1943 年，孟加拉国水稻发生了胡麻叶斑病，饿死的灾民超过 200 万；1950 年，我国小麦条锈病大流行，损失粮食 60 亿 kg；1970 年，美国玉米小斑病大流行，损失玉米产值约 10 亿美元，损失产量 165 亿 kg；2011～2018 年，小麦赤霉病在我国平均发生面积为 454.47 万 hm^2，其中 2012 年达 994.91 万 hm^2，2015 年、2016 年和 2018 年发生面积均超过 610 万 hm^2。

三、风险防范及控制

（一）人类流行病防范的方法和措施

1. 坚持“预防为主”的原则

流行病波及面广，危害巨大，一旦流行则损失惨重，因此应坚持“预防为主”的原则。“预防为主”是我国历来坚持的卫生工作方针，是广大人民同疾病长期斗争的宝贵经验。在“预防为主”方针的指引下，全国范围内开展的除害灭病爱国卫生运动，使城乡卫生面貌发生了根本性变化。天花、鼠疫、霍乱等烈性传染病已基本消灭，一般传染病、地方病、寄生虫病的发病率和死亡率也有了较大幅度的下降，我国人口平均寿命也由新中国成立前的 35 岁提高到现在的 70 多岁。

2. 完善防疫相关的法律和法规

完善动物保健和疫病防控相关的法律、法规、规章和条例建设，以规范传染病的防治。人类要保护自己不受人兽共患病的侵害，就必须减少和控制动物疫病的发生。推进健康养殖，维护动物福利，善待动物安全，从源头上防止疫病的发生。政府通过完善疫情防控相关立法，加强配套制度建设，完善处罚程序，强化公共安全保障，构建系统完备、科学规范和运行有效的疫情防控法律体系，从而提高应对突发重大疫情的防控能力和水平。

3. 加强流行病学调查和监测

开展流行病学及分子流行病学的调查、监测，对实施有效的防疫方法有重要的意义。从流行病学角度来看，传染病能形成流行主要是通过传染源、传播途径和易感人群这三个基本环节实现的。因此，防治传染病的关键是早发现、早报告、早隔离、早治疗。加强对流行病的流行病学调查和监测，做到早发现是打好主动防疫仗、战胜流行病的基础。

4. 加强疫苗和药物研发

接种疫苗是预防和控制传染病最经济、有效的公共卫生干预措施，对于家庭而言也是减少疾病发生、减少医疗费用的有效手段。通过对易感人群接种疫苗，一是可以在人群中建立起免疫屏障，有效阻断流行病的传播蔓延；二是接种疫苗的个体可以获得对病原菌的免疫力，避免罹患该类传染病。疫苗一般有以下 6 类：①弱毒疫苗。弱毒疫苗是一种病原致病力减弱但仍具有活力的完整病原疫苗，也就是用人工致弱或自然筛选的弱毒株，经培养后制备的疫苗。市场上应用的活疫苗大多为弱毒疫苗。常见的弱毒疫苗有麻疹、风疹及卡介苗（BCG 疫苗）等。②灭活疫苗。灭活疫苗是将病原微生物及其代谢产物，利用理化方法处理，使其丧失感染性或毒性而保留免疫原性的一类生物制剂，可分为灭活的细菌疫苗和灭活的病毒疫苗。常见的灭活性疫苗有流感疫苗、日本脑炎疫苗等。③重组蛋白疫苗。重组蛋白疫苗是采用基因工程技术，将病毒基因序列中最有效的抗原成分剪切下来，插入酵母菌或哺乳动物的细胞中，与宿主细胞的基因进行重组。然后经过体外培养诱导表达出抗原蛋白，再经提纯并添加佐剂而制成的疫苗。常见的重组蛋白疫苗有 B 型肝炎、破伤风及百日咳疫苗等。④病毒样颗粒疫苗。病毒样颗粒又称为“伪病毒”，通过技术手段，只合成病毒的一个或者多个结构蛋白的空心颗粒，不含病毒核酸。通俗一点来说，就是模仿病毒的外形，其特点和重组蛋白疫苗类似，目的也是让人体识别此类病毒，并产生抗体。常见的人乳头瘤病毒（human papilloma virus）疫苗（HPV 疫苗）就属于此类疫苗。⑤核酸疫苗。核酸疫苗是指将含有编码某种抗原蛋白基因（DNA 或 RNA）序列的质粒载体作为疫苗，直接导入动物细胞内，通过宿主细胞的表达系统合成抗原蛋白，诱导宿主产生对该抗原蛋白的免疫应答，以达到预防和治疗疾病的目的，如莫德纳和辉瑞公司生产的新型冠状病毒 mRNA 疫苗等。⑥病毒载体疫苗。病毒载体疫苗是将外源基因插入病毒基因组以构建重组病毒，免疫机体后在体内表达相应蛋白并诱导特异性免疫应答的一类疫苗，如康希诺和阿斯利康等公司生产的新型冠状病毒腺病毒载体疫苗。

2019 年 12 月新型冠状病毒肺炎疫情发生以来，至今还没有开发出针对新型冠状病毒的有效药物，接种疫苗仍是有效预防和控制新型冠状病毒肺炎疫情的重要手段。最早被 WHO 批准紧急使用的新型冠状病毒疫苗有辉瑞、莫德纳、阿斯利康和强生疫苗，2021 年 7 月，由中国国药集团和北京科兴生物制品有限公司研发的两款疫苗也得到 WHO 的紧急使用认证。莫德纳和辉瑞公司使用的是核酸疫苗，将合成生产的具有新型冠状病毒刺突蛋白信息的 mRNA 包裹在脂肪涂层中。当疫苗注射到手臂肌肉时，mRNA 就会被注入细胞中，然后它会被翻译成蛋白质（刺突蛋白）来诱导机体产生抗体。强生公司和阿斯利康公司使用的是重组病毒载体疫苗，这是用一种无害的感冒病毒（如腺病毒）作为载体，再连接刺突蛋白合成所需的基因片段，向受试者体内细胞提供制造冠状病毒刺突蛋白的指令。中国的两款疫苗均为灭活疫苗，储存和使用简单。灭活病毒仍具有抗原性，但不具有致病作用。注射疫苗之后，如果感染了病毒，就会引发机体的免疫反应，起到保护作用。

从历史经验来看，疫苗的应用成功消灭了天花（见知识扩展4-11），显著降低了脊髓灰质炎、麻疹、百日咳等多种传染病的发病率和死亡率。进入21世纪以来，虽然不断研发出行之有效的新型疫苗，但仍有一些重要传染病疫苗的研发面临巨大的挑战，如HIV、疟疾、登革热等，也有不少传染病疫苗仍需改进，如结核、流感、轮状和新型冠状病毒等，还有不少新发突发传染病疫苗亟待研发，如多价手足口病疫苗等，人类仍然需要付出不懈的努力。

除免疫接种外，药物是帮助人体自然防御系统击溃传染病的重要手段。1928年，英国微生物学家弗莱明首先发现了青霉素，随后科学家又陆续发现了近万种抗生素，使人类结束了传染病几乎无法治疗的时代。在抗生素得到广泛应用以后，病毒性传染病上升为所有流行病中最难防控的一类。几十年来，全球研发的优质新药不胜枚举，但能有效治疗病毒性传染病的新药，却少之又少。近30年获批的抗病毒药物中，艾滋病药物数量最多，其次是丙型肝炎病毒（HCV）和乙型肝炎病毒（HBV）药物，另外还有治疗流感和巨细胞病毒（CMV）的药物获批。2019年12月暴发的新型冠状病毒肺炎疫情使我们深刻意识到抗病毒药物研发的重要性，只有长期扎实地做好抗病毒药物研发，才有可能在疫情突发时拿出有效的抗病毒治疗方案。

（二）动物流行病防范的方法和措施

人类在长期与动物流行病做斗争的过程中，世界各国在控制和消灭动物传染病方面总结出了一些重要经验。例如，严格执行兽医法规；制订长期的防疫规划以消灭危害严重的传染病；采取以检疫、诊断为主，疫苗注射为辅，坚持扑杀病畜（包括与病畜接触过的同群动物）和由政府给予经济补贴的政策。以美国为例，通过检疫，就地隔离病畜防止疫病扩散，是美国农业部严格执行的防疫手段。由于对检疫工作的高度重视，在技术上有一套先进的检疫手段，能准确地检出急性和隐性的感染病例，大大减少了境外或域外疫病的入侵。

动物传染病流行的时候，要及时控制传染源、切断传播途径、保护易感动物，以控制传染病的流行：①控制传染源。不少传染病在开始发病以前就已经具有了传染性，当发病初期表现出传染病症状的时候，传染性最强。因此，对传染病畜要尽可能做到早发现、早诊断、早报告、早治疗、早隔离，防止传染病蔓延。患传染病的动物也是传染源，要及时处理。这是预防传染病的第一项重要措施。②切断传播途径。切断传播途径的方法，主要是加强动物饲养和环境卫生的管理。消灭传播传染病的媒介生物，加强饲养环境、圈舍、运输工具的消毒工作等，可以使病原体丧失感染健康动物的机会。③保护易感动物。在动物传染病流行期间应该注意保护易感动物，不要让易感动物与传染源接触，对健康动物进行强制预防接种，提高易感动物的机体免疫力，是预防动物传染病的首要措施。

（三）植物流行病防范的方法和措施

大多数植物流行病无法彻底消灭，只能控制其发生发展，使其危害减小到最低限度。有些植物流行病在当地可以彻底被消灭，如用药剂处理种子就可以将小麦腥黑穗病彻底消灭。我国的植保方针是“预防为主，综合防治”。

1. 实行植物检疫

植物检疫又称为法规防治，其目的是利用立法和行政措施防止或延缓有害生物的人为传播。植物检疫是贯彻“预防为主，综合防治”植保方针的一项重要措施。其目的是杜绝危险性病原物的输入和输出。当某些危险性病原物被传入原来无此病害的地方时，就可能对当地的农业生产造成破坏。例如，20 世纪 60 年代烟草霜霉病在法国被发现后，两年内就传遍了欧洲，3 年后在亚洲和非洲造成了几十万吨干烟草的损失；引起甘薯黑斑病、棉花枯萎病等的病原菌，在新中国成立前分别从日本和美国传入我国后，由于对带病（菌）种苗的调运管理不严，最后发展成为在我国很多地区普遍发生的病害。因此，为了保证农业生产，实行国内外检疫，禁止危险性病原物的传播是十分必要的。

2. 选育和利用抗病品种

选育和利用抗病品种来防治植物流行病，是最经济有效的措施。人类利用抗病品种控制了大范围毁灭性病害病的流行。我国小麦的主要病害秆锈病、条锈病、腥黑穗病和秆黑粉病，玉米的主要病害大斑病、小斑病和丝黑穗病及马铃薯的晚疫病等主要依靠大面积应用抗病品种而得到全面控制。对于许多难以运用农业措施和农药防治的植物流行病，特别是土传病害和病毒性病害，选育和利用抗病品种几乎是目前唯一可行的防治措施。在利用抗病品种的同时，采取综合防治措施，可以提高抗病品种的利用效果。例如，防治马铃薯晚疫病，可利用田间抗性再加上喷药保护；防治棉花枯萎病，可利用抗病品种再加上轮作。

3. 加强栽培管理

作物的栽培管理，与植物病害的消长有密切关系。栽培管理通过协调温度、湿度、光照和气体组成等农业生态系统中的各因素，创造出有利于作物生长发育而不利于病害发生发展的环境条件。栽培管理控制植物流行病的基本原理主要有以下几个方面：消灭越冬病菌源，减少初侵染源；改变田间小气候，形成不利于病菌侵染的条件；增强寄主的抗病能力；改变土壤条件，促进土壤中拮抗微生物的活动，抑制病原体的生长；使寄主在时间上或空间上产生避病作用。

4. 化学防治

利用化学药剂来防治植物流行病，具有见效快、防治效果好、使用简单方便和经济效益高等优点，是植物病害综合防治中的一项重要措施，但也具有易引起环境污染、影响人畜安全、长期使用引起病原体产生抗药性等缺点。为了充分发挥化学防治的优点，尽可能减轻其不良作用，应恰当地选择化学药剂的种类和剂型，采用适宜的施药方法，合理地使用化学药剂。防治植物病害常用的化学药剂有杀菌剂和杀线虫剂。杀菌剂是对真菌或细菌有抑菌、杀菌或钝化其有毒代谢产物等作用的化学药剂，杀线虫剂是针对线虫有杀灭或抑制作用的化学药剂。杀菌剂按照作用方式可分为保护性、治疗性和铲除性杀菌剂。保护性杀菌剂，如波尔多液，在病原菌侵入前施用，可保护植物，阻止病原菌侵入；治疗性杀菌剂通过进入植物组织内部，抑制或杀死已经侵入的病原菌，使植物病情减轻或恢复健康；铲除性杀菌剂对病原菌有强烈的杀伤作用，但由于能引起严重的植物药害，常在休眠期使用，可通过直接触杀、熏蒸或渗透植物表皮而发挥作用。

5. 物理防治

物理防治是指利用物理的方法，如机械、热力、冷冻、干燥、电磁波、核辐射、激光等手段淘汰、抑制、钝化或杀死病原体来防治植物病害。例如，淘汰带病种子和混杂在种子间的病株残体及病原体的休眠体。油菜菌核病菌、小麦线虫的虫瘿、小麦腥黑穗病菌的菌瘿、菟丝子的种子等，在播种前就应该通过机械筛选的方法把它们去除掉。另外，利用高温火焰消灭地头田边和作物行间长出的杂草及其种子、田面和土壤浅层中的病菌孢子、越冬害虫及杂草种子，以及减少传毒昆虫的潜藏场所，从而减少病毒和病菌的来源。

6. 生物防治

生物防治是利用天敌、有益生物及其代谢产物控制植物病害、虫害和农田杂草的技术与方法。在植物病害生物防治方面，目前主要是利用有益微生物和微生物代谢产物对农作物病害进行有效的防治，其主要原理是利用有益微生物对病原物的各种不利作用来减少病原体数量和削弱其致病性，或诱导和增强植物抗病性以达到防治植物病害的目的。目前，用于病害生物防治的生防菌和生防物质有很多，如拮抗微生物、抗生素和植物诱导子等。在生产上广泛应用的真菌有木霉（*Trichoderma* spp.）、毛壳菌（*Chaetomium* spp.）、淡紫拟青霉（*Paecilomyces lilacinus*）、厚垣轮枝孢菌（*Verticillium chlamydosporium*）、酵母菌及菌根真菌等；细菌主要有芽孢杆菌（*Bacillus* spp.）、假单胞菌（*Pseudomonas* spp.）等促进植物生长菌和巴氏杆菌（*Pasteurella* spp.）等；放线菌主要有链霉菌（*Streptomyces* spp.）及其变种；其他还包括病毒的弱毒株系，病原菌无致病力的突变菌株等。除微生物外，利用植物免疫诱导药物如壳寡糖和微生物蛋白激发子等控制植物流行病也取得了一定进展。

在虫害生物防治方面，目前主要是通过捕食性、寄生性天敌昆虫及捕食螨控制农作物害虫、害螨，使其种群密度保持在较低水平，以减少虫害。例如，农业上可以用赤眼蜂防治玉米螟（*Pyrausta nubilalis*），用孟氏隐唇瓢虫（*Cryptolaemus montrouzieri*）防治吹绵蚧（*Icerya purchasi*），用花角蚜小蜂（*Coccobius azumai*）防治松突圆蚧（*Hemiberlesia pitysophila*）等。另外，利用苏云金芽孢杆菌（*Bacillus thuringiensis*）、白僵菌（*Beauveria* spp.）、棉铃虫核多角体病毒（*Heliothis armigera* NPV，HaNPV）等微生物防治害虫也取得了良好的成效。

在杂草生物防治方面，也有许多成功的例子。例如，我国开发的微生物除草剂“鲁保 1 号”“F798”已在山东、新疆等省份得到了广泛应用，除草效果可达 80%以上；在利用虱甲虫防治水花生、空心莲子草叶甲防治空心莲子草、五倍子蜂防治相思叶等生物取食控草方面也取得了阶段性进展。

生物防治的优点是对人畜安全，不污染环境，不易产生抗药性。其缺点是防治效果慢，成本较高；防治对象窄，很难商品化；残效期短，受环境影响较大。

第二节　生物恐怖和生物战的形成与发展概况

生物恐怖（bioterrorism）是指故意使用致病性微生物、生物毒素等实施袭击，损害人类或者动植物健康，引起社会恐慌及达到特定政治目的的行为。可用的致病性微生物，如某些病毒、细菌、真菌、原生动物等，既包括可在人、动物或植物中造成传染的病原体，也包括人兽共患病病原体。生物恐怖因具有隐蔽性、突发性、袭击途径和防范对象难以确定、不易预防控制等特点而受到恐怖分子的青睐，在多数情况下，生物恐怖是针对特定目标实施的恐怖袭击。生物恐怖已成为当今国际社会所面临的重大安全隐患。

生物战（biological warfare）是一种作战形式，指利用生物武器（biological weapon）伤害敌方的人、畜或毁坏其农作物。通过施放生物战剂，造成敌方军队及其后方地区传染病流行，大面积农作物坏死，从而削弱对方的战斗力。在 20 世纪的生物战中因所用生物武器主要是细菌制剂，故生物战旧称为细菌战。生物战与生物恐怖没有本质上的区别，使用的都是生物武器，在战场上使用生物武器就称为生物战，在恐怖活动中使用生物武器就称为生物恐怖，二者只是使用场合和目的不同而已。生物暴力（biological violence）是指故意应用有破坏力的生物手段对人及与人类活动密切相关的动物或植物发动袭击的行为。显然，生物恐怖与生物战都属于生物暴力的范畴，随着现代战争形式和手段的发展变化，它们之间的界限愈来愈模糊。生物恐怖与生物战袭击不仅会造成目标区域人员伤亡和经济损失，而且会造成人心恐慌和社会动荡，对社会发展和国家安全产生巨大的负面影响，也被称作软毁伤［见本章第三节一、中的（一）］。值得注意的是，由生物暴力对人类社会带来的软毁伤在恐怖活动或生物战结束之后仍将延续较长的时间。

1991 年，联合国安理会第 687 号决议第一次将核武器、生物武器和化学武器并称为大规模杀伤性武器。大规模杀伤性武器不具备实用性，因为一旦使用就意味着对方也将以类似武器回击，伤害规模之大足以摧毁整个人类文明。

一、生物恐怖和生物战的发展

生物武器（或生物化学武器）的使用可以追溯到史前的原始部落，古人在箭头或标枪上涂抹从植物或动物中提取的毒素用以捕猎或毒杀敌人，这在一定程度上可提高猎杀动物的效率或者增加战胜敌方的机会。冷兵器时代通过投毒的方式使敌方人员战马致病，有助于获取战争的胜利，但这些原始的生物武器对较大规模战争的胜负结局影响有限。在热兵器时代通过多种病原体制剂的使用，可以将战场甚至敌后方都变成疫区，从而以极低的战争成本实现战争的目的，但是国际社会对生物战的道德评判始终持否定态度。为便于介绍，这里先介绍几个相关的术语。

生物武器是指用烈性病原生物体或生物毒素杀伤有生力量或破坏动植物生长的各种武器的总称，属于大规模杀伤性武器。其核心就是上面提到的具有感染性的病原体或其各种形式的生物制剂（biological agent），它是构成生物武器杀伤力的物质基础和决定因素。需要指出的是，生物制剂通常是指特定的生物体或其产物的制品，这些产品大多对人类有益，可以满足人们正常生活及治疗和保健的需求。但这里是特指那些用于破坏性活动的生物体及其制品。为与通常理解的生物制剂进行区分，通常将用于生物恐怖活动（或战争）中对人类社会或生态环境有害的病原生物体及其制剂（属于生物制剂）专门称为生物剂。

与生物剂这一术语有密切关联的术语是生物战剂（biological warfare agent），它是指能够满足军事目的与使用技术要求，在战争中用以大量杀伤人、畜和大面积破坏农作物的致病微生物及其他生物毒素类物质的总称。可以简单理解为，将生物剂用于战争目的即生物战剂。

生物武器由生物剂（生物战剂）、施放装置及运载工具三部分组成，其核心是具有繁殖和杀伤破坏作用的生物（战）剂，而有效的施放装置及运载工具可以提高其破坏效率和杀伤范围。目前报道的施放装置有气溶胶发生器（生物战剂分散成为有活性的气溶胶）和昆虫布撒器（把生物战剂布撒在预先培养的特定昆虫体表）等。把生物战剂通过运载工具运送到目标区的容器也是施放装置，包括特制的炮弹、航空炸弹、火箭弹、导弹弹头、航空布撒器和喷雾器等；运载工具包括火炮、飞机、汽车和导弹等。生物武器的核心是指能繁殖的病原生物体，它们能侵入人体并快速繁殖，导致人体病痛甚至死亡，这点和化学武器有显著不同。化学武器是不能繁殖的有毒化合物（如氯气、光气、双光气、氯化苦、二苯氯胂、氢氰酸、芥子气等），需要与人的皮肤接触或被吸入身体后才会致命。由于化学武器不能以传染的方式在人群中扩散，因此生物武器比化学武器更为可怕。

本书将人类历史上的生物恐怖和生物战的发生与发展大致划分为以下 4 个阶段。

(一)原始发展阶段

古代先民以生物毒素投毒或在战场上使用带毒刀剑和死于瘟疫的尸体，由于这个阶段的人们几乎没有微生物学知识，可大致将这个阶段限定在安东尼·列文虎克（Antony van Leeuwenhoek，荷兰显微镜学家、微生物学的开拓者）发明显微镜观察到微生物（17 世纪中叶，约 1675 年）之前的时期。处于原始发展阶段的生物剂大多是有毒的植物种子、有毒的动植物提取物或病死的动物或人的尸体，其制作和施放方法原始且简单，影响范围小。

毒箭是最早出现的生物武器，汉族人、印第安人、美洲和非洲土著人等都有使用毒箭参与狩猎或战争的历史。与毒箭相比，在这一阶段还有人利用有毒植物污染的水源进行生物战。公元前 600 年，亚述人用黑麦麦角菌来污染敌人的水源，并轻松取得了战争的胜利，这是有记载的较早使用大规模生物武器的实例（见知识扩展 4-12）。

在战场上最早（公元前 1325 年）使用具有传染性的病死动物尸体的战例可能是赫梯王国攻打腓尼基城市士麦拿（今土耳其伊兹密尔一带），他们将感染了兔热病的羊投入敌方城市，使敌方人员染上致命的“赫梯瘟疫”，从而获取了战斗的胜利。

在人类历史上，类似的战争手段先后曾被多个民族和族群使用。例如，14 世纪的蒙古大军为攻克克里尼亚半岛的卡法城，将感染瘟疫的士兵尸体投入卡法城内，导致黑死病在城内蔓延，尸横遍野。这种方法虽然原始且丑陋，但确实有效，有时候能以较小的代价取得令人吃惊的效果，以至于到了 18 世纪甚至 20 世纪仍有使用。1710 年，在俄国与瑞典的战争中，俄国军队利用死于瘟疫的尸体造成瑞典军队暴发传染病。1763 年，北美洲爆发了英法殖民战争，当时正在俄亥俄地区进攻印第安部落的一位英国上校亨利·博克特，把从医院拿来的天花患者用过的毯子和手帕作为礼物送给两位敌对的印第安部落首领。几个月后，天花便在俄亥俄地区的印第安部落中流行起来，对印第安人造成了致命打击。

总体来说，生物武器的原始发展阶段虽盛行将毒素和有毒植物用于战争，但此时的生物战尚处于辅助和次要地位，效率低，规模小。

(二)以使用病原细菌为特征的生物战

该阶段从单细胞微生物的发现到 1918 年第一次世界大战结束，历经大约 250 年。在此阶段，微生物学已经得到初步的发展，当时的研究人员已经对几种人畜共患的致病细菌，如炭疽杆菌、鼠疫杆菌、马鼻疽杆菌等的大规模生产和病理机制等有较深入的认识。虽然该阶段的生产规模小，施放方法简单，污染范围小，但研制者突出传染性，不断扩大攻击对象，为生物战剂的大规模使用奠定了基础。主要研制者集中在当时细菌学和工业发展水平较高的德国。

19 世纪下半叶，德国微生物学家科赫（Robert Koch，1843～1910 年）首次采用固体培养基将纯种细菌从患者排泄物中分离出来，大大促进了对各种病原细菌的纯培养研究。随着对细菌染色方法和动物接种感染实验的不断进步，多种传染病病原体被发现和分离纯化。在第一次世界大战期间（1914 年 7 月～1918 年 11 月），德国派遣间谍或特务撒播生物剂，如用马鼻疽棒状杆菌（*Corynebacterium mallei*）袭击协约国军队及战马，导致协约国几千头牲畜感染。1917 年 2 月，德国飞机曾在罗马尼亚的布加勒斯特上空撒下污染了细菌战剂的水果、巧克力和玩具。同年，德国间谍还在美索不达米亚（Mesopotamia）利用鼻疽伯克霍尔德氏菌（*Burkholderia mallei*）感染了 4500 头骡子，大大削弱了敌方部队的战斗力。此外，德国还在法国用生物剂感染法国骑兵的马匹，并故意将已经感染了炭疽芽孢杆菌（*Bacillus anthracis*）和鼻疽伯克霍尔德氏菌的阿根廷家畜出口到盟军，结果在 1917～1918 年引起数百匹骡子死亡。

采用生物武器攻击敌方国家牲畜的行为遭到世界各国人民的强烈反对，1925 年 6 月 17 日国际联盟在日内瓦召开的“管制武器、军火和战争工具国际贸易会议”，美国、英国、法国、德国、日本等 37 个国家签署了《禁止在战争中使用窒息性、毒性或其他气体和细菌作战方法的议定书》（简称《日内瓦议定书》）。这是第一个明确提出禁止生物武器的国际条约，1928 年 2 月 8 日起生效，并无限期有效。截至 1993 年，批准或加入该议定书的共 140 个国家和地区。我国政府于 1952 年 7 月 13 日声明，承认“中华民国”政府于 1929 年 8 月 7 日加入的《日内瓦议定书》，并指出，该议定书有利于国际和平与安全，符合人道主义原则，中国将在“互相遵守的原则下，予以严格执行”。

（三）以依托发酵工程技术生产和先进运载装置投放为特征的生物战

该阶段始于第一次世界大战后至 20 世纪 70 年代，在此期间（20 世纪 20～70 年代）发生了第二次世界大战。这个阶段的特点是生物战剂种类增多、生产规模扩大，主要施放方式是用飞机布撒带有生物战剂的媒介物，扩大攻击的范围。这一时期也是历史上使用生物武器最多的年代，主要研制者先是德国和日本，后来是英国和美国。种类繁多的细菌战剂、病毒战剂在此阶段被投入实战，人员、动植物都可成为攻击目标，参战人员开始配备防毒面具、防毒衣、防毒手套等防疫装备。生物战剂的施放方法以媒介昆虫携带和气溶胶布撒为主。运载工具除常规方式外，还包括飞机和特制的火箭弹及导弹弹头等，攻击范围和污染面积大大增加。

气溶胶是指悬浮在气体介质中的固态或液态颗粒所组成的气态分散系统。气溶胶具有胶体性质，可悬浮在大气中长达数月之久。植物花粉、木材及烟草的燃烧等都可以产生气溶胶，此外锅炉和发动机燃烧形成的烟，采矿、采石及其加工过程，以及粮食加工所形成的固体粉尘等都能形成气溶胶。利用微生物气溶胶发动恐怖袭击，即指含有致病作用的病毒、细菌、真菌及它们副产物的气溶胶，通过空气传播，导致大规模传染病发生。由于微生物气溶胶可因风向、风速而飘离其始发地区，甚至可扩散至原发地下风向的数公里处，故而危害范围大，且不易被察觉。

1933～1945 年，日本侵略者在中国哈尔滨附近建立了生物武器研究、试验和生产基地（1941 年命名为第 731 部队），惨无人道地用中国人、朝鲜人和联军战俘进行生物武器与化学武器的效果实验，建立起生物武器生产线，仅在 1939～1942 年就生产炭疽杆菌等生物战剂达到 10 余吨。通过飞机喷雾和人工散布等方式对中国军民进行惨无人道的细菌战。例如，1940 年，日本用飞机在我国东北播撒感染了淋巴肺鼠疫的虱子和谷粒，当地老鼠在吃了这些谷粒的同时也感染了淋巴肺鼠疫，随后，感染了病菌的老鼠又将病菌传染给虱子，虱子又将其传给当地的居民，从而造成了淋巴肺鼠疫的大流行。执掌“731 部队”的石井四郎在 1942 年被派往山西任职期间，曾通过培训班、经验交流会和登台授课等多种方式进行“业务技能”培训，以提高日军对细菌战的认识和使用技能。日军在山西用细菌战配合“扫荡”和“围剿”的方法主要有：向日常生活用具、粮食、食器、水井或附近河流中涂抹、投放，暗中向村落中施放注射过病菌的疫鼠等（见知识扩展 4-13）。

20 世纪 40～60 年代，美国开展了进攻性生物武器研究计划。20 世纪 50 年代，美军在朝鲜和中国东北使用过生物武器。在 1952 年 1 月的朝鲜战场上，美军飞机陆续在作战地域投放大量的苍蝇、跳蚤和蜘蛛等昆虫，这些昆虫均带有霍乱、伤寒、鼠疫、回归热等病菌或病毒，除了参战的中朝军人，当地老百姓也大量感染。据报道，朝鲜安州郡一个 600 人的村子，有 50 人被传染患鼠疫，其中 36 人死亡。此外，朝鲜战争期间，美国还开发使用了针对农作物的生物武器（见知识扩展4-14）。

20世纪60年代是美国攻击性生物武器研究的快速发展时期，可以大规模进行细菌、病毒、立克次体培养，以及它们的代谢产物（毒素）的提取、纯化和浓缩。现代生物技术的发展使液态和固态制剂的稳定性得以保证，并发展出多种多样的生物武器。1969年，美国总统尼克松宣布放弃生产、研制和使用进攻性生物武器，只对生化武器防御性措施进行研究。

此外，苏联、英国、德国等也在研制生物武器及其防护措施，在研制过程中发生过多次事故。例如，1971年，苏联阿拉尔斯克市（Aralsk）（现隶属哈萨克斯坦）发生了一次不同寻常的天花暴发事件。依据所披露的相关信息，这次天花事件极可能是由复兴（Vozrozhdeniye）岛生物战剂试验场进行生物武器试验所造成的扩散。

1971年12月，第26届联合国大会讨论通过了《禁止发展、生产、储存细菌（生物）及毒素武器和销毁此种武器公约》（简称《禁止生物武器公约》），但生物武器对人类的威胁并没有因为该公约的制定而消除。

（四）以基因操作技术为基础的“基因武器”时代

该阶段始于20世纪70年代中期至今。这一阶段的特征是：生物战技术空前发展，新的生物剂不断涌现，人们对生物战剂的生产、运输、投放等越来越熟练，生物武器攻击具有靶标针对性，如重组基因工程和基因编辑技术的发展，能对原本不同物种的病菌病毒基因加以编辑，改造出生存力强、传播范围广、毒性高、针对性强的生物武器。例如，在流行性感冒病毒基因中整合高毒性蛋白基因和抗逆性基因，使之能同时拥有流感的传播能力、强大的致病致死能力和对药物的超强抗性，把原本普通毒性的病毒改造成为更加危险的“超级病毒”（supervirus或superbug）。随着现代基因编辑技术的快速发展，更具有针对性的某些基因武器（gene weapon）可能会加速出现。早在2003年，美军就提出在分子水平针对特定人种生物系统设计出了人造病原体。在可以预见的未来，精准生物攻击不仅将成为未来生物战的一种战术行动模式，也可能会成为某些军事强国重要的国家战略手段。

基因武器是一种新兴的生物武器，也称为遗传工程武器或DNA武器，它是通过基因重组或基因编辑技术而制造出的新型生物武器。根据不同的作用机制，基因武器可大致分为三类，即致病或抗药微生物（pathogenic microorganism或resistant microorganism）、攻击人类的转基因动物（transgenic animal）及种族基因武器（racial genetic weapon）（参见本节第二部分的“生物剂或生物战剂的主要类型与发展趋势”）。

尽管这一阶段的突出特征是“基因武器”，但已引起国际社会的广泛担忧，由于研制和使用这样的生物武器是反人类行为，必将受到全人类的谴责和唾弃，因此没有哪个国家敢于公然违反《禁止生物武器公约》，但不能否认有些国家或组织的实验室可能正悄悄地开展相关研究。据报道，美国在包括中东、非洲、东南亚及苏联的25个国家和地区设有多个生物实验室，仅在乌克兰就设立了16个生物实验室，其中有些实验室所在地曾经暴发过大规模的传染病。美国不仅在这些国家部署生物实验室，其从事的研究内容也不透明，这与国际社会和国际组织准则背道而驰。我国外交部发言人赵立坚在2020年10月21日的一场外交部例行记者会上强调，美方应该本着公开、透明、负责任的态度，正视国际社会关切，切实履行《禁止生物武器公约》的义务，对美国境外生物军事化活动作出全面澄清，并停止独家阻挡核查议定书的谈判（见知识扩展4-15）。

生物战是国际社会所共同反对的，不过，保留生物武器的研发和制造能力，仍然是很多国家的选择，毕竟即使自己不用，也应该保有这方面的反击能力和防御能力，以备不测。天使与恶魔往往是一念之差，先进生物技术的发展，特别是DNA重组技术的广泛应用，为研制新一代生物武器特别是基因武器和超级毒性物质提供了技术基础，这一直是国际社会广泛关注和高度担忧的事实。从近几十年发生的生物恐怖袭击案件来看，大多数生物恐怖袭击仍然采用传统的生物剂。但也出现了一些新型剧毒生物剂，难以查出其化学组成和被攻击者的死因。例如，多种具有高毒性特征的生物毒素和一些人工合成的生物活性肽也有可能发展成为新的生物战剂或生物化学战剂（biochemical warfare agent），它们是指一些具有强毒性特征的生物化学物质，如小分子质量的生物毒素、蛋白质和肽类生物调节剂等。虽然这种战剂不具备繁殖能力和传染性，但其毒性高于现有化学战剂的100～1000倍，且难于检测和核查，有可能成为未来生物战剂的重要组成部分。因此，充分了解和认识生物恐怖的现实威胁对保护国家的生物安全及维护世界和平有重要意义（见知识扩展4-16）。

二、生物剂或生物战剂的主要类型与发展趋势

按照生物剂的形态和分类划分，习惯上将常规使用的生物战剂分为7种类型，包括细菌、立克次体、衣原体、病毒、真菌、原生生物和毒素类。在美国政府制定的《反生物恐怖计划指南》中，将可能用于生物恐怖的生物病原体分为A、B和C三类。A类：对国家和公众安全可能造成威胁的重点病原体，如天花病毒、炭疽杆菌、鼠疫杆菌、肉毒毒素、出血热病毒等。B类：较易扩散，可造成中度发病率和较低死亡率的病原体，如霍乱弧菌、大肠杆菌、沙门氏菌、痢疾志贺氏菌、马脑炎病毒等。C类：新发现、未来可以被设计用于大量传播并造成高发病率、死亡率，严重影响公众健康的病原体，如黄热病毒、多重耐药结核杆菌、蜱传脑炎病毒、蜱传出血热病毒等。根据以往发生的生物恐怖事件和生物战的特点，常规使用的多为A类生物战剂，未来可能使用的生物战剂谱将会更加广泛。

综合现有资料，生物剂或生物战剂的主要类型及关键指标见表4-3。

表4-3　生物剂或生物战剂的主要类型及关键指标

类别划分标准	类型	关键指标	举例
根据生物剂的形态和分类划分	细菌类	能伤害人、畜或毁坏农作物的致病性细菌。这一群微生物数量很多，容易大量生产	如炭疽芽孢杆菌、鼠疫耶尔森氏菌、霍乱弧菌、布鲁氏菌等
	立克次体类	介于细菌和病毒之间，专性活细胞内寄生的原核微生物，能导致斑疹伤寒、战壕热等流行疾病的特殊病原体	如Q热立克次体、普氏立克次体、莫氏立克次体等
	衣原体类	是一类能通过细菌滤器，严格细胞内寄生，有独特发育周期的原核微生物	主要有鹦鹉热衣原体
	病毒类	需要在活细胞中复制的生物体，密切依赖于寄主细胞。抗生素对其无效	如天花病毒、埃博拉病毒、SARS冠状病毒等
	真菌类	包括一些丝状真菌和酵母菌，目前已发现几十种对人有致病作用，按其发病部位可分为浅部感染、深部感染和条件致病性真菌，可导致身体各部位发病。发病率最高的是念珠菌感染和皮肤癣病类，常发生在会阴、手、足等处	如白色念珠菌和球孢子菌类等
	原生生物类	是一类结构简单的单细胞真核生物，但它们的性状多样化，分布广泛	如阿米巴、隐孢子虫、兰伯贾第虫等
	毒素类	是一类产自活的植物、动物或微生物的有毒物质，某些毒素可以通过化学方法生产或改造	细菌毒素，如肉毒毒素、产气荚膜梭菌毒素、葡萄球菌肠毒素和志贺毒素 真菌毒素，如黄曲霉毒素、单端孢霉烯族类毒素 海洋生物毒素，如西茄毒素、石房蛤毒素 植物毒素，如蓖麻毒素、相思豆毒素

续表

类别划分标准	类型	关键指标	举例
根据生物剂对人员的伤害程度划分	失能性生物剂	死亡率小于 10%，主要使敌方人员暂时丧失战斗力	如布鲁氏菌、委内瑞拉马脑炎病毒等
	致死性生物剂	使人员患上严重疾病，死亡率大于 10%	如鼠疫杆菌、黄热病病毒等
根据所致疾病的传染性划分	传染性生物剂	传播速度快，能持续一定的时间	如鼠疫杆菌、天花病毒
	非传染性生物剂	只感染接触者，没有传染性	如土拉弗朗西斯菌、肉毒杆菌毒素
根据潜伏期的长短划分	长潜伏期生物剂	进入机体要经过较长的时间才能发病	如布鲁氏菌的潜伏期为 1～3 周，甚至长达数月之久，Q 热立克次体的潜伏期为 2～4 周
	短潜伏期生物剂	潜伏期只有 1～3d，有些仅数小时	如流感病毒、霍乱弧菌等。仅数小时潜伏期的有葡萄球菌肠毒素 A、肉毒毒素等
根据生物恐怖袭击对象划分	针对人的生物剂	依据《中华人民共和国传染病防治法》，将传染病分为甲、乙和丙三类	见表 4-1
	针对动物的生物剂	旨在杀死某种特定的动物及其整个群体	如猪痢疾螺旋体、沙门氏菌等
	针对植物的生物剂	旨在限制、破坏植物生长或引起植物枝叶凋落、不育甚至枯死	如小麦锈菌、稻瘟菌等

随着生物技术的发展，新的生物剂将不断增多。这既包括因分离培养技术的发展而出现的新生物剂种类，也包括因分子生物学和遗传工程技术的发展及人类基因组、微生物基因组等研究的进展而研制的重组基因武器，还有因合成技术的发展而出现的生物活性肽类等生物剂。另外，由于生物武器本身存在重大缺陷，比如容易受到外界环境的限制等，因此研究人员用物理化学方法改进现有的战剂以提高其威力。例如，改良生物战剂的物理特性，以提高其对分散应力和气溶胶化的耐受力；掩蔽战剂的某种特性使之难以被侦检和报警；增强战剂颗粒的感染力等。施放手段上也日趋完善和先进，从而给防范增添了更大的难度。

目前受到广泛关注的基因武器，采用类似工程设计的方法，利用重组 DNA 技术来改变非致病微生物的遗传物质，在一些致病细菌或病毒中插入能对抗普通药物或疫苗的基因，产生具有显著抗药性的致病细菌，或在一些原本不会致病的微生物体内插入致病基因，产生新的致病生物制剂。具体有以下三类。

1）致病或抗药的微生物：随着基因组学的进展，肺结核、麻风病、霍乱等病菌的完整基因序列已经公开，这些天然的细菌和病毒都可能通过基因重组而被改造成易存储、便于携带、毒性更大的生物武器。例如，在一些本来不致病的微生物体内转入致病基因（毒蜘蛛、蛇毒的毒素基因等），从而制造出新型生物剂，使现有疫苗或药物救治失去效用。

2）攻击人类的转基因动物：将可攻击人类的某个物种的基因转接到其他物种上，其繁育后代也将具有攻击性而成为基因工程动物。例如，用基因工程技术将南美杀人蜂、食人蚁基因序列中的“残忍基因”转接到普通的蜜蜂和蚂蚁身上，这些转基因的蜜蜂、蚂蚁、黄蜂或蚊子便可以成为容易培养和释放的基因工程动物。在叮人的过程中就可以分泌这类毒素蛋白使人中毒，一个人也许只要被几只转基因蚊子叮咬就会中毒。

3）种族基因武器：人类基因组图谱的完成有可能被用来研制攻击特定基因组成的种族或人群的种族基因武器。例如，降低其出生率或提高其婴儿夭折率，或是抑制这个种族体内的某种抗体，提高他们感染病菌的机会。种族基因武器或许可以无声无息地消灭某个民族。

利用基因重组技术可能获得具有新特性的致病微生物，对人的致病力更强，对不利环境的抵抗力更大。通过基因工程技术，多种生物毒素和一些人工合成的生物活性肽也有可能成为新的生物剂。基因武器的特有功能之一，就是从武器的使用到发生作用没有明显症候，即使发现也难以破解遗传密码并实施控制，从而给人类带来灾难性后果。

当前，国际战略格局和战略环境日趋复杂，现代战争的非对称性和作战手段的多样性更加明显。中国是多民族的人口大国，一旦受到生物恐怖或生物战的袭击，损失和危害将更为严重。深入开展反生物恐怖和反生物战的研究，探求防御生物恐怖袭击的应对措施，全面提升国家防范生物恐怖袭击的技术储备与反应能力，提高应急处置能力，构筑牢固的生物安全防御体系，是维护世界和平与保障社会经济发展的重大需求。

三、生物恐怖袭击及生物战的主要特征

无论是针对特定人群，还是大规模养殖或种植的动植物，生物剂不外乎通过以下两种机制产生杀伤或破坏作用：①利用微生物感染宿主，在宿主体内繁殖使宿主发病，从而造成宿主的死亡或残疾。②利用微生物产生的生物活性物质如生物毒素造成宿主发病。经过浓缩纯化后的生物毒素作用于人体往往可产生严重的致病效果。另外还有一些可干扰生物体正常行为的物质，如激素、神经肽、细胞因子等。

生物恐怖袭击和生物战的核心就是将传染性微生物或毒素传播到目标人群并造成机体发病或中毒的过程。当生物剂被有意作为生物恐怖武器投放并传播时，它与传染性疾病的天然传播具有相似的侵入途径。例如，吸入被污染的空气而感染致病；误食被污染的水和食物等而致病；与生物剂直接接触，通过人和畜皮肤、黏膜及伤口侵入而致病；遭到带菌昆虫的叮咬而致病；等等。

（一）常见的生物恐怖袭击和攻击方式

1. 生物剂气溶胶污染空气

其是将传染性病原体或毒素颗粒悬浮在空气中传播，通过人或动物的呼吸而染病。一般来说，通过呼吸途径的传染比通过口服途径的传染效果所需剂量更低，潜伏期更短。气溶胶传输系统往往产生看不见的雾，能够在空气中悬浮很长时间。通过封闭建筑物的通风管道系统实施气溶胶传输会迅速引起生物剂大范围扩散，如皮肤有伤口则更容易染病。由于气象因素等对生物剂气溶胶有显著影响，了解它们的影响规律会增强生物剂气溶胶对目标区域的袭击效果。

2. 污染食品和水

生物剂或毒素可直接污染饮用水水源及食品等生活资源。采用这种传播方式适合对付有限的目标，如部队驻扎处或基地的水和食品的供应。采用生物剂气溶胶释放的方式也会造成污染和感染的发生。提早预警和及时采用过滤与氧化处理能显著减少污染水体的危害。

3. 带菌动物传播

通过受感染的天然（或经遗传改造）节肢动物宿主如蚊子或跳蚤等的大量繁殖来释放和传播疾病；或通过饲喂带菌饲料或被感染的血等而使动物感染，再用感染动物传播疾病。

4. 次生生物危害

其主要指用常规武器袭击或通过人为破坏相关生物设施（如生物实验室、特定菌种保存或生产车间、制药公司等），引发有毒有害生物物质的泄漏，造成生物污染，从而达到不使用生

物武器而实现类似生物战的目的。《禁止生物武器公约》仅禁止生物武器使用，但没有禁止使用常规武器打击生物设施。

5. 其他方式

例如，①用生物剂故意污染环境和物品，使其存在二次污染的风险；②类似“人肉炸弹”的带菌者恶意传播，引发（烈性）传染病暴发等（见知识扩展4-17）；③昆虫生物战，其危害远不止传播瘟疫（见知识扩展4-18）。

（二）生物恐怖袭击和生物战的特征

科学技术的快速发展，不仅使生物剂的种类、毒性和传染性得到增强或提高，有关生物剂运载系统和施放装置也将得到进一步改进，这进一步加大了人类社会应对生物恐怖袭击和生物战的难度。与核武器、化学武器等所造成的恐怖活动相比，生物恐怖袭击和生物战有如下特征。

1. 繁殖能力强，致病剂量小

生物剂有自我繁殖能力，少量生物剂进入机体，就能迅速大量繁殖引起疾病。生物战剂多数为烈性传染性致病微生物，传染性极大，在缺乏防护、人员密集、卫生条件差的地区，极易蔓延传播，引起传染病流行。

2. 污染面积大，危害时间长

病原体感染人体（或动物）后不但能在体内迅速繁殖引起疾病，还会互相传染，不断向周围人（或动物）群中传播、扩散。有些生物剂可通过媒介生物（如跳蚤）主动攻击人畜，并长期保持传染性。直接喷洒的生物气溶胶可随风飘到较远地区，其杀伤范围可达数百甚至数千平方千米。一些生物战剂的存活时间较长。例如，1942年英军在格鲁伊纳（Gruinard）岛试用了炭疽芽孢杆菌炸弹，其污染在44年之后才经甲醛彻底消除。

3. 隐蔽性强，难以辨别

生物剂用量少，容易包装和携带，方便秘密使用，通常很难在现场找到发生恐怖事件的证据。所致疾病都有一定的潜伏期，往往被误认为是自然暴发的疾病，不易鉴别。

4. 释放方式多样、简单，难以侦测

借助建筑物空气交换系统以生物剂气溶胶的方式来释放，在短期内不易被察觉；通过气溶胶释放以污染食品、水源和昆虫等，释放地点也难以查找；用邮件夹带的方式则很隐秘，如美国的炭疽攻击事件，就是通过邮寄含有炭疽芽孢的邮件达到传染致病的效果，有些肇事者至今未能查出。

5. 易生产，成本低

许多病原体可以从自然界或者受害者身体上分离得到。采用普通微生物培养方法就可以获得发动恐怖袭击的需要量，生产条件要求低，微生物培养所需原料和生产设备容易购买；加之现代发酵培养技术的发展，使生物剂生产成本低廉但效率较高。

6. 缺乏有效的预防和治疗措施

如果所用的病菌经过了基因重组或是采用反复筛选的抗药性菌株，很可能会出现无药可用的局面。目前，对于大部分病毒类生物剂还没有疗效很好的药物。

7. 具有生物活体专一性

生物剂只会使人、畜和农作物等生物有机体致病，对于没有生命特征的其他生活资料、生产原料及武器装备等没有破坏作用。

8. 对社会稳定和经济发展造成巨大负面影响

生物暴力袭击不仅能在短时间内给目标区域造成巨大的人员伤亡和经济损失，而且会导致人心恐慌、社会动荡。即便是个案死亡，也能引发社会恐慌，这是枪支和炸弹等常规袭击手段不易做到的，对经济发展和社会稳定会造成长远的影响。

生物武器也有一定的局限性，包括：①稳定性较差。生物剂是活的致病微生物或有生物活性的毒素，即使经真空冷冻处理，储存在低温条件下，仍在不断衰亡。因此，生物剂的储存时间短，低温储存的成本较高。②生物武器还往往具有“敌我不分”的特征，如果使用不当，对攻击者自身也有危险。③对天气和气候的依赖性比较大，生物战剂多是活的微生物，储存、装填、转运和投放时都必须保持生物活性，而温度、湿度、阳光照射强度等都会对其有影响。④使用效果的不可预测因素较多，如投放量、接触方式等，如果敌对一方防护和医疗水平高，能及时发现并实施严密防范和有效治疗，生物武器就难以达到预期效果。⑤潜伏期相对较长，不利于战术要求，短时间内不能使敌方战斗人员丧失战斗力。正因为生物战有种种局限性，所以一直没有发展成战争的主要形式，而被隐藏在战争的晦暗处。

科学技术的进步会逐渐弥补生物武器保存和释放方式的不足。例如，微囊颗粒技术可使药物和疫苗的储存与释放免受环境中有害物质的伤害，提高在储藏期的存活率；还有一些微囊技术的研究可用以增强气溶胶的扩散能力；将某些特定的病菌和毒素组合，会使敌方人员的自身免疫系统无法有效对抗感染，导致被感染者同时感染多种疾病；把一些抗药性基因整合在一株病菌中，能使生物战剂的杀伤力大大增强，使疫病防控愈加困难，治疗更加复杂。随着微电子工业及新材料等方面的不断改进，适用于施放生物剂的各种低空飞行导弹及气溶胶布撒器等的性能将进一步提高，这使得生物剂的运载系统和布撒系统将得到进一步完善；进一步认识气象因素对生物剂气溶胶的影响规律，并做出更加精确的定量估算，对于生物剂的应用及提高其效率将产生重大影响。施放手段的日趋完善和先进给防范的一方增添了更大难度。

第三节　生物恐怖及生物战的危害与防御

现代生物技术的不断进步给未来战争带来了革命性、颠覆性的影响。生物技术的滥用、谬用及生物恐怖工具多样化正日益威胁着国际和平与人类安全。即使在和平与发展的主旋律下和《禁止生物武器公约》生效几十年后，生物武器对人类仍然构成巨大的威胁。充分了解生物恐怖或生物战可能造成的危害，对防御生物暴力袭击具有重要意义。

一、生物恐怖及生物战的危害

（一）造成大量人员伤亡和社会恐慌

生物恐怖袭击将造成大量人员伤亡。世界卫生组织（WHO）在 1970 年提出一组预测数据，该预测的假设前提是，以飞机播撒 50kg 的生物战剂攻击某发达国家中一个有 100 万人口的城市，其中生物战剂至少可以传播 20km，活力至少保持 2h。其预测结果表明，相同条件下炭疽芽孢杆菌的攻击所导致的死亡人数远高于其他生物战剂（图 4-2）。

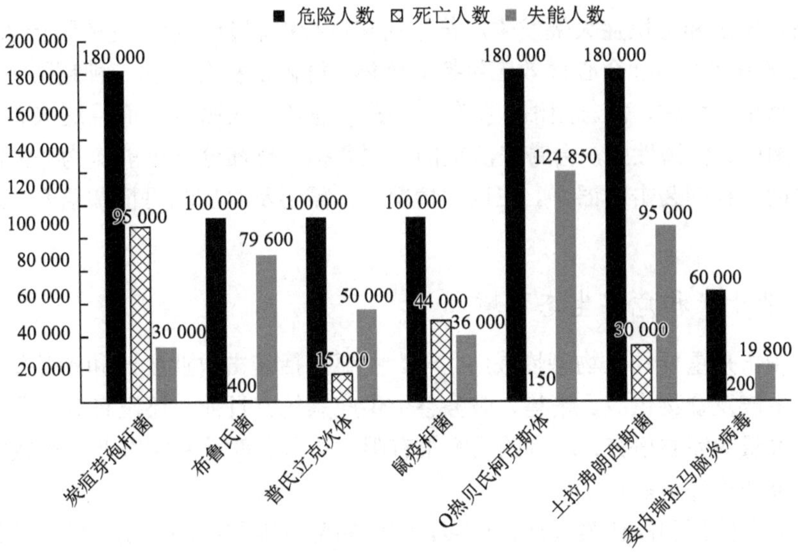

图 4-2　WHO 对假设条件下生物战剂攻击造成伤亡的理论预测（综合自黄培堂等，2005；张伟，2011）

据美军测算，倘若一枚带有炭疽芽孢杆菌弹头的“飞毛腿”导弹落在华盛顿，便可夺去约 10 万人的生命。如果将“埃博拉病毒”或“艾滋病病毒”制作成攻击性生物武器，后果将不堪设想。另据 WHO 推算，一架战略轰炸机使用不同种类的武器袭击无防护人群，各自的杀伤面积分别是：100 万 t TNT 当量的核武器为 300km^2；15t 神经性化学毒剂为 60km^2；而 10t 生物剂可达到 10 万 km^2，再次表明了生物战剂的巨大威力。生物战剂的使用效果受到多种因素的影响，造成人员伤亡的实际情况会有很大变化。这些影响因素包括生物剂的浓度和性状，如颗粒大小、稳定性和病原体存活率等；释放时的环境因素，如日照、风向风速、温度、雨雾等；释放时人员的活动情况，如外出活动和睡眠等。

生物恐怖袭击会危害大量人员的安全，并造成重大的经济损失。生物剂的种类、传播方式、暴露人群数量及人群的免疫水平等多方面的因素决定了遭受生物恐怖袭击的经济后果。多种预测分析表明，提前做好应对生物恐怖袭击的准备工作，能大大减少发病率、死亡率及经济损失。启动干预措施越早，效果越好。

生物恐怖袭击还会对人们的心理、社会运转机制及社会发展造成巨大的影响，即软毁伤（soft damage）。尤其是对于人口集中、信息网络发达的城市而言，一旦成灾，伤亡重，社会问题多，经济损失大，间接损失可能比直接损失超出上百倍，软毁伤的社会效应后期比较显著。例如，2002 年底至 2003 年上半年在中国发生的突发公共卫生事件 SARS，首例病例发现于广东河源，后来扩散到广州，造成市民抢购抗病毒药物，囤积粮食和食盐，普通的板蓝根冲剂价格从十几元增至上百元的现象。半年之后市场才逐步恢复，各种媒体信息和谣言传播对这种局面的形成和发展起到了推波助澜的作用。

2001 年 9 月发生的美国炭疽杆菌袭击事件，尽管只是以邮件的方式传播病菌，最终只发病 22 人，死亡 5 人，但其引起的社会动荡和资源消耗却远远胜过一次中等的自然灾害。美国政府启动了应对生物恐怖处置系统，进行了一系列应对处置活动，直至 2002 年上半年，事件才得以逐渐平息。

生物恐怖所产生的社会效应包括：①社会经济滞后效应。生物恐怖会给社会带来安全顾虑，影响人们的正常生活和工农业生产，造成经济受损，影响国民经济的发展；对政府出现信任危机。②精神疑虑和恐惧症大幅发生。传染病和精神疾病会引起广泛的精神焦虑和恐惧症。

生物恐怖袭击产生的社会心理效应包括对个体、群体及社会产生一种超强刺激，引起许多不良反应，如恐惧、疑虑、意志崩溃、抑郁、烦躁、恶心、失眠等，而且这些心理活动作用时间长、影响范围广、传播性强，会带来沉重的心理负担。恐怖分子可能作为恐慌的制造者和造谣者，专门传播生物剂袭击的谣言。在这种情况下，需要及时控制恐慌和谣言，进行心理治疗非常重要。

（二）破坏农业生产和危害生态环境

农业恐怖袭击是重要的生物恐怖威胁之一。主要包括袭击农业生产和食品供应链，如农场和食品产地的生产及食物供应、销售、服务整个供应系统。目前，还没有对农业生物恐怖袭击案例所造成损失量的完整研究，现有的研究很有限，基本上都是围绕农业和畜牧业疫情开展的研究，如口蹄疫和疯牛病等。

针对牲畜的高致死和高传染性病菌较多，这些病菌有很强的环境耐受性，而且没有疫苗可以应对，防范措施很有限。加之现代农业资源的脆弱性，大规模饲养和种植给针对农业的生物战提供了有利条件：农作物大面积暴露，容易受到攻击；牲畜高密度集中饲养，加大了传染病暴发后控制的难度；为了提高产量，牲畜饲养往往使用含抗生素和类固醇的饲料及广泛使用消毒剂等，导致家畜的自然免疫力大大降低；饲养的流水化作业，即牲畜在一地繁殖、另一地饲养，并在第三地屠宰，也加大了疫病传播的可能性。另外，人们往往很难对动植物发动的生物战与自然发生的疫病加以区分。

农业生物恐怖袭击可能会带来巨额的损失，如粮食和食品生产减产的损失；疫区食品检疫和隔离销毁所造成的损失；民众食用污染的食物对身体造成的损害；食品生产、运输、存放和销售渠道因为防范污染所造成的损失；因消费者消费信心不足导致的生产、加工和进出口部门的损失；大规模动植物疫情对其产品市场及国际贸易的影响；投资者的心理恐慌及为消灭疫情所采取的许多临时性限制措施等。总体来说，农业恐怖袭击会造成巨大的经济损失，动摇国家根基。

农业生物恐怖袭击后对环境所造成的污染很难在短时间内被彻底消除。由于病原体在自然环境下容易扩散，大多仍可快速繁殖，部分病原微生物还可形成休眠孢子，大大增强了病原菌在自然环境下的存活时间，并可对多种消毒剂有一定程度的耐受性。病原体散播可污染土地及地表的植被，而河流和土壤还能给病原体提供很好的生存条件，这样的污染环境可能会成为使用禁区和疫源地，造成长远的损失。相对来说，生物毒素经过常规物理和化学方法消毒后，再经过自然的净化作用（如阳光照射、高温、雨水、化学反应及微生物的分解等）就会失去活性和毒性，作用时间不会很长。

面对当今世界百年未有之大变局，农业生产领域沦为生物恐怖袭击的风险也在不断增大。农业生物恐怖袭击与针对人类的恐怖袭击在本质上是相似的，都是采用以微生物为主的生物剂进行生物恐怖袭击，都具有致病菌繁殖能力强、污染面积大、危害时间长、传染途径广和隐蔽性强等特征。根据农业领域的生产特点及发动生物恐怖袭击的施放方式等综合分析，进行农业生物恐怖袭击也有其特殊性。例如，①一般对人体无害。除少数人兽共患病的病原体，大多数农业生物恐怖袭击所用的生物剂主要针对农作物和家畜，一般对人无害。②发动恐怖袭击的技术难题少，释放工具相对更为简单。③袭击目标安全性较低。可以种子、肥料和饲料等作为病原体的传播途径，而农场和牧场一般没有安全防护措施，生物剂施放更简单容易。④袭击者需要越过的道德障碍比较低。针对农作物和动物的生物恐怖袭击，人的心理反应要轻，惩罚定罪也轻一些，但造成的社会危害和经济损失不一定很小。此外，也可以通过遗传修饰或转基因技术改造已有的农业病原体成为对农业具有更大破坏作用的生物剂。

由于农业涉及区域大、环节多，很难及时有效地进行监控，遭受生物恐怖袭击的薄弱环节很多。主要包括：①食品生产、运输和存放过程。此过程环节多、地理跨度大，保障安全的花费也大。②产品来源多样，基本混合存放。如果来源于某个地方或环节的产品受到病原污染，很容易导致污染的迅速扩大，甚至大范围污染。③食品的进出口。国际贸易日趋广泛，更易遭受恐怖袭击，迫切需要加强国际生物安全和进出口监控。④单一品种的农产品。许多国家大量栽培单一品种的农作物，高密度饲养自然杂交的动物品种，更易遭受特定生物武器的袭击。一般来说，那些具有高密度、大面积和品种较少农业生产特征的国家或地区，一旦遭受农业生物恐怖袭击，后果将更为严重。

二、生物恐怖及生物战的防御

（一）遭受生物恐怖袭击的紧急处置原则和方式

生物恐怖袭击的紧急处置原则可以概括为：以最大限度地减少和消除生物恐怖袭击的危害与影响为目的，以高效救护伤病员和防止疫情扩散为重点，采取尽早介入和就地就近处置的方式，尽快建立统一指挥的救援队，做好以伤病员救护为中心的医疗、抢险、运输、隔离、防疫等物资的保障工作。具体包括：保护现场，获取证据；准确评估，降低危险；彻底消毒，减少污染；及时施救，减少伤亡；严密监测，管理信息；减少恐慌，防止蔓延。

采取及时有效的处置工作有助于减少人员伤亡和经济损失，消除进一步扩散的危险，避免出现社会混乱。生物恐怖袭击因其特殊性而加大了处置难度，迫切需要有针对性地提前做好防恐处置预案及物资储备。在实际处置过程中，要将处置预案和现场实际情况相结合，采取适当的处置程序使损失减少到最低程度。在某些情况下，提供准确的公共信息并及时隔离患者是最有效的措施。由于生物恐怖袭击事件可能涉及多个生物剂类型和不同的发生地，处置程序也不完全相同。

发生生物恐怖袭击后，要在第一时间内向民众发出警告，迅速做出反应，有效控制危害的蔓延。尽快建立传染病预警机制，对医院就诊和住院患者信息进行实时汇总分析，自动报告疫情，并发出预警信息，以助于相关部门及时做出反应。建立生物事件危害评估系统，根据生物恐怖的袭击方式、病原体性质及传播途径等，结合气象条件和社会、环境因素等对危害进行评估，为上级部门采取措施提供决策依据。

有关应对生物恐怖袭击的部分处置程序简介如下。

1. 流行病学调查

依据发表的现有资料，生物恐怖袭击中的流行病学与通常的流行性传染病的发生有很多不同之处，包括：①最初的传染源难以追查。②传播途径违反常规，与该病通常的流行传染传播途径不同。③人群免疫水平低，袭击者多方提高生物剂的毒力。④地区分布异常，对自然疫源性传染疾病，由于病原体、宿主和环境等生态学特点的制约，有严格的地区分布界限。⑤流行季节异常，通常虫媒传染病只发生在春秋季昆虫的活动期；肠道传染病只发生在夏秋季。而生物恐怖袭击引发的传染病没有季节变化。⑥职业分布异常，某些传染病由于人们暴露于病原体的机会不同，往往有职业性的特点。例如，皮毛厂工人和畜牧业者容易感染炭疽和布鲁氏菌病。

但生物恐怖袭击施放带有病原体的昆虫或生物剂气溶胶，可使任何人感染得病，找不到职业特点。⑦流行形式异常，通常除通过食物和水源污染引起流行病暴发外，一般病例都是逐步增多，然后达到高峰。生物恐怖袭击施放生物剂气溶胶，污染区人群同时受到感染，在短期内达到高峰，呈现暴发流行。这些反常的表现也有助于判定是否可能发生了生物恐怖袭击。

经典的流行病学模式中，疾病是宿主、病原体和环境（或传播途径）三者相互作用的结果。生物恐怖最有可能的袭击方式是通过气溶胶传播，污染食品、水源传播和媒介传播等。在进行流行病学调查时，应该尽早确定生物恐怖袭击的方式，以便采取有效的防护和善后措施。流行病学调查的内容包括对调查地的可疑迹象调查，如空情、地情、虫情、疫情等及当地本底资料的调查，这部分调查内容较多，可参阅相关的专业书籍。虽然与生物恐怖袭击有关的疾病大多都是历史上已经被人类征服了的烈性传染病，但即使是同名的疾病在生物恐怖的操控下也已经发生了根本性的变化，过去积累的临床和流行病学经验不一定能直接照搬。

2. 采取必要的防疫措施

（1）污染区和疫区处理

1）封锁：对划定的污染区进行封锁，插上标记。在交通要道、枢纽和人群聚居处的路口设立检疫站。封锁时间应以生物剂所致疾病的最长潜伏期为准。到期未发现患者，即可解除封锁。

2）隔离：在疫区内对患者要进行隔离，隔离期限是生物剂引起疾病的最长传染期。进入病房内的人要穿隔离衣，戴口罩、手套。病房内要有特殊的通风系统，最好使房间或病床密闭罩内的空气对周围呈负压。

3）检疫：一是完全（绝对）检疫，对于上述暴露于生物剂或暴露于生物剂引起疾病的人，应限制其活动（限制时间为该生物剂所致疾病的最长潜伏期），防止未暴露者受到已暴露者的污染。二是不完全检疫。对接触生物剂和患者的人的活动仅有部分限制，但要采取医学观察与监督，以便及时发现潜在的患者。

（2）消毒与无害化处置　当发生生物恐怖袭击时，要尽可能按照微生物学检验与流行病学调查结果划定疫区范围，及时采用物理或化学方法杀灭或清除生物剂污染，对一切污染对象都要进行消毒、净化与无害化处理，以防止疾病的发生与传播。防疫重点应放在严重污染或重要经济地区、人员、装备与物品。

3. 人员防护

为有效应对生物恐怖袭击，在非战争状态下就要做好医疗救援所需物资的相关筹备工作，由政府相关部门统一指挥，分级储备足够的医疗物品和防护器材。定期检查、补充，以备不时之需。生物恐怖袭击是突发事件，一旦发生生物恐怖袭击，就应该像应对危重流行性疾病那样，迅速采取防护措施以有效减少可能的伤害。

通过生物剂污染的食物和水侵入人体，这种攻击方式是生物恐怖袭击的常用方式，特别是针对军队营地和学校食堂等。食品和水的供应要严格按照有关食品制作和水纯化的安全标准，确保避免污染或受到破坏。使用标准的消毒灭菌方法和垃圾处理方法，防止病原微生物的扩散。

在直接遭受生物剂气溶胶攻击或事后进入污染区时，必须穿戴好个人防护用品如防毒面具、口罩、衣服、手套和靴子等，以防御通过气溶胶途径传播的生物剂袭击。临时找不到合适的防护用品，甚至用高质量的布衣进行覆盖也可以对皮肤提供保护。为防止生物剂经眼结膜侵入，可戴装备的或自制的防毒眼镜。

此外，针对微生物气溶胶污染空气的传播，还应装备空气过滤装置，提供正压的专门加固或未加固的庇护所，为处于生物剂污染环境中的人群提供集体防护。受害者和被污染的人员必须在进入集体防护所前进行消毒。在没有专门建筑条件的情况下，大多数建筑物可以通过封闭裂缝和进出通道，并且对已有的通气系统加上过滤装置等处理用作庇护所。利用地形应对气溶胶攻击也是很好的选择。例如，迅速转移到生物剂气溶胶云团或污染区的上风向。在黄昏、夜晚、黎明或阴天等气候条件下，地面空气温度低于上层空气温度或与之相同，垂直气流稳定，生物剂气溶胶云团多贴地面移动，此时应到高处躲避。另外，由于树林可滞阻部分生物剂扩散，因此不要停留在林内，而应到树林上风向处避难。

通过接触皮肤或是通过昆虫等叮咬而致病的生物恐怖袭击方式，要注意对啮齿动物和节肢动物的有效控制。

家里要准备充足的食物、水、手电、胶布和相关药物等，要尽力避免大人及孩子与暴露人员发生接触，并隔离在家。如有可能要尽快关闭通风系统，门窗和缝隙可以用胶布封住。迅速打电话报警或拨打其他救助电话，等待救援。

在疾病流行期要做好自我保护，重视个人卫生，严格隔离措施，有效防止疾病扩散流行。经常用肥皂和水充分冲洗，有规律地换穿可洗涤的衣服，使用没被污染的卫生间和公共厕所（尽量使用脚踩式），便后洗手等。此外，为方便及时咨询或求得医护指导，可把当地医院或卫生部门的电话号码放在显眼的位置。

做好免疫防护和药物治疗工作。预防接种是预防控制传染病和生物剂攻击一项有效的重要防护措施。但是，针对人为的、恶意的病原体撒播，疫苗的应用价值尚未明确。在确定发生生物剂袭击，并判明污染区及疫区之后，可开展药物预防和治疗。现在已有一些针对生物剂所致疾病的药物，但需要在医生的指导和监督下，有组织、有计划地使用，对用药的种类、剂量、反应及效果应做详细的记录。

从病原体的致病性、散播容易程度、人与人传播特性、感染后致死率、对卫生系统造成影响的严重程度等多种因素考虑，参考相关资料将生物恐怖袭击中最常用的几种生物剂的主要特征、感染途径、治疗控制情况总结在表 4-4 中。

表 4-4　部分生物剂的主要特征、感染途径和治疗及控制感染方法

生物剂	主要特征及说明	感染途径	治疗及控制感染方法
炭疽杆菌	好氧、革兰氏阳性芽孢杆菌，不能运动。最适温度 37℃，易培养，生长迅速。在土壤或水中可保持活性达数十年	吸入感染、皮肤感染和胃肠道感染，其中吸入型病例最危险。牛、羊、骆驼等食草动物是其主要传染源，从事屠宰、肉类及皮毛加工人员可能会被感染	青霉素为抗生素治疗的首选；选取疫苗预防。使用消毒剂清除皮肤表面可控制感染。死于炭疽感染的动物尸体要火化处理
天花病毒	正痘病毒属的牛痘、猴痘均可引起人类感染，传染性强。1980 年，WHO 宣布已消灭天花，并批准美国 CDC 与苏联国家病毒和生物技术研究中心保存天花病毒，但世界上秘密储存点可能仍然存在	主要通过呼吸道飞沫传播，患者接触过的衣物、玩具、食品等也可传播。病毒进入人的呼吸道，后经血液循环进入肝、脾等网状内皮细胞系统复制，再经过血液循环向全身扩散，引起皮肤、淋巴系统及内脏症状	常用天花疫苗（牛痘病毒）预防。在暴露于武器化天花病毒或与天花患者接触后最好在 7d 内接种天花疫苗，可能防止发病或减轻病情。牛痘免疫球蛋白可用于治疗接种天花疫苗后的并发症
鼠疫耶尔森菌	隶属肠杆菌属，杆状、不能运动、非孢子结构、革兰氏阴性。在冷冻条件下可以存在数月或数年，在 55℃暴露 15min 就会灭活。还可以在干痰、跳蚤粪便和埋葬的尸体中生存，在阳光下数小时才会灭活	是感染啮齿类动物（如大鼠、小鼠和地松鼠等）的人兽共患病，引起鼠疫。啮齿类动物身上的蚤可传染病菌。接触气溶胶散播的病菌后可产生肺炎型鼠疫症状。几乎所有人群易感。疾病治愈后会获得暂时性免疫力	如接触肺炎型鼠疫患者或处在鼠疫生物剂攻击区域内，应连续 7d 服用链霉素或磺胺类药物进行预防，暴露期间应加服 1 周。出现发热和咳嗽症状要使用抗生素治疗。患者需隔离以防疫情扩散

续表

生物剂	主要特征及说明	感染途径	治疗及控制感染方法
委内瑞拉马脑炎病毒	一种包膜RNA病毒，可使人和马科动物（马、骡、驴）致病。该类病毒不稳定，80℃ 30min或标准消毒剂均可将其灭活	该类病毒主要由蚊子传播，流行于南美洲北部和特立尼达岛。天然感染是蚊子叮咬所致，马科动物是其繁殖宿主和蚊子感染源	干扰素和干扰素诱导剂对暴露后的药物预防非常有效。目前尚无暴露前或暴露后免疫预防制剂
肉毒毒素	肉毒毒素属于神经毒素，由厌氧梭状芽孢杆菌产生，有7个血清型（A、B、C1、C2、D、E、F），属于神经毒，以A型对人类的毒性最大。其毒性甚至比沙林强1万倍	肉毒毒素可通过气溶胶或者污染的食物、水源及伤口致毒	美国已研制出一种用于预防肉毒毒素中毒的七价类抗毒素，预防效果较好。若已中毒或已出现症状可立即用抗毒素（马血清）治疗，效果良好

4. 有效应对污染及做好善后工作

一旦遭到恐怖袭击，要及时帮助和安抚大规模受害者，并提供基本的医护方法。如果已有的保护设施在生物恐怖袭击中被摧毁，大多数平民受害人员可就近在家中护理，军队受害人员则可通过部队医护人员进行护理。虽然对绝大部分患者而言，恐怖袭击后不需要特殊的设备，但如恐怖袭击引起受害者呼吸麻痹，应使用呼吸机等设备。考虑到恐怖事件给当事人造成的危害，应适当增派医护人员，但不能过多，以避免增加医护人员染病的机会。

针对大规模的恐怖袭击，心理治疗非常重要。生物恐怖分子的目的并不一定是要引起人群疾病流行，而是要扰乱社会秩序，使商店和银行瘫痪，破坏国民经济，造成人民对政府的不信任，让恐惧和焦虑在人群中蔓延。生物恐怖活动本身对生命和健康的威胁被它的社会效应远远地放大，使整个社会草木皆兵，人心惶惶，大大超过了对局部地区人群健康的影响。医疗护理的任务之一是尽量减少受害地区所有人员的心理恐慌，并需要对疾病原因、致病过程、结果预测等进行较准确的描述。让普通受害群众心中有数，坦然面对，这是控制和减少与生物恐怖有关疾病危害的关键。如果不能提供这种保证，那么患者心理上的反应所产生的问题可能比疾病本身还要大。

5. 污染残留物的处理

在现场和治疗过程中，一定要对污染的残留物进行仔细处理，避免发生二次传播的危害。尸体应该尽快掩埋，最好是火化，细菌污染残留物通过完全焚化能保证彻底灭菌。

在全球共同打击生物恐怖主义的行动中，WHO全球疾病警报和反应网络（The Global Outbreak Alert and Response Network）连接着全球超过70个独立的信息和诊断网，能及时发布全球疾病暴发的最新资料。对所有已知的传染性疾病，WHO均有一个标准的处理和控制程序，遵循这样一个成熟的标准处理程序来应对生物恐怖袭击是非常必要的。各国政府有责任和义务及时将生物恐怖袭击的信息通报给联合国及相关国际组织，这有助于及时获得国际社会的关心和支持，对助力各国协同防御生物恐怖袭击，提高预警处置能力有重要意义。

（二）生物恐怖的防范

鉴于生物恐怖的隐蔽性和复杂性，对生物恐怖的防范必须采取以防为主的原则，加强主动防范的意识。强化专业队伍建设，并从加强平时的监测工作做起，提高对各种可能的生物恐怖事件的识别和处理能力。此外，快速查明敌方生物恐怖袭击的企图并摧毁之也是最有效的防护措施。经过几十年的研究探索，我国在生物武器的侦测、防护、消杀和救治等方面都已取得了长足进步，成为保护国家安全的重要组成部分。

使用生物武器虽有一定的隐秘性，但仍有一些明显的特征可以帮助我们进行初步的判别。例如，用飞机喷洒生物战剂气溶胶时，飞行速度慢、高度低，航迹出现云雾；用生物弹投放生物战剂时，爆炸声音小而低沉，闪光小或无闪光，弹坑浅、弹气大，弹坑周围有残液痕迹或粉末；投放生物战剂媒介物时，地面上会出现动物异常现象，或有异常物品。此外，被生物武器攻击的地域，人和动植物会出现突发性传染病或异常死亡等。一般而言，使用生物战剂气溶胶攻击很难被发现，需要用专门仪器和侦检技术，故发现可疑情况，就需要迅速上报，组织力量，开展相应的侦察与检测。

提前免疫预防以应对生物恐怖袭击非常重要。实际上，一个国家要想有效应对生物恐怖袭击，首先就要储备足够批量的疫苗、充足的药物和相应的设施，以保证应对突发生物恐怖事件。通过接种疫苗激发体内免疫系统产生特异性抵抗力，能有效破坏进入机体的病原体。对于医疗救援的相关物资及药品要明确其来源，当发生大规模的生物恐怖袭击而储备的物品不足时，可采取紧急征用的措施来弥补。

当出现感染和病原体传播时，应及时对患者采取隔离措施，截断传播途径，减少传染源，并集中收治患者，进行专业诊疗。患者要主动避免与他人接触，并加强消毒，积极配合医生的治疗，直至症状消失。针对感染的病畜禽类，也应迅速采取隔离或捕杀措施，快速截断传播链。

疫区周围应设置明显的警示标志，封锁疫区，限制人员和物资进出。必要时，还需要在主要交通路口设置临时检疫消毒站，对出入人员和车辆进行消毒。组织医务人员或防化小分队，对尸体、污染物、排泄物、污水等进行无害化处理，对疫区污染物和场地要进行彻底消毒。对发现的生物剂及其媒介物，可采取泥土掩埋、烈火烧煮、药水浸渍、烟雾熏杀等措施进行处理。其中最有效的办法仍然是蒸煮和烈火焚烧，因为绝大多数致病微生物加热至100℃以上就会死亡。

加强主动防范，还需要经常组织对各单位、各部门工作人员的应急处理专业培训，适时组织一定规模的预防演习，并通过广播、电视、报纸、微信等方式向公众宣传，以提高国民防范生物恐怖袭击的能力（见知识扩展1-2）。

1972年4月10日，国际社会达成了《禁止生物武器公约》，该公约于1975年3月26日生效，1984年11月15日中国正式加入该公约，目前共有180多个缔约国。该公约对于禁止和销毁生物武器、防止生物武器扩散发挥了不可替代的重要作用，是维护国际生物安全、加强全球生物安全治理的重要平台。自该公约生效以来，缔约国一直在讨论缔结一份核查议定书，但由于美国多年来独家阻拦，有关《禁止生物武器公约》核查议定书的相关谈判长期处于停滞状态。面对当前复杂的国际局势，提早预防生物恐怖威胁具有重要意义。具体的预防措施如下。

1）建立健全防止和打击生物恐怖主义的相关法律。贯彻执行《中华人民共和国国家安全法》和《中华人民共和国生物安全法》，并在实践中不断完善有效应对生物恐怖主义的法规，最大限度地保护人民健康和国际安全。

2）建立完善的情报收集工作。在生物恐怖发生或扩大之前能采取措施有效阻止，将其扼杀在摇篮里。依靠人民群众的治安力量，公开信息渠道和举报机制，可以更有效地减少生物恐怖主义带来的负面影响。

3）建立应对生物恐怖袭击的可操作性预案和应急机制。政府和社会在和平时期也要居安思危，未雨绸缪，建立起良好的快速反应体系和长期有效的应急机制。一旦爆发生物恐怖袭击，能迅速采取措施，投入足够的财力、物力和人力资源紧急应对各种复杂局面。

4）加强有关生物恐怖和生物战的科普工作。做好生物安全的宣传教育，提高公众的认知水平，了解生物安全的内容和生物恐怖的严重后果，使他们在紧急情况下能采取正确的处置方式。

5）国际合作共同抵御生物恐怖主义。生物恐怖活动是世界公敌。在全球经济一体化的背景下，寻求国际合作是解决区域性和全球性问题的重要渠道。现今生物恐怖主义已经逐渐演变为一个世界性问题，国际社会需要共同行动，合作共赢，保护世界和平。

随着时代的发展，生物安全的范畴不断扩大。特别是合成生物学、基因编辑等新兴生物技术飞速发展，对各国经济、社会发展带来的红利日益突出，前所未有地增进了全人类的福祉。与此同时，生物技术被误用和滥用，甚至被武器化或用于发动恐怖袭击，也成为不容回避的全球性挑战。生物科技是一把双刃剑，既要鼓励研究和创新，又要确立必要的行为准则，为生物科技发展划出一条伦理和安全的边界。2002 年底中国通过立法，对相关生物技术的出口进行审查和控制。2016 年，中国在《禁止生物武器公约》框架下提出制定“生物科学家行为准则”的倡议，希望通过这种自愿性质的行为准则，为生物科技健康、安全、蓬勃发展创造良好的环境，积极推动构建生物安全人类命运共同体。2020 年 10 月，第十三届全国人民代表大会常务委员会第二十二次会议通过了《中华人民共和国生物安全法》，自 2021 年 4 月 15 日起施行。该法是中国生物安全领域的一部基础性、综合性、系统性、统领性法律，它的颁布和实施起到了一个里程碑的作用，标志着我国生物安全进入依法治理的新阶段。

思考题

1. 什么是大规模流行病？对人类有什么危害？
2. 与其他疾病相比，人类大规模流行病有什么特征？
3. 什么是人兽共患病？有什么危害？引起人兽共患病的病原体主要有哪些？
4. 引起植物流行病的病原生物主要有哪些？
5. 植物发生流行病后，一般会表现出哪些病状？
6. 如何防范和控制人类流行病的发生？
7. 怎样防范植物流行病的发生？
8. 简述生物恐怖的主要特点和袭击方式。
9. 简述生物恐怖和生物战防御的基本原则和处置程序。
10. 什么是基因武器？有哪些特点？
11. 生物剂的未来发展趋势是什么？

主要参考文献

冯宝龙. 2008. 动物流行病学调查及数据分析系统的研究. 哈尔滨：东北农业大学硕士学位论文

甘海霞. 2009. 动物传染病的发展趋势及防制进展. 广西农学报，24（1）：47-49，73

黄冲，姜玉英，李春广. 2020. 1987 年—2018 年我国小麦主要病虫害发生危害及演变分析. 植物保护，46（6）：186-193

黄培堂. 2006. 如何应对生物恐怖. 北京：科学出版社

黄培堂，沈倍奋. 2005. 生物恐怖防御. 北京：科学出版社

黄卓，马丽娜，高雅静. 2020. 重大疫情与国家生物安全. 科技中国，（3）：36-41

姜素椿. 2004. 我国传染病的现状与思考. 中华内科杂志，（7）：5-6

近藤昭二，王选. 2019. 日本生物武器作战调查资料. 北京：社会科学文献出版社

刘利兵. 2009. 实验室生物安全与突发公共卫生事件. 西安：第四军医大学出版社

刘谦，朱鑫泉. 2001. 生物安全. 北京：科学出版社

马文丽，郑文岭. 2005. 生物恐怖的危害与预防. 北京：化学工业出版社
农业部. 2009. 农业部发布新版《一、二、三类动物疫病病种名录》及《人畜共患传染病名录》. 中兽医学杂志，(2)：56
邱德文. 2010. 我国植物病害生物防治的现状及发展策略. 植物保护，36（4）：15-18，35
佘志超. 2003. 人类历史上的十大瘟疫. 北京：金盾出版社
谢联辉. 2020. 普通植物病理学. 2 版. 北京：科学出版社
谢路娥. 2017. 浅述动物传染病的预防. 中国畜牧兽医文摘，33（1）：153，173
徐德忠，李锋. 2015. 非典非自然起源和人制人新种病毒基因武器. 北京：军事医学科学出版社
张伟. 2011. 生物安全学. 北京：中国农业出版社
赵林，李珍妮. 2020. 可怕的战争魔鬼——解密生物武器. 军事文摘，(4)：11-14
郑涛. 2014. 生物安全学. 北京：科学出版社
朱圆，韩欣欣. 2015. 神秘特工与另类武器. 长春：长春出版社
Morens D M，Daszak P，Markel H，et al. 2020. Pandemic COVID-19 joins history's pandemic legion. mBio，11（3）：e00812-e00820
Rasch R F R. 2019. Ancient history and new frontiers：Infectious diseases. Nursing Clinics of North America，54（2）：xv - xvi
Tumpey T M，Basler C F，Aguilar P V，et al. 2005. Characterization of the reconstructed 1918 Spanish influenza pandemic virus. Science，310（5745）：77-80

拓展阅读

1. 威廉 H. 麦克尼尔. 2010. 瘟疫与人. 余新忠，毕会成，译. 北京：中国环境科学出版社

2. 马克·霍尼斯鲍姆. 2020. 人类大瘟疫：一个世纪以来的全球性流行病. 谷晓阳，李曈，译. 北京：中信出版社

3. 李兰娟，任红. 2018. 传染病学. 9 版. 北京：人民卫生出版社

4. Wooley D P，Byers K B. 2017. Biological Safety：Principles and Practices. 5th ed. Washington DC：ASM Press

5. 中华人民共和国国家安全法. http://www.gov.cn/zhengce/2015-07/01/content_2893902.htm

6. 中华人民共和国生物安全法. https://mp.weixin.qq.com/s/Vz6Q-62KPcyKxy5pbl7FuQ

7. 中华人民共和国传染病防治法. http://www.npc.gov.cn/npc/c238/202001/099a493d03774811b058f0f0ece38078.shtml

8. 禁止发展、生产、储存细菌（生物）及毒素武器和销毁此种武器公约（简称为：禁止生物武器公约）. https://www.fmprc.gov.cn/chn/pds/ziliao/tytj/t119271.htm

9. 禁止在战争中使用窒息性、毒性或其他气体和细菌作战方法的议定书（简称《日内瓦议定书》）. https://www.un.org/zh/documents/treaty/files/ICRC-1925.shtml

知识扩展网址

知识扩展 4-1：人类历史上的瘟疫之害，http://www.qstheory.cn/laigao/ycjx/2020-03/20/c_1125742926.htm?spm=C73544894212.P26997653879.0.0

知识扩展 4-2：疯牛病，http://www.cctv.com/specials/world/bqnr10.html

知识扩展 4-3：爱尔兰大饥荒，https://baike.baidu.com/item/%E7%88%B1%E5%B0%94%E5%85%B0%E5%A4%A7%E9%A5%A5%E8%8D%92/165387?fr=aladdin

知识扩展 4-4：《国家记忆》20200330 战“疫”鼠疫斗士伍连德，https://tv.cctv.com/2020/04/15/VIDEZAbEojDdOGWXlpo3vqwV200415.shtml?spm=C52507945305.Pknrmn9ZARZj.0.0

知识扩展 4-5：《百家讲坛》霍乱的主要传播途径，https://tv.cctv.com/2020/05/08/VIDEbpPml J2DMgnndWVygPgg200508.shtml

知识扩展 4-6：1709 种病原体，人类身体疾病中哪些来源于动物，https://www.cn-healthcare.com/article/20191212/content-527484.html

知识扩展 4-7：中华人民共和国动物防疫法，http://www.gov.cn/xinwen/2021-01/23/content_5582023.htm

知识扩展 4-8：中华人民共和国农业部公告第 1125 号，http://www.moa.gov.cn/nybgb/2009/dyq/201806/t20180606_6151187.htm

知识扩展 4-9：中华人民共和国农业部公告 第 1149 号，http://www.moa.gov.cn/nybgb/2009/derq/201806/t20180606_6151208.htm

知识扩展 4-10：植物病原物的侵染过程，https://zhuanlan.zhihu.com/p/131369656

知识扩展 4-11：《国家记忆》20200331 战“疫”灭天花，https://tv.cctv.com/2020/04/18/VIDESEhjr9FLrU2dPWRt2zLd200418.shtml

知识扩展 4-12：一则谣言引起的历史冤案，争论了 200 年才锁定藏在主食里的元凶，https://mp.weixin.qq.com/s?__biz=MzU0ODE1NDE0NQ==&mid=2247531544&idx=1&sn=34c3ef0715499b7f93a0807033793a8a&chksm=fb414256cc36cb404e37e02dd080a5bfee4de2bb81a8857d8440857984311f042f9522185423&scene=4#wechat_redirect

知识扩展 4-13：12 万人死于日军细菌战，https://www.iqiyi.com/v_19rsvg3sh0.html

知识扩展 4-14：《国家记忆》20201028 抗美援朝保家卫国 抵御细菌战，https://tv.cctv.com/2020/11/10/VIDEBzyh3ldqqhK8irQy6Q7I201110.shtml

知识扩展 4-15：赵立坚：美国为什么满世界建设生物实验室，https://war.163.com/20/1021/15/FPFMROMJ000181KT.html#f=post1603_tab_news

知识扩展 4-16：可怕的“恶魔”：生物武器如何走向战场？https://www.163.com/war/article/G74QIONV000181KT.html?clickfrom=w_yw_tb

知识扩展 4-17：日本确诊男子隔离期间故意去餐馆散播病毒，https://news.163.com/20/0307/02/F735F17M0001899O.html

知识扩展 4-18：昆虫在生物战历史上，手段远不止传播瘟疫那么温柔，https://www.sohu.com/a/365411895_120061335

第五章　生物学及生态安全中的生物伦理

伦理学是关于优良道德的科学，是关于优良道德的制定方法、制定过程及实现途径的科学。其伴随道德观发展，又因道德观的不同而形成不同的伦理学原则和规范，约束人类的行为，促进人与人、人与自然的和谐相处，进而促进人类社会的可持续发展。在生物学研究及生态安全等领域存在的伦理问题，均属于生物伦理的范畴，其概念、研究内容、基本原则，以及在生物学研究和生态安全中的具体体现和相关法规等，将在本章中加以介绍，以期让读者了解并规避相关道德和法律风险。

第一节　生物伦理学的概念、研究范畴及基本原则

生物伦理学又称为生命伦理学，是根据道德价值和原则对生命科学和卫生保健领域内的人类行为进行系统研究的科学。

生物伦理学的研究范围很广，涵盖生物学、生态学、医学等生物相关领域的多个方面，如人体实验、动物实验、干细胞研究、转基因技术、人体器官移植、安乐死、辅助生育、生态安全与环境保护等。

生物伦理学一般应遵循4个基本原则（图5-1），包括有益原则（又称为“有利原则”）、自主原则（又称为“尊重原则”）、无伤原则（又称为“不伤害原则”）和公正原则。

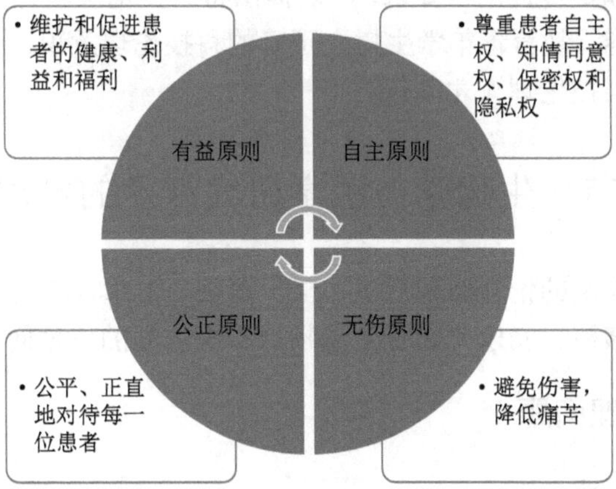

图5-1　生物伦理四原则

有益原则要求动物实验的确是为了寻找治疗人类疾病和深入了解疾病的发病机制；医务人员应权衡利弊，使医学行为的益处尽可能大，而带来的危害尽可能小。医疗活动中的有益原则必须满足：①患者的确患病；②医务人员的行动与解除患者的疾苦有关；③医务人员的行动可能解除患者的疾苦；④患者受益又不会给别人带来太大的损害。

自主原则是指医务人员要尊重患者及其做出的理性决定。尊重患者包括帮助、劝导甚至要

求患者做出选择。应让患者或监护人知情同意，应帮助患者选择诊疗方案，向患者提供正确的、易于理解的、适量的、有利于增强患者信心的信息。

无伤原则主要体现在动物实验和人类疾病治疗方面。在动物实验方面，要尽量降低对实验动物的压力和痛苦程度；在疾病治疗方面，医生必须尽力避免可预见的伤害，尽量将可预见但不可避免的伤害控制在最低限度。

公正原则强调的是权利与义务相等及均衡分配等原则。

生物伦理学与科技伦理学有很多相似之处。科技伦理是开展科学研究、技术探索等科技活动过程中所需要遵循的价值理念和行为规范，是促进科技事业健康发展的重要保障。科技伦理使用的基本原则是：如果某项科技活动（特别是对技术的使用）可能会给人民健康和生态环境带来严重的或不可逆的潜在伤害，那么，我们最好不实施该项行动，尽管对于这种潜在伤害的可能性、严重程度或因果联系尚存在科学上的不确定性；同时，那些主张实施该项行动的人应承担举证的责任。随着人类社会的发展，人们围绕那些有可能带来巨大利益、同时又具有不可预料的巨大风险的尖端技术而展开的争论，将主要不是一个技术上的争论，而更多是在伦理、政治和决策方面的争论。

为进一步完善我国的科技伦理体系，提升科技伦理治理能力，有效防控科技伦理风险，不断推动科技向善、造福人类，实现高水平科技自立自强，中共中央办公厅、国务院办公厅于 2022 年 3 月出台了《关于加强科技伦理治理的意见》，要求坚持和加强党中央对科技工作的集中统一领导，加快构建中国特色科技伦理体系，健全多方参与、协同共治的科技伦理治理体制机制，坚持促进创新与防范风险相统一、制度规范与自我约束相结合，强化底线思维和风险意识，建立并完善符合我国国情、与国际接轨的科技伦理制度，塑造科技向善的文化理念和保障机制，努力实现科技创新高质量发展与高水平安全良性互动，促进我国科技事业健康发展，为增进人类福祉、推动构建人类命运共同体提供有力的科技支撑（见知识扩展 5-1）。该意见还对深入开展科技伦理教育和宣传提出了要求，明确提出将科技伦理教育作为相关专业学科大学生和研究生教育的重要内容，教育青年学生树立正确的科技伦理意识，遵守科技伦理要求，加快培养高素质、专业化的科技伦理人才队伍。

第二节　生物学与医学研究涉及的伦理问题

生物学和医学研究涉及的伦理问题很多，限于篇幅，本章将就动物实验、人体实验、人类干细胞研究、人体器官移植、安乐死和野生动物保护等方面的伦理问题加以介绍。

一、动物实验中的伦理问题

（一）动物实验的必要性

动物实验广泛用于医学研究、药物及保健品研发、化学品（农药、化肥等）的毒性及环境安全性评价等领域。在医学上主要用于揭示生理及基因功能、建立疾病模型、探测疾病机制等；在药物研发中主要用于药物临床前的安全性和有效性评价，以降低临床试验的可能风险。

（二）动物实验的伦理学基础与目前主流观点

动物保护和解放组织认为：①掠夺和杀害动物是一种残忍行为，有悖于人的道德修养。对动物的残忍行为会使人养成残忍的品性。②动物是有感觉的，带给动物痛苦的行为是恶的行为。③生命和感觉是拥有天赋权利的基础，因为动物有生命和感觉，也拥有天赋权利，应得到保护。

目前的主流观点认为，必要时可以进行动物实验，但应善待实验动物，保障动物福利。

（三）善待实验动物的意义

从人道关怀的角度，实验动物为人类健康做出了巨大的牺牲，理应享有应得的福利，得到人们的善待。

从学术研究的角度，保证实验过程中的动物福利，可以使实验结果更真实和准确。

（四）动物福利及法规保障

所谓动物福利，是指采取各种措施避免对动物不必要的伤害，防止虐待动物，使动物在健康、舒适的状态下生存。满足动物的需求（维持生命、健康、舒适）是动物福利的首要原则。动物福利的基本原则包括：享有不受饥渴的自由；享有生活舒适的自由；享有不受痛苦伤害和疾病的自由；享有生活无恐惧和悲伤感的自由；享有表达天性的自由。

为了保障动物福利，世界上已有100多个国家先后建立了涉及动物福利的管理法规。例如，英国1822年通过的第一部禁止虐待动物的《禁止虐待动物法令》（也称《马丁法令》）；美国1966年正式由参众两院通过的《动物福利法》；我国科技部制定发布的《实验动物管理条例》（1988年制定，2011年、2013年和2017年修订）、《关于善待实验动物的指导性意见》（2006年）、《国家科技计划实施中科研不端行为处理办法（试行）》（2006年制定）、《实验动物机构、质量和能力的通用要求》（GB/T 27416-2014）。此外，《国家科技计划实施中科研不端行为处理办法（试行）》还明确将“违反实验动物保护规范”列为6种科研行为不端问题之一。

根据实验动物微生物控制标准，实验动物分为四级。一级为普通动物（conventional animal，CV），不携带主要人兽共患病病原和动物烈性传染病的病原。二级为清洁动物（clean animal，CL），除一级动物应排除的病原外，不携带对动物危害大和对科学研究干扰大的病原。三级为无特殊病原体动物（specific pathogen free animal，SPF），除一、二级动物应排除的病原外，不携带主要潜在感染或条件致病和对科学实验有干扰的病原体。四级为无菌动物（germ free animal，GF），不带有采用现有方法可检出的一切生命体。

《实验动物管理条例》从饲料、饮水、垫料等方面体现了动物福利思想。第十三条要求，实验动物必须饲喂质量合格的全价饲料。霉烂、变质、虫蛀、污染的饲料，不得用于饲喂实验动物。直接用作饲料的蔬菜、水果等，要经过清洗消毒，并保持新鲜。第十四条要求，一级实验动物的饮水，应当符合城市生活饮水的卫生标准。二、三、四级实验动物的饮水，应当符合城市生活饮水的卫生标准并经灭菌处理。第十五条要求，实验动物的垫料应当按照不同等级实验动物的需要，进行相应处理，达到清洁、干燥、吸水、无毒、无虫、无感染源、无污染。

《关于善待实验动物的指导性意见》（简称《意见》）对善待实验动物的总原则、饲养及应用和运输过程善待实验动物的细节、处死动物的原则等方面做了全面的规定。《意见》中涉及总原则的重要条款如下。

第二条　本意见所称善待实验动物，是指在饲养管理和使用实验动物过程中，要采取有效措施，使实验动物免遭不必要的伤害、饥渴、不适、惊恐、折磨、疾病和疼痛，保证动物能够实现自然行为，受到良好的管理与照料，为其提供清洁、舒适的生活环境，提供充足的、保证健康的食物和饮水，避免或减轻疼痛和痛苦等。

第六条　善待实验动物包括倡导“减少、替代、优化”的“3R”原则，科学、合理、人道地使用实验动物。

“3R”原则是一个国际公认的实验动物使用原则，意指减少（reduction）、替代（replacement）和优化（refinement）。“减少”是指如果某一研究方案中必须使用实验动物，同时又没有可行的替代方法，则应把使用动物的数量降低到实现科研目的所需的最小量；“替代”是指使用低等级动物代替高等级动物，或不使用活着的脊椎动物进行实验，而采用其他方法达到与动物实验相同的目的；“优化”是指通过改善动物设施、饲养管理和实验条件，精选实验动物、技术路线和实验手段，优化实验操作技术，尽量减少实验过程对动物机体的损伤，减轻动物遭受的痛苦和应激反应，使动物实验得出科学的结果。

《意见》中涉及生产过程的重要条款如下。

第七条　实验动物生产、经营单位应为实验动物提供清洁、舒适、安全的生活环境。饲养室的内环境指标不得低于国家标准。

第八条　实验动物笼具、垫料质量应符合国家标准。笼具应定期清洗、消毒；垫料应灭菌、除尘，定期更换，保持清洁、干爽。

第九条　各类动物所占笼具最小面积应符合国家标准，保证笼具内每只动物都能实现自然行为，包括：转身、站立、伸腿、躺卧、舔梳等。笼具内应放置供实验动物活动和嬉戏的物品。孕、产期实验动物所占用笼具面积，至少应达到该种动物所占笼具最小面积的110%以上。

第十条　对于非人灵长类实验动物及犬、猪等天性喜爱运动的实验动物，种用动物应设有运动场地并定时遛放。运动场地内应放置适于该种动物玩耍的物品。

第十一条　饲养人员不得戏弄或虐待实验动物。在抓取动物时，应方法得当，态度温和，动作轻柔，避免引起动物的不安、惊恐、疼痛和损伤。在日常管理中，应定期对动物进行观察，若发现动物行为异常，应及时查找原因，采取有针对性的必要措施予以改善。

第十二条　饲养人员应根据动物食性和营养需要，给予动物足够的饲料和清洁的饮水。其营养成分、微生物控制等指标必须符合国家标准。应充分满足实验动物妊娠期、哺乳期、术后恢复期对营养的需要。

《意见》中涉及应用过程的重要条款如下。

第十四条　实验动物应用过程中，应将动物的惊恐和疼痛减少到最低程度。

第十五条　在对实验动物进行手术、解剖或器官移植时，必须进行有效麻醉。术后恢复期应根据实际情况，进行镇痛和有针对性的护理及饮食调理。

第十六条　保定实验动物时，应遵循“温和保定，善良抚慰，减少痛苦和应激反应”的原则。保定器具应结构合理、规格适宜、坚固耐用、环保卫生、便于操作。在不影响实验的前提下，对动物身体的强制性限制宜减少到最低程度。

《意见》中涉及运输过程的重要条款如下。

第二十条　实验动物的国内运输应遵循国家有关活体动物运输的相关规定；国际运输应遵循相关规定，运输包装应符合IATA[①]的要求。

第二十一条　实验动物运输应遵循的规则：①通过最直接的途径，本着安全、舒适、卫生的原则尽快完成。②运输实验动物，应把动物放在合适的笼具里，笼具应能防止动物逃逸或其他动物进入，并能有效防止外部微生物侵袭和污染。③运输过程中，能保证动物自由呼吸，必

① IATA. The International Air Transport Association，国际航空运输协会

要时应提供通风设备。④实验动物不应与感染性微生物、害虫及可能伤害动物的物品混装在一起运输。⑤患有伤病或临产的怀孕动物，不宜长途运输，必须运输的，应有监护和照料。⑥运输时间较长的，途中应为实验动物提供必要的饮食和饮用水，避免实验动物过度饥渴。

《意见》中涉及处死动物的重要条款如下。

第十七条　处死实验动物时，须按照人道主义原则实施安死术。处死现场，不宜有其他动物在场。确认动物死亡后，方可妥善处置尸体。

第十八条　在不影响实验结果判定的情况下，应选择“仁慈终点”，避免延长动物承受痛苦的时间。

第十九条　灵长类实验动物的使用仅限于非用灵长类动物不可的实验。除非因伤病不能治愈而备受煎熬者，猿类灵长类动物原则上不予处死，实验结束后单独饲养，直至自然死亡。

在《意见》附则中，对安死术的描述是：用公众认可的、以人道的方法处死动物的技术。其含义是使动物在没有惊恐和痛苦的状态下安静地、无痛苦地死亡。《实验动物机构　质量和能力的通用要求》（GB/T 27416-2014）中的描述是：以迅速造成动物意识丧失而致身体、心理痛苦最小之处死动物的方法。

至于动物安乐死应该采取的具体方法，美国兽医协会（American Veterinary Medical Association，AVMA）出版的各个版本《AVMA 动物安乐死指南》在世界范围内得到普遍采用，2020 年新版还列举了多种常用实验动物安乐死的新要求；我国的《实验动物　安乐死指南》（GB/T 39760-2021）中，针对常用种类实验动物，均列举了多种“建议使用”的安乐死方法，可作为在我国境内实施动物安乐死的首选方法。常用方法包括：巴比妥类药物过量注射法、CO_2 吸入法、先麻醉后放血致死法、先麻醉再颈椎脱臼法等。

《意见》还将下列行为视为虐待动物：①非实验需要，挑逗、激怒、殴打、电击或用刺激性食品、化学药品、毒品伤害实验动物的；②非实验需要，故意损坏实验动物器官的；③玩忽职守，致使实验动物设施内环境恶化，给实验动物造成严重伤害、痛苦或死亡的；④进行解剖、手术或器官移植时，不按规定对实验动物采取麻醉或其他镇痛措施的；⑤处死动物不使用安死术的；⑥在动物运输过程中，违反《意见》规定，给实验动物造成严重伤害或大量死亡的。

处理办法视情节严重程度不同而异，包括：批评教育、调离实验动物工作岗位、吊销单位实验动物生产或使用许可证。

《实验动物机构　质量和能力的通用要求》（GB/T 27416-2014）对实验动物设施、动物饲养、动物医护等作了具体要求。其附录 B 则对“3R”原则及减少实验动物的含义与措施、优化原则与方案、替代原则与方法也进行了描述。替代方法包括：利用体外生命系统（细胞、组织等）代替动物实验；利用低等动物代替高等动物；利用人群资料代替动物实验；利用数学模型、电子图像分析、生物过程模拟等预先分析；利用无生命反应系统模拟相应的生命系统；利用人工合成的生物活性系统模拟相应的生命系统。

（五）有违动物伦理典型案例

事件一：2011 年，哈佛医学院、麻省总医院的学者曾在国际顶尖期刊《自然》上发表过一篇文章，报道了一种名为荜茇酰胺（piperlongumine，PL）的小分子药物的抗癌作用。文章发表后，文中荷瘤鼠的照片被关注并引起广泛争议，有人指出肿瘤直径过大（图 5-2），远超出了麻省总医院在动物实验伦理规定中的要求（直径≤1.5cm）。2015 年，原作者又在同一期刊上发表了一篇勘误，承认自己没有严格遵守动物实验伦理，未控制好肿瘤的大小，撤回了部分有问题的数据和图片，并对此事致歉。但发现问题的一些学者对这个结果并不满意，《自然》杂志编辑部迫于压力，最终还是予以撤稿处理。

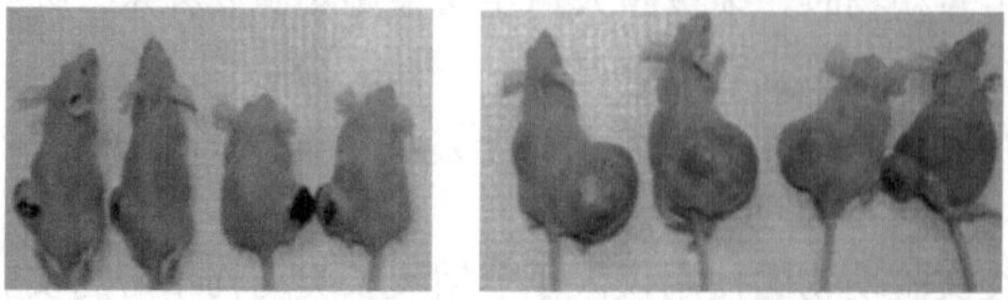

图 5-2　荜茇酰胺处理与空白对照荷瘤鼠（引自 Raj et al.，2011）

PL-treated. 荜茇酰胺药物处理组；Vehicle-treated. 赋形剂处理组（对照组）

该事件中肿瘤过大的原因是人工接种肿瘤后试验时间太长。作者本意是通过较长时间的试验，充分显示实验组和对照组肿瘤大小的差异，从而更好地显示所试验的小分子药物的治疗效果。但从实验动物福利角度来看，荷载过大的肿瘤会导致动物营养不良、不适，甚至死亡。因此，业内普遍接受的小鼠肿瘤体积最大直径为 1.5cm。

事件二：2015 年 12 月 8 日，陕西电视台报道了一则西安某高校医学院疑对大量狗进行“实验”后遗弃濒死狗的消息，该消息显示，部分被遗弃狗带伤且活着，处于抽搐挣扎状态。这一消息引发广大网民尤其是爱狗人士的热议与谴责。该校得知此消息后，成立了问题调查处理专项领导小组，立即展开调查并对相关当事人、负责人及院系领导进行了严肃批评和行政处罚（见知识扩展 5-2）。

事件三：2016 年 5 月 20 日，美国农业部（USDA）因判定抗体巨头 Santa Cruz Biotechnology（SCBT）“蓄意违反”多项联邦《动物福利法》的规定，对该公司开出了高达 350 万美元的罚单，并在 2016 年底注销了其动物研究资格，吊销了其出售、购买和进口动物的许可证。SCBT 公司主要通过对山羊、兔子等动物进行免疫接种，然后从其血液中获取、纯化抗体销售而获利。这个做法本身是得到法律许可和符合生物伦理的。但 USDA 和动物保护组织在对 SCBT 的多次调查中发现，由于外伤、疾病、肿瘤等本应该安乐死的动物却还活着，这就违反了《动物福利法》。

事件二和事件三涉及动物福利法规中规定的“仁慈终点”问题。在我国《关于善待实验动物的指导性意见》第二十八条中，“仁慈终点”是指动物实验过程中，选择动物表现疼痛和压抑的较早阶段为实验的终点。普遍认为，如果到了仁慈终点仍不对动物实施安乐死，是不人道的行为。

（六）动物实验伦理审查机构与内容

动物福利伦理审查主要由动物福利伦理审查委员会执行。动物福利伦理审查委员会包括主席 1 名，实验动物专业或兽医专业人员至少 1 名。

申请伦理审查申请书内容包括：实验动物或动物实验名称及概述，项目负责人及执行人的专业背景简历及上岗证书，项目的意义和必要性，项目中有关实验动物的用途、饲养管理或实验处置方法，预期出现的对动物伤害和处死动物的方法，项目进行中涉及动物福利和伦理问题的详细描述，伦理委员会要求补充的其他文献。

二、人体实验中的伦理问题

（一）人体实验的必要性

动物实验的结果不能直接推广应用到人身上，新的医疗技术、新药产品、新的治疗方案等，经过一系列动物实验后还必须用人做进一步的实验，确定试验药物的安全性和有效性。以新药临床试验为例，在新药上市前还必须在健康人或目标适应证患者上进行试验。Ⅰ期临床试验包括耐受性试验和药代动力学研究，一般在健康受试者中进行。其目的是研究人体对药物的耐受程度，并通过药物代谢动力学研究，了解药物在人体内的吸收、分布、消除规律，为制定给药方案提供依据，以便进一步进行治疗试验。Ⅱ期临床试验为治疗作用初步评价阶段。其目的是初步评价药物对目标适应证患者的治疗作用和安全性，也包括为Ⅲ期临床试验研究设计和给药剂量的确定提供依据。Ⅲ期临床试验为治疗作用确证阶段。其目的是进一步验证药物对目标适应证患者的治疗作用和安全性，评价利益与风险关系，最终为药物注册申请的审查提供充分的依据。

（二）有违人体实验伦理的典型案例

第二次世界大战期间，德国和日本法西斯均进行了惨无人道的人体试验。德国法西斯医生拉舍尔等利用集中营中的犯人，进行了低温冷冻恢复实验、感染性疾病人工传染实验、外科手术练习等实验；臭名昭著的日本法西斯“731”部队，利用活人进行感染、细菌炸弹爆炸、冻伤、真空、触电、活体解剖等一系列残忍的试验（见知识扩展5-3）。这些残忍行径均在战后受到正义的审判。国际法庭于1945～1946年在德国纽伦堡对德国法西斯的行为进行了审判；苏联远东军事法庭于1949年12月在哈巴罗夫斯克（伯力城）对研究、使用细菌武器及进行残忍人体试验的日本战犯进行了审判。

（三）人体实验的伦理争议

有违人体实验伦理事件的发生，引发了关于人体实验的伦理思考与争议，也促成了相关法规的建立。

支持进行人体实验者认为，利用少数人进行的人体科学研究，有利于获取有用的生物医学知识信息，为治疗广大人类疾病或挽救人类生命发现新的有效途径。反对者则认为，用人体做实验，尽管有可能使社会公众获得利益，但因其存在危害的可能性，使实验者个人的健康权利受损。

目前大多数科学家认为，对人体的科学研究必须给予鼓励和支持，但研究的方法必须符合公认的道德标准。要确保这种实验是为了造福人类，而绝不是危害人类。

（四）有关人体实验的代表性法规

最早一部涉及人体实验的法规为1946年纽伦堡国际法庭对纳粹战争罪犯进行审判后形成的《纽伦堡法典》(*Nuremberg Code*)。该法典重点强调了受试者的知情权、实验必要性和安全性。牵涉到人体实验的两个基本原则和十条声明。其中，两个基本原则包括：①必须有利于社会；②应该符合伦理道德和法律观点。十条声明如下：①受试者必须自愿同意。②实验必须要收到用其他研究方法或手段无法达到的、对社会有益的、富有成效的结果，而不是轻率和不必要的。③实验应该立足于已获得的动物实验结果，以及对疾病史和相关问题的了解基础之上，所开展的实验将证实原来的实验结果是正确的。④实验进行时，必须力求避免肉体和精神上的痛苦与创伤。⑤事先就有理由相信会发生死亡或残废的实验，一律不得进行。实验医生自己为受试者的实验除外。⑥实验的危险性，不能超过实验所解决问题的人道主义的重要性。⑦必须作好充分准备，并有足够能力保护受试者不受哪怕是微不足道的创伤、残废和死亡的可能性。⑧实验只能由科技人员进行。进行实验的人员，在实验的每一阶段都需要有极高的技术和管理。⑨当受试者在实验过程中已经到达难以忍受的肉体与精神状态，继续进行已经不可能的时候，受试者有权停止实验。⑩在实验过程中，主持实验的科学工作者，如果他有充足理由相信即使操作是诚心诚意的、技术也是高超的、判断是审慎的，但是实验如继续进行，受试者仍然还要出现创伤、残废和死亡的时候，必须随时中断实验。

继《纽伦堡法典》之后，世界医学会于 1964 年发布了《赫尔辛基宣言》；美国医学会于 1971 年发布了《医学伦理学原则》；美国国家保护生物医药和行为研究受试者委员会于 1978 年发布了《贝尔蒙报告》；WHO 和 CIOMS 于 1982 年联合发表了《伦理学与人体研究国际指南》；CIOMS 发布了《涉及人的健康相关研究国际伦理准则》（2016 版）。我国国家食品药品监督管理局也于 2003 年 6 月首次发布并于 2020 年 7 月施行了《药物临床试验质量管理规范》；我国卫生和计划生育委员会于 2016 年 10 月发布了《涉及人的生物医学研究伦理审查办法》等。

《涉及人的生物医学研究伦理审查办法》包括总则、伦理委员会、伦理审查、知情同意、监督管理、法律责任、附则等 7 章内容。其中的知情同意原则及具体要求、伦理审查部门及审查所需材料等是人体实验的研究者应该关注的重点，具体体现在第三十三条至第三十九条。其中，第三十六条对知情同意书的内容进行了规定，具体包括：①研究目的、基本研究内容、流程、方法及研究时限。②研究者基本信息及研究机构资质。③研究结果可能给受试者、相关人员和社会带来的益处，以及给受试者可能带来的不适和风险。④对受试者的保护措施。⑤研究数据和受试者个人资料的保密范围和措施。⑥受试者的权利，包括自愿参加和随时退出、知情、同意或不同意、保密、补偿、受损害时获得免费治疗和赔偿、新信息的获取、新版本知情同意书的再次签署、获得知情同意书等。⑦受试者在参与研究前、研究后和研究过程中的注意事项。

第三十七条　在知情同意获取过程中，项目研究者应当按照知情同意书内容向受试者逐项说明，其中包括：受试者所参加的研究项目的目的、意义和预期效果，可能遇到的风险和不适，以及可能带来的益处或者影响；有无对受试者有益的其他措施或者治疗方案；保密范围和措施；补偿情况，以及发生损害的赔偿和免费治疗；自愿参加并可以随时退出的权利，以及发生问题时的联系人和联系方式等。

项目研究者应当给予受试者充分的时间理解知情同意书的内容，由受试者做出是否同意参加研究的决定并签署知情同意书。

在心理学研究中，因知情同意可能影响受试者对问题的回答，从而影响研究结果的准确性的，研究者可以在项目研究完成后充分告知受试者并获得知情同意书。

伦理审查部门及审查需要提交的材料见第十九条。审查部门为负责项目研究的医疗卫生机构的伦理委员会。应该向伦理审查部门提交的材料包括：①伦理审查申请表。②研究项目负责人信息、研究项目所涉及的相关机构的合法资质证明以及研究项目经费来源说明。③研究项目方案、相关资料，包括文献综述、临床前研究和动物实验数据等资料。④受试者知情同意书。⑤伦理委员会认为需要提交的其他相关材料。

总之，为了人类大众的健康利益，进行有限的、符合道德的人体实验是必需的，也是法律许可的，但滥用人体进行实验或用人体进行以伤害人类为目的的实验，将会受到道德的谴责和法律的制裁。

三、人类干细胞研究中的伦理问题

（一）干细胞的概念、分类及来源

干细胞（stem cell）是具有分化潜能的细胞，可分化为不同类型的细胞（图 5-3）（见知识扩展 5-4）。

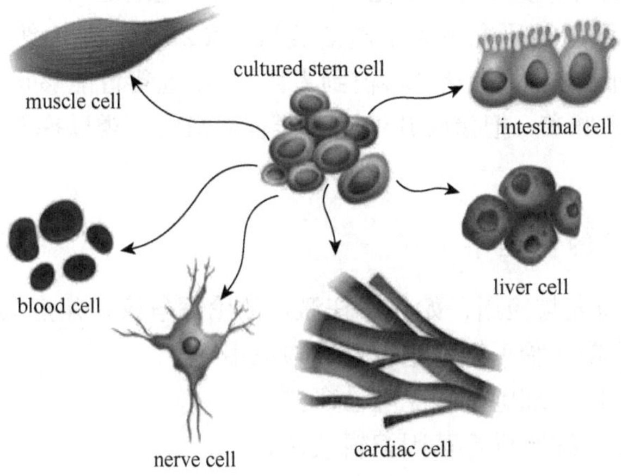

图 5-3　人类干细胞的应用

cultured stem cell. 培养干细胞；muscle cell. 肌肉细胞；intestinal cell. 肠细胞；cardiac cell. 心肌细胞；nerve cell. 神经细胞；liver cell. 肝细胞；blood cell. 血细胞

依据分化潜能，干细胞可分为全能干细胞（totipotent stem cell）、多能干细胞（pluripotent stem cell 或 multipotent stem cell）和单能干细胞（unipotent stem cell）。全能干细胞是具有分化形成完整个体潜能的干细胞，如植物细胞、动物的受精卵及早期胚胎细胞（哺乳动物不超过 16 个细胞的卵裂球）。多能干细胞是具有分化出多种细胞组织潜能的干细胞。例如，造血干细胞能分化出多种类型细胞，但不可能分化出足以构成完整个体的所有细胞。单能干细胞是指仅能分化产生一种或少数几种密切相关的细胞类型的干细胞。例如，小肠上皮中的干细胞可分化为小肠上皮细胞等 4 种细胞；神经干细胞可分化为神经元、少突胶质细胞和星形胶质细胞；肝胆管干细胞可分化为肝细胞和胆管细胞。

按来源及发育状态，干细胞可分为胚胎干细胞和成体干细胞。胚胎干细胞（embryonic stem cell，ESC）是来源于胚胎、高度未分化的细胞。早期胚胎干细胞具有全能性，在适当条件下可以发育成为个体。可以通过体外授精和胚胎移植产生试管婴儿，大致流程如下：采集卵子和精子→体外受精→将受精卵培养成小胚胎→将胚胎移植入母体子宫→胚胎发育→试管婴儿出生。成体干细胞（adult stem cell）是来源于成熟个体的干细胞。自然情况下，具有定向分化潜能，如造血干细胞分化为各种血细胞。这类细胞就算移入母体子宫也不能发育为一个个体。

（二）研究人类干细胞的意义

对人类干细胞进行体外培养和诱导定向分化，就有可能产生人体的各种细胞、组织，甚至器官，用于修复或更新受损的组织或器官以治疗组织坏死性或退行性疾病，或用于体外药物筛选和毒性检测等试验。目前已成功利用造血干细胞移植治疗白血病；神经干细胞移植改善脑瘫、脑外伤和帕金森病等患者；皮肤干细胞移植治疗烧伤等。

2012 年，诺贝尔生理学或医学奖获得者、日本科学家山中伸弥（Shinya Yamanaka）（1962 年出生）开启的关于诱导多能干细胞（induced pluripotent stem cell，iPSC）的研究，证明可以诱导体细胞去分化为多能干细胞，使干细胞的来源更有保障和合乎伦理。

2020 年，诺贝尔化学奖获得者法国科学家埃玛纽埃勒·沙尔庞捷（Emmanuelle Charpentier）和美国科学家珍妮弗·安妮·道德纳（Jennifer A. Doudna）创建的基于 CRISPR-Cas9 基因编辑系统是 21 世纪最重要的科学发现之一。这一技术可以快速地定向改造生物基因，用于人类疾病治疗等领域，也为干细胞的研究带来了新的契机。2021 年，美国纽约大学朗格尼医学中心的研究人员，将经过基因编辑的猪肾“移植到人体”，发现猪肾能够正常工作，并且未受到人体免疫系统的排斥。这意味着，把猪或其他动物器官移植给人类以挽救生命的科研尝试又前进了一大步。

（三）人类干细胞研究的伦理学争议

关于人类干细胞的研究与应用，始终存在激烈的伦理争议，焦点集中在以下几点。

1）能否应用人类早期胚胎干细胞进行研究与应用？

2）能否利用人类胚胎干细胞进行克隆性研究？

3）能否对人类胚胎干细胞进行基因编辑改造？

对于第一个问题持反对态度者认为，早期胚胎是一种早期生命形式，分离胚胎干细胞会导致胚胎被毁坏，等于扼杀生命。而支持者则认为，早期胚胎仅是一团细胞，而不是一个生命，并且从中分离细胞仅仅是改变了这些细胞的命运而非杀死细胞。这些胚胎干细胞用于治疗人类疾病或进行相关研究，是合乎人类道德的。在支持者中，对于这些细胞的研究范畴及应用方式又有不同的观点，普遍支持诱导干细胞分化，但反对干细胞克隆，尤其反对生殖性克隆。

编辑胚胎干细胞会使被编辑基因永久存在于体内并遗传给后代，出于伦理或安全方面考虑（无法预知其有害后果），目前普遍持反对态度。

（四）关于人类胚胎干细胞研究的法规

为了规范人类胚胎干细胞研究，使之符合生命伦理规范，世界上多个国家出台了相关法规。我国科技部和卫生部于 2003 年 12 月出台了《人胚胎干细胞研究的伦理指导原则》，对人类胚胎干细胞的获取途径、捐献者知情同意等进行了规定。重要条文如下。

第四条　禁止进行生殖性克隆人的任何研究。

第五条　用于研究的人胚胎干细胞只能通过下列方式获得：

（一）体外受精时多余的配子或囊胚。

（二）自然或自愿选择流产的胎儿细胞。

（三）体细胞核移植技术所获得的囊胚和单性分裂囊胚。

（四）自愿捐献的生殖细胞。

第六条　进行人胚胎干细胞研究，必须遵守以下行为规范：

（一）利用体外受精、体细胞核移植、单性复制技术或遗传修饰获得的囊胚，其体外培养期限自受精或核移植开始不得超过 14 天。

（二）不得将前款中获得的已用于研究的人囊胚植入人或任何其他动物的生殖系统。

（三）不得将人的生殖细胞与其他物种的生殖细胞结合。

第七条　禁止买卖人类配子、受精卵、胚胎或胎儿组织。

第八条　进行人胚胎干细胞研究，必须认真贯彻知情同意与知情选择原则，签署知情同意书，保护受试者的隐私。

前款所指的知情同意和知情选择是指研究人员应当在实验前，用准确、清晰、通俗的语言向受试者如实告知有关实验的预期目的和可能产生的后果和风险，获得他们的同意并签署知情同意书。

（五）有违伦理与法规的基因编辑婴儿事件

2018 年 11 月 26 日，南方某高校副教授贺某宣布一对名为露露和娜娜的基因编辑婴儿在中国健康诞生，由于这对双胞胎的一个基因（CCR5）经过修改，她们出生后即能天然抵抗艾滋病病毒（HIV）。据报道，2017 年 3 月至 2018 年 11 月，贺某通过他人伪造伦理审查书，招募 8 对夫妇志愿者（艾滋病病毒抗体男方阳性、女方阴性）参与实验。为规避艾滋病病毒携带者不得实施辅助生殖的相关规定，策划他人顶替志愿者验血，指使个别从业人员违规在人类胚胎上进行基因编辑并植入母体，最终有 2 名志愿者怀孕，其中 1 名已生下双胞胎女婴露露和娜娜，另 1 名在怀孕中。其余 6 对志愿者有 1 对中途退出实验，另外 5 对均未受孕。2018 年 11 月 25 日、26 日两天，贺某以南方某大学副教授身份分别在国内和海外视频平台优酷与 YouTube 上各上传了 5 段详细讲述该试验的解说视频。这一消息迅速激起轩然大波，震动了世界。各国科学家、科研机构及我国相关管理部门、社会团体均发声谴责，认为这项研究有违伦理和法规，应该予以禁止并依法依规处理（见知识扩展 5-5）。理由有三：①基因修改使两个孩子面临巨大的不确定性。②被修改的基因将通过两个孩子最终融入人类的基因池，使人类面临风险。③这次实验粗暴地突破了科学应有的伦理程序，在程序上无法接受。

2018 年 11 月 26 日，国家卫生健康委员会称将依法依规处理相关责任人。次日，科技部副部长徐南平表示，本次“基因编辑婴儿”事件属于被明令禁止的，将按照中国有关法律和条例进行处理。同日，中国科协生命科学学会联合体发表声明，坚决反对有违科学精神和伦理道德的所谓科学研究与生物技术应用。声明称，“基因编辑婴儿”事件实属违反伦理道德和有关规定，已严重扰乱科研秩序，对中国生命科学领域国际声誉造成了严重损害。

2019 年 12 月 30 日，“基因编辑婴儿”案在深圳市南山区人民法院一审公开宣判。法院认为，3 名被告人未取得医生执业资格，追名逐利，故意违反国家有关科研和医疗管理规定，逾越科研和医学伦理道德底线，贸然将基因编辑技术应用于人类辅助生殖医疗，扰乱医疗管理秩序，情节严重，其行为已构成非法行医罪。根据 3 名被告人的犯罪事实、性质、情节和对社会的危害程度，依法判处被告人贺某有期徒刑三年，并处罚金人民币 300 万元；判处张某（广东省某医疗机构）有期徒刑两年，并处罚金人民币 100 万元；判处覃某（深圳市某医疗机构）有期徒刑一年六个月，缓刑两年，并处罚金人民币 50 万元。

四、人体器官移植的风险及伦理问题

人体器官移植是指用健康的器官置换功能衰竭或者丧失的器官，以挽救患者生命的一项医学技术。

1954 年，美国的约瑟夫·默里（Joseph Murray）首次成功地在同卵双胞胎兄弟间进行了肾移植，使患者的健康状况得到改善并存活了 8 年。该手术被视为人类历史上第一个真正成功的器官移植手术，成为划时代的标志。此后，医学科学家在该领域进行了大量探索，使肝脏、肾脏、胰腺、小肠、心脏、肺脏等多种人体器官和组织能够在人与人之间成功移植。

（一）人体器官移植的风险

1）手术风险。

2）术后发生移植排斥的风险。

3）移植后使用免疫移植药物增加严重感染、肿瘤等疾病发病率及严重性的风险。

（二）人体器官移植的伦理问题

人体器官移植涉及许多伦理问题，主要包括：

1）受体是否适合做器官移植手术？

2）供体来源是否合法？

3）供体方是否同意摘取捐献人体器官？

4）能否保证公正地分配资源短缺的人体器官？

5）是否需要对活体器官提供者进行经济或其他补偿？如何补偿？

人体器官移植的相关法规已对以上这些问题进行了回答。

（三）人体器官移植法规

为了规范器官移植及相关活动，世界卫生组织 2010 年发布了《世界卫生组织人体细胞、组织和器官移植指导原则》，我国也先后颁布了系列相关法规（表 5-1）。

表 5-1　中国人体器官移植法规

法规名称	发布部门	制定及修订时间
人体器官移植条例	国务院	2007
关于规范活体器官移植的若干规定	卫生部	2009
中国人体器官分配与共享系统基本原则和肝脏与肾脏移植核心政策	卫生部	2010
人体捐献器官获取与分配管理规定	国家卫生健康委员会	2019

这些法规遵循的原则主要有以下几项。

1）患者利益至上原则。移植应符合患者的健康利益，在对比了所有治疗方案的效果并进行过充分风险评估基础上，决定是否采用器官移植的治疗方案。因器官移植风险大、代价高、资源稀缺，只有其成为唯一具有救治希望的治疗方案时才加以实施。

2）自愿、无偿原则。其是指人体器官应来源于真正自愿、无偿的捐赠者。禁止买卖器官。器官移植的总费用由器官运送、保管、检验、手术费等组成，而不应含有器官本身的费用。

3）知情同意原则。需对器官供、受双方进行知情同意。

4）尊重和保护供体原则。①确保知情同意真实，也就是供体方充分了解手术目的、结果及实施过程风险等应知情内容。②应有供体手术的风险评估与风险预案。③供体手术方案的选择应将供体放在首位，对于健康供体，应选择摘取功能较差的器官。④如摘取尸体器官，应尽可能复原外貌，维护死者体面。

5）公平、公正、公开原则。公平指不同受体方获取供体器官的机会和程序应该相同；公正指器官分配者应无偏私地处理供体；公开指受外部、他人监管。

6）保密原则。包括一般保密原则及供受互盲原则。后者主要指在陌生人之间进行器官移植时，医务人员应确保供体和受体之间信息互盲，避免导致器官买卖和其他问题。

7）器官捐献的补偿原则。禁止器官买卖是世界共识，主要源于对器官商品化有可能导致绑架人口犯罪率上升及穷人迫于生计而出卖自己器官的担忧。但公认捐献者可以获得现金以外的适当补偿。方式有：①捐献者家人及近亲属的器官优先获得权。②授予捐献者以荣誉。③给予适当的间接、安抚式补偿。

人体器官的获取和分配是人体器官移植领域矛盾和争议的焦点。目前各国立法普遍禁止获取死刑犯的器官用于器官移植。理由是：首先，死囚犯为弱势者，其自愿存在可疑性。其次，刑法权利有可能过度使用。

移植器官可来源于活体，也可来源于尸体。但不管哪种来源，都应符合知情同意原则。如果来源于尸体，个体生前应有同意捐献器官的表示。应保护尸体的人格权，否则会涉嫌侮辱尸体罪。如果来源于活人，应更为慎重，要做到：①风险评估与管控。②移植获益与摘除器官风险权衡。③知情同意。应单独与捐献者事前进行深度的知情同意，使器官移植提供者充分了解捐献器官本身及手术过程、手术过后自己有可能面临的各种风险。解决亲情帮助与自爱的矛盾，避免亲属捐献者出于亲情压力而非完全自愿捐献器官。

移植器官为稀缺资源，在“供”远小于“求”的前提下，应如何进行分配以体现公平正义是器官移植领域另一个重要的伦理问题。

“生命等价原则”是移植器官分配所遵循的总原则。但具体分配时，不可避免地需要对移植受者进行先后排序。普遍采纳的排序依据包括医学和社会两方面的标准。医学标准包括器官移植的适应证、禁忌证等，可通过对供受双方的年龄、健康与疾病状态、免疫相容性等指标进行打分评估后排序。社会标准包括：①捐献者意愿。属于最先考虑的因素。②曾经的捐献经历。受体或其近亲属曾经有捐献经历，可以优先获得器官。③登记先后次序。④就近原则。因器官离体保存时间只有24h，应就近分配。⑤受者的其他社会因素。包括受体方的家庭地位与作用、受体方的社会贡献与价值、移植的科研价值、受体方移植后的余年寿命等。

（四）人体器官获取、分配组织与监管部门

人体器官获取组织（Organ Procurement Organization，OPO）指依托符合条件的医疗机构，由外科医师、神经内外科医师、重症医学科医师及护士、人体器官捐献协调员等人员组成的从事公民逝世后人体器官获取、修复、维护、保存和转运的医学专门组织和机构。该组织的成立应当符合省级卫生健康行政部门规划，并符合OPO基本条件和管理要求（见知识扩展5-6）。

监督管理部门为县级以上卫生健康行政部门和国家卫生健康委员会，前者负责辖区人体捐献器官获取与分配的监督管理工作，后者负责全国人体捐献器官获取与分配的监督管理工作。

五、安乐死的伦理及法律问题

（一）安乐死的定义及分类

安乐死是指“安详无痛苦的死亡”或“安详无痛苦的死亡术”，是以死亡主体死亡过程的

实际生命感受来界定的死亡形式，使人生命感受上最小限度地承受痛苦和最大限度地享受安详的一种死亡实施或死亡过程。

按照不同原则，安乐死可分为不同的类型。

（1）*积极安乐死与消极安乐死* 积极安乐死也称为主动安乐死，是指对在现有的医疗技术水平下，被确认为濒临死亡没有医治可能性又极度痛苦的患者，由主治医师主动采取某种措施使患者死亡的行为。其有时也被称为无痛致死。

消极安乐死也称为被动安乐死，是指在现有的医疗技术水平下，被确认为濒临死亡没有医治可能性又极度痛苦的患者，医生在患者的允许下停止使用维持延长生命的器械（氧气罩、呼吸机等）或药物让患者自然死亡的形式。

（2）*自愿、非自愿和不自愿安乐死* 自愿安乐死是指当患者得知自己所患的疾病在现有医学技术条件下不能得到根治，病情逐步恶化、自己即将死亡的情况下，由患者完全根据自己意愿主动提出对自己实施安乐死以缩短死亡过程、减轻死亡中的痛苦。

非自愿安乐死是指患者没有要求，完全由医护人员或法律许可的执行人员执行的主动安乐死。一般适用于有严重残疾的婴儿、严重危害社会的精神病患者、植物人等不能正确表达意愿的患者。

不自愿安乐死是指对一个人生命的终结是违背自身意愿的，其性质无异于故意杀人。

（3）*自杀安乐死与协助自杀安乐死* 自杀安乐死是指自己用安乐死方式结束自己生命的形式。协助自杀安乐死是指根据患者请求，由他人提供药物或工具，对患者实施安乐死的形式。

（二）安乐死的伦理争议

安乐死，这个交织着“乐”与“死”的复杂词汇，在现实中更体现出了其在伦理、法律等方面的诸多矛盾。对于安乐死，人们的意见一直十分割裂。支持者认为，这是对尊严和体面的守护；反对者则认为，这是对生命的轻视与亵渎。如今，争论仍在继续。

关于安乐死的伦理争议主要有：生命神圣论与生命质量论之争；医生的救死扶伤和减轻患者痛苦原则之争；患者要求安乐死的自主权是否应该得到尊重等。

1. 生命神圣论与生命质量论之争

生命神圣论认为，生命神圣不可侵犯，无论在什么情况下都应当努力延续生命，直到生命最后一刻，自杀或杀人都应该被禁止。

生命质量论认为，人的尊严和快乐比生命本身更重要，痛苦、没有快乐、没有尊严的生命可以被终结。

这两种观点都有其宗教与哲学基础。如生命神圣论，基督教的圣经中就表示，只有上帝可以决定人的去留，人自己不可自杀和杀死他人。中国俗话有“好死不如赖活着”“救人一命，胜造七级浮屠”等。生命质量论的基础如西方的“为真理而献身”和中国儒家文化的“舍生取义”等。

2. 医生的救死扶伤和减轻患者痛苦原则之争

救死扶伤原则始终是医生的根本行为准则和职业道德。在被称为“医学之父”的古希腊医学家希波克拉底的《希波克拉底誓言》中指出：“医生乃是仁慈的、权威的、以患者之最大福利为己任的专家”“我绝不会对要求我的任何人给予死亡的药物，也不会给任何人指出同样的死亡的阴谋途径”。德国著名医生胡弗兰德的《医德十二箴》也更为明确地表达了这一思想，认为不管何种情形下，医生应力争延长患者生命，否则就是不人道的。1948 年 9 月世界医协大会发布的《日内瓦宣言》及2017年的修订版，同样支持这一观点。这一原则与安乐死观点是矛盾的。

但减轻患者痛苦原则也是医生的职责。因此，部分人认为，医生不可放任患者忍受痛苦苟活，在必要时，应患者要求可以采取包括安乐死在内的措施以减轻或免除患者的痛苦。

3. 患者要求安乐死的意愿是否真实，其自主权是否应该得到尊重

多数人认为，绝症患者自愿谋求死亡是他的权利，应该得到尊重。但也有学者对处于痛苦情境中的患者提出安乐死请求的主观真实性依据（疾病诊断是否准确，患者是否在精神完全正常及清醒的状态下表达的真实意愿等）有所担忧。

我国国家卫生健康委员会在答复两会关于安乐死的提案时谈到，一些患者，特别是贫困患者往往因经济原因或出于为家庭、亲属减轻负担而寻求安乐死，并非“真正自愿”放弃生命，如果对其实施安乐死则违背了医学伦理道德的公平性原则，在一定程度上剥夺了贫困患者接受医疗服务的权利。

（三）安乐死立法

全球立法同意安乐死的国家很少，允许主动安乐死或协助自杀合法的国家和地区有：荷兰、比利时、卢森堡、瑞士、加拿大、爱尔兰、哥伦比亚，以及美国的华盛顿州、加利福尼亚州等8个州。允许被动安乐死的国家和地区有奥地利、丹麦、法国、德国、匈牙利、挪威、斯洛伐克、西班牙、爱尔兰、芬兰、日本、瑞典等。意大利、波兰和希腊等国家则完全禁止任何形式的帮助他人死亡。这些立法允许安乐死的国家，其立法的基本点包括：①死亡的实施目的必须是善意的。②死亡实施效果必须是安乐的。③死亡主体必须是患有不可医治的严重疾病的患者。④死亡主体必须是遭受不可忍受的极端痛苦的患者。⑤死亡的实施必须是患者主动要求并且自愿承担的。⑥死亡的实施必须是在医疗条件下由医护人员执行的。在这些国家，对自愿要求安乐死的患者，医生应综合评估患者病情、精神状况、安乐死意愿的真实性等，并考虑患者亲属感受，慎重决定是否帮助患者实施安乐死。

我国及世界上众多国家和地区尚未进行安乐死立法。在这些国家和地区，不允许对他人实施主动安乐死，但对被动安乐死保持容忍的态度。

六、野生动物保护的伦理问题

在壮丽神奇的青藏高原可可西里“无人区”，生活着一群体态轻盈、俊秀的高原精灵——藏羚羊。藏羚羊是大自然馈赠给人类的一道亮丽风景，是我国一级保护野生动物。然而，不断破获的特大盗猎案（2001年12月21日特大盗猎案、2003年5月9日特大盗猎案、2019年12月18日特大盗猎案），反映出其堪忧的生存状况，我们似乎听到了藏羚羊的哀叫和呼救。

实际上，不只是藏羚羊，还有一些其他种类的珍贵野生动物因受到人类的乱捕滥猎，或由自然或人为活动导致的环境恶化而数量大幅减少，濒临灭绝或已灭绝。早在1999年，中国野生动物保护协会编写出版了《荒漠羚哀》一书，该书对我国包括藏羚羊在内的野生动物生存情况进行了比较详细的描述。2004年，由著名导演陆川拍摄的电影《可可西里》则讲述了关于藏羚羊盗猎与保护的斗争故事。不断见诸报道的野生动物盗猎案，提醒人类一直存在野生动物被害的情形，也反映出国家坚决打击危害野生动物行为、保护野生动物的决心和行动。据新华网2009年2月6日报道，青海省西宁市森林公安局自2008年12月6日至2009年2月6日，接连破获了四起特大盗猎、贩运野生动物及其产品的案件，缴获死体金雕16只、胡兀鹫15只、秃鹫 2 只、草原雕 1 只、雪鸡 42 只、活体雪鸡 1 只；2017 年 8 月 23 日，宁夏破获国家一级保护动物林麝盗杀案；2020 年 1 月 7 日，四川西昌破获盗猎多种国家保护动物案，依法扣押国家重点保护野生动物及其制品熊掌 1 只、麝香 1 个、麝香成品 10g、熊油 5000g、獐子腿 2 只、毛冠鹿 1 只（死体）、赤麂头 1 个、赤麂肉 1 筐、麂子腿 4 只。2019 年持续燃烧 4 个月的澳大利亚森林火灾烧死了超过十几亿只野生动物。

那么，什么是野生动物？为什么要保护野生动物？哪些野生动物需要保护？涉及野生动物保护的法规有哪些？野生动物保护是否涉及伦理问题？这些问题已越来越受到人们的关注和重视。

（一）野生动物的定义

野生动物是指所有非经人工饲养而生活于自然环境下或者虽然已经短期驯养但还没有产生进化变异的各种动物。

（二）野生动物的价值

野生动物具有科学价值、药用价值、经济价值、游乐观赏价值、文化美学价值和生态价值，是自然生态系统的重要组成部分，在维护生态系统的稳定中发挥着重要的作用。

（三）保护野生动物的意义

保护发展和合理利用野生动物资源，对于保护生物多样性、维护生态平衡、促进人与自然的和谐、促进经济社会全面协调可持续发展有着非常重要的意义。

（四）野生动物保护的范畴

关于野生动物保护的范畴，各国立法有所不同。《美国濒危物种保护法》包含了全部野生动物，而在《中华人民共和国野生动物保护法》中规定保护范围为“珍贵、濒危”以及“三有”动物。其中，“三有”动物指有重要生态价值、科学价值和社会价值的野生动物。我国《国家重点保护野生动物名录》（简称《保护名录》）和《国家保护的有重要生态、科学、社会价值的陆生野生动物名录》共包括了 1804 种脊椎动物，其中哺乳动物 215 种，鸟类 941 种，两栖类 262 种，爬行类 386 种。名录所列动物品种由国务院野生动物保护主管部门评估、制定、定期调整和发布。

我国还有一些地方重点保护野生动物，是指除国家重点保护的野生动物外，由省、自治区、直辖市重点保护的野生动物。地方重点保护野生动物名录，由省、自治区、直辖市人民政府组织科学评估后制定、调整并公布。

（五）野生动物保护领域的伦理共识

在中国传统文化和西方哲学思想中都蕴涵着大量滋养动物保护伦理形成的土壤，普遍认为残酷对待动物会使人变得残忍，这是动物保护的思想基础。

已有的共识是：一方面，保护野生动物对于保护生物多样性、维护生态平衡、促进人与自然的和谐及经济社会全面协调可持续发展有着非常重要的意义。因此，伤害及猎杀野生动物就是破坏生物多样性和生态平衡、破坏人与自然的和谐，是不道德的行为。另一方面，因野生动物存在传播疾病和伤人的风险，以及与人类争夺自然资源的问题，需要有计划、有策略地保护和合理利用野生动物。

（六）野生动物保护法规

20 世纪 50 年代以后，伴随着“人与自然和谐共处论”逐渐被越来越多的人接受，以及对于野生动物在维护自然生态系统中重要作用的逐步认识，野生动物保护法规也得到逐步建立与完善。

我国政府早在 1988 年 11 月 8 日第七届全国人民代表大会常务委员会第四次会议上就通过了《中华人民共和国野生动物保护法》，后与时俱进，分别于 2004 年、2009 年、2016 年和 2018 年进行了多次修订。最新版《中华人民共和国野生动物保护法》的重要条文内容有：野生动物资源属于国家所有（第三条）；国家保护野生动物及其栖息地（第五条）；任何组织和个人都有保护野生动物及其栖息地的义务（第六条）；禁止猎捕、杀害国家重点保护野生动物，因科学研究、种群调控、疫源疫病监测或者其他特殊情况，需要猎捕列入保护名录的野生动物前，应当依保护级别向相应级别的野生动物保护主管部门申请特许猎捕证（第二十一条）；国家支持有关科学研究机构因物种保护目的人工繁育国家重点保护野生动物（第二十五条）；人工繁育国家重点保护野生动物应当有利于物种保护及其科学研究，不得破坏野外种群资源（第二十六条）；禁止出售、购买、利用国家重点保护野生动物及其制品（第二十七条）；任何组织和个人将野生动物放生至野外环境，应当选择适合放生地野外生存的当地物种，不得干扰当地居民的正常生活、生产，避免对生态系统造成危害（第三十八条）；等等。

2019 年 12 月新型冠状病毒肺炎疫情的暴发，更加引发了关于野生动物保护的伦理反思，促进了野生动物保护政策法规的进一步修订与完善。2020 年 2 月 24 日，第十三届全国人民代表大会常务委员会第十六次会议表决通过了《关于全面禁止非法野生动物交易、革除滥食野生动物陋习、切实保障人民群众生命健康安全的决定》，确立了全面禁止食用野生动物的制度，对违反现行法律规定的，要在现行法律基础上加重处罚。一些地方政府也陆续出台了地方法规和可食用动物“黑白名单”。2020 年 4 月 8 日，农业农村部在其官网发布了《国家畜禽遗传资源目录（征求意见稿）》公开征求意见。这些决议、法规和意见的密集出台，体现了我国各级政府对野生动物保护、利用、监管和立法等的高度重视。

（七）野生动物保护组织及管理机构

国际上野生动物保护组织主要有：成立于 1895 年的国际野生生物保护学会（Wildlife Conservation Society，WCS）、1948 年创立的世界自然保护联盟（International Union for Conservation of Nature，IUCN）、1969 年创立的国际爱护动物基金会（International Fund For Animal Welfare，IFAW）和 1981 年创立的世界动物保护协会（World Animal Protection，WAP）等。

我国具有广泛代表性和影响力的社会组织为中国野生动物保护协会（China Wildlife Conservation Association，CWCA）。其成立于 1983 年 12 月 23 日，是中国科学技术协会所属全国性社会团体，行政上受国家林业和草原局领导。主要致力于支持、协助与参与珍稀、濒危野生动物拯救和生物多样性保护、引导和推动野生动物繁育，利用行业自律和行业规范，推动中国野生动物保护事业与社会经济的协调可持续发展，促进人与自然的和谐共生（见中国野生动物保护协会网站 http://www.cwca.org.cn/）。

我国野生动物保护的官方管理机构包括国家级、省级、县级等，国家级为国家林业和草原局野生动植物保护司（中华人民共和国濒危物种进出口管理办公室），省、县级为相应层级林业管理部门。

第三节　生态伦理与生态安全

一、生态系统与生态伦理

生态系统是指在自然界一定的空间内，生物与环境构成的统一整体。其组成包括：①具有光合作用的植物，将光能转化成生物能而引入生态系统，同时为动物提供栖息地。②以植物为食的动物。③以动物为食的动物及杂食性动物。④可以分解动植物残体的微生物。⑤有机和无机矿物质。其中，植物为生产者，动物为消费者，微生物为分解者。在生态系统中，生物可通过“吃”与“被吃”的关系构成食物链和食物网。图 5-4 展示了一条简单的森林食物链组成。

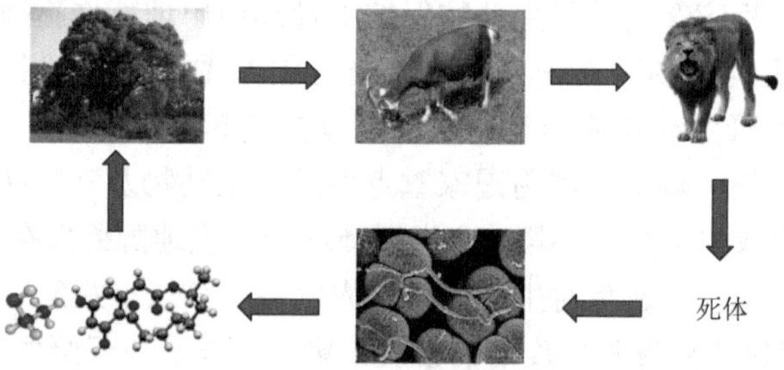

图 5-4　森林食物链

生态伦理学是伴随着全球性生态问题而产生的一门研究人和自然环境之间道德关系的交叉性应用伦理学科。生态伦理是生态文明的一个组成部分，它从理论和实践两个方面来促进生态文明建设并牢固树立生态文明观念。依据生态伦理学理论，世界是“人—社会—自然”的复合生态系统，是一个活的有机整体。生态伦理宣扬人、生命和自然界没有高低贵贱之分，追求万物平等及人与自然的和谐发展。

二、生态和谐理想

生态理想主要涉及人与自然的关系。20 世纪 50 年代以前曾出现过“人类中心主义”和“自然中心主义”两种基本观点，前者强调人与其他生物的区别，赞美、突出人的智慧、力量、作用和地位，后者则重视和强调人与其他生物的共性，赞美、突出大自然。此后又衍生出三种典型的观点：一是“极端的人类中心论”，认为人是万物之灵，是自然的主宰和统治者，可以自由支配、征服自然；二是“极端的自然论”（又称为“自然中心主义”），轻视人的利益和作用，主张被动顺应自然；三是“人与自然和谐共处论”，主张人类热爱、尊重、保护、合理利用自然。其中，“人与自然和谐共处论”是目前全世界普遍接受的主流观点，已在 1972 年发布的《联合国人类环境会议宣言》、1982 年发布的《内罗毕宣言》、1992 年召开的联合国环境与发展大会上签订的《里约宣言》中得到了确认。这一观点与我国古代《周易》的“天人协调”、老子和庄子的“道法自然”、孔子和孟子的“天人合一”等思想相吻合，也是马克思主义的生态观。马克思认为，人是自然界的产物，自然界是人类赖以生存和发展的基础，主要表现在三个方面：首先，人靠自然而活。自然界为人类提供维持肉体生存的基本生活资料，如空气、阳光、水，使之不至于死亡而继续生存下去，自然界是人的“无机身体”，“人直接地是自然存在物”。其次，自然界为人类劳动提供对象性材料。劳动是一种对象性活动，依赖于加工的对象而存在，如果没有劳动加工的对象，劳动就无法存在。最后，自然界是人类精神生活的一部分。

那么，怎么才算人与自然和谐相处呢？

对《联合国人类环境会议宣言》和《里约宣言》相关条款进行总结，可以将“人与自然和谐相处”描述为：人类开发利用自然资源的同时，不对其产生不可恢复的损害。《联合国人类环境会议宣言》的共同原则第 3～7 条可总结为：不可再生资源不被耗尽，再生资源再生能力不下降，自然资源包括野生动物得到保护，所排出有毒有害物质及其他物质和热的数量不超过环境能将其无害化的能力。

在《习近平谈治国理政》第一卷第八部分“建设生态文明”中，也为我们描述了“天蓝、地绿、水清”的美好生态蓝图。

联合国“人居奖”（1989 年）和“地球卫士奖”（2004 年）所奖励的政府、组织和个人则可作为这方面的典范。我国先后获奖的有河北唐山（1990 年）、深圳（1992 年）、上海（1995 年）、广东中山（1997 年）、四川成都（1998 年）、辽宁沈阳（1998 年）和大连（1999 年）、浙江杭州（2001 年）、内蒙古包头（2002 年）、山东威海（2003 年）、福建厦门（2004 年）、山东烟台（2005 年）、江苏扬州（2006 年）、广西南宁（2007 年）、江苏南京（2008 年）、浙江绍兴（2008 年）、江苏张家港（2008 年）、山东日照（2009 年）、江苏常州（2010 年）、江苏昆山（2010 年）、浙江安吉（2012 年）、山东寿光（2013 年）和江苏徐州（2018 年）。其中，南京市政府获 2008 年联合国人居奖特别荣誉奖，获奖理由是：南京市政府面对公众在贯穿市内的秦淮河工业污染和人为污染带来的健康危害方面的呼声越来越高的情况下，对秦淮河进行的果敢、突出、富有示范性和综合性的再开发、复兴和改善。

浙江安吉在 20 世纪末，是浙江的一个贫困县。为脱贫致富走上“工业强县”之路，尽管经济在短期内快速增长，顺利摘掉了贫困县的“帽子”，但当地的生态环境遭到了严重的破坏。2001 年，安吉县确定了“生态立县”发展战略，不断探索以最小的资源环境代价谋求经济、社会最大限度地发展。2005 年 8 月 15 日，时任浙江省委书记的习近平同志在安吉县余村调研时提出了“绿水青山就是金山银山”（以下简称“两山论”理念）的科学论断，深刻揭示了经济发展和环境保护的关系，坚定了安吉走“生态立县”发展之路的决心（见知识扩展 5-7）。2008 年，安吉以“两山论”理念为指引，开始实施以“中国美丽乡村”为载体的生态文明建设，围绕“村村优美、家家创业、处处和谐、人人幸福”的目标，实施了环境提升、产业提升、服务提升、素质提升“四大工程”，从规划、建设、管理、经营四方面持续推进美丽乡村建设，创新体制机制，激发建设内在动力。经过十余年努力，实现了生态保护和经济发展的双赢，获得了 2012 年的联合国人居奖，也登上了美丽中国先锋榜。徐州则利用智慧管理手段处理城市废物，整体而广泛地推进了生态修复。

总而言之，良好的生态环境是人类生存的基础、健康的保障、可持续发展的支撑。生态安全与生态伦理的终极目标是维护生态平衡和人类的可持续发展。

2016 年 5 月 26 日，第二届联合国环境大会高级别会议在联合国环境规划署总部内罗毕举行，会议发布了《绿水青山就是金山银山：中国生态文明战略与行动》报告。报告主要介绍了中国生态文明建设的指导原则、基本理念和政策举措，特别是将生态文明融入国家发展规划的做法和经验，旨在向国际社会展示中国建设生态文明、推动绿色发展的决心和成效。联合国环境规划署执行主任施泰纳表示，中国的生态文明建设是对可持续发展理念的有益探索和具体实践，为其他国家应对类似的经济、环境和社会挑战提供了经验借鉴（沈满洪，2018）。2017 年

10 月 24 日，新的《中国共产党章程》发布，“两山论”被明确写入其中，成为指引我国社会经济建设的航标和全球生态文明建设的重要参考。

三、生态危机与生物伦理

“人与自然和谐发展”的生态伦理虽然已是世界共识，但仍然存在由过度开发自然资源和向生态系统中大量排放生活、生产所产生的污染物而导致的生态危机。让大家感受深刻的危机现象有：空气污染导致的雾霾天气（图 5-5）增多；水环境被各种有害物污染（图 5-6）；温室效应导致全球气候变暖，继而导致全球降水量重新分配，冰川和冻土消融，海平面上升等。其他还包括森林锐减、土地荒漠化、生物多样性减少等。

图 5-5　2013 年赫芬顿邮报刊登中国城市雾霾（http://media.sohu.com/20131022/n388679691.shtml）

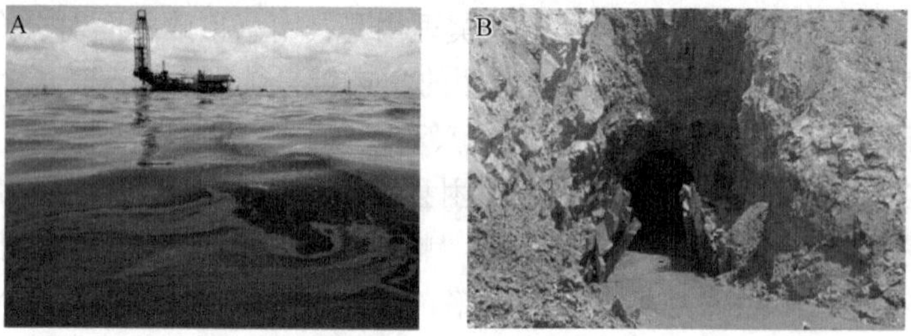

图 5-6　被污染的水（https://www.sohu.com/a/72315088_115303）

A. 2011 年 8 月 15 日，委内瑞拉的马拉开波湖巴兰基塔斯海岸城镇附近河里的石油漂浮；B. 2015 年 8 月 5 日，位于科罗拉多州的圣胡安县的黄金矿入口处排放出来的矿山废水

这种危机在 1962 年美国女作家蕾切尔·卡森撰写出版的《寂静的春天》中最早进行了描述。书中开头便描绘了一个由大量使用化学农药而导致的美丽村庄的巨变，并全方位地揭示了化学农药的危害，警示人类可能将面临一个没有鸟、蜜蜂和蝴蝶的寂静世界。美国电影《永不妥协》（2000 年）和《黑水》（2019 年）也反映了美国曾经存在的严重的环境污染问题。日本电影《萤火虫之星》（2003 年）通过主人公所在学校附近的一条小河上一度消失的萤火虫反映了日本的环境污染状况。

事实上，伴随着全球工业化发展及地区经济发展不平衡而导致的贫穷地区对于自然资源的过度开发利用，人类对于生态环境的破坏一直在持续，需要通过伦理道德和法规加以约束。

四、基于生物伦理的生态保护法规与倡议

生态安全的重要性已属世界共识，国内外已制定了系列管理条例以保护生态环境。

在国际上，1992 年在巴西里约热内卢召开的联合国环境与发展大会上，153 个国家签订了《生物多样性公约》。

我国于 2013 年 9 月由环境保护部发布了《中国公民环境与健康素养（试行）》，提出了环境与健康素养概念，围绕基本理念、基本知识、基本技能三个方面筛选出 30 条公民环境与健康素养内容。为牢固树立社会主义生态文明观，推动形成人与自然和谐发展的现代化建设新格局，倡导简约适度、绿色低碳的生活方式，引领公民践行生态环境责任，携手共建天蓝、地绿、水清的美丽中国。2018 年 6 月 4 日，生态环境部、中央文明办、教育部、共青团中央委员会、全国妇联联合编制发布了《公民生态环境行为规范（试行）》。2020 年 8 月由生态环境部在《中国公民环境与健康素养（试行）》的基础上修订形成了《中国公民生态环境与健康素养》。

新版本《中国公民生态环境与健康素养》分为基本理念、基本知识、基本行为和技能三个部分。为帮助公众理解，针对每个知识条目编制了释义。与 2013 年版相比，基本理念部分强调正确认知、科学理解环境与健康的关系，突出了预防理念和责任意识。基本知识部分涵盖了空气、水、土壤、海洋、生物多样性、气候变化、辐射、噪声等多个方面，新增了对海洋、生物多样性、气候变化的关注。基本行为和技能部分扩充了绿色健康生活方式和行为相关内容，强化了对环境与健康相关信息的获取、甄别、理解、运用及应急、监督、维权等技能。该公告的发布，为系统普及相关理念、知识、行为和技能，引导公民正确认识人与自然的关系，树立环境与健康息息相关的理念，动员公众力量保护生态环境、维护身体健康提供了指引，也是各级生态环境部门、专业机构、社会机构、大众媒体等向公众进行宣传教育、科普传播的重要依据。

《公民生态环境行为规范（试行）》条文如下。

第一条　关注生态环境。关注环境质量、自然生态和能源资源状况，了解政府和企业发布的生态环境信息，学习生态环境科学、法律法规和政策、环境健康风险防范等方面知识，树立良好的生态价值观，提升自身生态环境保护意识和生态文明素养。

第二条　节约能源资源。合理设定空调温度，夏季不低于 26 度，冬季不高于 20 度，及时关闭电器电源，多走楼梯少乘电梯，人走关灯，一水多用，节约用纸，按需点餐不浪费。

第三条　践行绿色消费。优先选择绿色产品，尽量购买耐用品，少购买使用一次性用品和过度包装商品，不跟风购买更新换代快的电子产品，外出自带购物袋、水杯等，闲置物品改造利用或交流捐赠。

第四条　选择低碳出行。优先步行、骑行或公共交通出行，多使用共享交通工具，家庭用车优先选择新能源汽车或节能型汽车。

第五条　分类投放垃圾。学习并掌握垃圾分类和回收利用知识，按标志单独投放有害垃圾，分类投放其他生活垃圾，不乱扔、乱放。

第六条　减少污染产生。不焚烧垃圾、秸秆，少烧散煤，少燃放烟花爆竹，抵制露天烧烤，减少油烟排放，少用化学洗涤剂，少用化肥农药，避免噪声扰民。

第七条　呵护自然生态。爱护山水林田湖草生态系统，积极参与义务植树，保护野生动植物，不破坏野生动植物栖息地，不随意进入自然保护区，不购买、不使用珍稀野生动植物制品，拒食珍稀野生动植物。

第八条　参加环保实践。积极传播生态环境保护和生态文明理念，参加各类环保志愿服务活动，主动为生态环境保护工作提出建议。

第九条　参与监督举报。遵守生态环境法律法规，履行生态环境保护义务，积极参与和监督生态环境保护工作，劝阻、制止或通过“12369”平台举报破坏生态环境及影响公众健康的行为。

第十条　共建美丽中国。坚持简约适度、绿色低碳的生活与工作方式，自觉做生态环境保护的倡导者、行动者、示范者，共建天蓝、地绿、水清的美好家园。

思考题

1. 简述生物伦理学的概念、研究范畴及基本原则。
2. 简述实验动物使用的“3R”原则及内涵，并列举2～3个有违实验动物伦理的案例。
3. 我国《人胚胎干细胞研究的伦理指导原则》中规定进行人胚胎干细胞研究必须遵循的行为规范有哪些?
4. 谈谈你对“人与自然和谐发展”的理解。
5. 简述人体实验的意义与遵循的基本原则。
6. 简述保护野生动物的意义及《中华人民共和国野生动物保护法》中规定的保护范围。
7. 简述2017年发布的《中国共产党章程》中关于生态伦理的描述。

主要参考文献

蔡守秋. 1999. 论“人与自然和谐共处”的思想. 环境导报，(1)：5-8
曹波俏. 2010. 科技伦理问题探析. 合作经济与科技，(10)：126-127
曹顺仙，吴剑文. 2020. 生态伦理视阈中野生动物保护优先的三个维度. 南京林业大学学报（人文社会科学版），20（2)：14-24
陈雨，李晨英，赵勇. 2017. 国内外科研诚信的内涵演进及其研究热点分析. 中国科学基金，31（4)：396-404
陈玉珍. 1999. 荒漠羚哀. 北京：中国和平出版社
高崇明，张爱琴. 1999. 生物伦理学. 北京：北京大学出版社
高崇明，张爱琴. 2004. 生物伦理学十五讲. 北京：北京大学出版社
高虹. 2017. 引起动物福利伦理争议的动物实验. 科技导报，35（24)：54-56
郭玲，李忠光，杨荣华，等. 2016. 干细胞再生生物学研究及临床应用的道德伦理问题探讨. 医学与社会，19（7)：47-49，65
郭蓉，李伦. 2013. 生态伦理：从生态理想到生态文明. 中南林业科技大学学报（社会科学版），7（6)：65-68
国家市场监督管理总局，国家标准化管理委员会. 实验动物安乐死指南. GB/T 39760-2021
韩志刚，潘永全，衣启营，等. 2019. 实验动物安乐死的科学应用与伦理思考. 医学与哲学，40（6)：36-38
李楠，王天奇，何嘉玲，等. 2018. 实验动物的安乐死及其实施方法的伦理分析. 中国比较医学杂志，28（10)：128-132
林斐然. 2015. 西安医学院遗弃实验狗续：多人被处理. 新京报网，2015-12-08
卢今，张颖，潘学营，等. 2021. 2020版美国兽医协会动物安乐死指南解析. 实验动物与比较医学，41（3)：195-206
吕胜青，刘运生，吴廷瑞. 2002. 人类胚胎干细胞研究及其生物伦理学问题. 中国医学伦理学，16（3)：9-13
邱江，史文浩，黄磊. 2014. 人类胚胎干细胞研究及其生物伦理学问题的探讨. 医学信息，(38)：290-291
瞿叶清，哈慧馨，郭玉琴. 2007. 医学实验动物常用的安死术. 实验动物科学，24（5)：69-71
沈满洪. 2018. 习近平生态文明思想研究——从“两山”重要思想到生态文明思想体系. 治理研究，(2)：5-13
生态环境部，中央精神文明建设指导委员会办公室，教育部，等. 2018. 公民生态环境行为规范（试行）. https://www.mee.gov.cn/ywgz/xcjy/xccpzyk/hb/202106/t20210601-835747.shtml[2021-10-21]
史晓萍，宗阿南，陶钧，等. 2007.《关于善待实验动物的指导性意见》的研究. 中国医科大学学报，36（4)：493
苏静. 2018. 对伦理学基本问题的批判性反思. 北华大学学报（社会科学版），19（2)：53-58
王国豫，刘则渊. 2012. 高科技的哲学与伦理学问题. 北京：科学出版社
王海明. 2002. 伦理学是什么. 伦理学研究，(1)：90-96，101，112
王延光. 2006. 论干细胞研究中胚胎的道德底物. 中国医学伦理学，19（2)：6-10
王雨辰. 2004. 略论西方马克思主义的生态伦理价值观——兼论生态伦理的制度维度. 哲学研究，(2)：82-88
吴志强. 2016. 肾移植的开辟者：约瑟夫·默里. 生命世界，(2)：88-93
习近平. 2014. 习近平谈治国理政（中文）. 北京：外文出版社
殷磊，刘明. 2014. 中华护理学词典. 纽伦堡法典. 中国护理管理，14（9)：970

殷磊，刘明. 2018. 中华护理学词典. 赫尔辛基宣言. 中国护理管理，18（10）：1405
余谋昌. 2009. 从生态伦理到生态文明. 马克思主义与现实，（2）：112-118
岳东旭，池宏伟，鹿双双，等. 2017. 发表文献中小鼠安死术方法的分析研究（2015—2016）. 中国比较医学杂志，27（11）：91-94
章海荣. 2005. 生态伦理与生态美学. 上海：复旦大学出版社
郑树森，叶啟发，李建辉，等. 2016. 中国移植器官保护专家共识（2016 版）. 器官移植，7（5）：339-350
中华人民共和国国家科学技术委员会. 2017. 实验动物管理条例. http://www.gov.cn/gongbao/content/2017/content_5219148.htm[2020-10-20]
中华人民共和国国家卫生和计划生育委员会. 2016. 涉及人的生物医学研究伦理审查办法. http://baike.baidu.com/item/涉及人的生物医学研究伦理审查方法/9166612?fr=aladdin[2020-10-20]
中华人民共和国环境保护部. 2013. 中国公民环境与健康素养（试行）. https://www.im298.com/news/403827[2020-10-20]
中华人民共和国科学技术部. 2006. 关于善待实验动物的指导性意见. https://wenku.baidu.com/view/197d0538340cba1aa8114431b90d6c85ec3a88ab.html[2020-10-20]
中华人民共和国科学技术部. 2006. 国家科技计划实施中科研不端行为处理办法（试行）. http://www.most.gov.cn/ztzl/qgkjgzhy/2007/2007glgg/2007glggdt/200701/t20070126_40030.html[2020-10-20]
中华人民共和国科学技术部，中华人民共和国卫生部. 2004. 人胚胎干细胞研究伦理指导原则. https://baike.baidu.com/item/人胚胎干细胞研究伦理指导原则/1767113?fr=aladdin[2020-10-20]
中华人民共和国全国人民代表大会常务委员会. 2018. 中华人民共和国野生动物保护法. https://flk.npc.gov.cn/detail2.html?ZmY4MDgwODE2ZjEzNWY0NjAxNmYxY2NlYTE0YjExNDM%3D[2020-10-20]
中华人民共和国生态环境部. 2020. 中国公民生态环境与健康素养. https://www.mee.gov.cn/ywdt/hjywnews/20200810_793282.shtml[2020-10-20]
周树峰. 2019. 生物伦理学. 厦门：厦门大学出版社
Beauchamp T L，Childress J F. 2001. Principles of Biomedical Ethics. 5th ed. Oxford：Oxford University Press
Clark J D，Dudzinski D M. 2016. Ethical considerations. *In*：Dunn S，Horslen S. Solid Organ Transplantation in Infants and Children. Organ and Tissue Transplantation. Berlin：Springer，Cham
Connelly L M. 2014. Ethical considerations in research studies. Medsurg Nurs，23（1）：54-55
Farajkhoda T. 2017. An overview on ethical considerations in stem cell research in Iran and ethical recommendations：A review. International Journal of Reproductive Biomedicine，15（2）：67-74
Ferdowsian H R，Beck N. 2011. Ethical and scientific considerations regarding animal testing and research. PLoS ONE，6（9）：e24059
Ghasemi M，Dehpour A R. 2009. Ethical considerations in animal studies. Journal of Medical Ethics and History of Medicine，2：12
Groher M，Crary M. 2021. Dysphagia：Clinical Management in Adults and Children. 3rd ed. London：Ma Healthcare Ltd：251-262
Larcher V. 2013. Ethical considerations in neonatal end-of-life care. Seminars in Fetal & Neonatal Medicine，18（2）：105-110
Malpas P. 2018. New Zealand transplant patients and organ transplantation in China：Some ethical considerations. The New Zealand Medical Journal，131（1478）：55-61
Minteer B A，Collins J P. 2008. From environmental to ecological ethics：Toward a practical ethics for ecologists and conservationists. Science and Engineering Ethics，14（4）：483-501
Minwalla L. 2016. Ethical considerations on the research and business of stem cells. *In*：Vertes A A，Qureshi N，Caplan A I. Stem Cells in Regenerative Medicine：Science，Regulation and Business Strategies. New York：John Wiley & Sons，Ltd
Moghavem N，Magnus D. 2019. Ethical considerations in transplant patients. *In*：Sher Y，Maldonado J. Psychosocial Care of End-Stage Organ Disease and Transplant Patients. Berlin：Springer，Cham
National Institute of Mental Health. 2002. Methods and Welfare Considerations in Behavioral Research with Animals：Report of a National Institutes of Health Workshop（NIH Publication No. 02-5083）. Washington，DC：U.S. Government Printing Office
Nini G，Marian A，Zorila C，et al. 2012. Euthanasia-legal，moral and ethical considerations. Journal Medical Aradean，15（1-4）：87-90
Nuffield Council on Bioethics. 2005. The Ethics of Research Involving Animals. London：Nuffield Council on Bioethics
Ormandy E H，Dale J，Griffin G. 2011. Genetic engineering of animals：Ethical issues，including welfare concerns. The Canadian Veterinary Journal，52（5）：544-550
Raj L，Ide T，Gurkar A U，et al. 2011. Selective killing of cancer cells by a small molecule targeting the stress response to ROS. Nature，

475（7355）：231-234

Rollin B E. 2015. Telos，conservation of welfare，and ethical issues in genetic engineering of animals. Current Topics in Behavioral Neurosciences，19：99-116

Saeedi Tehrani S，Parsapour A，Larijani B. 2016. Ethical considerations of genetic engineering in genetically modified organisms. Iranian Journal of Medical Ethics and History of Medicine，9（2）：23-37

Sass H，Zhai X. 2011. Global bioethics：Eastern or western principles？Asian Bioethics Review，3（1）：1-2

Vasilenko L I. 2014. Ecological ethics. Russian Studies in Philosophy，37（3）：19-26

拓展阅读

1. 国家市场监督管理总局，国家标准化管理委员会. 实验动物安乐死指南. GB/T 39760-2021
2. 生态环境部，中央精神文明建设指导委员会办公室，教育部，等. 2018. 公民生态环境行为规范（试行）
3. 中华人民共和国国家科学技术委员会. 2017. 实验动物管理条例
4. 中华人民共和国科学技术部. 2006. 关于善待实验动物的指导性意见
5. 中华人民共和国科学技术部. 2006. 国家科技计划实施中科研不端行为处理办法（试行）
6. 中华人民共和国全国人民代表大会常务委员会. 2018. 中华人民共和国野生动物保护法
7. 中华人民共和国国家卫生和计划生育委员会. 2016. 涉及人的生物医学研究伦理审查办法
8. 中华人民共和国环境保护部. 2013. 中国公民环境与健康素养（试行）
9. 中华人民共和国科学技术部，中华人民共和国卫生部. 2004. 人胚胎干细胞研究伦理指导原则
10. 中华人民共和国生态环境部. 2020. 中国公民生态环境与健康素养

知识扩展网址

知识扩展 5-1：中共中央办公厅 国务院办公厅印发《关于加强科技伦理治理的意见》，http://www.gov.cn/xinwen/2022-03/20/content_5680105.htm

知识扩展 5-2：西安医学院疑将狗做实验后遗弃，http://video.sina.com.cn/p/news/c/v/2015-12-08/075565146063.html

知识扩展 5-3：731 部队泯灭人性的实验，https://haokan.baidu.com/v?vid=1289955152928105991 3&pd=pcshare

知识扩展 5-4：干细胞视频科普，https://haokan.baidu.com/v?vid=4161578354282048319

知识扩展 5-5：基因编辑婴儿事件，https://www.ixigua.com/6649132097795523085

知识扩展 5-6：持续推动人体器官捐献移植规范化法治化，https://haokan.baidu.com/v?pd=wisenatural&vid=3892935578921999117

知识扩展 5-7：生态文明的安吉实践，https://baijiahao.baidu.com/s?id=1662855258765000647

第六章　土壤、大气和水环境的生物安全性

全球生态环境危机是 21 世纪人类面临的最大挑战。人类进入近代工业革命以来，为实现社会经济快速增长而对自然资源进行竭泽而渔式的掠夺性开发，严重破坏及污染了生态环境。全球气候变暖所引发的各种自然灾害频频来袭，耕地土壤快速退化加剧了粮食安全危机，水体污染及饮用水资源匮乏，生物多样性持续下降，全球生态环境正呈现不断恶化的严峻态势。如何有效应对日趋严重的生态危机？人类需要在充分掌握全球生态安全现状与发展趋势的基础上，做好政策立法顶层设计，推广更加积极有效的生态修复治理技术，减缓全球气候变化，促进生态环境全面恢复进程。本章介绍了有关土壤、大气和水体的生物安全基本知识，强调人与自然和谐共生及生态文明建设对人类可持续发展的重要意义。

第一节　土壤的生物安全性

土壤是地球上极其宝贵的自然资源，是人类赖以生存的物质基础，为人类社会经济可持续发展和全球自然生态稳定繁荣提供基础保障。长期以来，人们对土壤在维持地球上生命的生息繁衍和保持生物多样性等方面的重要性认知严重不足。从 20 世纪中期以来全球人口的快速增长及人类活动对自然生态系统影响的迅速扩大，滥垦、滥伐、排污、不合理地超量使用化肥农药，使得全球土壤状况不断恶化。因此，合理开发、科学利用和保护土壤资源是全人类面临的一项迫切而又长期的任务，维护土壤安全对人类社会可持续发展有重要意义。

一、土壤安全及其生态功能

（一）土壤及土壤圈

土壤是地球生命的基石，承载着人类文明的传承与发展。人类活动与土壤有着十分密切的关系，社会各行各业都需要直接或间接地利用土壤资源。土壤覆盖在陆地表层，类型多样，有森林土壤、草原土壤、湿地土壤和耕地土壤等（图 6-1），不同类型的土壤一起构成了地球的“皮肤”，孕育着地球生命万物，维护着生态平衡，在人类的生产生活和文明传承中发挥着重要作用。

图 6-1　常见的土壤类型（引自联合国粮食及农业组织）

A. 森林土壤；B. 草原土壤；C. 湿地土壤；D. 耕地土壤

土壤的功能多样，用途广泛（图 6-2）。土壤为植物提供生长条件，包括营养元素、水分、

空气和温度等，是农业生产最重要的基本资料。“民以食为天，食以土为源”这句农谚就十分形象地说明了人类-农业-土壤之间相互依存的关系，约有 95%的食物源于土壤的直接提供。除此之外，土壤是许多生物栖息的家园，生活在土壤中的微生物、无脊椎动物等生物的行为、活动与土壤的发育、演变及其生态功能有密切的关联。土壤也是一个高效的天然再循环系统，土壤中残留的动植物遗体和各种废弃物可以被微生物降解和循环再利用。在水文系统中，土壤还是主控水体行为的一个关键因素，可以影响周边水系的利用、污染与净化等过程。土壤吸纳与释放大量 CO_2、O_2 和 CH_4 等气体，深刻影响着大气的组成和性质。土壤可以烧砖用作建筑材料，也可以为道路、房屋和机场等工程建筑提供地基，在城市建设中有着不可替代的重要作用。

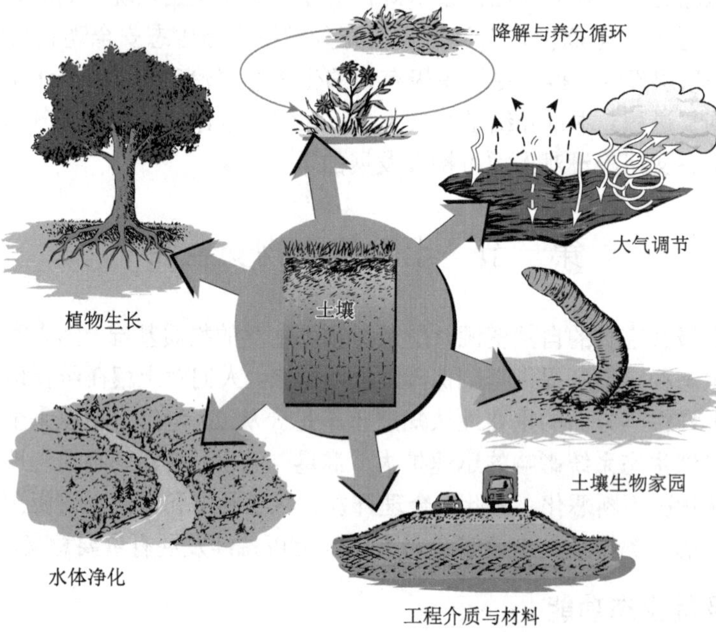

图 6-2　土壤的主要用途（引自 Weil and Brady，2017）

土壤是陆地表层在地球漫长的地质演化过程中，经过气候、生物、母质和地形等自然因素与人为活动共同作用而形成的历史自然体，是富有生命力和生产力的疏松且不均匀的聚积层，成为地球系统的重要组成部分和环境生态调控的中心要素。土壤一般由固相、液相和气相三部分组成（图 6-3A）。固相物质的体积约占总体积的 50%，其中的矿物质高达 45%，有机物约占 5%。土壤液相物质是水分，约占土壤总体积的 25%，溶解营养物质供植物吸收利用。土壤气相物质即空气分散于土壤的空隙中，其体积约占 25%，保障土壤生物的呼吸作用，并有助于土壤有机物的氧化分解和促成土壤肥力的生成。

发育良好的土壤通常由若干性质不同的层次组成，这些层次被称为土壤层（soil horizon）。典型的土壤剖面自上而下可以分为淋溶层（a）、淀积层（b）和母质层（c）三层（图 6-3B）。a 层为表土层，易松动，暗褐色。该层有机质积聚较多，矿物质分解强烈，主要由腐殖质和不易溶解的矿物质组成。a 层的上部有时会覆盖一层疏松的有机质，又称为 o 层，主要是枯枝落叶等有机物残体。b 层为亚表层，是由 a 层溶解下来的矿物质在这一层中沉淀或堆积形成的，如氧化铁、铝和黏土等含量较丰富，偶尔也有积聚的碳酸钙，另外该层有机质含量相对较低。c

层是土壤的底层，即母质层，仅包含部分风化的岩石。c 层下部则是基岩，称为 r 层。土壤层与层之间的性质都是逐渐变化的，并没有明显地划分层次的界线。

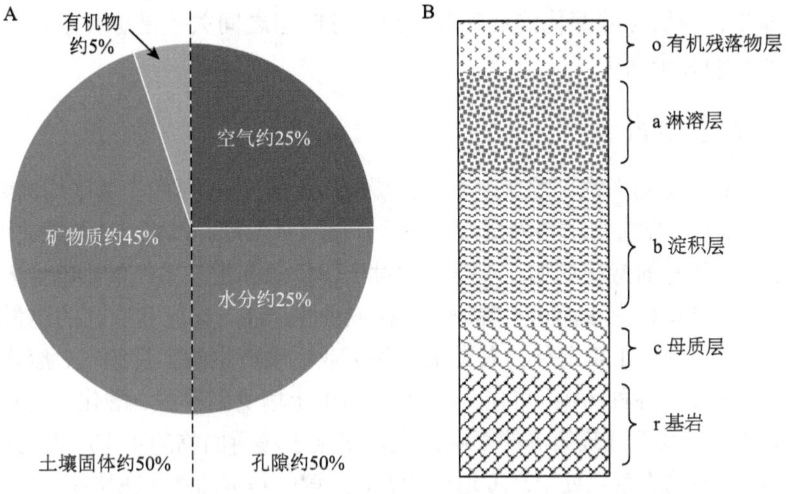

图 6-3　土壤组成（A）与剖面土壤层（B）示意图

在地球陆地表面土壤以不连续的状态分布形成土壤圈，它与岩石圈、水圈、生物圈及大气圈共同构成复杂的地球表层系统，也有学者称之为地球关键带（earth critical zone）。在这一关键带中，土壤圈处于其他 4 个圈层的交互重叠区域（图 6-4），成为各圈层之间物质交换与能量转换的枢纽中心，是地球上最为活跃、富有生命力的圈层。

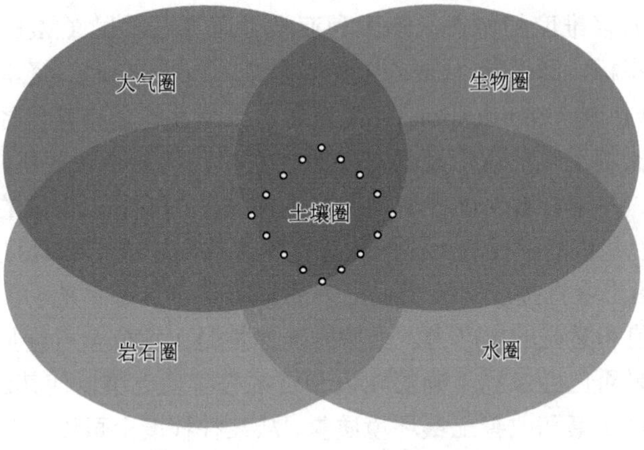

图 6-4　土壤圈与其他圈层的关系

土壤圈在地球表层系统中对其他圈层的能量、物质流动及信息传递发挥着稳定维持和调节的重要作用，处于核心位置。首先，土壤圈能够影响大气圈的化学组成、水分和热量。由于土壤结构多孔性和土壤中的复杂生命过程，土壤圈与近地大气圈之间始终进行着气体交换，如空气扩散到土壤中去，土壤也向大气中释放出 CO_2、CH_4、H_2、H_2S 和 NH_3 等气体。其次，在生物圈方面，土壤圈为生物提供了栖息场所，为植物生长提供了生长条件。再次，岩石圈是土壤矿物元素的主要来源，土壤作为地球的“皮肤”，可在一定程度上使岩石圈免于遭受外营力的破坏性影响。最后，与水圈的联系方面，土壤的透水性能将降水分配为地表径流、入渗流和地下水，水在土壤中发生的吸附和交换过程则影响着水圈的化学组成，也可以达到水体净化的目的。反之，土壤圈又是大气圈、生物圈、岩石圈和水圈经过长时间尺度相互作用的产物，土壤的类型和特性都是各圈层协同演化的反映和印迹，各圈层之间关系错综复杂，既相互作用也相互制约，始终处于动态平衡中。

（二）土壤安全的基本内涵

土壤是矿物岩石风化的产物，发育速率非常缓慢，生成 1cm 厚的土壤平均需要 200～300 年之久。可以说，土壤是非常宝贵的自然资源，需要加强科学管理，以维持土壤资源可持续性利用。然而，随着全球人口数量的持续增加，人类活动对土壤资源和生态系统的影响愈发明显，土壤退化和土壤污染严重，可耕种土壤面积大幅减少。在农业生产中，化肥和农药的过量使用导致耕地土壤生态失调，肥力下降，土壤退化；人类生活和工业活动产生的大量废气、废水、废渣等被无节制地排放，让土壤成了各种污染物的汇合之地。由于土壤受到侵蚀、酸化、盐碱化、化学污染和不可持续的土地利用及管理政策等的影响，全球多地土壤所面临的生态压力已经接近临界点。据资料报道，全球 40%的土壤正处于高度退化状态，土壤的基本功能正在快速下降甚至完全丧失。

土壤生态危机已引起世界各国政府及科学家的高度关注，土壤资源安全保护与可持续高效利用已成为全球共识。2013 年，澳大利亚学者科赫等率先提出全球土壤安全倡议，并首次阐述了土壤安全内涵，即全球土壤资源的维持与改善，可持续地为人类提供食物、纤维和淡水，促进能源与气候可持续发展，同时维持生物多样性，全面保护生态系统的稳定性。土壤安全包括自然属性和社会属性两个方面的内容。自然属性包括土壤物理、化学及生物学过程的动态变化；而社会属性则涉及社会、经济与政策法规等内容。土壤安全内涵有效地整合了土壤的多重属性功能，也为在更高的层面上来统筹土壤研究、土壤利用和土壤保护提供了一个全球范围内的战略框架。

土壤安全内涵具有多维度的特点，澳大利亚学者迈克布雷尼（Mcbratney）等将土壤安全归纳为 5 个维度评估指标，即性能（capability）、状态（condition）、资本性（capital）、连通性（connectivity）和建章立制（codification）。简言之，土壤性能是指其已经具有的功能和潜在功能，而土壤状态是指土壤现在的情形及其与参照体系相比所发生的变化，主要包括物理状态、化学状态和生物状态，并随着管理过程和使用目的而发生的变化。土壤的状态决定了土壤的最佳性能，同时土壤的性能也能够反映土壤的状态，两者共同构成了土壤的生产力。土壤资本性，也为其自然资本，是指土壤直接或间接表现出来的影响整个生态系统功能和生态系统服务的能力，包括其自身的价值和潜在的生产力。土壤的连通性是土壤安全社会属性方面的指标，主要指负责管理土壤的人是否已经掌握正确的知识和资源来管理土壤以使其达到最佳性能。连通性主要是为了更好地管理土壤和改善土壤环境质量，从某种程度上可以反映人类是否关心土壤的质量或者是否已经掌握正确的土壤知识和资源合理利用方式。土壤安全的以上 4 个指标最终都要通过政策与法规来进行约束和规范，以保障土壤安全和土壤资源的可持续发展，这就是围绕土壤主题的建章立制。

（三）土壤安全与全球危机

土壤安全是基于土壤可持续发展目标而提出的一种系统战略框架，为土壤资源的可持续利用和保护提供了理论基础。土壤安全的内涵和研究内容较为广泛，与目前全球所面临的重大民生和环境问题密切相关。对于土壤安全的深刻理解需要基于土壤的功能和可能面临的全球危机两个方面。

前面提到，土壤具有物质生产、营养物质和水的转储、生物多样性、物理与文化环境、原料来源、碳库、地质与文化遗产等诸多功能。全球面临的六大安全危机与这些土壤功能密切相关，包括粮食安全、水安全、能源可持续化、气候变化、生物多样性保护和生态系统服务（图 6-5），维护和实现土壤安全也是有效应对全球危机挑战和实现可持续发展目标的重要保障。

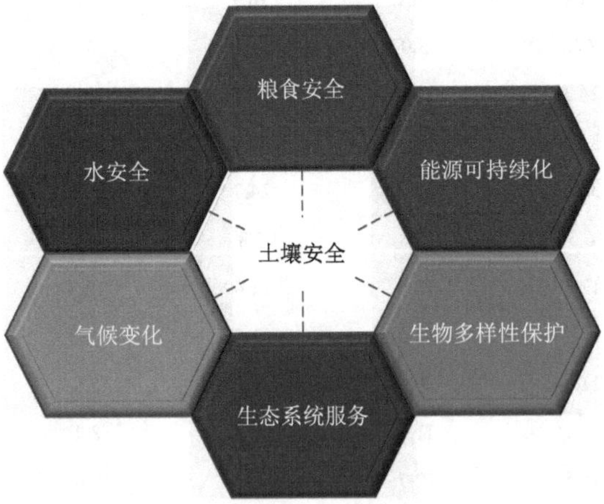

图 6-5　土壤安全与全球六大安全挑战的联系（仿自 Koch et al.，2013）

下面分别介绍与土壤安全密切相关的全球六大安全危机。

1. 粮食安全

土壤的基本功能就是产生生物质，为粮食生产提供物质基础和保障。粮食是人们赖以生存的基本生活资料，是关乎国计民生的重要战略物资。在 1974 年第三届世界粮食会议上，联合国粮食及农业组织（Food and Agriculture Organization of the United Nations，FAO）提出了粮食安全概念，即保证任何人在任何时候都能得到为了生存和健康所需要的足够粮食。尽管各国政府在保障粮食安全方面付出了诸多努力，但全球粮食安全形势依然严峻。进入 21 世纪以来，全球人口数量剧增、城市化快速扩张和社会经济稳步发展，人类对食物数量和品质的需求成倍增长，给耕地土壤资源等造成了前所未有的负担和压力。FAO 公布的数据显示，2020 年全球粮食严重不足的人数达到 7 亿，另有超过 20 亿人无法稳定地获得安全、营养且充足的食物（图 6-6）。尽管亚洲的粮食不足，人口仍然最多，但世界上超过 30%的营养不良人口生活在东非地区（表 6-1）。

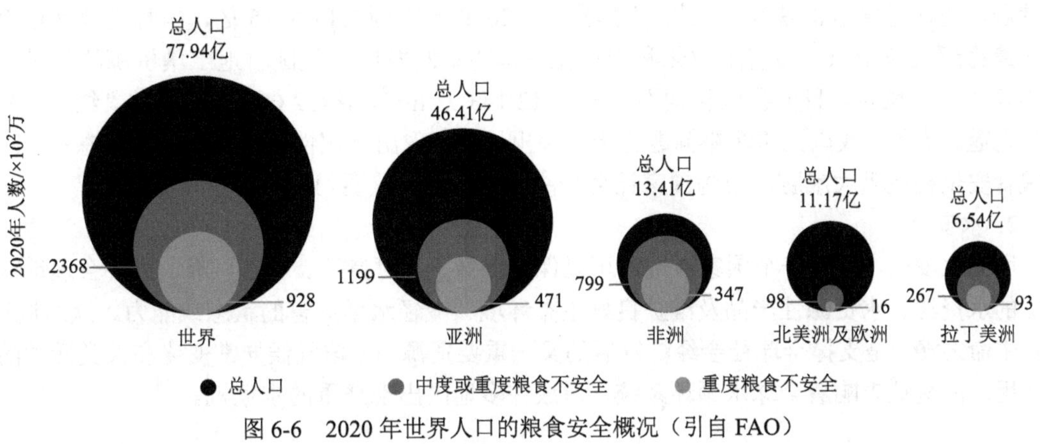

图 6-6　2020 年世界人口的粮食安全概况（引自 FAO）

表 6-1　2005～2018 年世界各地营养不良患病率变化

	营养不良患病率/%					
	2005	2010	2015	2016	2017	2018
世界	14.5	11.8	10.6	10.7	10.8	10.8
非洲	21.2	19.1	18.3	19.2	19.8	19.9
北非地区	6.2	5.0	6.9	7.0	7.0	7.1
撒哈拉以南非洲地区	24.3	21.7	20.9	22.0	22.7	22.8
东非地区	34.3	31.2	29.9	31.0	30.8	30.8
中非地区	32.4	27.8	24.7	25.9	26.4	26.5
南非地区	6.5	7.1	7.8	8.5	8.3	8.0
西非地区	12.3	10.4	11.4	12.4	14.4	14.7
亚洲	17.4	13.6	11.7	11.5	11.4	11.3
中亚地区	11.1	7.3	5.5	5.5	5.7	5.7
东亚地区	14.1	11.2	8.4	8.4	8.4	8.3
东南亚地区	18.5	12.7	9.8	9.6	9.4	9.2
南亚地区	21.5	17.2	15.7	15.1	14.8	14.7
西亚地区	9.4	8.6	11.2	11.6	12.2	12.4
西亚和北非地区	8.0	7.1	9.2	9.5	9.8	9.9
拉丁美洲和加勒比地区	9.1	6.8	6.2	6.3	6.5	6.5
加勒比地区	23.3	19.8	18.3	18.0	18.0	18.4
拉丁美洲	8.1	5.9	5.3	5.5	5.7	5.7
中美洲	8.4	7.2	6.3	6.1	6.1	6.1
南美洲	7.9	5.3	4.9	5.3	5.5	5.5
大洋洲	5.5	5.2	5.9	6.0	6.1	6.2
北美洲和欧洲	<2.5	<2.5	<2.5	<2.5	<2.5	<2.5

资料来源：FAO

中国是农业大国，也是人口大国，保障国家粮食安全具有重要的现实意义。我国的粮食供给必须立足于国内粮食生产供给。习近平总书记明确指出："保障国家粮食安全是一个永恒课题，任何时候这根弦都不能松。"据预测，2050 年中国人口约 15 亿，届时我国常年粮食需求量将超过 9 亿 t。随着工业化和城市化进程的不断发展，我国耕地土壤资源的数量和质量均存在下降风险。目前我国耕地面积只有 12 173 万 hm^2，离 12 000 万 hm^2 的"红线"只有一步之遥。另外，我国土壤污染问题也十分突出，已呈现出流域性和区域化的严峻态势，对我国粮食安全构成重大威胁，成为国家社会经济稳定发展的重要隐患。

2. 水安全

所谓水安全，是指一个国家或地区可以保质保量、及时持续、稳定可靠、经济合理地获取所需的水资源、水资源性产品及维护良好生态环境、减轻水旱灾害的状态或能力。众所周知，水是生命之源，是支撑全球社会经济发展的又一重要资源。全球气候异常变化和人类活动的负面作用，深刻地影响着全球水循环系统，造成许多地区出现严重的水危机。

水资源短缺是一个世界性的难题，已被联合国和世界银行等国际机构列为威胁全球食物和农业发展的最主要因素。水资源危机带来的生态系统恶化和生物多样性破坏，最终也将严重威胁人类的生存。据相关研究，到 2025 年世界上无法获得安全饮用水的人数将增至 23 亿，生活在水源紧张和经常缺水国家的人数将达 30 亿。为此，联合国可持续发展目标（The United Nations Sustainable Development Goal，SDG）明确提出了到 2030 年全球清洁饮用水和卫生设施的发展目标（https://sdgs.un.org/2030agenda）。

我国是一个缺水严重的国家，平均水资源总量居世界第 6 位，但人均水资源量不足世界人均水平的 1/3。当前中国水安全态势异常复杂，同时面临着水资源短缺、水环境污染、水生态破坏、旱涝灾害等多重问题。亟须建立节水型农业技术体系，科学管理，实现水土资源集约利用、耕地生产力稳定提升，保障我国土壤与现代农业可持续发展。

全球水文过程机制十分复杂，尽管在较长时间和全球尺度上，气候变化对水资源的影响更加明显，但在短期内和区域尺度上，土壤生态是水文变化的关键驱动要素之一。健康的土壤和地貌景观，可以提供更为强大的生态服务功能。一方面，健康土壤中丰富的有机质与土壤生物多样性有助于土壤渗透性能的增加和持水能力的提高，增加土壤水分成为植物生长利用的绿水，同时也增强地下径流的蓝水（指河流、湖泊和地下蓄水层中的水），有效补充地下蓄水量缓解水资源短缺问题。另一方面，土壤作为景观的基础组成部分，直接决定着景观的生物多样性状况，可以有效减少降雨在地表的径流，减缓土壤的水蚀危害，如避免造成水土资源流失，土壤营养元素迁移，以及泥沙淤积导致的水质污染等不良后果。

同样，土壤在水的质量方面也发挥着不可替代的重要作用。上面提到的土壤渗透过程实质上也完成了水的过滤过程，具体包括化学过滤和土壤物理过滤。化学过滤是基于土壤中的化学或生物化学反应，最终将水体中的可溶性化学物质交换吸附到土壤颗粒表面。土壤生物如细菌、真菌和土壤动物等是土壤养分循环利用及污染修复过程的主力军，参与维护土壤的生态服务功能。

3. 能源可持续化

能源安全是关系国家经济社会发展的全局性、战略性问题，对国家繁荣发展、人民生活改善、社会长治久安至关重要。当前全球能源消费仍以化石能源为主，伴随着经济社会的快速发展，人类在大规模开发和利用化石能源的同时，也带来了气候变暖等全球气候变化问题。由于面临着化石能源日趋减少的挑战，生物质能成为未来能源供应中最具潜力的能源，因它大部分来源于土壤，是无污染或少污染能源，同时又是可再生能源，故而引起世界各国的高度重视。预计到 2035 年，全球约 1/2 的传统能源将被生物质燃料替代。

我国是世界上最大的能源生产国和消费国，形成了煤炭、电力、石油、天然气、新能源、可再生能源全面发展的能源供给体系，相关先进技术与装备达到世界领先水平，能源使用效率显著改善。但同时我们必须清醒地认识到，我国人均能源资源拥有量较低，加上耕地资源有限，严重制约了生物质能源的规模化发展。生物质能源工程的基础是集约化经营现有土地，大规模开发利用农、林后备土地，发展高效生物质生产。因此，有必要充分利用边际土壤、荒地和后备土地资源，建立生物质能源基地，提供规模化的木质或植物油等能源资源。

4. 气候变化减缓

在地球演变历史中，土壤深刻影响着全球气候变化。全球气候变化已经成为 21 世纪人类可持续发展面临的最严峻挑战之一，该主题经历了从科学辩论上升到全球政治角力的深刻转变。2015 年，在《联合国气候变化框架公约》第 21 次缔约方大会通过《巴黎协定》之际，东道主法国提出的“服务于粮食安全和气候的土壤”国际动议在大会上通过，并宣布正式启动，动议目标是在农业发展过程中实施的各项行动实践，发展可持续的低碳农业-气候友好型农业（Low Carbon Agriculture-Climate Friendly Agriculture）。该国际动议体现了土壤碳库在全球碳循环体系中的重要性，也彰显了土壤在全球气候变化中的重要角色和地位。

众所周知，影响全球气候变化的直接因素源于化石能源消耗急剧增加，当然也有土地利用方式长期改变的潜在原因。据统计，2019 年全球碳排放量为 401 亿 t，其中 86%源自化石燃料利用，14%由土地利用变化产生。增强土壤固碳能力对减缓大气中温室气体的增加具有重要潜力和现实意义。土壤是地球关键带中最主要的碳库，土壤碳库的微小变化都会显著影响大气 CO_2、CH_4 和 N_2O 等温室气体的浓度。2020 年 *Science* 期刊发表的一篇研究论文证实，大气 CO_2 浓度上升可以促进植物光合作用，提高植物生产量，增加陆地碳汇，但是近年来这种温室效应的反馈作用正在减弱，而全球气温升高所带来的灾难性后果正在不断显现，如森林退化、沙漠扩大、冰川退缩和海平面上升等。科学的管理措施可以影响土壤固碳潜力，缓解全球气候变化，同时会对农业生产力和全球粮食安全产生积极的影响。2021 年，中国科学院丁仲礼院士在中国科学院学部第七届学术年会上作了题为《中国“碳中和”框架路线图研究》的专题报告，提出了能源生产、能源消费和人为固碳的“三端发力”体系，其中“人为固碳”端主要是通过生态建设、土壤固碳、碳捕集封存等组合工程技术去“中和”不得不排放的 CO_2。

另外，全球气候变化通过降雨、温度和养分沉降等变化影响土壤过程，进而影响生态系统的生产力及其稳定性。例如，对于广大的干旱和半干旱地区，增温和人类活动对植被的破坏会抑制土壤碳储存，释放更多的 CO_2 进入大气，同时加剧区域干旱化，进入长期生态失衡的恶性循环，导致干旱区域加速扩张。国外学者基于长期模型的土壤升温试验研究发现，在全球温室效应背景下的土壤有机碳对全球气候系统的变化会做出反馈，土壤温度升高会影响土壤有机质的分解，增加土壤 CO_2 的释放，导致土壤微生物可利用碳减少，同时使土壤微生物生物量降低。因此，要建立基于全球气候变化和人类活动影响的土壤生物地球化学循环模型，预测不同气候变化条件下土壤的可能反馈，积极发展土壤固碳减排增汇技术。

5. 生物多样性保护

《世界土壤宪章》明确指出，地球上至少有 1/4 的生物多样性蕴藏于土壤中。土壤生物主要由土壤微生物、土壤动物和土壤植物组成。土壤是微生物的大本营，每克土壤中的微生物数以亿计，每个类群都有其独特的生存方式。土壤动物由土壤原生动物和土壤后生动物群落组成，也是土壤中一个重要的生物类群，种类繁多。土壤动物群落包含了丰富的营养级，占据了土壤食物网的各个位置，对土壤食物网结构及生物网络关系具有重要影响，从而也体现出高度的功能多样性。由于土壤动物体型比微生物更大，数量比微生物要少，对水分和空间的需求比微生物更苛刻，因此土壤动物不论在监测土壤生物多样性还是在认识土壤生物功能上均具有重要的价值。土壤植物主要是指一些低等植物或高等植物根系。低等植物包括藻类、地衣和苔藓，它们主要生长在土壤表层，对原始土壤发育初期阶段的有机质积累起着重要作用。高等植物的根系是其从土壤汲取水分与养分的重要器官。也有最新研究发现根系分泌物是植物与土壤其他生物对话的“语言”，可为土壤微生物生长提供营养，也可作为信号物质招募根际微生物群落为植物群落演替和多样性维持方面提供微生态服务。

没有土壤生物多样性，就没有地球生命的可持续性。土壤生物多样性在生态系统中发挥着重要功能，尤其在凋落物分解和养分循环方面起着不可替代的作用。由于全球气候变化和人类活动影响的加剧，土壤正承受着来自多方面的压力，其生物多样性受到严重威胁，保护土壤生物多样性迫在眉睫。1993 年美国密歇根州立大学举办了第一次国际土壤生物多样性学术讨论会，正式拉开了土壤生物多样性研究的帷幕。1998 年第 16 次国际土壤学大会也首次设立了土壤生物多样性与生态系统功能的专题学术会议。进入 21 世纪以来，土壤生物多样性的各种学术活动依然方兴未艾。联合国环境规划署（United Nations Environment Programme）和 FAO 推动成立了“全球土壤伙伴计划”（Global Soil Partnership）、全球土壤生物多样性倡议计划（Global Soil Biodiversity Initiative）等组织和项目，并于 2014 年 12 月在法国举办了首届全球土壤生物多样性大会，2016 年 12 月完成了全球土壤生物多样性蓝图（Global Soil Biodiversity Atlas）。2021 年 4 月 FAO 主办的线上全球土壤生物多样性研讨会召开，中国农业农村部部长唐仁健致辞并表示中国政府高度重视土壤生物多样性保护，积极参与全球土壤环境治理，履行生物多样性等公约义务，圆满完成相关目标。

6. 生态系统服务

生态系统与生态过程所形成及所维持的人类赖以生存的自然环境条件与效用，称为生态系统服务功能。人类生存与发展所需要的资源归根结底都来源于自然生态系统。例如，自然生态系统为人类提供食物、医药和其他生产生活原料，建立与维持地球的生命支持系统，保障人类生存，提高生活质量，还为人类生活提供了休闲、娱乐与美学享受。生态系统服务研究已成为当前国际上生态学研究的前沿和热点领域。人类对土壤生态系统服务的研究相对较晚，起始于土壤自然资产和土壤生态功能的相关研究。戴利（Daily）等描述土壤生态系统服务功能时将其总结为 6 个方面：缓冲和调节水文循环；植物物理支持；植物养分供应和保持；废弃物和有机残体处理；土壤肥力恢复；调控主要养分循环。2015 年 6 月，FAO 在修订的《世界土壤宪章》中对土壤生态系统服务作了重点阐述，强调健康的土壤生态系统对保护土壤生物多样性的重要意义。

人类直接或者间接从土壤生态系统服务中获得各种惠益，包括供给服务、支持服务、调节服务和文化服务 4 类。具体来说，供给服务是土壤生态系统为人类提供直接益处的产品，包括农作物的生物质生产及土壤矿物等资源原材料；支持服务是指土壤生态系统产生和支撑其他服务的基础功能，包括支撑植物获得初级生产力、维持土壤生物地球化学过程、为生物多样性提供栖息环境等。土壤的支持服务对人类的影响通常是间接的，影响的时间尺度较长；调节服务是指土壤生态系统在空气质量和温度等方面的气候调节、水体净化调节、土壤生物多样性调控、土壤肥力维持、土壤污染废弃物吸纳和转化等调节性作用；文化服务功能是指人类的精神需求、审美体验、自然和文化遗产保护与重建形式等从土壤生态系统获得的非物质惠益，如自然地貌景观、历史文化遗迹与考古等。

由于土壤是大气圈、水圈、生物圈和岩石圈综合作用的产物，土壤生态系统服务往往与其他生态系统服务相互作用，相互支持，共同处于一种具有长周期性的平衡稳态。人类活动在不断地改变地球生态系统组成、结构和功能过程，进而影响甚至削弱了生态系统服务能力。全球土壤已经发生或正在发生十分普遍和严重的土壤退化，土壤功能严重削弱，土壤生态系统正悄然声息地持续恶化。因此，必须充分认识土壤生态系统变化给人类社会可持续发展带来的巨大风险，切实提高土壤安全意识，积极落实各项政策法规等措施，平衡和最大化土壤的生态系统服务功能。

二、土壤安全现状与土壤退化

（一）土壤安全现状

全球土地总面积约为 1.3 亿 km^2，包括用于农作物种植的耕地约 12%，森林用地约 28%，草原等生态用地约 35%，居民点和基础设施用地约 1.2%，内陆水体面积占 2.6%，其余则为植被稀疏或不毛之地。2001～2013 年，全球耕地总面积由 13.9 亿 hm^2 略增至 14.1 亿 hm^2，在全球 200 个国家和地区中，耕地增加和减少的国家或地区数量相当，均为 90 个，其余的 20 个国家和地区耕地面积基本保持稳定。全球耕地总面积超过 1 亿 hm^2 的国家有印度（1.6 亿 hm^2）、美国（1.5 亿 hm^2）、中国（1.2 亿 hm^2）和俄罗斯（1.2 亿 hm^2），4 个耕地大国的耕地面积均在减少，其中美国减少速度最快，约为 13.4%，中国、印度和俄罗斯分别减少了 8.9%、2.1%和 1.3%。

随着全球人口急剧增长，生活水平不断提高，再加上现代农业耕地管理逐步趋于合理化、科学化，土地产出效益逐年提高，这也使得土地资源的承载压力越来越重。地球如何养活全球 70 多亿的人口？其必然结果是大量自然植被用地转为用作农作物和畜牧生产的土地，加剧了土壤侵蚀，继而出现土壤碳储存、养分和生物多样性急剧减少。城市化快速推进和工业持续扩张带来的是越来越多的土地退化，城市建设的沥青和混凝土使土壤永久性密封，生活垃圾和工业污染复杂且日趋严重。另外，气候变化是土壤变化背后的另一个主要推手。全球气温持续升高且极端气候事件频发，如干旱、洪水和风暴从不同方面给土壤质量和肥力造成影响，包括减少土壤水分和破坏营养丰富的表土，而且加速了土壤侵蚀和海岸线后退。2015 年 12 月 4 日 FAO 发布的《世界土壤资源状况》报告指出，目前世界上大多数国家的土壤状况属于一般、较差或很差，并且许多地方的土壤状况正在恶化，全球 33%的土地由于盐碱化、板结、酸化和化学污染等原因，正处于中度到高度退化之中。由于侵蚀导致每年有 250 亿～400 亿 t 表土流失，造成谷物年产量损失约 760 万 t，人为因素造成的盐渍化影响全球约 76 万 km^2 的土地。

我国启动土壤科学的相关研究相对较晚，对土壤安全的认识普遍不足，尚缺乏土壤安全评估的完整体系，致使我国土壤安全问题日趋严峻，严重威胁到我国粮食安全、人居环境安全、生态安全甚至社会和谐发展。主要集中表现在以下几个方面：一是我国土地资源紧张，后备耕地资源严重不足，人均耕地面积不足世界平均水平的 45%。再加上近年来耕地面积仍呈逐年减少的态势，已经严重威胁到国家粮食安全保障问题。二是耕地土壤质量普遍低下，约有 2/3 属于中低产田，对高产稳产作物所需养分的持续供给难以为继。土壤中主要缺乏磷、钾、中量元素和微量元素的耕地分别占总耕地面积的 59%、30%、70%和 50%，而且状况仍在进一步恶化。三是土地退化程度严重，土壤污染状况十分突出。全国污染耕地约有 1 亿 hm^2，其中 1/3 为中重度污染，土壤污染呈现出流域性和区域化发展的态势。另外，水土流失面积达 360 多万 km^2，每年流失的土壤在 50 亿 t 以上；我国的盐碱地面积近 1 亿 hm^2，且每年土壤次生盐渍化高达 11 万 hm^2。四是我国相关的政策法律体系不完善。不合理的耕作管理措施，导致我国养分资源严重浪费，降低了土壤质量，对生态环境也造成了威胁。尤其在土壤修复与保育技术体系方面，管理技术与政策法律还有待提高和完善。

（二）土壤退化

土壤退化（soil degradation）是指在不利的自然因素和人类对土地不合理利用的综合影响

下发生土地质量下降与数量减少的过程。而土壤质量下降主要体现在土壤的物理、化学及生物三个方面的下降指标。生物多样性和生态系统服务政府间科学政策平台（The Intergovernmental Science-Policy Platform on Biodiversity and Ecosystem Services，IPBES）提出，土地退化是引起生物多样性、生态系统功能及服务减少或损失的多种过程，包括所有陆地生态系统的退化，也包括相关水生态系统的退化。土壤退化导致土壤生产力、生态服务调控和可持续发展能力下降甚至完全丧失，引发全球粮食危机和生态环境恶化，直接影响人类的生存与健康。土壤退化不仅是严重的生态环境问题，也是导致贫困和动乱的全球性社会发展问题。据估计，全世界目前约有25%的土地严重退化，36%的土地持续中轻度退化。我国耕地退化面积占耕地总面积的40%以上，具体表现为水土流失、土地沙化和荒漠化、盐碱化、土地贫瘠化、土壤污染等问题，在局部地区尤其明显。

尽管自然因素为土地退化提供了一些外在条件，但是人类活动，尤其是不合理的土地利用行为仍是土地退化的主要原因，全球人口的急剧增长是人类不合理活动的根源。人类对土地退化的影响是多方面的，以北方沙漠的形成过程为例，过度放牧、樵采及农垦活动为主导因素，其次是水资源利用不当及工业化城镇破坏等因素。

1971年，FAO在《土地退化》一书中首次将土地退化分为侵蚀、盐碱、有机废料、传染性生物、工业无机废料、农药、放射性、重金属、肥料和洗涤剂等十大类。在此基础上，阿伦（Allen）又补充了旱涝障碍、土壤养分亏缺和耕地的非农业占用三种类型。1991年，国际土壤参考和信息中心（International Soil Reference and Information Centre）对全球范围内人为因素诱导的土壤退化现状进行了评估，将土壤退化分为土壤水蚀、风蚀、化学性质恶化、物理性质恶化和土壤生物活性退化五大类型。中国科学院南京土壤研究所借鉴了国内外的分类描述，结合我国实际，将我国土壤退化分为土壤侵蚀、土壤沙化、土壤盐化、土壤污染、土壤性质恶化和耕地的非农业占用等六大类（图6-7），并在此基础上进行了二级分类（表6-2）。

图6-7　土壤退化主要类型（引自FAO）

A. 土壤侵蚀；B. 土壤沙化；C. 土壤盐化；D. 土壤污染；E. 土壤性质恶化；F. 耕地的非农业占用

表 6-2　土壤退化分类

一级	二级
A 土壤侵蚀	A1 水蚀，A2 冻融侵蚀，A3 重力侵蚀
B 土壤沙化	B1 悬移风蚀，B2 推移风蚀
C 土壤盐化	C1 盐渍化和次生盐渍化，C2 碱化
D 土壤污染	D1 无机物（包括重金属和盐碱类）污染，D2 农药污染，D3 有机废物（工业及生物废弃物中生物易降解有机毒物）污染，D4 化学肥料污染，D5 污泥、矿渣和粉煤灰污染，D6 放射性物质污染，D7 寄生虫、病原菌和病毒污染
E 土壤性质恶化	E1 土壤板结，E2 土壤潜育化和次生潜育化，E3 土壤酸化，E4 土壤养分亏缺
F 耕地的非农业占用	

下面将对土壤侵蚀、土壤沙化、土壤盐化和土壤污染等常见土壤退化类型进行简要介绍。

1. 土壤侵蚀

土壤侵蚀（soil erosion）是现代地理环境条件下改变地貌景观的主要过程，也是引起土壤质量退化、沙漠化与石漠化的核心因素，与土壤、生态、水文等多个地表过程密切相关。陆地表面的土壤及其母质在外营力作用下被逐渐破坏、剥蚀分离、搬运和沉积的过程即土壤侵蚀。土壤侵蚀成因多样且复杂，危害严重，根据自然因素对土壤作用力的不同，可将土壤侵蚀分为水力侵蚀、风力侵蚀、重力侵蚀和冻融侵蚀等。除此之外，人类的乱砍滥伐，破坏了植被，造成土壤疏松，容易被侵蚀；人为开垦陡坡、采矿，诱发和加速了土壤侵蚀进程。

努力提高植被覆盖度是解决土壤侵蚀的根本有效措施。农业生产上主要采用轮作、改土培肥等措施，可起到保持水土的作用，同时也能稳步促进生态农业的可持续发展。土壤侵蚀是气候、地貌、植被、土地利用等多种自然与人为因素综合作用的结果，所以土壤侵蚀治理重心应逐步转向宏观生态调控，多措并举，以提升生态服务功能为主，寻求土壤侵蚀防治与农业高效生产、生态环境可持续发展的协同途径。

2. 土壤沙化

地质活动或气候异常的自然条件和人类活动在内的多种因素造成的干旱、半干旱和亚湿润干旱地区的土壤退化，土壤含沙量逐步升高最终演变成沙地甚至沙漠的过程即土壤沙化（desertification），或狭义的荒漠化。在干旱、半干旱区域及土壤生态系统脆弱的地区，气候条件是引起土壤沙化的主要驱动力。地质地貌活动和气候条件是土壤沙化的直接原因。例如，地质构造运动使我国的青藏高原大幅度隆起，高海拔阻挡了来自印度洋的湿润空气，使干冷的西伯利亚冬季季风转向东南，与太平洋进行水热交换，诱发了东南亚季风环流，最终导致我国西北地区长期干燥的气候环境。一般情况下，降水量充足和土壤结构相对稳定的地区出现土壤沙化，主要因素是人为重度干扰的影响。在一定的时空范围内，自然因素和人为因素的叠加或交替作用往往会加剧土壤沙化过程。

我国是世界上沙漠化面积最大的国家之一。2014 年监测结果显示，荒漠化土地占国土面积的 27.2%（约 261.2 万 km^2），沙化土地占比为 17.9%（约 172.1 万 km^2）。在我国的西北地区情况更为严重，降水少、气温高、水蒸发量大，加剧了该地区土壤的干旱化，很多植物不适宜生长，使得该区域植被覆盖度严重下降。另外，人类活动的影响也相当明显。过度放牧、乱砍滥伐、矿山无序开采等人类活动导致植被减少，造成土地裸露，加速了土壤沙化。

长期以来我国一直深受荒漠化危害，全国上下始终把防沙治沙作为保护国土生态安全的重要发展战略。例如，内蒙古和新疆是中国沙漠化面积较大、分布较广、危害较严重的地区。历经几代人的艰苦摸索与实践，形成了一大批区域特色生态工程治沙防沙成功模式，其中包括科尔沁沙地“小生物经济圈”治理开发模式、巴林右旗沙漠化治理模式、毛乌素沙地造林模式等。位于陕西省榆林地区和内蒙古自治区鄂尔多斯市之间的毛乌素沙漠，从 20 世代 60 年代开始开展治沙行动，使毛乌素沙漠流沙“止步”生绿，水土不再流失，大幅度减少了黄河的年输沙量。2003 年，榆林市启动实施了防沙治沙综合示范区建设工程，植被覆盖度呈现极显著增加趋势（图 6-8）。2020 年 4 月 22 日陕西省林业局公布榆林沙化土地治理率已达 93.2%，这意味着毛乌素沙漠即将从地球上彻底“消失”。中国把毛乌素沙漠变成绿洲，为世界防沙治沙带来了宝贵的成功经验，已入选联合国的培训教材。

图 6-8　毛乌素沙漠榆林地区人工治理成效（引自陕西省榆林市林业和草原局，2020）

A 和 B. 1984 年和 2018 年榆林市定边县狼窝沙地区变化对比；C 和 D. 2003 年和 2018 年榆林市子州县福殿堂周边变化对比

3. 土壤盐化

易溶性盐分在土壤表层积累的现象或过程称为土壤盐化（soil salinization），也称盐渍化。盐碱土壤可溶性盐主要包括钠、钾、钙、镁等的硫酸盐、氯化物、碳酸盐和重碳酸盐。硫酸盐和氯化物一般为中性盐，碳酸盐和重碳酸盐为碱性盐。自然因素引起的盐渍化称为原生盐渍化，而人为因素引起的盐渍化称为次生盐渍化。母质、地形特征、气候条件和人为因素对土壤盐化的形成和演化起重要的作用。除在滨海地区海水浸渍的影响而发生盐化外，一般的土壤盐化主要发生在干旱和半干旱地带，以及地表径流和地下径流滞留排泄不畅且地下水位较高地区。由于气候干旱，地面蒸发作用强烈，土壤母质和地下水中所含盐分，随着土壤毛细管水上升而积聚于地表。此外，在极干旱地区，即使地下水很深，高矿化地表径流携带的盐分也能使土壤发生盐化。除此之外，干旱和半干旱地区的草甸植物和荒漠的植物，也加快了土地盐化的发生。

全球约有 7%的土地，也就是接近 10 亿 hm^2 的土壤已经受到盐化的严重威胁，主要集中分布在非洲、亚洲、大洋洲和南美洲，并以澳大利亚、哈萨克斯坦、中国、伊朗、阿根廷等为代表。另外，全球次生盐渍化的面积约有 0.8 亿 hm^2，其中 58%发生在灌溉农业区，接近 20%的灌溉耕地有盐渍化的趋势，而且这个比例还在持续增加。未来还会有更多的荒地林地被开垦为耕地，这主要是靠灌溉来实现的，这带来的盐渍化问题也将更加突出。我国也是土壤盐化比较严重的国家，一是面积大，盐碱地总面积约有 0.4 亿 hm^2，约占全国土地面积的 5%。二是分布广，我国盐碱地分布可分为滨海盐渍区、黄淮海平原盐渍区、荒漠及荒漠草原盐渍区、草原盐渍区四大类型。20 世纪 70 年代以来，我国启动了多项与旱涝盐碱综合治理相关的国家科技攻关项目，从基础理论研究逐步过渡到盐渍土监测与修复实践，对我国盐渍地和中低产地区产生了广泛的影响，有效推动了我国盐渍土改良工作的发展。

进入 21 世纪以来，由于全球气候异常变化的影响日益突出，土壤盐渍化问题逐步显现，已经成为全球生态恶化的又一症结所在。2021 年世界土壤日将“防止土壤盐渍化，提高土壤生产力”作为主题，旨在鼓励世界各界提高土壤生态安全意识，积极致力于盐渍化土壤改良，促进土壤健康可持续发展。

4. 土壤污染

土壤污染（soil pollution）是指人类活动产生的污染物进入土壤，在土壤中大量富集远超过土壤的自净能力，造成土壤环境质量下降。土壤污染对农作物的产量或品质造成了直接影响，通过食物链、饮水、呼吸或直接接触等多种途径，危害人类的身体健康。土壤污染一般以化学污染最为普遍，无机污染物如 Cd、Pb、Zn、Cu、Cr 等重金属元素及 Sr、Cs、U 等放射性元素；常见的有机污染物主要是有机农药、石油、多环芳烃、多氯联苯、洗涤剂等（图 6-9）。这些土壤污染物通常来自人类生产和生活的各个环节，如工业和城市的废水和固体废弃物、农业生产用的农药和化肥、牲畜排泄物、生物残体及大气沉降物等。另外，自然界某些矿床的矿物发生自然风化形成的扩散带也能造成附近土壤的污染。

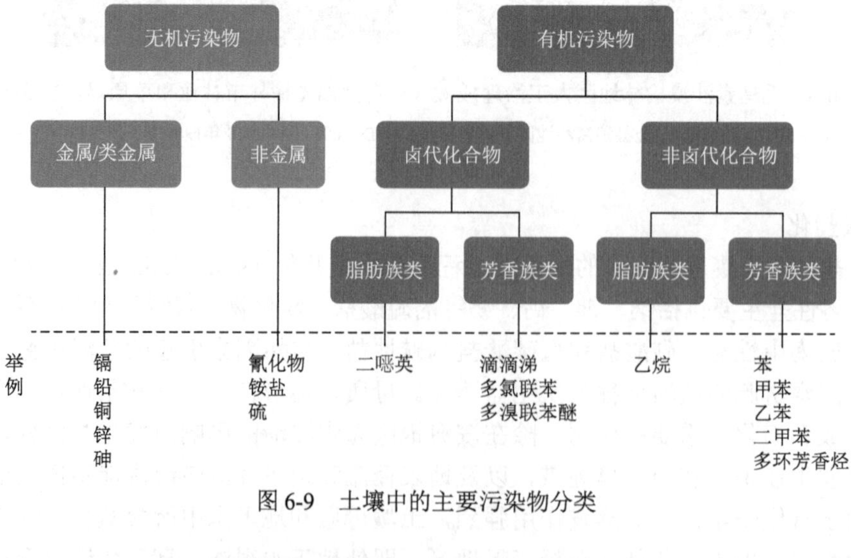

图 6-9 土壤中的主要污染物分类

2018 年 5 月 2 日，FAO 在全球土壤污染研讨会上发布题为《土壤污染：隐藏的现实》的报告，概述了全球土壤污染的现状，以及影响人类健康和环境的主要污染物及其来源。由于土壤污染具有较强的隐蔽性，土壤污染方面的信息及严重程度远远低于事实上的状况。据报告评估当今全球的土壤污染面积已经相当于法国国土面积，无法再种植庄稼了。据估计，澳大利亚现在约有 8 万个地点存在土壤污染。欧洲经济区和西巴尔干地区约有 300 万个潜在污染地点。美国有 1300 个地点被列入该国的重点污染清单。2021 年 6 月 4 日，FAO 和联合国环境规划署联合发布的《全球土壤污染评估》报告显示，严重的土壤污染问题造成了广泛的环境退化，目前这一现象仍在持续，已成为全球生态保护过程中最大的挑战之一。

近年来，我国土壤污染总体呈加剧趋势，其造成的环境问题也呈现“压缩型”和“暴发性”的态势。2014 年，我国环境保护部和国土资源部发布了《全国土壤污染状况调查公报》，指出我国土壤总的点位超标率为 16%，19%农业耕地的土壤已受污染。污染类型主要以无机型为主，有机型次之，复合型污染比例小。有数据表明我国农田遭受污染最严重的是镉污染，污染率最高达 7.8%，远远高于其他重金属。此外，每年约有 50 万 t 农膜残留在耕地土壤中，对耕地质量也构成了巨大的威胁。

三、土壤环境评价与保护

没有健康的土壤，地球上的生命则难以持续。保护土壤生态安全，就是保护人类健康。近两百年来，世界人口数量剧增和生活水平大幅提高，全球土地资源的生态服务功能负担日益加重，地球承受的生态压力比历史上任何时期都要大。如何及时掌握土壤环境的现状和动态变化将有助于土壤资源的精准管理与可持续发展。土壤环境质量评价作为环境质量评价的重要组成部分，可系统反映土壤环境质量的总体状况，阐明土壤退化的特征，为建立土壤环境质量监督管理体系，科学保护和合理利用土地资源，防治土壤退化提供基础数据和信息。2016 年国务院印发的《土壤污染防治行动计划》明确提出了完成土壤环境监测等技术规范的修订，形成土壤环境监测能力，建设土壤环境质量监测网络，深入开展土壤环境质量调查，定期对重点监管企业和工业园区周边开展监测等工作任务。

（一）土壤生态环境监测

1. 我国的土壤环境质量标准

为了保护我国土壤资源及土壤生产力，早在 20 世纪 70 年代中期，北京、上海、南京等地的科研单位就逐步展开了对土壤环境质量的调查工作，系统研究并建立了我国的土壤环境质量标准。该标准的制定主要分为以下两个阶段。

第一个阶段为 1995 年颁布的《土壤环境质量标准》（GB 15618-1995），主要用于农用地的环境质量评价和监管，防止土壤污染，保护生态环境，保障农林生产，维护人体健康。该标准根据土壤应用功能、保护目的和土壤主要性质，规定了土壤中污染物的最高允许浓度指标，共三级标准值。标准值的第一级为保护区域自然生态，维持自然背景的土壤环境质量的限制值；第二级为保障农业生产，维护人体健康的土壤限制值；第三级为保障农林业生产和植物正常生长的土壤临界值。该标准共设置 10 项指标，除 8 种金属元素（铜、汞、砷、镉、铅、铬、锌、镍）外，还包括“六六六”和“DDT”两种有机农药。

第二个阶段为 2018 年制定的土壤环境质量标准，细分为《土壤环境质量 农用地土壤污染风险管控标准（试行）》（GB 15618-2018）和《土壤环境质量 建设用地土壤污染风险管控标准（试行）》（GB 36600-2018）。新标准遵循风险管控的创新思路，提出了风险筛选值和风险管制值的概念，这更符合土壤环境管理的内在特征与规律。GB 15618-2018 标准主要针对种植食用农产品的土壤，目标是食用农产品的质量安全，继而兼顾农作物生长和土壤生态需求，是在原来标准基础上进一步优化调整。新标准中沿用原有的 8 种金属为基本项目，这也是必测项目；其他项目中的“六六六”、“DDT”和苯并[α]芘设置为选测项目，这些污染物项目的风险筛选值详见表 6-3。新标准根据土壤风险的筛查与分级，进行类别划分，实施分类管理。对优先保护类土壤，实行严格保护，确保面积不减少、土壤环境质量不下降；安全利用类土壤，采取农艺调控、替代种植等安全利用措施；严格管控类土壤，高于标准中镉、汞、砷、铅、铬风险管制项目的相应风险管制值，采取禁止种植食用农产品、退耕还林等严格管控措施。

表 6-3　农用地土壤污染风险筛选值　（mg/kg）

污染物项目			风险筛选值			
			pH≤5.5	5.5＜pH≤6.5	6.5＜pH≤7.5	pH＞7.5
基本项目	镉	水田	0.3	0.4	0.6	0.8
		其他	0.3	0.3	0.3	0.6
	汞	水田	0.5	0.5	0.6	1.0
		其他	1.3	1.8	2.4	3.4
	砷	水田	30	30	25	20
		其他	40	40	30	25
	铅	水田	80	100	140	240
		其他	70	90	120	170
	铬	水田	250	250	300	350
		其他	150	150	200	250
	铜	果园	150	150	200	200
		其他	50	50	100	100
	镍		60	70	100	190
	锌		200	200	250	300
其他项目	六六六总重		0.10			
	滴滴涕总重		0.10			
	苯并[a]芘		0.55			

备注：中华人民共和国国家标准 GB 15618-2018

《土壤环境质量　建设用地土壤污染风险管控标准》（GB 36600-2018）是首次制定公布的，立足于国情，以问题为导向，以保护人体健康为目的。该标准关键点是基于儿童长期暴露的风险，把建设用地分为两大类：一类是儿童和成人均存在长期暴露风险的，如学校、医院、商场等用地。另一类是只有成人存在长期暴露风险的，如工业用地、物流仓储用地等。标准中共确定土壤污染物 85 项，包括基本项目 45 项和其他项目 40 项。与农用地土壤污染风险污染物基本项目相比，建设用地的重金属污染项目少了锌，但大幅增加了涵盖挥发性有机物和半挥发性有机污染物的检测。同时在其他项目方面，建设用地最为明显的是增加了数十种有机物和有机农药类等检测项目。

2. 土壤环境监测技术

土壤环境监测是各项土壤污染防治工作的基础，是土壤环境质量、土壤污染状况调查及突发性土壤污染事故处理的支撑性技术，而监测方法又是实施土壤环境监测的最基础性技术标准文件。原环境保护部印发的《“十三五”土壤环境监测总体方案》中提出了“以满足我国土壤环境质量标准和评价标准以及应急监测的需求为重点，进一步完善土壤环境监测方法体系”。2018 年，农业农村部与生态环境部联合印发的《国家土壤环境监测网农产品产地土壤环境监测工作方案（试行）》提出，要切实提升农产品产地土壤环境监测能力和水平，及时掌握全国范围及重点区域农产品产地土壤环境总体状况、潜在风险及变化趋势。我国现有土壤环境监测技术种类较多，较为常见的有“3S”技术、物理化学技术、生物技术、水平定向钻进技术及现代信息技术等。

（1）“3S”技术在土壤环境监测中的应用　遥感技术（RS）、地理信息系统（GIS）及全球定位系统（GPS）共同构成了“3S”技术系统，是应用于测绘领域的高新信息技术。目前，“3S”技术已被广泛应用于地理环境信息获取和分析、全球环境变化趋势预测、环境污染情况调查与监测、生态环境问题修复与研究等工作中。在土壤环境监测工作中，可以借助遥感的卫星影像、GPS 的定位，以及 GIS 强大的空间数据管理及处理功能，在土壤监测布点和采样方面发挥强大优势，获取不同地区土壤环境信息和土壤监测质量信息，及时预警土壤环境变化区域，这对于土壤退化防治工作和土地利用管理具有指导意义。

（2）物理化学技术在土壤环境监测中的应用　与化学、物理学相关的土壤环境监测技术的发展十分成熟，对土壤环境监测工作的积极推进产生了深远影响。针对土壤中的无机物监测，有原子吸收光谱法、原子发射光谱法、原子荧光光谱法、X 射线荧光光谱法等光学分析法，以电感耦合等离子体-质谱法为代表的仪器联用法，以及极谱分析电化学法和以特定化学反应为基础的化学分析方法。这些方法中以光学分析法适用范围广，灵敏度较高，操作便捷，应用广泛。土壤中的有机物检测分析方法主要有色谱分析法，以气相色谱法、高效液相色谱法最为普遍。另外，近年来仪器联用技术发展趋于成熟，如色谱-质谱联用法中气相色谱-质谱法和高效液相色谱-质谱法也是有效的检测手段。这些仪器联用技术可实现定性、定量分析，检测灵敏度高、重现性好，特别是在土壤痕量物质检测方面发挥了重要主导作用。

（3）生物技术在土壤环境监测中的应用　生物监测技术是目前土壤环境监测中常用的技术手段。随着生物技术的快速发展与应用推广，尤其是与环境工程技术融合，在土壤环境监测领域涌现出诸如环境 PCR 技术、生物芯片、生物大分子标记和环境宏基因组等新兴技术，通过对土壤中的微生物进行生物检测和基因组系统分析，更加深入直观地展现土壤污染的具体情况。相比传统监测手段，采用生物技术有着无可比拟的技术优势，可以及时检测土壤环境中生物多样性的变化趋势与特点，进而为土壤环境检测和预防提供较为全面、准确的数据支持，也为选择合适的土壤修复方法提供了理论依据。

（4）水平定向钻进技术在土壤环境监测中的应用　应用水平定向钻进技术进行土壤环境监测与治理在我国尚处于发展起始阶段。早在 20 世纪末，以美国、德国等为代表的少数发达国家就开始研发采用导向/水平定向钻进技术施工水平井，其可用在土壤蒸汽抽取-注气法、空气注射法、原位生物注气法进行土壤环境修复及随钻传感器实时监测中。随着这种非开挖技术的不断发展与完善，施工便捷性与使用效率大幅提高，缩短了土壤环境布点采样分析流程，使得土壤环境监测工作更具实效性，实现了对土壤环境质量的实时监测，为后期土壤污染长效治理提供数据支撑。

（5）现代信息技术在土壤环境监测中的应用　现代信息技术发展日新月异，尤其是近年来的互联网 + 与大数据技术的发展给诸多行业包括土壤环境质量监测领域注入了创新发展的动力。就目前来看，信息技术已经深度融合到土壤环境质量监测体系的建立过程中。例如，大量的土壤环境监测传感器通过物联网协议及无线路由节点等方式规模化组网，实现土壤环境质量数据自动采集并实时上传至土壤环境质量监测网络中心，通过计算机的数据分析处理提供土壤环境的动态信息，如土壤环境的温湿度、酸碱度及污染物的浓度动态变化趋势等。

总体来讲，我国的土壤环境质量监测的相关工作起步较晚，土壤环境质量标准还不完善，土壤环境监测技术相比发达国家仍有一定差距。现代化工业使越来越多的污染物在土壤汇集，这对现有的土壤环境监测体系提出了严峻挑战。在我国经济快速发展的新形势下，要充分发挥现代先进技术在土壤环境监测体系中的优势，融合遥感、物联网、大数据等技术建立多维度监测体系，全面实现土壤环境质量监测自动化、远程化和智慧化的发展目标。

（二）土壤生态环境保护

1. 土壤安全保护的全球行动

1981 年 2 月，联合国环境规划署与 FAO 在罗马召开“世界土壤政策”专家会议，主要讨论与制定有关土壤利用的世界性政策及其实施的行动计划。同年 11 月，FAO 大会通过《世界土壤宪章》，由全球土壤伙伴关系负责推动实施。经过 40 余年的实施，不断完善与积累土壤科学基础理论与技术，加深了人们对土壤的了解。同时也发现了一些新问题，诸如土壤污染及其对环境的影响，气候变化适应与减缓，以及城市化对土壤功能的影响等。2014 年 7 月举行的全球土壤伙伴关系全体大会进一步修改了《世界土壤宪章》（见知识扩展 6-1），作为推进和规范各级可持续土壤管理的工具，并获得了第 39 届 FAO 大会的批准通过。2013 年 6 月，世界粮食及农业组织大会通过了将每年的 12 月 5 日作为世界土壤日（World Soil Day），以及确定 2015 年为国际土壤年（International Year of Soils 2015）的决议，并在同年 12 月第 68 届联合国大会上获得通过。

自 2014 年 12 月 5 日第一个正式的世界土壤日以来，每年的世界土壤日都从土壤生态安全的不同视角（表 6-4）向公众传播：土壤不仅是自然生态系统的组成部分，也是人类福祉的重要贡献者。世界土壤日主题活动，旨在让人们意识到健康土壤的重要性和倡导可持续的土壤资源利用的深远意义。

表 6-4　世界土壤日的主题及意义

年份	主题	意义
2014	食物源自哪里	让人们意识到土壤对人类的重要性，以及土壤正遭受着的各种危害
2015	土壤即生命	土壤蕴含着地球 1/4 的生物多样性，保护土壤就是保护生物多样性
2016	土壤与豆类：生命的共生关系	该年也是世界豆类年，强调了豆类作物的重要性。豆类构造出健康土壤，豆类促进了土壤生物多样性，豆类能改善土壤结构，豆类的固氮能力增强了土壤肥力，土壤是生命必需资源，豆类与土壤是生命的共生互惠
2017	爱护土壤从脚下做起	让人们认识关爱地球要从土地开始、要从土壤健康开始，健康的土壤能为地球带来各种好处

续表

年份	主题	意义
2018	成为土壤污染的解决者	传递土壤质量对食品安全、生态系统健康、人类生命重要性的信息。每个人都能从自身做起，成为土壤污染的解决者
2019	防止土壤侵蚀，拯救人类未来	土壤是不可再生资源，需要1000年的时间才可能产生2～3cm的土层。土壤侵蚀将导致土壤功能的丧失，为实现可持续发展目标，关键在于保护土壤
2020	保持土壤生命力，保护土壤多样性	我们的粮食安全依赖于健康的土壤，通过鼓励世界各地的人们积极参与改善土壤健康，抗击土壤生物多样性的丧失
2021	防止土壤盐渍化，提高土壤生产力	通过对土壤管理中日益严峻的挑战总结，提高对维持健康生态系统和人类福祉重要性的认识，防治土壤盐渍化，鼓励世界各界积极致力于改善土壤健康

2012年《联合国防治荒漠化公约》（United Nations Convention to Combat Desertification）中提出“到2030年实现土地退化零增长（zero net land degradation）”，并于2017年发布了土地退化平衡（land degradation neutrality）框架。联合国“可持续发展目标（2015～2030年）”将遏制、扭转土地退化，恢复退化土地，减缓以环境退化为代价的经济增长作为其第15大目标；“爱知生物多样性目标（2010～2020年）”将土地退化作为降低生物多样性的主要威胁予以应对；“波恩挑战”中提出，到2020年恢复1.5亿hm^2退化土地和森林。2021年6月，FAO与UNEP联合发布的《全球土壤污染评估》报告指出，日益加剧的土壤污染和到处扩散的废弃物正在威胁着未来全球的粮食生产及人类和环境的健康，需要全球即刻行动起来，以应对这一挑战。我国积极参与全球土壤环境治理，依法加强土壤环境监测、风险管控及污染治理。在国务院发布的关于2020年度环境状况和环境保护目标完成情况等报告中，指出全国土壤环境风险得到基本管控，受污染耕地安全利用率达到90%左右，污染地块安全利用率达到93%以上，土壤污染加重趋势得到初步遏制。

2018年3月26日，IPBES发布了《土地退化与恢复评估决策者摘要》报告，厘清了土地退化的概念与内涵，阐述了土地退化对人类生活质量的影响，介绍了土地退化的现状和进程，分析了直接和间接驱动因素与土地退化的关联，揭示了土地退化与人类福祉的关系，提出了土地退化和恢复的对策建议。联合国政府间气候变化专门委员会于2019年发布了《气候变化与土地退化特别报告》，主要关注气候变化、土地退化、可持续土地管理、粮食安全和陆地生态系统的温室气体通量。

美国早在20世纪前叶就开始重视环境立法工作。标志性事件是1935年4月发生在美国的“黑风暴”，一场巨大的风暴席卷了美国2/3的辽阔土地（见知识扩展6-2）。黑风暴起源于美国西部生态破坏最严重的干旱地区，黑色沙土被狂风卷起形成一条黑色沙尘带，南北长绵延1000多公里，向东疾驰2400多公里，遮蔽天日持续了3天之久。该事件之后，美国立刻着手对土壤进行立法保护，首先颁布了《土壤保护法》。随后，1980年美国国会制定了《综合环境污染响应、赔偿和责任认定法案》，成立“超级基金”的信托基金，旨在为修复全国范围内的“棕色地块”提供资金支持。这些棕色地块通常是被遗弃、闲置或不再使用的前工业和商业用地及设施，这些地区的再开发会受到土壤污染的影响。所以该法案明确了清洁土壤污染的责任人，确立了“谁污染谁治理”“预防为主”和“公众参与”的原则，要求污染事故责任方支付受污染土壤的治理费用。但该法案对责任规定得过于苛刻严格，相关评估程序和清洁费用的预测也十分模糊，所以该法案的实施效果并不十分理想。随后，美国国会又公布了一些修正案和补充法案，如《棕色地块法》明确了相关责任人和非责任人的界限，制定了明确、适用的评估标准，为棕色地块的开发再利用作出了法律上的界定。在此基础上，美国政府又制定了《棕色地块行动议程》和《棕色地块全国合作行动议程》，盘活了棕色地块经济，将社会经济发展和土地生态保护与治理有效地结合起来。除此之外，美国政府还陆续制定了《有毒物质控制法》《安全饮用水法》《联邦杀虫剂、杀真菌剂和杀鼠剂法》和《清洁水法》等法律，从土壤污染的源头着手，以达到对土壤保护的目的，构成了较为完善的法律体系。

欧盟一直以来对土壤环境保护相当重视。欧盟前身欧共体早在 1972 年就颁布了《欧洲土壤宪章》，首次将土壤列为重点保护的环境要素，重点论述了土壤资源的重要意义，倡导欧洲各国开展土地资源保护立法工作。1986 年欧盟颁布环境保护指令，要求各成员国正确使用污泥，严格禁止在农田中使用重金属超标的污泥，防止对土壤环境造成破坏。在农业土壤保护方面，欧盟于 2005 年 9 月发布了《欧盟 2007—2013 年农村发展条例》，鼓励成员国采取土壤保护行动，可依照农业环境计划为支持农业地区可持续发展的各项措施提供资金投入。为了应对欧洲土壤日益严重的污染和退化问题，欧盟委员会分别在 2006 年和 2012 年通过的《土壤主题战略》和《土壤主题战略的实施报告》，较为详细地总结了土壤主题战略实施情况和目前正在进行的活动。德国作为欧盟的核心成员国之一，积极严格遵循欧盟的土壤环境保护立法和政策。在欧盟土壤立法体系影响下，1985 年德国提出了《联邦土壤保护战略》，直到 1998 年德国颁布了《联邦土壤保护法》。该法规定土地使用者和所有者有义务防止和清除土壤污染，在何种情况下均有义务恢复土壤功能。2004 年欧盟 27 个成员国投入资金约 52 亿欧元用于对土壤修复治理，其中德国投入的为所有成员国最多，比例高达 21%。此外，德国根据《欧盟 2007—2013 年农村发展条例》制定农业环境计划，要求各州因地制宜选择有效措施，成为全国农村发展计划的重要组成部分。

日本也是最早在土壤保护方面立法的国家之一。日本国土狭小，与工业化大生产相伴而生的环境污染效应更易显现，如 19 世纪末的足尾铜山矿毒事件，20 世纪 50 年代发生的神通川流域镉污染引发富山痛痛病事件、宫崎县土吕久砷污染事件，70 年代暴发的福岛县磐梯町、东京都府中市等镉污染米事件。这些举世震惊的土壤污染事件均是由于重金属进入耕地土壤或水体并最终危害人体健康的毒污染事件。1970 年日本政府颁布的《农业用地土壤污染防治法》拉开了日本土壤污染防治法制建设的序幕。立法目的十分明确，就是为了防治和消除农业用地被特定有害物质污染，以及合理利用已被污染的农业用地，以达到保护国民健康和保护生活环境的目的。1976 年，日本政府通过修改《废弃物处理和清扫法》来进一步强化废弃物处理与监督制度。2002 年国会审议通过的《土壤污染对策法》对土壤污染的界定，以及治理方案、调研实体机构、支援体系、报告及检查制度、惩罚条款等进行了详细规定，形成了一系列有关土壤污染评价、土壤污染保险的相关产业。至此，日本土壤环境质量保护的社会效益也开始显现。

2. 我国的土壤安全管理

中国是素来以农耕文化彰显的文明古国，历来十分重视土地资源的利用与保护。《中华人民共和国宪法》第九条规定："国家保障自然资源的合理利用，保护珍贵的动物和植物。禁止任何组织或者个人用任何手段侵占或者破坏自然资源。"第十条规定："一切使用土地的组织和个人必须合理地利用土地。"第二十六条规定："国家保护和改善生活环境和生态环境，防治污染和其他公害。"上述条款为我国土壤保护和污染防治的立法工作提供了法理依据。在最新版《中国共产党章程》中也明确提出树立尊重自然、顺应自然、保护自然的生态文明理念，增强绿水青山就是金山银山的意识，坚持节约资源和保护环境的基本国策，坚持节约优先、保护优先、自然恢复为主的方针，坚持生产发展、生活富裕、生态良好的文明发展道路。十八大报告中将生态文明建设作为五位一体总体布局的重要组成部分，大力推进生态文明建设，强调国土是生态文明建设的空间载体，必须珍惜每一寸国土。十九大报告提出坚持人与自然和谐共生，像对待生命一样对待生态环境，统筹山水林田湖草系统治理，实行最严格的生态环境保护制度，形成绿色发展方式和生活方式，建设美丽中国，为人民创造良好生产生活环境，为全球生态安全做出贡献。这些重要文件论述足以表明国家在土地资源利用与保护问题上的坚定决心，严肃地将生态环境保护问题提升至国家战略层面，用务实的态度和实际的行动向世界展示生态文明时代的到来。

近年来，我国政府在土壤安全管理方面积极行动。从 2015 年的《耕地质量保护与提升行动方案》，到 2016 年的《土壤污染防治行动计划》（简称“土十条”）（见知识扩展 6-3），再到 2017 年的《全国土地整治规划（2016—2020 年）》《农用地土壤环境管理办法（试行）》，一系列专题政策与措施密集出台落实，剑指土壤污染，保护农业耕地安全。2018 年 8 月 31 日第十三届全国人民代表大会常务委员会第五次会议全票通过了《中华人民共和国土壤污染防治法》，自 2019 年 1 月 1 日起施行（见知识扩展 6-4）。《中华人民共和国土壤污染防治法》是我国首次制定土壤污染防治的专门法律，填补了我国污染防治立法的空白，完善了我国生态环境保护、污染防治的法律制度体系。该法就土壤污染防治的基本原则、土壤污染防治基本制度、预防保护、管控和修复、经济措施、监督检查和法律责任等作出了明确规定。

截至目前，我国现行法律体系中涉及土壤保护的法律法规呈现“金字塔”形架构。高居塔尖顶的是《中华人民共和国宪法》，其下面是《中华人民共和国环境保护法》（见知识扩展 6-5）和《中华人民共和国土壤污染防治法》，另外《中华人民共和国水土保持法》《中华人民共和国土地管理法》《中华人民共和国防沙治沙法》《中华人民共和国草原法》《中华人民共和国矿产资源法》《中华人民共和国固体废物污染环境防治法》《中华人民共和国水污染防治法》《中华人民共和国大气污染防治法》等单行法也从不同角度对土壤保护作出了相关法律描述，涉及土地专项治理、土地复垦、土地整理、土地恢复或土地生态修复等土壤保护专项。处于金字塔底层的则是数量庞大的各种行政法规、地方部门规章条例。这些不断完善的土壤防治保护法律体系在我国土地资源保护与利用、农业耕地安全及水土资源保持等方面发挥着重要作用。

第二节　大气环境的生物安全性

包围地球的空气称为大气。大气环境是地球的气体外壳，养育着地球上的生命，并保护其免遭外层空间各种有害因素的干扰；像鱼类生活在水中一样，我们人类生活在地球大气的底部，一刻也离不开大气。

一、大气环境概述

大气环境是指生物赖以生存的空气的物理、化学和生物学特性。物理特性主要包括空气的温度、湿度、风速、气压和降水，均由太阳辐射作为源动力引起。化学特性主要为空气的化学组成：大气对流层中氮、氧、氢 3 种气体共占 99.96%，CO_2 约占 0.03%，还有一些微量杂质及含量变化较大的水汽。人类生活或工农业生产排出的 NH_3、SO_2、CO、氮化物与氟化物等有害气体可改变原有空气的化学组成，并引起污染，造成全球气候变化，破坏生态平衡。

大气为需氧生物和人类提供呼吸作用所需的氧气，同时还为绿色植物的光合作用提供 CO_2，以合成碳水化合物。氮气可以通过固氮作用及一系列复杂的生物化学反应，转变为生命不可缺少的氨基酸和核酸等核心生命分子。大气在水循环中起着冷凝器的作用，形成降雨，把水汽从海洋输送到陆地，形成降雨，为陆地生物提供了必要的生存条件。大气能吸收来自外层空间的宇宙射线和来自太阳的短波辐射，保护地球生命免受辐射的危害；大气层能吸收太阳的能量，又能吸收地球的红外长波辐射以阻碍热量向外流失，使得地表白天升温和夜间降温较缓和，为生物圈提供了适宜的和稳定的温度条件；大气能使地面避免受到陨石等天外来客的直接轰击，绝大部分流星体陨石会在大气层中燃烧殆尽；大气同时参与地球表面的各种物理、化学及生物过程，并在地表物质循环和能量流动中起着重要作用。

大气环境中各组分之间保持着精细的平衡，是维护当今地球生态安全所必需的。然而，规模和强度日益增大的人类活动正在破坏着这种平衡，使得大气污染已成为人类可持续发展需要面对和解决的重大难题。

1. 大气污染的成因分析

大气污染的形成主要是因为超出气候扩散条件和大气自净能力的大气污染物的排放。大气污染源即大气污染物发生和发展的来源，可简单分为天然污染源和人为污染源。由于自然的原因，一些火山口和油田等会向大气排放污染物，这种污染物的来源就属于天然污染源。人类在生活和生产活动中向大气排放污染物形成的污染源即人为污染源（见知识扩展 6-6）。

当前大气严重污染主要源自工业化过程中剧增的人为污染源。例如，大气中 CO_2 和 CH_4 等温室气体浓度逐年增加；大气外层臭氧总量减少；氟氯烃等有机化合物的全球平均浓度从无发展到了今天的相当量级。人为污染源可细分为生活污染源、工业污染源和交通运输污染源。

（1）生活污染源　人们的日常生活需要燃烧化石燃料（如使用炉灶烧饭、锅炉取暖等），向空气中释放 CO_2、SO_2、CO 及烟尘等物质，对大气造成污染，这种污染源即生活污染源。尤其是北方地区的冬季采暖，往往使污染地区烟雾弥漫。

（2）工业污染源　一些化工企业（如电厂、钢铁厂、工矿业等）在生产过程中都有燃料燃烧的工序，会产生并排放煤烟、粉尘及各类化合物，造成大气污染，这类污染源即工业污染源。在大气污染中，工业污染占据了非常大的比例。工业大气污染物种类繁多，有烟尘、硫的氧化物、氮的氧化物、有机化合物、卤化物、碳化合物等，难以在大气中自然分解。

（3）交通运输污染源　汽车、火车、飞机、船舶等交通工具也会排放污染气体造成大气污染，称为交通运输污染源。汽车、火车、飞机、轮船等是当代的主要交通运输工具，多数是借助内燃机的燃烧做功产生动力，生成大量废气。汽车尾气排放的污染物能直接侵袭人的呼吸器官，危害人体健康，是城市空气环境的主要污染源之一。

2. 大气的自净能力

以雾霾为首的大规模污染事件频发，表明我们赖以生存的大气环境的负荷能力已经到达极限，人为活动排放到大气中的各类一次污染物及二次转化形成的污染物已远远超过了自然条件下大气本身的自净能力。

大气环境容量是用于衡量大气对污染物的扩散稀释与自身净化能力的物理变量，是指在给定的自然条件和污染源特征下，为实现环境空气质量标准或特定控制目标，一定时间内区域大气环境可容纳的污染物最大排放量，也是该区域最多准许排放的污染物的量。大气环境容量具有明显的地域差异性，主要受区域的污染源特征、排放量及气象条件等客观条件影响。在污染物排放水平不变的条件下，大气环境容量波动就成为影响空气质量的主要因素（见知识扩展 6-7）。

大气自净是指污染物在自然过程中从大气中被除去或浓度降低的过程或现象。从大气中除去污染物的效率反映了大气的自净能力，主要靠大气的扩散、沉降、氧化、光解、吸收和转化等物理化学作用，使进入大气的污染物质逐渐消失，与当地气象条件、污染物排放总量、自然环境及城市布局等诸因素有关。例如，排入大气的 CO，经稀释扩散，浓度降低，再经氧化变为 CO_2，被绿色植物吸收利用后，空气成分逐渐恢复至原来的状态。通过大气的自净能力，可以降低污染物浓度和减少污染物的危害。大气中的微生物浓度和代谢活动都远低于土壤和水体中的微生物，大气自净的生物作用一般可忽略。

以降水为代表的湿沉降过程能够加速污染物的清除，尘土也可被雨水、雪水冲洗降到地面，使大气清洁，这也是雨后感到空气清新的主要原因。降水可有效降低 $PM_{2.5}$（粒径小于 2.5μm）、PM_{10} 等大气颗粒物浓度；降水对于大气气溶胶的化学组分和酸碱性有明显改变，对于大气中 NO_3^-、SO_4^{2-} 和 NH_4^+ 的去除率较高。

大气中的氧分子、氧化合物或光化学反应形成的自由基（O_2^-、·OH 等）可以将还原性污染物氧化。例如，H_2S 被氧化为 SO_2；CO 能氧化成 CO_2，甲醛转化为甲酸后再氧化为 CO_2。另外，含 SO_2、NO_x 的酸性尘埃（如火山灰）及其他酸性污染物能与 NH_3 和来自风扫沙漠和碱性土壤扬起的碱性灰尘颗粒等发生中和作用，从而减少直接的酸碱空气危害。

森林和植被能吸收和降解某些污染物，从而净化空气。雾霾主要出现在冬季，也与冬季大气污染物的植物降解能力减弱和空气湿度降低有关。在春、夏季植物生长季节，在植物能忍受的污染范围内，其能不同程度地拦截、吸收和富集大气中的 $PM_{2.5}$ 等污染物成分。

二、大气环境污染及其危害

全球工业化进程使得生物圈经历了大气污染和气候变暖的显著变化。气候变化能改变一个地区不同物种的适应性，能改变生态系统内部不同种群的竞争力。多种动植物，尤其是植物群落，因无法适应全球变暖而消失；有些物种则从气候变暖中得到益处，它们的栖息地增加，竞争对手和天敌也可能减少。某些主要发生在热带地区的疾病可能随着气候变暖向中纬度地区传播。大气环境污染意味着大气成分的改变，会危害和影响人类和动植物的生理机能，可直接或间接影响到整个地球生态圈，破坏人类社会所需的相对稳定的当代生态环境。

1. 温室效应对环境和生态的影响

温室效应气体对阳光短波辐射透明（吸收极少）而对地表散热的长波辐射有强烈吸收作用，从而留住热能，维持地表温度。大气中最主要的温室效应气体是水蒸气，但是水汽可通过自身高热容量稳定气温，不是全球变暖的主要变量。温室气体包括 CO_2、CH_4、CO、氟氯烃及臭氧等 30 余种气体。《京都议定书》中确定的 6 种温室气体包括 CO_2、CH_4、N_2O、氢氟碳化物（HFC）、全氟化碳（PFC）和六氟化硫（SF_6）。产生温室效应的关键就在于大气层中温室气体的浓度；当大气中温室气体含量大量增加时，便会造成全球暖化，形成温室效应。

温室效应会造成地表气温升高，导致陆地冰川逐渐消融，引起海平面上升，沿海低海拔地区会被淹没。雪线的后退导致陆地与水域占据地表的比例更大，而这两者的光反照率比冰小，使得地表吸收更多的太阳辐射，导致变暖加剧，促使更多冰山融化（图 6-10A）。

2017 年 7 月中下旬，中国南方地区出现大范围持续高温天气。浙江、江苏、安徽、重庆、陕西南部、湖北、湖南的部分地区日最高气温超过 40℃，陕西旬阳（44.7℃）、重庆江津（42.5℃）等 4 县市超过 42℃。7 月 21 日上海徐家汇最高气温达 40.9℃，打破了徐家汇 1873 年以来（145 年）的历史纪录。澳大利亚在 2019 年经历了有记录以来最热的一年，比平均水平高出了 1.5℃。全球变暖使得山火更易发生。2019 年 7 月至 2020 年 2 月，澳大利亚发生了持续时长空前的山林大火，过火面积超过 5 万 km^2，排放了超过 3.5 亿 t CO_2，导致 10 多亿只野生动物丧生。

全球变暖会带来气候带北移，引发一系列生态环境问题。据估计，若气温升高 1℃，北半球的气候带将平均北移约 100km。由于环境的变化过于突然，没有平缓的过渡过程，许多动物种群无法适应，迁移无路，严重影响到其繁殖和发展，种群整体数量下降，甚至有的动物种群已经灭绝或在灭绝的边缘挣扎。另外，受到环境和生存空间变化的影响，有的物种种群则将扩大，使得生物多样性遭受严重冲击，物种数量和种群大小的剧烈变化将使食物链和生态平衡关系受到破坏（图 6-10B）。据世界自然基金会（World Wide Fund for Nature or World Wildlife Fund，WWF）的报告，若全球变暖的趋势不能被有效遏制，到 2100 年，全世界将有 1/3 的动物栖息地发生根本性变化，这将导致大量物种因不能适应新的生存环境而灭绝。地球大气成分在漫长的历史上发生过多次变化，这和物种演化有密切互动。大气高 CO_2 浓度和全球变暖会破坏当前的脆弱生态，也许会产生新的物种繁荣或者大爆发，也许对地球的植物生长和生态系统总生物量有利，但对于当前的生态系统和人类社会而言绝对是高风险。

气候变暖会使热带虫害和病菌向较高纬度蔓延，使中纬度面临热带病虫害的威胁。同时，气温升高可能使这些病虫害的分布区扩大、生长季节加长、繁殖代数增加、群体密度增加、危害时间延长。

全球持续变暖将进一步加剧全球水循环，包括增加其波动、全球季风降水的强度，以及干旱和洪涝的严重程度。全球性的热量增加，会加大海洋和地表水的蒸发速度：一方面，全球变暖使世界上缺水地区降水量和地表径流减少，加重了干旱地区的旱灾，也加快了土地荒漠化的速度（图 6-10C）；另一方面，水的蒸发搬运能力加大，以及大气中能容纳的饱和水蒸气总量随温度的升高而增加，又使雨季地区降水量进一步增大，从而加剧洪涝灾害的发生。

2021 年 8 月 13 日，美国国家海洋和大气管理局（National Oceanic and Atmospheric Administration）发表报告表示，2021 年 7 月是自 142 年前有记录以来世界上最热的一个月，陆地和海洋表面温度比 20 世纪平均温度（15.8℃）高 0.93℃。7 月 14 日到 7 月 15 日德国下起了大暴雨，其降水量达到了平时两个月降水量之和，暴发了千年难遇的洪水。同一时期伊朗西南部地区正面临 50 年来最严重的干旱；304 个城市中，有 101 个城市处在严重缺水状态。2021 年 7 月 17 日开始，河南遭遇罕见持续强降雨，降雨持续时间长、累积雨量大、强降雨时段集中且范围广，至 8 月 9 日 7 时，造成全省 150 个县（市、区）1664 个乡镇受灾。2021 年 7 月 18 日 8 时至 20 日，河南郑州荥阳、巩义 7 个雨量站降雨量超 600mm，重现期均大于 500 年一遇，最大点雨量 718.5mm；此次强降雨过程中，郑州市单站最大 1h 雨量达到 201.9mm，突破中国大陆小时降雨量历史极值；最大日降雨量 552.5mm，最大三天降雨量 617.0mm（图 6-10D）。

图 6-10　温室效应的危害（引自舒畅，2017；姜晶晶，2020；王溪，2020；刘芬，2021）

A. 北极冰川融化；B. 非洲蝗灾；C. 云南旱灾；D. 郑州特大暴雨

全球变暖带来的更多地表热能，部分会转化为空气动能，会促使风暴、强对流、龙卷风等极端气候事件发生更频繁，强度更大。结合暴雨天气会导致洪水、山体滑坡、泥石流等灾害发生，水土流失问题更加严峻。极端气候事件的频发还会对人的生命财产安全、公共基础设施和农作物生长等产生严重影响（见知识扩展 6-8）。

2. 酸雨和水体酸化

空气中 SO_2 等经过氧化反应结合降水，形成主要为硫酸的酸性物质，使降水 pH 低于正常值，成为酸雨。酸雨中的这些酸性物质，有的源于自然活动，如火山喷发、物质腐烂分解等；但占据最大比例的还是源于人类活动排放，如工厂废气、汽车尾气等。酸性污染物在大气中可随着气流扩散，在适量光照和一定的气象条件下，可散播影响到很远的区域。

酸雨会对陆地生态系统产生严重危害，主要表现在土壤酸化和植物腐蚀。酸雨中的酸性物质，落到地表，当没有碱性物质与其中和时，就会发生土壤酸化。同时，酸雨的淋洗作用会使土壤中矿物质的流失速度加快，造成土壤贫瘠化。酸雨会对植物叶片和新生芽苗造成伤害，诱发植物病虫害，导致森林生态系统的退化。

酸雨对水生态系统也会产生很大的危害。酸雨降入河流、湖泊，会导致水质酸化，严重影响到水生生物的繁殖和生长，引起水生态系统结构发生变化；生物种群有可能因此减少甚至消失，不利于物质元素的正常循环。酸雨的淋洗作用会使土壤和底泥中的重金属成分溶解到水中，进入水生生物的食物链，产生毒害作用。

海洋对大气 CO_2 的大量吸收，在一定程度上缓和了全球变暖；然而，从另一方面来看，更多 CO_2 溶解于海洋，将造成海洋酸化，对海水化学环境产生显著影响。从工业时代开始以来，海水表层平均 pH 约从 8.2 下降至 8.1。海洋酸化导致其内的碳酸钙净溶解，不利于海洋生物的碳酸钙堆积，减缓了“钙化进程”；这已对珊瑚、贝类、腹足类、海胆等海洋钙化生物产生了不利影响；如海洋持续酸化，现有的钙化生物都将难以生存，很可能影响到整个海洋的食物链和生态安全。

3. 氮氧化物

人类通过施用氮肥和燃烧化石燃料等方式释放了大量的活性氮等，极大地扰动了自然氮循环过程。农业生产与化石燃料燃烧在全球人为大气活性氮排放中占比分别为56.5%和35.3%；来自农业施肥的温室气体氧化亚氮（N_2O）和来自化石燃料燃烧的二次细颗粒物主要前体物——氮氧化物（NO_x）是活性氮排放中的典型污染物。

氮收支失衡，改变了生态系统碳氮循环的耦合关系，并由此产生了地表水体富营养化、生态胁迫和温室效应增强等一系列环境问题。经由化石燃料燃烧进入大气的 NO_x 在大气中被氧化成为 HNO_3，是酸雨的主要成分之一，或与经农业源排入大气的 NH_3 反应生成 NH_4NO_3，形成气溶胶颗粒最主要的两种无机成分 NO_3^- 与 NH_4^+，成为促进城市雾霾发生的主要因素之一；NO_x 能和挥发性有机化合物（volatile organic compound，VOC）发生光化学反应形成光化学烟雾污染，并通过光化学反应释放游离氧原子，与空气中氧气分子结合形成对流层中的臭氧污染；N_2O 还可使平流层中臭氧减少，从而使到达地球的紫外线辐射量增加。氮沉降与通过淋溶/地表径流进入水体的农业氮导致水体富营养化；人为活动导致的氮富集虽能提高生态系统的固碳量，但同时增加了 CH_4 和 N_2O 的排放。NO_x 既能促进臭氧（O_3）这种温室气体的生成并降低植物固碳能力，又能促进气溶胶生成继而产生环境效应，从而在全球尺度对气候变化造成影响。

4. 臭氧层破坏、臭氧和挥发性有机物污染

臭氧对人类和当前生态系统的作用取决于其在大气层中的位置，平流层臭氧吸收紫外线以保护地表生物免受过量辐射，而对流层臭氧却成为人类和动植物健康的“隐形杀手”。大气圈中处在对流层以上的臭氧（O_3），将紫外线能量转化为平流层和地表的热能。臭氧层的臭氧可以与许多物质起反应而被消耗和破坏；最简单而又最活泼的是含碳、氢、氯和氮几种元素的化学物质，如 N_2O、CCl_4、CH_4 和氯氟烃（CFC）等；这些物质在平流层受紫外线照射活化后就变成了臭氧消耗物质，破坏外圈臭氧层。臭氧层被破坏后，更多的紫外线到达地表，紫外线的过量辐射会损害现有的生态系统。过量的紫外线辐射会影响植物叶片的增长，影响植物或作物的生长和产量，并对农作物种子的质量产生影响，使其活性降低；会直接对水生生态系统中的浮游动、植物和鱼类的幼体产生伤害，从而引起整个水生食物链的严重失衡；会破坏从微生物到人类的全生态链生物的 DNA，引起大量的随机突变和过快的遗传变异率。生物进化和变异也意味着生物个体的大量死亡和生态位的改变，以及生态系统的重新整合。对于生活在现今的人类，自身的快速变异和现有生态系统的过快改变是非常恐怖的。

近地面 O_3 污染是最常见的大气污染之一，作为强氧化剂，O_3 本身对当前所有活性细胞和生物分子都是有害的。O_3 具有强氧化性，能与生物体中的不饱和脂肪酸，酶中的巯基、氨基及其他蛋白质基团发生反应。大气 O_3 浓度升高，不仅对陆地植物造成肉眼可见的伤害，影响植物群落组成，还会通过改变植物-昆虫、植物-微生物的相互关系影响昆虫和微生物群落。因为不同物种对 O_3 的敏感性存在差异，O_3 不敏感物种反而获得竞争优势。紫外线和 O_3 对于空气中的病毒也有杀灭作用，是空气传播的病毒性疾病在夏季被遏制的原因之一。

在当今世界工业化的发展背景下，VOC 的年排放量目前仅次于 CO、NO_x 和 SO_x，已经成为第四大气体污染物。在大气中已检测出的 VOC 有 300 多种，按其化学结构可分为八大类，即烷类、芳烃类、卤烃类、烯类、酯类、醛类、酮类和其他，最常见的有苯、甲苯、二甲苯、三氯乙烯、三氯乙烷、二异氰酸酯、二异氰甲苯酯等。VOC 具有来源分散、组成复杂多变等特点；某一种类的 VOC 成分的浓度水平往往不高，但多种 VOC 共同存在时所表现出来对生态环境的危害却又真实存在。人类活动及生产所带来的 VOC 的排放，主要是化石燃料的使用、垃圾焚烧处理、石油存储运输等过程中的泄漏及 VOC 的逸散。VOC 因其低沸点的特性而较易挥发到大气环境中，从而易对生态环境和生物机体造成危害，如致癌物质苯和甲醛。一些卤代 VOC，如氟利昂类物质，具有与臭氧反应的活性，能够造成臭氧空洞。对于近地大气环境，作为碳氢化合物的 VOC 具有活泼的化学性质，在光照和适宜的气候条件下能够与大气中的氮氧化物发生一系列的化学反应，从而产生光化学烟雾。臭氧层的减弱使得更多紫外线辐射到达地表，加重了对流层的光化学烟雾污染。

5. 飘尘对大气环境的影响

飘尘，通常称为“可吸入微粒”（inhalable particle），一般是指粒径小于 10μm 并且在空气中可长期飘浮的固体颗粒（即 PM10）。大气污染常以雾霾为表现形式，雾是悬浮在空气中的小水滴，霾是悬浮于空气中的硝酸盐、硫酸盐、重金属、可吸入微粒等污染成分组成的固体小颗粒。由于大部分有害物质附着在细颗粒物（$PM_{2.5}$）上，因此把 $PM_{2.5}$ 看作霾最主要的污染物。$PM_{2.5}$ 的粒径较小，比表面积大，不易发生沉降，可以被气流携带进行远距离输送。

对于大气的影响，飘尘颗粒总是以气溶胶的形式出现。它的来源主要有：通过工业、农业、交通运输、建筑及人类活动形成固体分散在空气中的气溶胶；天然来源的固体颗粒，如海浪喷溅蒸发形成的盐粒，火山爆发、森林火灾和岩石风化所形成的飞尘，以及风吹起耕作过的土壤尘埃等形成的气溶胶；排放到大气中的有毒物质和气体经过化学反应生成的固体颗粒，如空气中的碳氢化物、硫酸盐和硝酸盐颗粒通过凝聚作用形成的气溶胶。粒径在 0.1μm-1μm 的飘尘颗粒物与可见光波长（0.39μm-0.78μm）相近，对可见光有很强的散射作用，影响着光波的辐射传输，是造成大气能见度降低的首要因素；飘尘减弱太阳光对地球表面的辐射强度，影响气候，包括降低温度、影响风速和风向等。当飘尘颗粒物本身具有较强酸性时（如我国南方土壤多为酸性，地表扬尘呈偏酸性），就可能引起酸雨。

2016 年 12 月 16～21 日，华北、黄淮及陕西关中、苏皖北部、辽宁中西部等地区出现霾天气；受霾影响面积达 268 万 km^2，重度霾影响面积达 71 万 km^2，有 108 个城市达到重度及以上污染程度；北京和石家庄局地 $PM_{2.5}$ 峰值浓度分别超过 600μg/m^3 和 1100μg/m^3；为 2016 年持续时间最长、影响范围最广、污染程度最重的霾天气过程［《中国气象灾害年鉴》（2015～2018）］。2021 年 3 月 14～15 日，一场起源于蒙古国西南部的十年不遇的沙尘暴随气流向南移动，从西到东影响了中国北方 12 个省市。

三、大气环境评价与保护

大气环境评价，是按照一定的标准和方法对大气质量进行定性或定量评定，以确定或预测大气污染的状况及应采取的对策；主要是对影响大气环境的人类活动进行评价，或者分析人类活动可能产生的环境后果。大气环境评价的基本任务是从保护环境的目的出发，通过调查、预测等手段，分析、判断人类生产和生活过程所排放的大气污染物对大气环境质量影响的程度和范围，为厂址选择、城市规划、污染源设置、制定大气污染防治措施等提供科学依据。

（一）大气生态环境监测

大气环境监测为环境评价提供基础资料，目的就是收集、分析和评价有关大气环境状态变化的资料；观测人类生产活动所影响的大气环境状态的变化；观测影响源，评价环境状态并进行预报。

对大气环境的有效监控是环境保护工作的关键组成部分，能够及时地反映大气环境的实质状况，精确掌握大气环境中的各种污染指标，分析大气污染的关键组成部分，可为大气污染防治措施的选用、遏制生态环境的恶化、改善大气环境质量等提供基础数据。

我国环境空气质量监测网涵盖国家、省、市、县 4 个层级。从监测功能上来讲，国家环境空气质量监测网涵盖城市环境空气质量监测、区域环境空气质量监测、背景环境空气质量监测、试点城市温室气体监测、酸雨监测、沙尘影响空气质量监测、大气颗粒物组分/光化学监测等。

根据《生态环境监测规划纲要（2020—2035 年）》，中国需以复合型大气污染治理为目标，构建自动监测为主的大气环境立体综合监测体系，从质量浓度监测向机制成因监测深化，实现重点区域、重点行业、重点因子、重点时段监测全覆盖。

1. 提升空气质量监测，实现精准评价

按照“科学延续、全面覆盖、均衡布设”的总体原则，优化调整扩展国控城市站点，覆盖全部地级及以上城市和国家级新区，根据需求逐步向重点区域的县级城市延伸。“十四五”期间，国控监测点位数量从 1436 个增加至 2000 个左右。

依据环境空气质量标准（GB3095-2018），进一步优化提升背景站和区域站监测功能，加强全国大气颗粒物、气态污染物、秸秆焚烧火点、沙尘等大气环境遥感监测，形成城乡全覆盖的监测网络。推动全国城市路边交通空气质量监测站点建设，在直辖市、省会城市、重点区域城市主要干道和国家高速公路沿线设立路边站，开展 $PM_{2.5}$、NO_x、交通流量等指标监测。加强重点区域及全国工业园区 $PM_{2.5}$、NO_x、SO_2 等污染物的网格化遥感监测，提高对重点污染源及“散乱污”企业的监管水平；实现重点区域、重点城市和重点点位 $PM_{2.5}$ 手工监测全覆盖。分期、分步建立国家大气中受控物质监测网络，增设持久性有机污染物、汞、温室气体等监测点位，开展背景、区域或城市尺度监测。指导地方开展工业园区监测、有毒有害污染物监测和降尘监测，并与国家联网，为解析空气污染生成机制和评价人群健康暴露提供支持。

卫星遥感环境监测可以对生态环境状况及变化趋势进行大尺度环境监测；是以人造卫星为平台，利用可见光、红外、微波等探测仪器，通过摄影或扫描、信息感应、传输和处理，对大范围宏观环境质量和生态状况实施的遥感监测。航空遥感环境监测能够对重点关注区域的环境质量进行中小尺度环境监测，主要由飞机监测、飞艇监测、气球探测等系统组成；作为地面监测或卫星遥感监测的有效补充，可为污染源定位、排查提供数据支持，是快速获取区域污染信息、研究污染过程的有力手段，侧重于重大污染或者环境灾害期间实现应急监测和重点区域监测。在同一平台上实现监测数据融合、共享，可构建地面、卫星和航空监测三位一体的立体化监测系统。

2. 深化污染成因监测，支撑精细管控

以污染较重城市和污染物传输通道为重点，完善全国大气颗粒物化学组分监测网和大气光化学评估监测网，为不同尺度大气污染成因分析、重污染过程诊断、污染防治及政策措施成效评估提供科学支持。其中，颗粒物组分监测覆盖全部 $PM_{2.5}$ 超标城市，重点区域辅助增加地基雷达监测和移动监测。光化学评估监测覆盖全部地级及以上城市，统一开展非甲烷总烃监测，重点区域、臭氧超标城市及重点园区按要求开展 VOC 组分监测。

收集调查有关城市或地区各种大气污染源的位置，主要污染物种类、数量、时空分布及污染源高度、排气速度等参数。对大量分散的小污染源，如居民和商业饮食炉灶等，则应把整个区域划分为若干个小区，每个小区按面源处理。监测区域内各有关监测点的大气污染物浓度，并计算出各点的日、月、年平均浓度。研究确定适用的大气污染物扩散模式，并计算出区域内各类污染源排放的有害物质对环境的影响值，充分利用大气环境容量，确定各类污染物的削减方案，使大气污染物含量低于浓度限值。

3. 完备碳监测，促进碳中和

碳排放的量化主要分为核算法和在线连续监测系统（continuous emission monitoring system，CEMS）。核算法是通过使用排放因子、原材料和燃料使用等数据，利用碳平衡理论计算出 CO_2 等温室气体的直接排放和间接排放数据。核算法技术原理简单易操作，但也有人为干扰多、误差较大等缺点。CEMS 是指通过在生产和排污设备等装置上安装抓取系统，并实时上报数据。相比核算法来说，CEMS 能够实现碳排放核算的实时化、精准化和自动化，通过利用实时监测数据和大数据分析等技术手段，可以极大地提升碳排放核算数据的准确性和实时性。

为了监测大气中的 CO_2 浓度，日本于 2009 年成功发射了国际上第一颗温室气体专用探测卫星 GOSAT，美国 OCO-2 紧随其后，于 2014 年发射升空。2016 年 12 月 22 日，中国碳卫星在酒泉卫星发射基地成功发射并在轨运行，成为国际上第三颗温室气体监测卫星，其目标是实现对全球大气 CO_2 浓度的高精度监测，为碳排放科学研究提供卫星资料。2021 年，我国研究人员利用碳卫星的大气 CO_2 含量观测数据和碳通量计算系统，获取了中国碳卫星首个全球碳通量数据集。

（二）大气生态环境保护与修复

1. 减少污染物的排放

频发的大气污染事件引起了国际社会的重视，联合国采取了一系列行动以应对，各国签署了《联合国气候变化框架公约》《保护臭氧层维也纳公约》和《远程越界空气污染公约》。20 世纪 80 年代，随着全球制造业向发展中国家的转移，发达国家对工业污染的控制全面转向产业结构调整，着力于发展高科技产业、服务业和绿色经济产业。对大气污染物排放实行总量控制，分为排放口总量控制和区域总量控制：排放口总量控制以最高允许排放总量和浓度为基础，以不超标为要求；区域总量控制以排放总量的最低削减量为基础，以削减达标为要求。

我国坚持依靠法律治理污染；制定和完善严格的大气污染相关法律，明确责任及惩处条款，严格依法执行。《中华人民共和国大气污染防治法》由第六届全国人民代表大会常务委员会第二十二次会议于 1987 年 9 月 5 日通过，自 1988 年 6 月 1 日起施行。2015 年 8 月 29 日第十二届全国人民代表大会常务委员会第十六次会议第二次修订，自 2016 年 1 月 1 日起施行。最新版于 2018 年 10 月 26 日修正后实施。中国政府还于 2013 年推出了《大气污染防治行动计划》，于 2018 年审议通过《环境空气质量标准》（GB 3095—2012），出台这些文件不仅为工业和城市减排，改善空气质量提供了保证，还提升了社会、经济和环境生态等多方面效益。

减少污染物排放的具体减排措施包括：改革能源结构，采用无污染能源（如太阳能、风力、水力）和低污染能源（如天然气、沼气、乙醇）；对燃料进行预处理（如燃料脱硫、煤的液化和气化），以减少燃烧时产生污染大气的物质；改进燃烧装置和燃烧技术（如改革炉灶、采用沸腾炉燃烧等）以提高燃烧效率和降低有害气体排放量；采用无污染或低污染的工业生产工艺（如不用和少用易引起污染的原料，采用闭路循环工艺等），节约能源和开展资源综合利用；加强企业管理，减少事故性排放和逸散；及时清理和妥善处置工业、生活和建筑废渣，减少地面扬尘。此外，可适当出台相应的政策鼓励市民多乘坐公共交通工具、减少驾驶私家车的频率；采用“单双号”出行、“摇号”购车、上牌照等政策限制机动车数量；加快推动电动、天然气等新能源车替代燃油车，推广清洁能源运输车辆（见知识扩展 6-9）。

在采取上述措施后，仍有一些污染物排入大气，应控制其排放浓度和排放总量使之不超过该地区的大气环境容量。主要方法有：利用各种除尘器去除烟尘和各种工业粉尘；采用气体吸收塔处理有害气体（如用氨水、氢氧化钠、碳酸钠等碱性溶液吸收废气中二氧化硫；用碱吸收法处理排烟中的氮氧化物）；应用其他物理（如冷凝）、化学（如催化转化）及物理化学（如分子筛、活性炭吸附、膜分离）的方法回收利用废气中的有用物质，或使有害气体无害化；在城镇工业地区扩大绿地，发展植物净化（截留粉尘、吸收有害气体），也是综合防治中具有长效性和多功能的措施；利用大气环境的物理、化学自净作用（扩散、稀释、氧化、还原、降水洗涤等），根据不同地区、不同高度、大气层的空气动力学和热力学规律合理确定烟囱高度，使经烟囱排放的大气污染物能在大气中迅速地扩散和稀释。

2. 碳中和与生态修复

碳中和（carbon neutrality）是指在一定时间内，通过植树造林、节能减排等形式，抵消直接或间接产生的 CO_2 排放，实现 CO_2“零排放”。为了应对全球变暖，2015 年 12 月 12 日，《联合国气候变化框架公约》近 200 个缔约方在巴黎气候变化大会上达成了《巴黎协定》，这是继《京都议定书》后第二份有法律约束力的气候协议。2016 年 4 月 22 日，《巴黎协定》签署首日，共有 175 个国家签署了这一协定，承诺将全球气温升高幅度控制在 2℃范围之内。只有全球尽快实现温室气体排放达到峰值，21 世纪下半叶实现温室气体净零排放，才能有效降低气候变化给地球和人类带来的生态风险。

到 2021 年，全球已有 30 个国家或地区提出了净零排放或碳中和目标。各国通过立法支持和鼓励技术创新，以期提升能源使用效率，促进可再生能源产业的发展。

2020 年 9 月 22 日，中国国家主席习近平在第七十五届联合国大会一般性辩论上宣布：“中国将提高国家自主贡献力度，采取更加有力的政策和措施，二氧化碳排放力争于 2030 年前达到峰值，努力争取 2060 年前实现碳中和”。《2020 中国生态环境状况公报》显示，2020 年我国单位国内生产总值 CO_2 排放比 2019 年下降约 1.0%，比 2015 年下降 18.8%，超额完成“十三五”下降 18%的目标。

减少 CO_2 排放量的手段，一是碳封存，主要由土壤、森林和海洋等天然碳汇吸收储存空气中的 CO_2，人类所能做的是植树造林；二是碳抵消，通过投资开发可再生能源和低碳清洁技术，减少一个行业的 CO_2 排放量来抵消另一个行业的排放量，抵消量的计算单位是 CO_2 当量吨数。

目前，我国的碳封存主要依赖传统植树造林（农林业碳汇）。植物通过光合作用吸收大气中 CO_2，以生物量的形式将其固定在体内，其生长代谢可以直接或间接地影响全球生态系统的碳平衡，对大气碳汇作用具有非常重要的现实意义。工业化的碳捕集与封存的技术目前仍处于早期，制约其使用的主要限制在于成本高昂。例如，当前工业过程中高浓度 CO_2 吸收成本大约为每吨 CO_2 15～25 美元，低浓度 CO_2（如水泥、燃煤电厂排放的 CO_2）的吸收成本为每吨 CO_2 40～120 美元。环境生态微生物设备是有发展潜力的重要固碳手段，如新型生物滴滤塔对低浓度 CO_2 的吸收和转化。

从全球主要经济体来看，电力和热力生产是主要的碳排放来源，均为各国最大的碳排放来源。因此，要实现碳中和，核心是要降低电力和热力生产中的碳排放，使低碳排放发电取代煤炭发电成为主要的能源来源。

碳市场是利用市场机制来控制和减少碳排放，推动低碳发展的重大制度创新。2011 年 10 月，在北京、天津、上海、重庆、广东、湖北和深圳 7 省（直辖市）启动碳排放权交易试点工作；2017 年末，《全国碳排放权交易市场建设方案（发电行业）》印发实施，要求建设全国统一的碳排放权交易市场。2021 年 7 月，全国碳排放权交易市场启动上线交易。发电行业成为首个纳入全国碳市场的行业，超过 2000 家企业被纳入重点排放单位。

第三节　水环境的生物安全性

水环境安全，要求各类水体及其密切相关的各种环境要素，能使人类自身和生态系统处于不受威胁的状态；水体需保持一定的水量，维护水体正常的生态系统和生态功能，保障水中生物的有效生存，使周围环境处于良好状态；使水环境系统功能持续正常发挥，同时能较大限度地满足人类生产和生活的需要。

一、水环境概述

地球上的水是由海洋水和陆地水两部分组成的，分别占总水量的 97.28%和 2.72%；水体面积约占地球表面积的 71%。水环境是指自然界中水的形成、分布和转化所处空间的环境，是构成地球生态环境的基本要素之一；是指围绕人群空间及可直接或间接影响人类生活和发展的水体，其正常功能的各种自然因素和有关的社会因素的总体；是人类社会赖以生存和发展的重要场所，也是受人类干扰和破坏最严重的区域。水环境主要由地表水环境和地下水环境两部分组成：地表水环境包括河流、湖泊、水库、海洋、池塘、沼泽、冰川等，地下水环境包括泉水、浅层地下水、深层地下水等。自然水环境包括 4 个方面（图 6-11）：①径流量，由自然水体径流带来的可供使用的水资源；②水生态，水质自然状况与水质恢复的自然能力；③水空间，在自然地势条件下连续水体所涉及的区域空间及水体聚集深度；④水能源，水体的动能、势能和压力能等能量资源。

图 6-11　自然水环境（引自杨宁昱，2015；潘云，2021；IFdiving，2018；李思远，2020）

A. 地表径流；B. 水生态；C. 水空间；D. 水能源

天然水的基本化学成分和含量，反映了它在不同自然环境循环过程中的原始物理化学性质，是研究水环境中元素存在、迁移、转化和环境质量（或污染程度）与水质评价的基本依据。

水质指标分为物理指标、化学指标和微生物学指标三类。常用的水质物理指标包括温度、色度、浑浊度、嗅与味、固体含量、电导率等。水质的化学指标包括水的硬度、酸碱性和氯化物含量，以及表示水中溶解气体含量和有机物含量的指标等；在某些情形下，一些有毒物质（如砷、硒、氰化物、酚类、有机农药等）含量的指标也应当作为水质的重要指标。水中病原体的种类繁多，常采用细菌总数和大肠菌群数两个微生物学指标予以表示。随着分析测试技术的不断进步，水质指标体系也在不断发展变化。

与水环境相关的概念是水生态系统，它是指在水生生物群落和水环境的相互作用与制约下，通过物质循环与能量流动而形成的具有一定结构与功能的动态平衡系统，每个江河湖泊、水库池塘都可以看作一个相对独立的水生态系统；由水环境、水资源、生物群落等诸多子系统构成，无论哪个子系统发生改变，都会对整个水生态系统的功能和安全带来影响。水生态系统的功能是保证系统内的物质循环和能量流动，以及通过信息反馈，维持系统相对稳定与发展，并参与生物圈的物质循环。如果人为的干扰超过了系统的自净能力或容纳能力，那么系统将被破坏，产生水生态危机。

（一）水污染的成因

水污染是由有害化学物质造成水的使用价值降低或丧失，使得水环境恶化。污水中的酸、碱、氧化剂，以及铅、镉、汞、砷等重金属化合物，苯、二氯乙烷、乙二醇等有机毒物，会毒死水生生物，影响饮用水质。污水中的有机物被微生物分解时消耗水中的氧；水中溶解氧耗尽后，有机物进行厌氧分解，产生硫化氢、硫醇等难闻气体，使水质进一步恶化。水污染可分为自然污染和人为污染。自然污染是指由自然原因造成的水污染；如地震可能使地壳的某些有害元素大量地迁移到地表水或地下水含水层中。人为污染是指人类生产或生活活动中的废弃物对水造成的污染（图 6-12）（见知识扩展 6-10）。

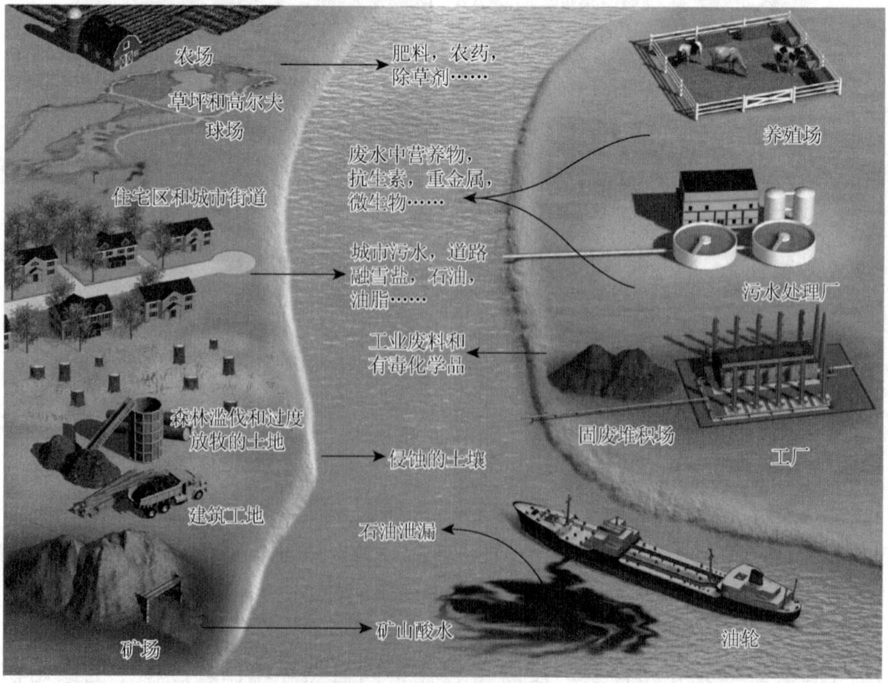

图 6-12　水污染的成因（引自 Elmustafa and Mujtaba，2019）

1. 工业废水污染

工业废水是指工业生产过程中产生的污水和废液，其中含有随水流失的工业生产用料、中间产物和产品及生产过程中产生的污染物。工业废水是水体的主要污染源，它面广、量大、含污染物质多、组成复杂，有的毒性大，处理困难。例如，电力、矿山等部门的废水主要含无机污染物；而造纸、纺织、印染和食品等工业部门，在生产过程中常排出有机物含量很高的大量废水。随着采矿和工业活动的增加，重金属的生产和使用也有了很大的增加，导致湖泊与河流产生了严重的重金属污染。除了工业废水直排会引起水体污染，工业固体废物和工业废气也会污染水环境。

2. 农业用水污染

农业用水污染包括农牧业生产排出的污水，以及降水与灌溉水流过农田或经农田渗漏排出的水所引发的污染。化肥和农药的大规模使用，使本来影响非常小的农业生产活动变成了水体污染的主要来源。一般只有10%～20%的农药附着在农作物上，而80%～90%的农药残留可对水体造成严重污染。土壤氮、磷肥的流失则是水体富营养化的重要因素之一。牧场、养殖场、农副产品加工厂的污水和渗流含有高浓度的有机废物，进入水体后同样会使水质恶化，直至黑臭化。

3. 生活污水污染

生活污水是指居民日常生活中排出的废水，主要来源于居住建筑和公共建筑，包括厕所粪尿、洗衣洗澡水、厨房等家庭排水，以及商业、医院和游乐场所的排水等。生活污水中含有大量有机物，如纤维素、淀粉、糖类和脂肪蛋白质等；也常含有病原菌、病毒和寄生虫卵；无机盐类的氯化物、硫酸盐、磷酸盐、碳酸氢盐和钠、钾、钙、镁等。这些生活污水的突出特点是有机物含量高，易造成腐臭，在厌氧细菌作用下，易产生恶臭物质，如硫化氢、氨气等。生活用水量大、成分复杂，未经处理直接进入水体，会造成对水环境的严重污染。由于都来自人居环境，一些病原体能以生活污水中有机物为营养而大量繁殖，可导致疾病的传播和蔓延。因此，生活污水排放前必须进行净化处理。

4. 固体废物水污染

大量的固体废物直接向江河湖海倾倒，不仅减少了水域面积，淤塞航道，而且会污染水体，使水质下降。固体废物对水体的污染，有的直接污染了地表水，也有的下渗后污染了地下水。例如，城市生活垃圾，主要是厨房垃圾、废塑料、废纸张、碎玻璃、金属制品等，在堆置或填埋工程中，会产生大量酸性、碱性或有毒物质，渗透到地表水或地下水造成水体黑臭，水质恶化。

（二）水体的自净能力

受污染的水体，在水体环境容量的范围以内，能够通过一系列的物理、化学和生物学的作用，使污水中污染物的浓度得以降低，经过一段时间后，水体基本恢复或完全恢复到受污染前的状态，这一过程称为水体的自净作用。水体自净是污染物在水中的迁移、转化和衰减变化的过程；水体中污染物的沉淀、稀释、混合等物理过程，以及氧化还原、分解合成、吸附凝聚等物理化学和生物化学过程，往往同时发生，相互影响，并交织进行。

狭义的水体自净作用是指水体中有机污染物的生物化学降解过程。反映水体有机污染程度的重要指标是化学需氧量（chemical oxygen demand，COD）和生化需氧量（biochemical oxygen demand，BOD）。COD 是在一定的条件下，采用一定的强氧化剂处理水样时，水中还原性物质在短时间就基本被氧化时所消耗的氧化剂量，折算为氧的毫克/升表示。水中的还原性物质有各种有机物、亚硝酸盐、硫化物、亚铁盐等，但主要是有机物。因此，COD 可以衡量水中有机物质含量；化学需氧量越大，说明水体受有机物的污染越严重。有机污染物又包含可生化降解的部分和难以生化降解的部分。BOD 代表了微生物能分解的有机物，是指水中所含的有机物被微生物生化降解时所消耗的氧气量。微生物氧化有机物需要大量的时间，一般前面 5d 能够完成总量的 95%；生化需氧量就往往直接用前面 5d 的数据，也就是 5 日生化需氧量（BOD_5）。BOD_5 是 COD 的一部分；BOD_5/COD 代表了有机污染物的可生化降解性，比值越大，表明废水可生化降解性越高；BOD_5/COD 小于 0.3 时，水体的有机污染物难以被微生物降解净化。一些人为干预，如水解酸化处理等，可以使得 BOD_5/COD 明显增加，提高污染物的可生化降解性。有机污染物的自净过程一般分为三个阶段：第一阶段是易被氧化的有机物与水中溶解氧等氧化物发生化学氧化反应，在污染物进入水体之后数小时内即可完成。第二阶段是有机物在微生物作用下的生物化学氧化分解，持续时间的长短随水温、有机物浓度、微生物种类与数量等不同而异，一般在 5d 内基本完成。溶解氧作为水体氧化剂，其含量能够衡量水体自净能力，直接影响水生生物的新陈代谢和生长，以及水体中有机物的分解速率；在水体自净过程的初期，溶解氧含量急剧下降，到达最低点后又缓慢上升，逐渐恢复到正常水平。第三阶段主要是含氮有机物的硝化过程，一般要持续一个月左右；上一阶段完成后，有机碳源基本被吸收降解，利用有机碳源的异养微生物不再生长并且衰亡，微生物生长时期吸收同化的氮源再次释放，水体中的氨氮浓度增加，此时水体中缺少可提供还原 H 的有机碳，生化氧化对象就变成了氨氮等还原性化合物，微生物菌群也发生相应改变。污水的成分决定了自净的具体过程；如果污水本身 BOD_5 不高，而氨氮含量高，则自净过程以第三阶段为主。

水体自净作用的结果是感官性状可基本恢复到污染前的状态，分解物稳定，水中溶解氧增加，生化需氧量降低，有害物质浓度降低，致病菌大部分被消灭，细菌总数减少等。复杂的有机物，如碳水化合物、脂肪和蛋白质等，不论在溶解氧充足还是在缺氧条件下，都能被微生物吸附和分解；先降解为较简单的有机物，再进一步分解为 CO_2 和水；不稳定的污染物在自净过程中转变为稳定的化合物，如氨转变为亚硝酸盐，再氧化为硝酸盐；大多数有毒污染物可转变为低毒或无毒化合物；重金属一类污染物，从溶解状态被吸附或转变为不溶性化合物，沉淀后进入底泥。纤毛虫之类的原生动物取食细菌，而纤毛虫又被轮虫、甲壳类吞食；有机物分解所生成的大量无机营养成分，如氮、磷等，使藻类生长旺盛，藻类旺盛又使鱼、贝类动物随之大量繁殖。自净过程中，生物种类和个体数量也逐渐随之回升，最终趋于正常的生物分布。以上水体自净过程见图 6-13。

影响水体自净的因素有很多，其中主要因素有：污染物的性质和浓度、受纳水体的地质地貌条件、水文水情要素（降水、蒸发、流量、流速、水温、盐度、含沙量等）、溶解氧含量及水体复氧能力、太阳辐射（光照条件）、微生物的种类与数量等。易于化学降解、光转化和生物降解的污染物，在水体中容易被净化，如碳水化合物、脂肪和蛋白质等。难于化学降解、光转化和生物降解的污染物也难于在水体中得以自净。例如，合成洗涤剂、有机农药等化学稳定性极高的合成有机化合物，有的在自然状态下需 10 年以上的时间才能完全分解。

如果排入水体的污染物浓度超过某一界限后，微生物无法生存，水体自净能力丧失，将造成水体的长期污染，这一界限称为水体的自净容量或水环境容量。水环境容量是指在不影响水的正常用途，即满足人类生产、生活及环境需要的情况下，水体可自身调节净化并保持生态平衡的条件下所能容纳的污染物的量。一旦污染负荷超过水环境容量，其恢复将十分缓慢、困难；合理而充分利用水体自净能力，可减轻人工处理污染的负担，以最经济的方法控制和治理污染源。

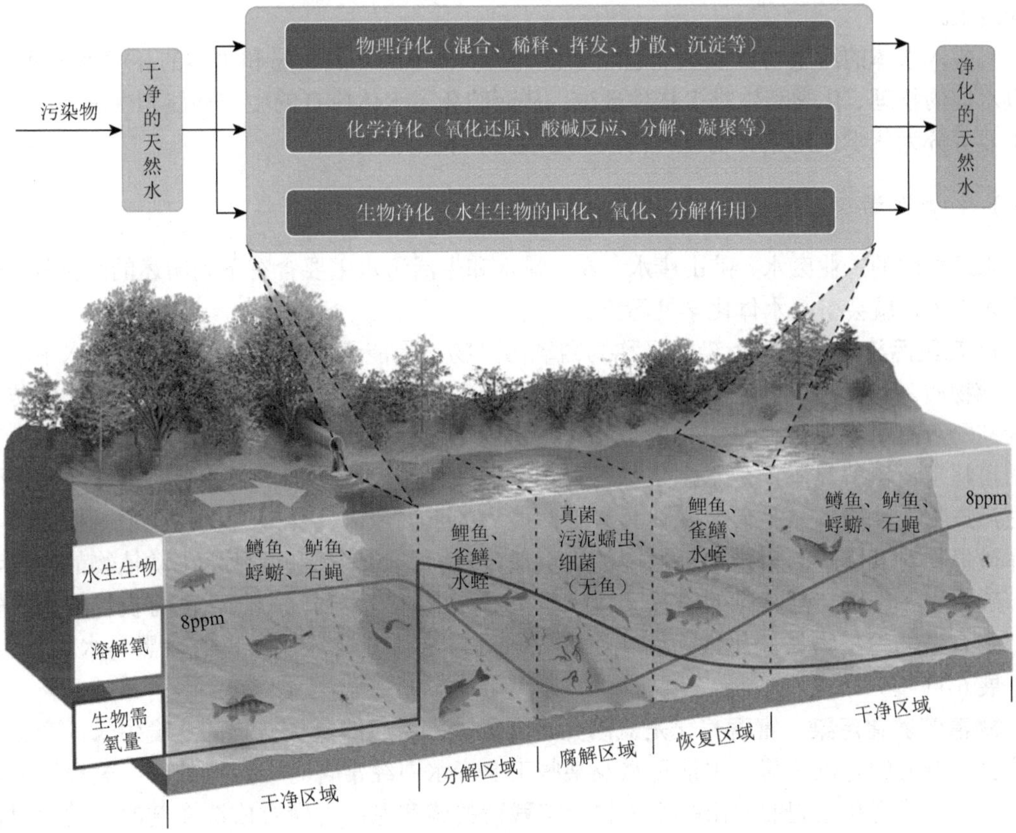

图 6-13　水体自净过程（引自 Miller and Spoolman，2012）

ppm. mg/L

二、水环境污染及其危害

未经处理的工业废水、生活污水、农田排水及其他有害物质直接或间接进入河流和湖泊，汇入海洋，如超过水体的自净能力，就会引起水质恶化和水生生物群落变化。河流湖泊的稀释自净能力强，利于污染物扩散、降解；但由于世界上许多大工业区和城市都建立在滨水地区，依靠河流供水、运输，也将废水排入河流，致使大多数河流受到不同程度的污染，并在流入湖泊后逐渐积累。

全世界每年有 4200 多亿立方米的污水排入江河湖海中，污染了 5.5 万亿 m^3 的淡水，这相当于全球径流总量的 14%以上；所有流经亚洲城市的河流均被污染；美国 40%的水资源流域被加工食品废料、金属、肥料和杀虫剂污染；欧洲 55 条河流中仅有 5 条水质勉强能使用。

我国水资源总量为 32 466.4 亿 m^3，位居世界第四，仅次于巴西、俄罗斯和加拿大；人均水资源仅为 2354.9m^3/人，属于淡水资源严重缺乏国家；且水资源分布呈现东多西少，南多北少的分布状态。

我国水资源短缺的同时，水资源污染现象依然非常普遍。在绝对量上，我国的工业废水排放总量从 1998 年的 381.8 亿 t 增长到 2016 年的 751.1 亿 t，增加了 369.3 亿 t，增长了近一倍。同时年排放量增长率呈现出波动状态，在 2005 年达到增长率的最高点 8.73%后下降至 2.35%，在 2011 年时达到次高峰 6.79%后又下降至 1.52%，呈波动下降的趋势，这是工业升级转型的成果。

当排入水体的污染物在数量上超过该物质在水体中的本底含量和水体的环境容量时，就会导致水体的物理、化学和生物多样性改变，从而破坏了水体原有的生态功能和生态系统。水污染主要可分为化学性污染、物理性污染和生物性污染三大类。

（一）化学性污染

未经处理的工业废水、矿山废水、农田排水和生活污水主要含有下列所述的污染物，如任意排入水体，就会引起水体化学性污染。

1. 耗氧污染物　耗氧污染物又称为需氧污染物，是能通过生物化学作用消耗水中溶解氧的化学物质。生活污水、牲畜污水和某些工业废水中所含的碳水化合物、蛋白质、脂肪、木质素和酚等有机物质可在微生物的生物化学作用下进行分解。在正常情况下，氧在水中有一定的溶解度；溶解氧不仅是水生生物得以生存的条件，而且参加水中的各种氧化-还原反应，促进污染物转化降解，是天然水体具有自净能力的重要原因。耗氧有机污染物一般无毒，但水体微生物对其降解会大量消耗水中的溶解氧，从而影响鱼类和其他水生动植物的生长、发育，破坏生态平衡。溶解氧的消耗又使水质更适合厌氧微生物的生长，而有机物的厌氧转化会产生有毒的无机物如硫化铁、硫化氢和氨气等，水体变成浑浊不堪的“黑臭水体”（见知识扩展 6-11）。

2. 富营养化污染　富营养化是氮磷元素含量过高引起的藻类植物的过度生长，产生超过水体自净能力的有机负荷。生活污水及某些工业废水中经常含有一定量的磷、氮等植物营养物质；施用磷肥和氮肥的农田排水中也会有残留的磷和氮；含磷合成洗涤剂的大量使用也为城市污水增加了不少的磷。一般认为，总磷和无机氮含量分别达到 20μg/L 和 300μg/L 以上时，就有可能引起“富营养化”。由于氮可以由根系微生物的固氮作用得到补充，同时磷在地球化学循环中的沉积作用，磷的限制性就更为普遍，水中可利用磷元素通常被认为是湖泊富营养化的最关键因素。然而，只通过对外源输入磷的控制无法从根本上控制水体的富营养化；在离子吸附、交换和沉淀等过程的作用下，不断沉积于湖泊、水库等水体底部的氮磷污染物，一旦上覆水体环境发生改变，就会成为新的污染源向上覆水体释放氮、磷等营养元素，加速水体的富营养化。耗氧污染物是直接排放废水中的有机负荷过量，同时也经常携带大量氮磷元素，仅曝气处理解决黑臭问题后，还可能引起下游水体富营养化；污水处理的后排放需同时降低水体中的耗氧有机物和总氮总磷含量（见知识扩展 6-12）。

3. 有毒物质　污染水体的无机有毒物质主要是重金属等有潜在长期影响的有毒物质，其中汞、镉、铅等危害性较大，其他还有砷（特别是三价）、钡、铬（六价）、硒（四价、六价）、钒、氟化物、氰化物等。各种重金属化合物的毒性可能差别很大。例如，元素汞基本无毒；无机汞中的氯化汞是剧毒物质；有机汞中的苯基汞分解较快，毒性不大；甲基汞进入人体很容易被吸收，不易降解，排泄很慢，特别是容易在脑中积累，毒性最大。废水中的重金属是不能被分解破坏的，而只能是它们的存在位置被转移和物理、化学形态发生转变；重金属一旦排入水体，除了沉积在底泥中，将源源不断地汇入海洋。聚集在沉积物中的重金属也会源源不断地向水体中释放金属离子，也可在沉积物中发生各种反应，造成底栖生物的畸形与死亡，破坏生态环境。重金属元素具有累积效应，生物体往往通过食物链对重金属进行富集、积累，并威胁生物链顶端的生物。

污染水体的有机有毒物质种类很多，有来自农田排水和工业废水的各种有机农药、多环芳烃、酚类等人工合成生物毒性物质；有用于医治人体和饲养动物的难以分解的抗生素；还有蓝藻水华产生的次级代谢物微囊藻毒素等。它们之中有些化学性质稳定，如有机氯农药和多氯联苯类等都难以被生物所分解。有机毒物在自然水环境中的浓度相对较低，但其对水中动植物和微生物的生长有不利影响，危害生态系统；水环境中的农药和抗生素还能因其较低剂量更容易诱导抗药性或抗药基因的产生。20 世纪 70 年代，在美国佛州劳德代尔堡，约 200 万个破废轮胎被扔入海洋，轮胎在海水的浸泡下，分解出很多有毒物质，引起水下珊瑚的枯萎病，迫使大量海洋生物逃离，成为“奥斯本轮胎暗礁事件”。

4. 无机污染物　污染水体的无机物主要为酸、碱和一些无机盐类。酸污染主要来自矿山排水和工业废水，矿山排水中的酸主要是含硫矿物的氧化作用而产生，工业含酸废水来自酸处理、制酸制药、电解电镀、粘胶纤维及酸法造纸等生产过程；酸雨汇入地表水体也能形成酸污染。碱污染主要来自碱法造纸、化学纤维生产、制碱、制革、炼油等工业废水。酸碱污染使水体的 pH 发生变化，破坏其自然缓冲作用，可抑制或杀灭微生物和动植物，使得水体失去自净能力，影响渔业，破坏生态。矿山排水和一些工业废水中还常含有不少的无机盐类，如大量排放会增加水的渗透压，降低水中的溶解氧，对淡水生物产生不良影响。

5. 油类污染物质　炼油和石油化工工业、众多的加油站、储油罐和储油库、海底石油开采、运输过程漏油、油轮压舱洗舱等都可使水体遭到严重的油污染，尤其海洋采油污染为最甚，影响水质，破坏海滩，危害水生生物。2010 年 4 月 20 日，美国墨西哥湾发生美国历史上最严重的原油泄漏事件，所有流入公海的总溢油量可能超过 440 万桶，导致墨西哥湾沿岸 1000 英里①长的湿地和海滩受到严重污染，不少鱼类、鸟类、海洋生物及植物都受到严重影响，甚至患病死亡。2010 年 7 月 16 日，大连新港附近中石油输油管道发生爆炸事故，泄漏原油污染了大连附近海域至少 50km^2 的海面。

（二）物理性污染

1. 悬浮物质污染　悬浮物质是指水中含有的不溶性物质，包括固体物质和泡沫等。它们是由生活污水、垃圾和工农业生产活动产生的废物泄入水中或水土流失所引起的。悬浮物质影响水质外观，妨碍水中植物的光合作用，减少氧气的溶入，易吸附有毒有害物质，对水生生物不利。其中，暴风雨将陆地上的垃圾吹入大海，人为倾倒不能处理的垃圾，以及海洋事故等共同形成了海洋垃圾；塑料垃圾是海洋垃圾里面占比最大的，可能超过 60%。一些生物被塑料圈、尼龙绳网住，无法动弹，最终导致死亡。海洋垃圾被生物误食后，往往导致其被噎死，或者残留在海洋生物的肠胃中无法消化和分解，最终引起死亡（见知识扩展 6-13）。

2. 放射性污染　大多数水体（特别是海洋）中在自然状态下都含有极微量的天然放射性物质，如 ^{40}钾、^{87}铷、^{238}铀及镭、氡等。20 世纪 40 年代以来，由于原子能工业的快速发展、放射性矿藏开采、核爆炸试验、核电站建立及同位素在医药、工业、研究等领域中的应用，放

① 1 英里＝1.609km

射性废水、废物显著增加。1946 年，美国开始将核试验基地从内陆沙漠转到海外的马绍尔群岛，在美国托管的埃尼威托克岛和比基尼岛附近海域先后进行了多达 67 次核试验，造成当地严重的放射性污染；由于核辐射影响了海水中的鱼类，导致了当地人的大量病变。2011 年 3 月 11 日日本东北太平洋地区发生里氏 9.0 级地震，继而发生海啸，导致福岛第一核电站严重受损，放射性物质泄漏到外部；福岛核事故最终被定为 7 级（最高分级，特大事故），迄今已经多次发生高浓度核污水泄漏入海事故，仍可能在未来发生更严重的核污水入海事件，对海洋生物和人类可能造成极大的危害。

3. 热污染 向水体排出的废热造成的污染称为“水体热污染”，主要来源于发电厂和其他工业的冷却水。例如，发电厂燃料产生的热能中只有 1/3 转化为电能，其余 2/3 则流失于大气或冷却水中。大量废热不经采取措施，直接排入水体，会引起水温升高，导致浮游生物异常繁殖，加速微生物对有机物的分解，增加水生生物呼吸耗氧量，使水体缺氧，危害鱼类等水生生物的正常生长。随着水温的升高，不耐高温的藻类将迅速消失，从而会减少藻类种群的多样性。水生动物绝大部分是变温动物，随水温的升高，体温也会随之升高；当体温超过一定温度时，酶系统失去活性，代谢机能失调，直至死亡。水温升高还会使水体中的氰化物、重金属离子等有毒物质的毒性增加。例如，水温上升 10℃时，氰化钾对鱼类的毒性将增加一倍。

（三）生物性污染及污损

1. 病原微生物污染

生活污水，特别是医院污水，以及某些工业废水污染水体后，往往携带一些病原微生物。例如，某些原来存在于人畜肠道中的病原微生物，如伤寒、副伤寒、霍乱、细菌性痢疾等的病原微生物都可通过人畜粪便的污染而进入水体，随水流动而传播、传染；污染水体的常见病毒则有肠道病毒、腺病毒和肝炎病毒等；某些寄生虫病如阿米巴痢疾、血吸虫病等及钩端螺旋体引起的钩端螺旋体病等，也可通过污水进行传播。

低温能够大幅延长病毒的存活时间，更有利于病毒在水体中的传播；而高温能够加速病毒失活从而削弱病毒的传播潜力。SARS 病毒便是一种显著受温度影响的病毒，世界卫生组织认为 SARS 病毒可以在 0℃时无限期存活，不过在常温下 2d 可以灭活 90%的病毒。各类水体中存在的大量悬浮颗粒物对病毒的吸附大大延长了病毒的存活时间，从而增强了病毒在水体中的潜在传播能力；水体 pH 可通过改变病毒颗粒的表面电荷，影响病毒的团聚，从而影响病毒在水环境中保持活性的持久性。

2. 生物污损

海洋生物污损作为一种长期困扰着航海人的世界性难题，文字记录最早可追溯到公元前 5 世纪。海洋生物污损在全海域和全海深环境下均可能发生，其污损特性及严重程度随理化和生物因素条件的改变呈现出很大差异。油气设施、动力装置冷却系统、码头、船体、渔网和网箱等在内的大量设备和材料都会受到生物污损的影响。

污损生物过去也称为周丛生物、固着生物或附着生物，是指附着于船底、浮标和一切人工设施上的动植物和微生物的总称。这些设施成为人造的新生存环境，形成了新优势种，改变了海洋原有的生态种群结构。污损生物是包括以固着生物为主体的复杂群落，其种类繁多，包括细菌、附着硅藻和许多大型的藻类及自原生动物至脊椎动物的多种门类。据统计，世界海洋污损生物约 2000 种，我国沿海主要污损生物约 200 种；相对于海洋自然环境下的生物多样性，污损生物的种类较为贫乏，以苔藓动物、软体动物、腔肠动物和管栖多毛类等为主，海藻的种类和数量不多。其中危害性最大的包括藤壶、牡蛎、贻贝、盘管虫等种类。

生物污损按照附着形式一般可以分为微生物污损和大型生物污损。微生物污损通常是由细菌和微型动植物通过吸附作用附着在人工设施物（钢管架、平台桩基等）的表面并不断繁殖而形成的；大型生物污损是由各种藻类生物及软体动物等生物寄居、附着在人工设施物上形成。一般可以将海洋生物的污损过程划分成 4 个阶段。初始阶段：人工设施物桩基附近大量的无机有机物颗粒、微生物及其他微颗粒物等在水流作用下，附着在人工设施物钢结构上，逐渐形成一个很薄的有机物膜，成为其他微生物大量附着的基础，称为基膜。生物膜成型阶段：此阶段大量的微生物聚集在基膜上，通过吸收水中和钢材中的有用元素进行繁殖，释放大量的有机排泄物等，逐渐增加膜的厚度形成一个具有吸附作用的厚膜。原生生物附着阶段：生物膜中的有机成分会吸引大量原生生物前来聚居，这些聚居的原生生物通过释放黏合剂将自身和生物膜紧紧结合起来，逐渐形成原生生物聚居群落。大型生物附着阶段：大型生物在原生生物的吸引下，也来到钢结构上聚居，汲取水中、钢结构及生物膜上的营养。经过这些生物的长时间寄居，钢结构表面被严重破坏，原有的防腐涂料也被破坏，造成钢材直接裸露在海水中，在海水和寄居生物的双重作用下，人工设施物被严重腐蚀，最终形成一个复杂的围绕设施物的生态结构（图 6-14）。

图 6-14　污损生物群落（引自 Huoqiku，2021；陆燕江，2012；嘉说，2021）

A. 潜艇外壳；B. 海岸桩基；C. 游艇底部

海洋污损生物分布地域性差异明显，不同航线船舶附着的主要污损生物种类差异较大。对于船舶而言，海洋污损生物会吸附在船体上，不仅破坏船体的美观性，更会导致船舶航行速度放缓，燃料成本、堵塞海水管道和海底阀门的维修成本因此而上升，也会引起外来物种入侵的生态问题。海洋污损生物分布地域性差异明显，不同航线船舶附着的主要污损生物种类差异较大；据估计，每天可能有 3000 个物种随船舶前往世界各地，外来物种会造成巨大的经济和环境损失。例如，北美的一种淡海栉水母（*Mnemiopsis leidyi*）于 20 世纪 80 年代随船进入了黑海，导致到 1994 年这一地区的凤尾鱼资源几乎消失殆尽。

三、水环境评价与保护

水环境评价是从环境和生态角度，按照一定的评价标准和方法对一定区域范围内的水环境质量进行客观地定性和定量调查分析、评价和预测。主要内容是根据水体的用途及水的物理、化学、生物的性质，按照一定的水质标准和评价方法，将参数数据转化为水质状况信息，获得水环境现状及其水质分布状况，评价水体污染程度，划分其污染等级，确定其主要污染物。评价的目标是能准确地指出水体的污染程度，了解掌握主要污染物对水体水质的影响程度及将来的发展趋势，为水资源的保护和综合应用提供原则性的方案和依据。

（一）水环境监测与评价

水环境监测对环境保护和防治具有重要作用，能准确和全面地反映水质污染状况及发展趋势，获取有关水环境方面的适时资料信息，为水环境模拟、预测、评价、规划、预警、管理和制定环境政策、标准等提供基础资料和依据，为水资源保护工作提供科学依据。

水环境监测包括如下内容：对进入江、河、湖、库及海洋等地表水体的污染物及渗透到地下水中的污染物进行常规性监测，以掌握水环境质量现状及其发展趋势；对生产过程、生活设施及其他污染源排放的各类废水进行重点监测，为实现日常监督管理、预防和控制污染提供依据；对水环境污染事故进行应急监测，为分析判断事故原因、危害及采取对策提供依据；为国家政府部门制定水环境保护法规、标准和规划，全面开展水环境管理工作提供数据和资料支撑；为开展水环境质量评价、水资源论证评价及进行水环境科学研究提供基础数据和依据；收集本底数据、积累长期监测资料，为研究水环境容量、实施总量控制与目标管理提供依据。

水环境监测的首要任务，就是收集水质样本（见知识扩展6-14）。水质采样布点要有代表性，要按照相关标准和规范进行，能全面反映该地区水环境的质量。河流上的监测位置通常称为监测断面；流域或水系要设立对照断面、控制断面（若干）和消减断面；水系的较大支流汇入前的河口处，以及湖泊、水库、主要河流的出、入口应设置监测断面；对流程较长的重要河流，为了解水质、水量变化情况，经适当距离后应设置新的监测断面；水网地区流向不定的河流，应根据常年主导流向设置监测断面；对水网地区应视实际情况设置若干控制断面，其控制的径流量之和应不少于总径流量的80%（图6-15A）。湖泊、水库通常设置监测点位/垂线，如有特殊情况可参照河流的有关规定设置监测断面；湖（库）区的不同水域，如进水区、出水区、深水区、浅水区、湖心区、岸边区，按水体类别设置监测点位/垂线；湖（库）区若无明显功能区别，可用网格法均匀设置监测垂线（图6-15B）；监测垂线上采样点的布设一般与河流的规定相同，但当有可能出现温度分层现象时，应作水温、溶解氧的探索性试验后再定（图6-16）。根据污染状况和环境管理需要还可设置应急监测断面和考核监测断面。

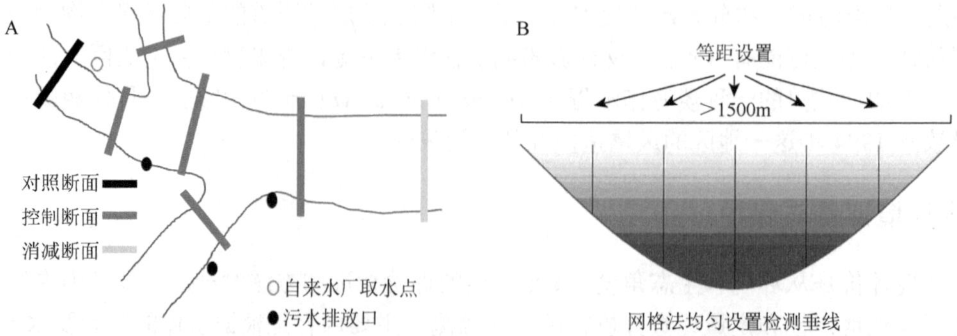

图6-15　监测采样断面的设置（A）和监测点垂线的确定（B）

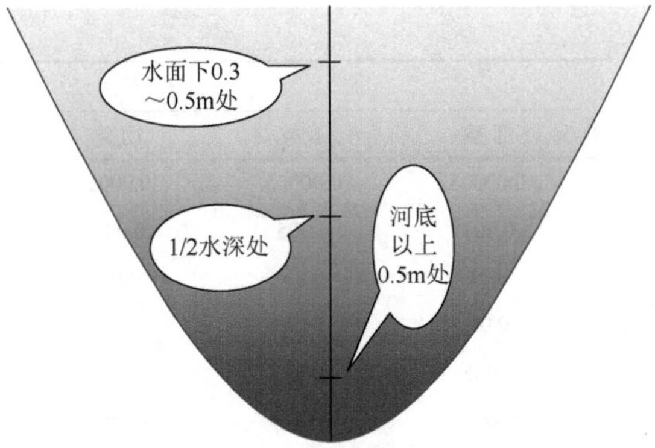

图 6-16　垂线采样点的确定

垂线方向上、中、下三个采样点的设置，水深小于 5m 时，只设置上采样点，水深 5～10m 时，设置上、下两个采样点，水深 10～50m 时，设置上、中、下三个采样点

水样采集和保存后，需进行预处理如消解、蒸发浓缩、萃取、离子交换和沉淀等，再进行水质指标的分析。例如，COD 可采用重铬酸钾法，BOD_5 可采用标准稀释法，总氮（TN）可采用过硫酸钾紫外分光光度法，氨氮可采用纳氏试剂分光光度法，总磷（TP）可采用钼酸铵分光光度法，大肠杆菌群数可采用平板计数法等；不同水样对照分析某指标时需采用同样的检测方法和步骤。获得相关检测数据之后，可参照相关水体的水质标准进行水环境质量的评价。例如，我国现有《地表水环境质量标准》（GB 3838-2002）（表 6-5）、《污水综合排放标准》（GB 8978-1996）和各种行业污水排放标准等。

表 6-5　《地表水环境质量标准》（GB 3838-2002）中的基本项目标准限值　（单位：mg/L）

序号	项目		分类				
			Ⅰ类	Ⅱ类	Ⅲ类	Ⅳ类	Ⅴ类
1	水温/℃		人为造成的环境水温变化应限制在：周平均最大温升≤1　周平均最大温降≤2				
2	pH（无量纲）		6～9				
3	溶解氧	≥	饱和率 90%（或 7.5）	6	5	3	2
4	高锰酸盐指数	≤	2	4	6	10	15
5	化学需氧量（COD）	≤	15	15	20	30	40
6	五日生化需氧量（BOD_5）	≤	3	3	4	6	10
7	氨氮（NH_3-N）	≤	0.15	0.5	1.0	1.5	2.0
8	总磷（以 P 计）	≤	0.02（湖、库 0.01）	0.1（湖、库 0.025）	0.2（湖、库 0.05）	0.3（湖、库 0.1）	0.4（湖、库 0.2）
9	总氮（湖、库，以 N 计）	≤	0.2	0.5	1.0	1.5	2.0
10	铜	≤	0.01	1.0	1.0	1.0	1.0
11	锌	≤	0.05	1.0	1.0	2.0	2.0
12	氟化物（以 F^- 计）	≤	1.0	1.0	1.0	1.5	1.5
13	硒	≤	0.01	0.01	0.01	0.02	0.02
14	砷	≤	0.05	0.05	0.05	0.1	0.1

续表

序号	项目		分类				
			Ⅰ类	Ⅱ类	Ⅲ类	Ⅳ类	Ⅴ类
15	汞	≤	0.00005	0.00005	0.0001	0.001	0.001
16	镉	≤	0.001	0.005	0.005	0.005	0.01
17	铬（6 价）	≤	0.01	0.05	0.05	0.05	0.1
18	铅	≤	0.01	0.01	0.05	0.05	0.1
19	氰化物	≤	0.005	0.05	0.2	0.2	0.2
20	挥发酚	≤	0.002	0.002	0.005	0.01	0.1
21	石油类	≤	0.05	0.05	0.05	0.5	1.0
22	阴离子表面活性剂	≤	0.2	0.2	0.2	0.3	0.3
23	硫化物	≤	0.05	0.1	0.2	0.5	1.0
24	粪大肠菌群/(个/L)	≤	200	2 000	10 000	20 000	40 000

（二）水生态环境保护与修复

水生态环境是由水体（水文、水力和水质）、水体中的生物（水生植物、动物和微生物等）、水体下的沉积物、水体周围的岸边水滨带及水体上的空间构成的，是在一定范围内具有自身结构和功能的有机体系。为水生态环境保护提供法治保障，可以避免水生态环境的进一步恶化，提高水生态环境保护工作与水污染治理工作的效率和质量。为解决突出的水污染问题和水生态恶化问题，增强对违法行为的惩治力度，《中华人民共和国水污染防治法》由第十届全国人民代表大会常务委员会第三十二次会议于 2008 年 2 月 28 日修订通过；现行版本为 2017 年 6 月 27 日第十二届全国人民代表大会常务委员会第二十八次会议修正，自 2018 年 1 月 1 日起施行。为切实加大水污染防治力度，保障国家水安全，2015 年 2 月，中央政治局常务委员会会议审议通过《水污染防治行动计划》，简称“水十条”，2015 年 4 月 16 日发布实施。为推进水资源、水生态、水环境的协同治理，2021 年 12 月 31 日，《“十四五”重点流域水环境综合治理规划》发布编制完成。水体环境生态修复是人为介入减少存于水环境中有毒有害物质的浓度或使其完全无害化，重建健康的生物群体及群落结构，修复和强化水体生态系统的主要功能，并能使生态系统实现整体协调、自我维持和自我演替的良性循环。

1. 河流生态修复

河流生态修复就是恢复河流生态系统达到一种更接近自然的状态，并利用可持续发展的设计增加其生态系统的价值和生物多样性的活动，具体包括改善水质条件、改善水文情势、修复河流地貌及形态、河道水体自净系统的恢复重建等，以使得河流能够更加接近自然化。

水质条件改善是河流生态修复的前提。通过污水处理后达标排放和总量控制，控制入河污染物总量，核准纳污能力，控制有毒有机化学品和重金属污染问题，实现水质条件的改善。随着工业化和城市化的发展，工厂废水和生活废水排放不断增加，适时增加污水处理厂及提高污水处理能力，这样才能有效净化水体，把水污染损失降到最低。

改善水文情势，不仅要保证生态基流，还要考虑自然水流的流量过程恢复，以满足目标生物生活史的需求。修复措施包括：通过水资源合理配置保障生态用水，改善闸坝调度方案，兼顾生态保护的水库调度等。

修复河流地貌及形态，包括：河流纵向连续性修复，河流侧向连通性和河湖、水网的连通性修复。河流形态修复包括平面形态的蜿蜒性、断面几何形态的多样性和护坡材料的透水与多孔性能的修复。

河道水体自净系统的恢复重建主要是利用水生动物及植物共同组成的自然生态链，这种生态链对于河道水中的污染能够起到转移和降解的效果。其中，挺水植物群落、沉水植物群落及浮叶植物群落都是水生植物的主要群落类型。浮叶植物群落及挺水植物群落在河道水中主要发挥水质保持功能价值、生态美观功能价值；沉水植物群落也是影响生态系统及生态环境多样性和稳定性的关键性因素。一般可以在河水浅水区域中种植常绿矮型的水下草皮，可以在河水中部或者是深部水域种植四季常绿植物，还可以在河水中投入海螺、青虾及河蚌等相关动物。河流生态和自净能力的恢复能够促使水体的清澈度显著提升。

通过监测水生大型无脊椎动物、鱼类和涉水鸟类的种群和数量，以及湿地栖息地改善情况来表征水生态修复的效果，当生态系统能够自我维持时就意味着生态修复的完成。

2. 湖泊生态修复

富营养化湖泊的生态修复是采用一系列生态工程手段将浮游植物大量繁殖、恶劣水质的藻型湖泊修复成以大型水生植物为优势、水质优良的草型湖泊。

对于湖泊系统的水质改善和生态恢复，建设湖滨湿地具有重要的意义（见知识扩展6-15）。湖滨湿地的主要形式有前置库、河口湿地、沿岸带湿地系统（生态驳岸湿地系统）等。前置库是利用湖滨带内天然的水塘、水库、废弃鱼塘或矿坑，通过生态修复或工程强化的一种效果好、建设运行费用低的工程措施。现在的前置库系统，有生态深度净化塘、曝气型前置库、多塘组合系统等。曝气型前置库主要针对有机物浓度高，氮、磷负荷大的来水水质而设计；未经处理或处理不达标的生活或工业污水，可采取曝气型前置库进行入湖前深度处理。生态净化塘主要用于低浓度污水的深度净化处理，对入湖水的水质进一步净化；主要是将废弃的鱼塘进行改造、重建或恢复生态净化系统，使其成为入湖前最有力的屏障。多塘系统利用具有不同生态功能的稳定塘处理来水，属于生物处理工艺，与水体自净机制相似，利用塘中细菌、藻类、浮游动物、鱼类等形成多条食物链，构成相互依存、相互制约的复杂生态体系，达到净化水质的目的。按塘内充氧状况和微生物优势群体，将稳定塘分为好氧塘、兼性塘、厌氧塘和曝气塘。前置库在我国的滇池、太湖、巢湖等湖泊均有成功的案例，为削减流域内的污染物起到了重要的作用。

在富营养化湖泊中，营养盐大部分都会集中到浮游藻类体内，因此抑制藻类生物量和密度是湖泊生态系统修复的主要内容之一。除藻的方法有很多种，包括物理沉降和过滤、化学絮凝及生物处理。化学絮凝是最古老的方式，其除藻效果很明显，但除藻的同时也会加入有毒的化学物质，一般不再采用。物理沉降通过气浮絮凝等手段沉淀藻类，净水效果很明显，没有有毒的化学物质进入湖泊，不过在除藻的同时，可能造成藻类破裂而释放出有毒物质，造成湖泊二次污染，而且沉底水华可能再次上浮。对于浊度较低的湖水，可采用微滤机等过滤设备实现固液分离除藻；缺点是耗电耗水较多，设备维护成本较高。浮游动物能控制细菌和小型藻类等，可以起到提高水体透明度的作用。生物处理手段可以通过限制和控制牧食浮游动物的鱼类来提高浮游动物的数量，进而控制藻类生物量，这种方法即上行效应。也可用食浮游生物的鱼类直接控制水体中的微囊藻，如鲢鱼、鳙鱼能滤食10μm至数毫米的浮游植物，可有效地摄取形成水华的群体蓝藻，有效控制大型蓝藻（图6-17）。

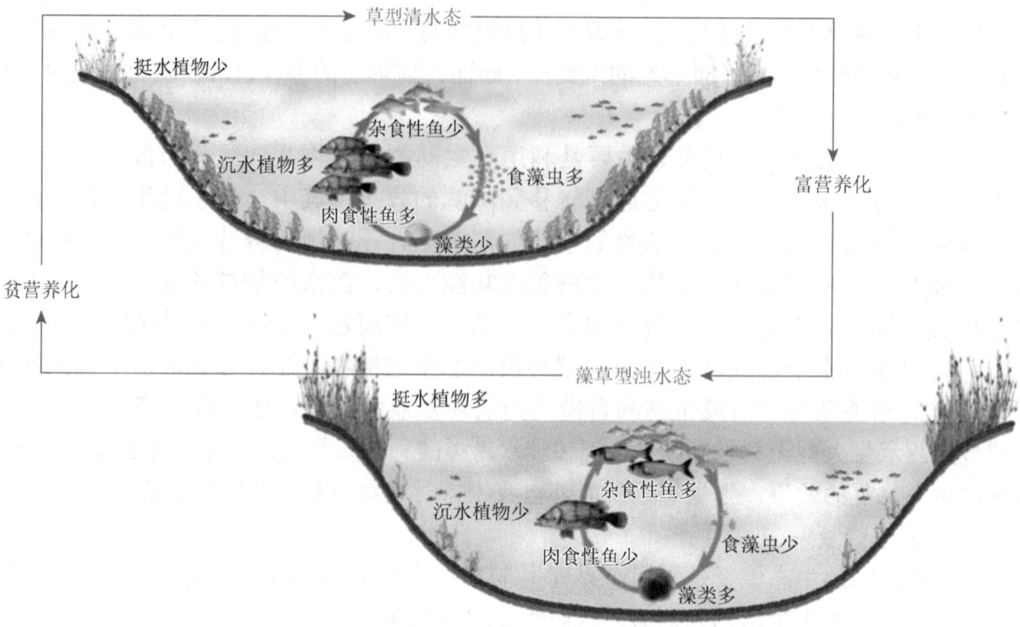

图 6-17　湖泊水体生态修复原理示意图（引自杜娟和王燕，2016）

在富营养化湖泊生态修复过程中，重建、恢复大型水生植被是核心内容；不仅要人工改造底泥、控制草食性鱼类、投放浮游动物，更主要的是通过人工恢复和构建水生植物群落。大型水生植物能够显著地影响水中的溶解氧、pH、无机碳及藻类对氮、磷的利用率，同时对水生态系统的演替及水生动物群落的稳定都起着重要的作用；依其生活型不同可分为浮叶植物、挺水植物、沉水植物和湿生植物。沉水植物既可以降低水体营养盐，又可以稳固底泥，降低底泥营养盐浓度，抑制浮游植物的生物量和密度，且不同优势种群的生长季节往往交叉演替，因此重建沉水植被是恢复湖泊自净生态系统的重点。大型植物死亡后需定期收割，避免它们的分解腐败影响水质。

3. 海洋生态修复

海洋生态修复是人为干预和自然机制相结合的生态过程，不仅是生物群落结构的重建和生境的恢复与改善，还包括生态功能的修复。实施海洋生态修复应遵循海洋生态学的基本原理，尽可能模仿自然生态过程，恢复本地的关键物种，重建食物网，建立重要物种的种间关系及营养结构，其他相关物种就可能自然恢复。

根据海洋系统类型的不同，海洋生态修复可分为浅海生态修复、海湾生态修复、河口生态修复、滨海湿地生态修复、潮间带生态修复、红树林生态修复、珊瑚礁生态修复、海草床生态修复等。根据所采用修复手段的不同，海洋生态修复又可分为生物修复、化学修复和物理修复。生物修复常采用植物修复的方法。例如，在受污染滩涂种植芦苇、碱蓬等植物，可以修复受损的土壤。已有研究表明，这些耐盐植物之所以能在环境恶劣的盐碱滩涂地生长与其根际微生物的协同作用密切相关。化学修复是指采用化学试剂修复。例如，海上溢油时使用化学分散剂清除石油。物理修复是指采用物理、机械的方法修复。例如，海面浮油用机械和吸油材料进行回收等。

“十三五”期间，我国实施了“蓝色海湾”整治行动、海岸带保护修复工程、渤海综合治理攻坚战行动计划、红树林保护修复专项行动，全国整治修复岸线 1200km，滨海湿地 2.3 万 hm^2，海洋生态保护修复成效明显，提升了海洋生物的固碳能力，增强了海洋作为地球系统中最大碳库的“碳汇”作用。

对于海洋生物污损，防治方法多种多样。按防污技术所采用的原理，将其分为：①物理防污法，主要有人工或机械清除法、过滤法、加热法等。人工或机械清除法，主要用于对已经附着污损生物的设施进行人工或机械清除；主要缺点是只能在污损发生后进行清理（见知识扩展 6-16）。过滤法一般和其他防污方法联合使用，作为对海水进行初级处理的方法。加热法主要通过向附着了污损生物的海水系统中通入热水，用热水杀死污损生物，然后用大量海水清除污损生物残骸。超声波法利用电子装置产生超声波来破坏污损生物的生存环境。紫外线防污法利用紫外线杀死污损生物。目前较先进的有低表面能涂料防污法、含氟聚合物和以二甲基硅氧烷为基料的硅树脂材料等，利用材料表面自由能低、污损生物难以附着的特性，从而达到防污的目的。②化学防污法，是指采用化学物质对海洋污损生物进行毒杀，阻止其附着。通常采用直接加入法，将一些有防污效果的化学物质直接加入海水中，抑制或者杀死海洋污损生物。加入的化学物质一般有液氯、次氯酸钠、二氧化氯和臭氧等。

思考题

1. 什么是土壤安全？有哪些属性特征？如何理解土壤安全的多维内涵？

2. 请举例描述土壤与气候变化之间的相互作用。

3. 以我国在沙漠化治理的艰辛过程和显著成效为例，阐述人们应如何可持续利用土壤资源。

4. 简述我国在土壤安全管理方面的立法改革与发展历程。

5. 在地球历史上，气温比现在高，大气 CO_2 浓度比现在高的时期很漫长，为什么我们还是非常关注温室效应和海洋酸化？

6. 冰川融化会带来怎样的生物危机和淡水资源变化？

7. 畜牧养殖和水产养殖可能对大气生态和水生态产生怎样的影响？是否都是负面影响？

8. 讨论雾霾形成的主要原因和治理雾霾的建议。

主要参考文献

程琨，潘根兴. 2016. “千分之四全球土壤增碳计划”对中国的挑战与应对策略，气候变化研究进展，12（5）：457-464

褚海燕，刘满强，韦中，等. 2020. 保持土壤生命力，保护土壤生物多样性. 科学，72（6）：38-42，4

杜娟，王燕. 2016. 荔湾湖投入食藻虫进行水下生态修复. 广州日报，2016-05-25

郝吉明，马广大，王书肖. 2010. 大气污染控制工程. 3 版. 北京：高等教育出版社

胡弘，李佳. 2010. 大气飘尘的环境效应. 环境科学与技术，33（12）：523-525

嘉说. 2021. 瓦良格刚回国时，船底挂满这种东西，让人看了头皮发麻. 网易号，2021-12-06

姜晶晶. 蝗灾距离中国只有“一步之遥”？专家回应. 北京日报：2020-02-16

姜婧，刘琳. 2020. 土壤磷、氮与水体富营养化. 农村实用技术，1：177-178

李思远. 2020. 三峡！今年第一次泄洪！新华网，2020-06-30

刘芬. 暴雨中财产受损，保险怎么赔？财经新媒体，2021-07-22.

刘勇，刘梦姣，李少鹏. 2021. 南宁市 6 种园林植物对大气污染物的综合净化能力分析. 广西城镇建设，（2）：41-44

陆燕江. 2012. MOTO 三林年会. 开心网，2012-01-07

马锋，卓静，何慧娟，等. 2020. 陕西省榆林市植被生态演变及其驱动机制. 水土保持通报，40（05）：257-261，267，341

马颖卓. 2019. 充分发挥农业节水的战略作用助力农业绿色发展和乡村振兴——访中国工程院院士康绍忠. 中国水利，（1）：6-8

梅梅，朱蓉，孙朝阳. 2019. 京津冀及周边“2+26”城市秋冬季大气重污染气象条件及其气候特征研究. 气候变化研究进展，15（3）：270-281
牛莉萍，郑宇秀. 2007. 酸雨与空气中酸碱物质的探讨. 山西能源与节能，（4）：28-29
欧阳志云，王如松. 1999. 生态系统服务功能及其生态经济价值评价. 应用生态学报，（5）：635-640
潘云. 2021. 基于旅游照片的西溪国家湿地公园游客景观偏好研究. 杭州：浙江农林大学硕士学位论文
陕西省榆林市林业和草原局. 2020. 毛乌素沙漠即将在陕西版图“消失”. 陕西日报，2020-04-23
沈国英，黄凌风，郭丰，等. 2010. 海洋生态学. 3版. 北京：科学出版社
沈仁芳，滕应. 2015. 土壤安全的概念与我国的战略对策. 中国科学院院刊，30（4）：468-476
舒畅. 全球变暖两极地区升温最快，北极变暖速度远高于南极. 中国青年网，2017-05-19
王惠. 2009. 资源与环境概论. 北京：化学工业出版社
王珺瑜，赵晓丽，梁为纲，等. 2020. 环境因素对病毒在水体中生存与传播的影响. 环境科学研究，33（7）：1596-1603
王溪. 云南旱情严峻，137条河道断流，201座水库干涸. 央视新闻，2020-04-25
魏羲. 2015. 浅谈海洋生物污损对导管架平台安全的影响. 全面腐蚀控制，29（2）：55-57
吴绍华，虞燕娜，朱江，等. 2015. 土壤生态系统服务的概念、量化及其对城市化的响应. 土壤学报，52（5）：970-978
武高峰，王丽丽，董洁，等. 2021. 北京城区降水对 $PM_{2.5}$ 和 PM_{10} 清除作用分析. 中国环境监测，37（3）：83-92
杨静，曾余瑶，徐文国，等. 2010. 甲醛与臭氧反应机理的理论研究. 东北师大学报（自然科学版），42（1）：89-92
杨宁昱. 2015. 俄媒：俄罗斯远东开始赠送土地，不涉及外国人. 参考消息，2015-03-14
张博雅，潘玉雪，徐靖，等. 2018. IPBES土地退化和恢复专题评估报告及其潜在影响. 生物多样性，26（11）：1243-1248
张凯，丛巍巍，桂泰江，等. 2020. 海洋水产养殖业中的生物污损与控制. 材料导报，34（S1）：78-81
张学雷. 2015. 从20届世界土壤学大会主题发言看土壤学某些重要问题. 土壤通报，46（1）：1-3
中华人民共和国生态环境部. 《地表水和污水监测技术规范》（HJ/T 91-2002）
周军. 2018. 海洋酸化有什么危害. 防灾博览，6：60-61
周启星. 2005. 健康土壤学：土壤健康质量与农产品安全. 北京：科学出版社
朱永官，李刚，张甘霖，等. 2015. 土壤安全：从地球关键带到生态系统服务. 地理学报，70（12）：1859-1869
《环境科学大辞典》委员会. 1991. 环境科学大辞典. 北京：中国环境科学出版社
Huoqiku. 2021. 驰骋大洋 唯有巨舰. 搜狐网，2021-04-12
Andrén O，Balandreau J. 1999. Biodiversity and soil functioning—from black box to can of worms? Applied Soil Ecology，13（2）：105-108
Assessment M E. 2005. Ecosystems and Human Well-being. New York：United States of America Island Press
Dally G C，Power M. 1997. Nature's services：Societal dependence on natural ecosystems. Nature，388（6642）：529
Elmustafa S A A，Mujtaba E Y. 2019. Internet of things in smart environment：Concept，applications，challenges，and future directions. World Scientific News，134（1）：1-51
Guerra C A，Bardgett R D，Caon L，et al. 2021. Tracking，targeting，and conserving soil biodiversity. Science，371（6526）：239-241
Huang J，Yu H，Guan X，et al. 2016. Accelerated dryland expansion under climate change. Nature Climate Change，6（2）：166-171
Huang J，Zhang G，Zhang Y，et al. 2020. Global desertification vulnerability to climate change and human activities. Land Degradation & Development，31（11）：1380-1391
IFdiving. 2018. 一个不够，给你推荐十个观鲸最佳地点！凤凰网，2018-01-31
Keesstra S，Sannigrahi S，López-Vicente M，et al. 2021. The role of soils in regulation and provision of blue and green water. Philosophical Transactions of the Royal Society B，376（1834）：20200175
Koch A，McBratney A，Adams M，et al. 2013. Soil security：solving the global soil crisis. Global Policy，4（4）：434-441
Koch A，McBratney A，Lal R. 2012. Global soil week：Put soil security on the global agenda. Nature，492（7428）：186
McBratney A，Field D J，Koch A. 2014. The dimensions of soil security. Geoderma，213：203-213
Melillo J M，Frey S D，DeAngelis K M，et al. 2017. Long-term pattern and magnitude of soil carbon feedback to the climate system in a warming world. Science，358（6359）：101-105
Miller G T，Spoolman S. 2012. Living in the Environment. San Jose：California Brooks/Cole
Wang S，Zhang Y，Ju W，et al. 2020. Recent global decline of CO_2 fertilization effects on vegetation photosynthesis. Science，370（6522）：1295-1300

Weil R R，Brady N C. 2017. The Nature and Properties of Soils 15th Prentice. Newark：New Jersey Hall International

WHO. 2019. The State of Food Security and Nutrition in the World 2019：Safeguarding against Economic Slowdowns and Downturns. Rome：Rome Food & Agriculture Org

Wuepper D，Borrelli P，Finger R. 2020. Countries and the global rate of soil erosion. Nature Sustainability，3（1）：51-55

拓展阅读

1. 黄宏，方华玲. 2021. 生物安全：疫情之下的思考. 南京：江苏人民出版社

2. 李晋涛，邱民月，叶楠，等. 2020. 生物安全与生物恐怖：生物威胁的遏制和预防. 2 版. 北京：科学出版社

3. 刘凤枝，李玉浸，刘书田. 2018. 土壤环境质量与食用农产品安全. 北京：化学工业出版社

4. 环境保护部. 2015. 水污染防治行动计划“水十条”. http://www.mee.gov.cn/home/ztbd/rdzl/swrfzjh/

5. 王宝强，陈姚，刘合林，等. 2021. 城市水系统安全评价与生态修复. 武汉：华中科技大学出版社

6. Amelung W，Bossio D，Vries W D，et al. 2020. Towards a global-scale soil climate mitigation strategy. Nature Communications，11（1）：1-10

7. Amitava R，Satish K S，Abhilash P C，et al. 2021. Soil Science：Fundamentals to Recent Advances. Berlin：Singapore Springer

8. Borrelli P，Robinson D A，Panagos P，et al. 2020. Land use and climate change impacts on global soil erosion by water（2015-2070）. Proceedings of the National Academy of Sciences，117（36）：21994-22001

9. Field D J，Morgan C L，McBratney A B. 2016. Global Soil Security. Berna：Switzerland Springer

10. Giri B，Varma A. 2020. Soil Health. Vol. 59. Berna：Switzerland Springer

11. Guerra C A，Heintz-Buschart A，Sikorski J，et al. 2020. Blind spots in global soil biodiversity and ecosystem function research. Nature Communications，11（1）：1-13

12. Lal R. 2020. The Soil-human Health-nexus. San Jose：Florida CRC Press

13. Lei J，Guo X，Zeng Y，et al. 2021. Temporal changes in global soil respiration since 1987. Nature Communications，12（1）：1-9

14. Minasny B，Fiantis D，Mulyanto B，et al. 2020. Global soil science research collaboration in the 21st century：Time to end helicopter research. Geoderma，373：114299

15. Panagos P，Borrelli P，Robinson D. 2020. FAO calls for actions to reduce global soil erosion. Mitigation and Adaptation Strategies for Global Change，25（5）：789-790

16. Sun W，Canadell J G，Yu L，et al. 2020. Climate drives global soil carbon sequestration and crop yield changes under conservation agriculture. Global Change Biology，26（6）：3325-3335

知识扩展网址

知识扩展 6-1：粮农组织成员国批准新的《世界土壤宪章》，https://www.fao.org/soils-2015/news/news-detail/zh/c/293683/

知识扩展 6-2：1935 年“黑色星期天”——美国南部大平原之殇，http://www.weather.com.cn/zt/kpzt/627867.shtml

知识扩展 6-3：土壤污染防治行动计划，https://www.mee.gov.cn/home/ztbd/rdzl/trfz/ss/

知识扩展 6-4：中华人民共和国土壤污染防治法，http://www.xinhuanet.com/politics/2018-08/31/c_1123362771.htm?baike

知识扩展 6-5：中华人民共和国环境保护法，http://www.npc.gov.cn/npc/c10134/201404/6c982d10b95a47bbb9ccc7a321bdec0f.shtml

知识扩展 6-6：大气污染的成因是什么呢？一起来看看，https://www.bilibili.com/video/BV1QV41187j3

知识扩展 6-7：大气污染与环境容量，https://www.bilibili.com/video/BV1gz411q7aJ

知识扩展 6-8：2020 年自然灾害盘点：气候变化正将人类逼近绝境，https://www.bilibili.com/video/BV1PK411G7TY

知识扩展 6-9：中国如何打败雾霾 这个“看不见的敌人”，https://www.bilibili.com/video/BV1nJ411R7jS

知识扩展 6-10：环保科普小知识-水体污染，https://www.bilibili.com/video/BV18k4y167v6

知识扩展 6-11：黑水灰水的资源化再利用，https://www.bilibili.com/video/BV1Ky4y1r7Tf

知识扩展 6-12：带你认识水污染的凶手——蓝藻水华，https://www.bilibili.com/video/BV1HR4y1p75U

知识扩展 6-13：塑料海洋，https://www.bilibili.com/video/BV1NW411Q7iu

知识扩展 6-14：水样的采集和保存，https://www.bilibili.com/video/BV1y741127Gx

知识扩展 6-15：广州广播电视台自然类纪录片《湿地的力量》，https://www.bilibili.com/video/BV1H4411D7iR

知识扩展 6-16：用水枪清理船底巨量的藤壶，https://www.bilibili.com/video/BV1aU4y1u7pe

第七章　农资产品、重金属及新型污染物与生物安全

农资产品（化肥、农药）的不当使用，以及全球工业化发展所带来的重金属和新型污染物（持久性有机污染物、内分泌干扰物、药品和个人护理品、微塑料等）扩散都是造成当今环境恶化和生物多样性下降的重要源头。了解这些污染物的形成机制、污染特征和潜在的生态风险对维护生物安全和构建可持续发展的生态环境有重要意义。本章主要介绍化肥、农药、重金属与新型污染物等的环境污染特征、生物安全问题及污染控制措施和方法，从基本概念、形成原理、污染概况、生物和生态风险、防控措施等展示农资产品的不当使用，以及重金属与新型污染物对生物及生态安全的负面影响。历史上，化肥、农药的使用对提高农作物产量和保障粮食生产安全发挥了关键作用，但长期过量使用也污染了土壤、水体和大气环境，不断升级的工业和人类活动所造成的重金属污染及众多人造物污染，对全球生态环境的破坏更是雪上加霜。保护环境是最大的生物安全，必须秉持人与自然是生命共同体的理念，强调采用源头控制、资源循环利用及生物修复方法来解决污染问题。

第一节　化肥与生物安全

一、肥料及其生物安全概述

肥料是指直接或间接供给作物养分，改善土壤性状，以提高作物产量和品质的物质。生产实践表明，适度合理施加肥料，是作物提质高产的有效途径。按照肥料来源可分为有机肥料、无机肥料和微生物肥料（表 7-1），其中无机肥料就是通常所说的化肥，是目前用量最大的一类肥料。

表 7-1　肥料的分类

分类	定义	产品
无机肥料	以矿物、空气、水为原料，经化学和机械加工制成的肥料	尿素、硝酸铵、硫酸铵、磷矿粉、过磷酸钙、硫酸钾、氯化钾
有机肥料	来源于植物和动物，施于土壤以提供植物营养和改良土壤理化性质的含碳物料	厩肥、堆肥、沤肥
	水溶性高、易被植物吸收的有机化合物	氨基酸、丙三醇、酮酸、吲哚乙酸
微生物肥料	含有特定微生物活体的制品，应用于农业生产，通过其中所含微生物的生命活动，增加植物养分的供应量或促进植物生长，提高产量，改善农产品品质及农业生态环境	固氮细菌、磷细菌肥料、钾细菌肥料、菌根真菌肥料

自古以来，粮食都是保证国民经济和社会可持续发展的重要生活和战略物资。我国人多地少，2020 年我国耕地面积为 18.05 亿亩①，接近于 18.00 亿亩的耕地警戒红线，人均耕地面积

① 1 亩≈666.7m²

仅为世界平均水平的40%，印度的62%，美国的15%。我国以占世界9%的耕地养活了世界上20%的人口，创造了粮食自给自足的奇迹，其实现途径主要通过提高单产以保证粮食和农产品的供应，而提高单产的重要措施就是通过施肥为作物提供足够的养分供应。肥料作为作物的“粮食”，在作物生长中发挥着不可替代的作用。

化肥对作物增产效应更加明显，在水稻、小麦和玉米三大粮食作物上，每千克 N 平均增产 10.8～12.2kg，每千克 P_2O_5 平均增产 9.2～1.5kg，每千克 K_2O 平均增产 6.8～10.4kg。化肥在保障我国粮食安全中起着不可替代的支撑作用，人口、粮食产量和化肥用量随时间变化如图 7-1 所示，自新中国成立以后到 2000 年，化肥用量与粮食总产和单产同步增长，化肥促进粮食增产的效应非常明显，使我国粮食的自给率达到 95%。但是，2000 年以后，化肥用量虽然继续增加，粮食并没有显著增产，化肥农业遇到了瓶颈。2004 年以后，国家制定和实施了支持粮食生产的一系列政策，优化了施肥方式，粮食产量逐年回升，到 2011 年，实现了连续 8 年持续增产。2015 年，农业部印发了《关于打好农业面源污染防治攻坚战的实施意见》，提出了“一控两减三基本”的目标，重点任务是：大力发展节水农业；实施化肥零增长行动；实施农药零增长行动；推进养殖污染防治；着力解决农田残膜污染；深入开展秸秆资源化利用；实施耕地重金属污染治理。2015 年之后，化肥用量逐渐降低，粮食产量维持平稳（见知识扩展 7-1）。

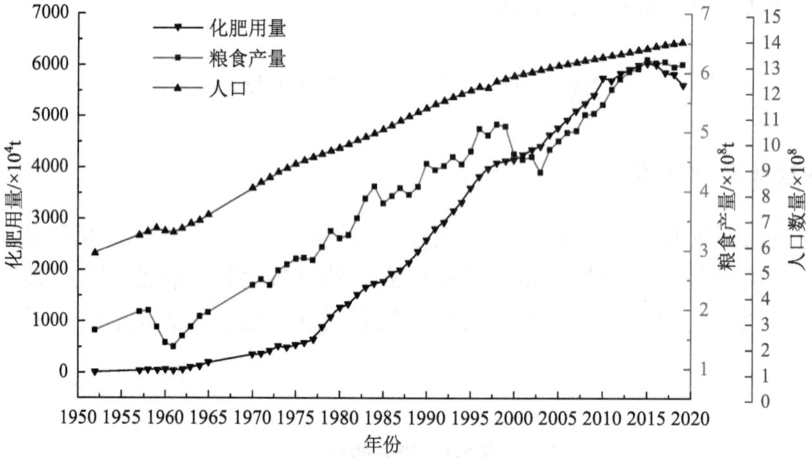

图 7-1　人口、粮食产量和化肥用量随时间变化
（数据来源于国家统计局）

二、长期大量施用化肥对环境的危害

（一）对地表水资源的影响

2020 年《第二次全国污染源普查公报》显示，农业源总氮、总磷分别占排放总量的 46.52% 和 67.22%，其中种植业污染源带来的总氮、总磷占农业源的 50.85%和 35.94%（图 7-2），说明氮磷肥料面源污染形势严峻。《第二次全国污染源普查公报》表明种植业总氮和总磷贡献率在农业面源污染所占比例较高。种植业氮磷可通过两种途径进入地表水：①水土流失，美国和中国每年的土壤流失量大约为几十亿吨，土壤含有丰富的养分，水土流失作用会使泥沙流入地表水中，泥沙含有和吸附的养分通过矿化和脱附释放到地表水中，造成水体富营养化。②地表径流，氮肥施入土壤后，在微生物作用下，通过硝化作用形成 NO_3^--N，因土壤胶体对 NO_3^- 的吸附作

用甚微，易于遭雨水或灌溉水淋洗而进入地表水，对水源造成污染；土壤颗粒和土壤胶体对 NH_4^+ 具有很强的吸附作用，使得大部分的可交换态铵态氮得以保存在土壤中，但是当土壤对 NH_4^+ 的吸附量达到饱和时， NH_4^+ 很容易发生淋失。磷肥施到土壤后易被固定，转化为难溶性磷酸盐、铁磷和铝磷等形态，但是土壤对磷的固定存在一定限度，长期施用磷肥会使土壤处于富磷状态，增大地表径流中磷的运移。

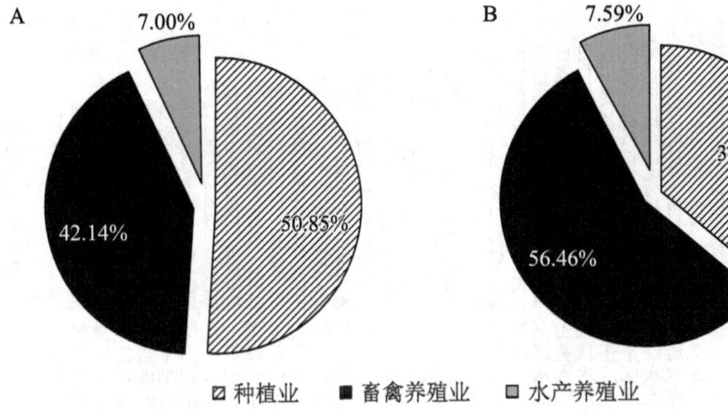

图 7-2　种植业、畜禽养殖业和水产养殖业对农业源水污染总氮（A）和总磷（B）的贡献率（引自生态环境部等，2020）

目前，随着点源污染的不断控制，面源污染已成为世界范围内地表水与地下水污染的主要来源，具有广泛性、随机性、不确定性和难监测性等特点，其中农业面源污染已经成为水体的主要污染源。

面源污染是造成水体富营养化的主要因素之一，当水体无机态总氮含量大于 0.2mg/L， PO_4^{3-} 的浓度达到 0.02mg/L 时，就可以引起藻华发生。2019 年《中国生态环境状况公报》报道，长江、黄河、珠江、松花江、淮河、海河、辽河七大流域和浙闽片河流、西北诸河、西南诸河监测的 1610 个水质断面中，Ⅰ～Ⅲ类水质断面占 74.9%，Ⅳ、Ⅴ和劣Ⅴ类水分别占 17.5%、4.2% 和 3.4%。开展营养状态监测的 107 个（图 7-3 和图 7-4）重要湖泊及水库中，贫营养状态湖泊

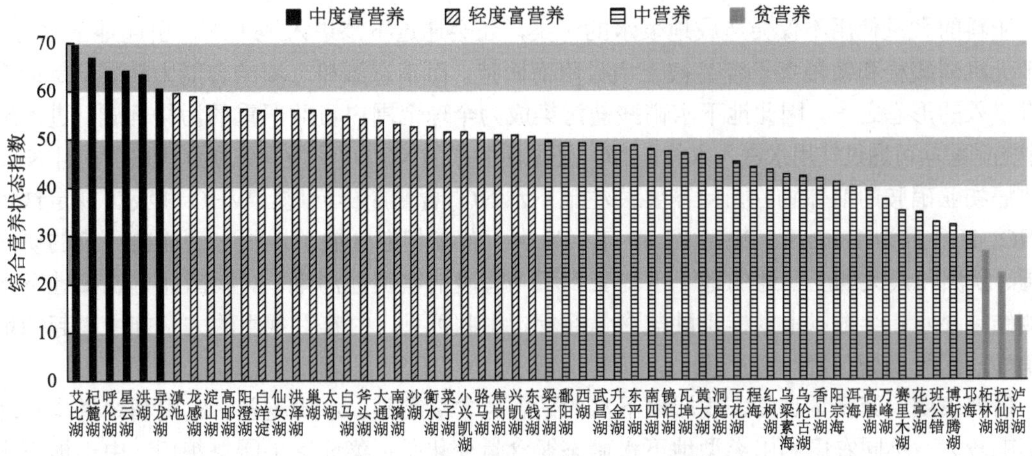

图 7-3　2019 年重要湖泊营养化状况

关于湖泊营养状态评价分级相关内容请参考生态环境部网站相关内容：https://www.mee.gov.cn/gkml/hbb/bgt/201104/t20110401_208364.htm

（水库）占 9.3%，中营养状态占 62.6%，轻度富营养状态占 22.4%，中度富营养状态占 5.6%。联合国环境规划署的一项水体富营养化调查表明，全球范围内 30%～40%的湖泊和水库为富营养化水体。

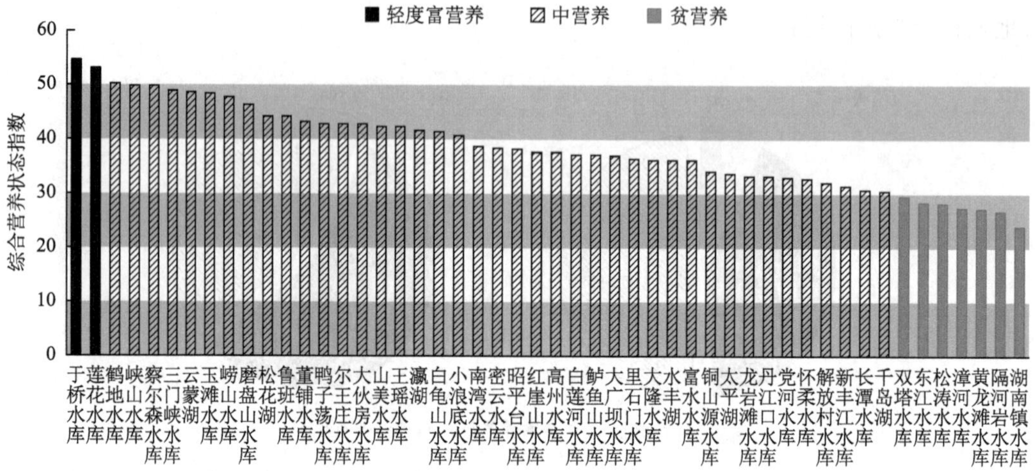

图 7-4　2019 年重要水库营养化状况

一些河流、湖泊和水库是饮用水源地，水体富营养化会导致蓝藻滋生，给饮用水带来安全隐患。例如，2007 年太湖蓝藻爆发，造成了太湖沿岸生活用水和饮用水的严重短缺；蓝绿藻会分泌一些毒素，如铜绿微囊藻毒素为肝毒素，会引起肝脏肿胀淤血和肝体比增加等疾病；蓝藻爆发使得阳光难以穿透水层，影响污染水体中水生植物的光合作用和溶解氧的释放，表层水面蓝藻的光合作用可能造成溶解氧的过饱和状态，而上层及下层水中溶解氧的过饱和及溶解氧浓度的降低，都会对水生动物生长产生危害，造成鱼类大量死亡。蓝藻分解还会消耗大量氧气，加快水体生物的死亡，从而降低水体生态系统的物种多样性和稳定性。

（二）对地下水的影响

肥料的大量使用不仅会造成地表水的污染，还会通过下渗进入地下水，引起地下水污染。由于无机磷酸根和铵根离子容易被土壤吸附而固持，而硝态氮和土壤结合能力较弱，是最容易垂直渗入的形态之一，因此地下水硝酸盐污染成为全球范围内日益严重的污染问题。进入地下水中的硝酸盐可通过饮用水进入人体，NO_3^- 还原后生成的 NO_2^- 可引发高铁血红蛋白症，且 NO_2^- 是强致癌物亚硝胺的前体物，因此需要关注地下水 NO_3^- 含量超标问题。WHO 和我国规定饮用水中 NO_3^--N 含量为 10mg/L。20 世纪 60 年代以来，各国相继开展了地下水硝酸盐污染的研究。美国、欧洲和澳大利亚各地的地下水均受到不同程度的硝酸盐污染。对我国北方农田地下水的监测结果显示，半数以上水样硝酸盐含量超标，由此可见，由农用氮肥的大量施用引起的地下水硝酸盐污染问题已经十分严重。

研究表明，施肥量越高，浅层地下水的硝态氮含量越高，水质越差。农田利用类型对地下水影响较大，不同农田利用类型地下水硝态氮含量变化是：菜地＞果园＞粮田。由于地下水中硝酸盐污染来源较多，采用调查法很难精确区分，环境同位素技术则提供了识别地下水氮污染的直接手段。同位素示踪结果表明，地下水硝酸盐污染主要为家畜粪尿和生活污水的混合污染，少部分NO_3^-来源于化学肥料和土壤氮素，该结果仍难以说明氮肥使用和地下水硝态氮含量之间的关系。施用的有机肥与化肥进入土壤后，氮肥与有机肥在土壤微生物及各种酶的作用下进入土壤氮库，土壤氮库中的氮素经过一系列矿化与硝化作用后转变为硝态氮，最后通过淋溶方式进入地下水。有关地下水质量分类、指标及限值，以及地下水质量评价等内容可参见地下水质量标准（GB/T 14848-2017）。

（三）对耕地土壤的影响

化肥的使用在短期内可以提高作物产量，但化肥用量的增加和不合理施用会引起土壤质量下降及退化。长期使用化肥会使土壤容重增加，孔隙度下降，田间持水量降低，土壤微团聚体分散系数上升，耕层土壤板结，影响作物根系生长和水、气、热的交换；长期施用化肥会导致土壤酸化，铵态氮的硝化作用加剧了土壤酸化过程，土壤酸度增加会降低土壤阳离子交换量，一方面会导致土壤养分淋失，另一方面会活化有害金属离子，对土壤生物产生一定的危害；长期施用化肥导致土壤重金属积累，特别是磷肥的大量使用会造成土壤中镉的积累和污染；化肥使用还会引起土壤次生盐渍化，在设施农业中尤为严重，长期“肥大水勤”的管理模式使得土壤速效氮、磷、钾含量增加，表层土壤的高蒸发量也会加剧土壤的返盐作用（见知识扩展 7-2）。

单施氮肥会显著降低土壤微生物的多样性，进而改变土壤群落结构，土壤生物多样性下降与土壤酸化和土壤有机质含量密切相关。微生物多样性是土壤生态系统的基本属性，微生物对土壤养分循环、土壤结构稳定和作物的生产起着关键作用。土壤中碳、氮转化的主要过程都受微生物控制，土壤微生物是土壤氮的源和库，是土壤碳、氮转化的重要驱动力，土壤养分有效性又反作用于微生物群落结构、活性及生理状态。施肥是影响土壤质量及其可持续利用的农业措施之一，它通过改变土壤微生物活性、数量和群落结构，从而改变土壤碳、氮养分转化速率和途径，影响土壤供氮能力和碳贮备能力，进而影响土壤质量。土壤微生物多样性的破坏会导致土壤养分失衡、结构退化、生态功能下降，并严重影响土壤生产力和土壤健康。氮肥配施磷钾肥能显著提高微生物的多样性，主要与氮磷钾配施引起的土壤有机质提升密切相关。氮磷钾肥和有机肥联合使用，可明显增加土壤细菌、真菌和放线菌的数量。为缓解土壤微生物多样性的下降，在施加氮肥的基础上常常配施一些磷钾肥和有机肥。

（四）对粮食质量的影响

化肥对粮食质量具有双重影响，化肥是高效的营养物质，施用化肥可以直接提高农产品中营养物质的含量，新中国成立以来我国小麦蛋白质含量从 9%提高到 13%，化肥投入起了很大作用。我国人体锌元素缺乏状况的改善也和使用锌肥相关。果品外观品质改善，可溶性固形物增加，糖度提高，果实个体大、均匀、着色好等都与科学施肥密不可分。氮、磷和钾肥对农产品品质的影响分为单独作用和协同作用，氮是农作物体内叶绿素、酶和蛋白质的主要组成成分，增施氮肥不仅能够提高小麦蛋白质含量，还能提高水稻的糙米产量和蛋白质含量，降低稻米垩白率和直链淀粉含量；磷是作物体内核酸、磷脂、植酸和磷酸腺苷的组成元素，还参与农作物光合作用各个阶段的物质转化、光合产物运转和能量传递，施加磷肥可增加谷物中植酸、氨基酸和维生素 B_1 的含量，促进淀粉和脂肪的合成；钾被称为农作物的“品质元素”，是农作物中多种酶的活化因子，可以催化多种代谢反应，进而影响淀粉、脂肪和蛋白质的形成及碳水化合物的代谢和运输。氮、磷和钾肥对农作物品质的影响是协同作用的结果，在合理施加氮肥基础上，配施磷钾肥可提高蛋白质含量，增加农作物含糖量，改善纤维品质，增加蔬菜维生素含量等。

我国化肥使用量高于世界平均水平，尤其是在设施农业中，农产品的品质和产量降低。化肥过量使用会降低农产品食味性，化肥大多以氮、磷、钾大量元素为主，随着化肥的长期使用，土壤的中微量元素消耗殆尽，影响作物对某些中微量元素、有机酸、肽类等营养成分的吸收，使得农产品的食味性降低。化肥使用还会使农产品营养品质下降，过量使用化肥，会增加土壤的盐分，不但会打破农作物本身营养物质的平衡，还会导致农产品硝酸盐、重金属等有害物质增加，为农产品的质量安全埋下了隐患。对化肥污染的评价基本上都是从长期过量使用化肥所带入的重金属和硝酸根等的富集来考虑的，尚无化肥污染风险评价的报道，提倡化肥的科学使用可有效避免化肥的污染。

三、肥料的科学施用和污染防控

长期大量使用化肥会造成严重的土壤、水体和大气污染，环境污染又会影响粮食的产量和质量，进而影响生态系统健康和人类可持续发展。肥料是影响粮食生产的主要因素之一，禁止使用肥料尤其是化肥并不科学，要提倡科学用肥，使粮食安全和生态环境保护达到一个平衡状态。对于肥料大量使用已经造成的环境污染，需要进行生态修复，防止土壤环境继续恶化。

（一）肥料的科学施用

合理施肥应达到高产、优质、高效、改土培肥、保证农产品质量安全和保护生态环境的目标，最终达到降低化肥用量、提高化肥肥效的目的。合理施肥应掌握以下原则：①矿质营养理论。植物生长发育需要碳、氢、氧、氮、磷、钾、钙、镁、硫、铁、锰、铜、锌、硼、钼、氯、镍、硅、钠 19 种必需营养元素和一些有益元素。其中，碳、氢、氧主要来自空气和水，其他营养元素则主要以矿物形态从土壤中吸收。每种必需元素均有特定的生理功能，相互之间同等重要，不可替代。有益元素也能对某些植物生长发育起到促进作用。②养分归还理论。作物收获物从土壤中带走大量养分，使土壤中的养分越来越少，地力逐渐下降。为了维持地力和提高产量，应将作物带走的养分适当归还土壤。③最小养分定律。作物对必需营养元素的需要量有多有少，决定高产的是相对于作物需要，土壤中含量最少的有效养分。只有针对性地补充最小养分才能获得高产。④报酬递减定律。在其他技术条件相对稳定的条件下，在一定施肥量范围内，作物产量随着施肥量的逐渐增加而增加，但单位施肥量的增产量却呈递减趋势。施肥量超过一定限度后将不再增产，甚至造成减产。⑤因子综合作用规律。作物生长受水分、养分、光照、温度、空气、品种及土壤、耕作条件等多种因子制约，施肥仅是增产的措施之一，应与其他增产措施结合才能取得更好的效果。在遵守以上原则的基础上，还应坚持有机肥料与无机肥料相结合，大量元素与中量、微量元素相结合，基肥与追肥相结合，以及施肥与其他措施相结合的方式。

为了提高农产品的营养品质和食味性，合理使用化肥是前提条件，其有效措施包括：①测土施肥，在控制化肥用量的前提下，根据植物对养分的需求和土壤自身养分含量，合理施肥，既降低了化肥用量，又对环境养分进行了有效利用。②增加中微量元素，通过形态配伍、元素之间的相互增效来实现绿色增产增效。土壤营养物质均衡可以充分发挥土壤微生物的增产潜力，提高肥料利用率。③智能型肥料开发使用，一些化学物质可对植物和植物生长环境提供生长信号，可以采取措施充分发挥它们的生长潜能，可提高作物的产量和品质，目前这方面的相关研究已经成为农业科学的热点方向之一。

（二）肥料污染的控制

合理施肥和改进肥料施用技术是从源头上减少农田氮磷等污染风险的重要途径。一些专家学者根据化肥用量和养分流失的关系，给出了不同区域、不同作物的生态经济施肥量，在一定程度上缓解了化肥的污染。但是对于已经污染的土壤，氮、磷和钾肥盈余严重，需要采用源头减量、过程控制及相应的工程手段进行调控。

减量施肥方法和具体措施如图 7-5 所示，化肥源头减量除科学施肥之外，重点是控制施肥的方式，如测土配方施肥、液面施肥和多次施肥，旨在提高化肥利用率，减少化肥施用量，降低养分流失的风险。土壤中残留养分再利用也是化肥减量使用的重要途径之一，微生物菌肥在残留养分再利用中发挥了重要作用，解磷菌和解钾菌可以活化土壤中的磷和钾，把它们转化为有效态，促进植物吸收；种植豆科作物及施用含固氮菌的菌肥可减少氮肥投入，加强氮的固定。新近研究表明，有机碳肥在土壤改良、抗逆和提高作物产量与品质方面发挥着一定作用，有机碳肥与有机肥不同，它是指水溶性高，含有易被植物吸收的糖、醇、酸（含氨基酸）等的有机碳化合物，这些有机碳化合物可以直接进入植物新陈代谢过程。有机碳肥中的碳已经是有机态，不需要光合作用进行转化，可直接作为后续生化反应的起点，节省下的光合能可用于制造新的生化物质，促进养分吸收，提高化肥利用效率。

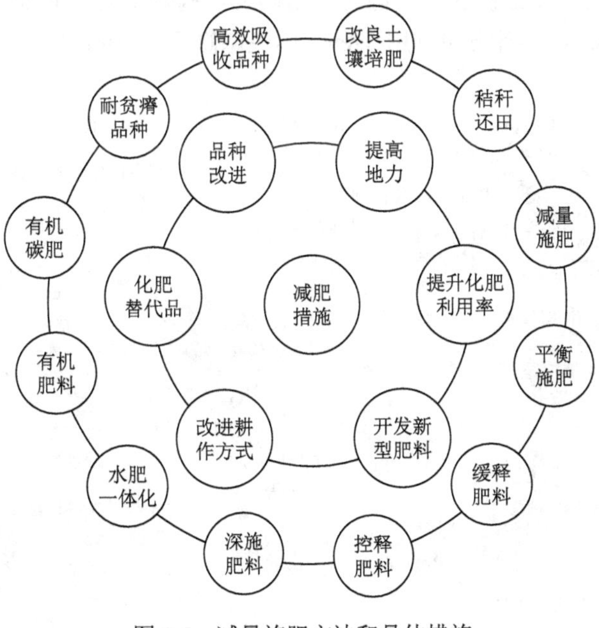

图 7-5　减量施肥方法和具体措施

减量施肥基础上施以原位过程控制，将会取得更佳效果。过程控制包括以下 4 个方面：第一，合理灌溉，众多研究表明，优化水分管理可以防止化肥淋溶，降低水体氮、磷污染风险；第二，改变种植模式，通过间作、套作和轮作等模式来促进作物对营养物质的吸收，降低化肥在土壤中的残留；第三，施加抑制剂，抑制剂可通过降低土壤酶活性和微生物活性来降低化肥向易淋溶状态的转化，实现化肥的高效利用；第四，添加土壤改良剂，向土壤中施加生物炭等一些吸附剂来抑制氮、磷的淋失，或通过施加有机肥和秸秆还田等方式强化微生物对无机营养物质的封存。

（三）面源污染的调控

“十二五”期间，为全面加强农业面源污染防治工作，农业部立足于我国当前农业面源污染防控工作实际，统筹兼顾保护与发展、当前与长远、预防与治理，明确了“两减”的目标，到 2020 年实现化肥、农药减量使用。其具体措施如下：①控制水土流失，通过植树造林和退耕还林等多种手段来控制水土流失。②合理选择肥料品种，根据土壤供肥性能、作物营养特性、肥料特性及生态环境特点来选择肥料。对于易渗漏土壤，适宜使用铵态氮肥；对温暖湿润的土壤，适宜使用缓释肥料。③减少化肥用量，综合考虑作物种类、土壤养分状况，采用测土施肥方式，既满足植物生长需要，又要减少肥料淋失。④施肥过程控制技术，施肥过程中辅以技术性调控，提高肥料利用效率和淋失量，如合理灌溉、改变种植模式、施加抑制剂、灌溉水回收再利用、添加土壤改良剂、施加有机碳肥等。

化肥的淋失是造成水体污染的重要途径，为了防止氮、磷等养分通过地表径流和淋溶进入水体，生态沟渠、缓冲带、生态池塘和人工湿地可对氮、磷等元素进行拦截、吸收和同化，消纳农业的面源污染，采取上述有效措施可有效减少农业污水在运移过程中污染物的输出。尽管这些方法有效，但仍有大量的有机质和氮、磷等污染物会进入受纳水体，如湖泊和水库，这就需要采取生态浮床、岸边湿地和沉水植物等多种修复技术对水生生态系统进行净化。为了防控农业面源污染，我国科研人员在分析农业面源污染基础上，构建了防控农业面源污染的“源头减量（reduce）-过程阻断（retain）-养分再利用（reuse）-生态修复（restore）”（4R）的策略（图 7-6）。

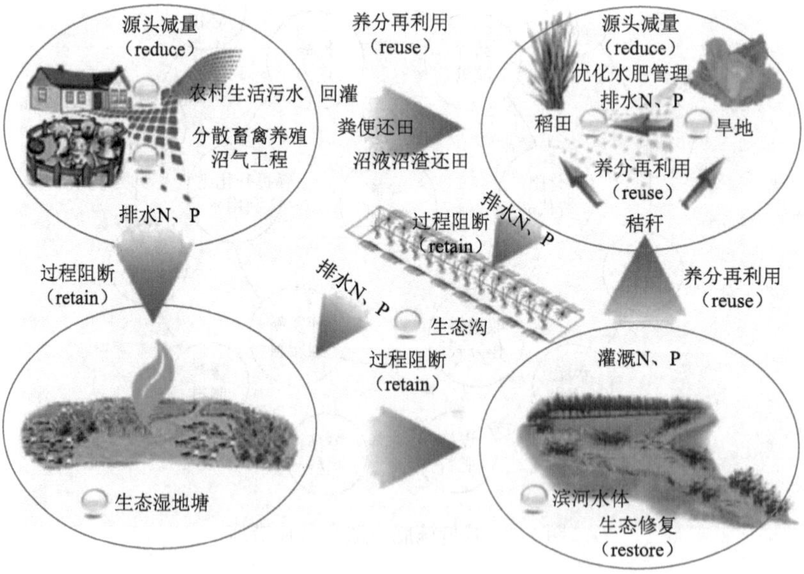

图 7-6　防控农业面源污染的 4R 策略框架（引自杨林章和吴永红，2018）

第二节　农药与生物安全

一、农药及其生物安全概述

农药是指用于预防、消灭或者控制危害农业、林业的病、虫、草和其他有害生物，以及有目的地调节、控制、影响植物和有害生物代谢、生长、发育、繁殖过程的化学合成或者来源于生物、其他天然产物及应用生物技术产生的一种物质或者几种物质的混合物及其制剂。按《中国农业百科全书·农药卷》定义，农药主要是指用来防治危害农林牧业生产有害生物和调节植物生长的化学药品。

农药品种繁多，为了能够科学、正确、合理地使用农药，需要对农药进行分类，以便更好地了解各种农药的特点。按农药的成分及原料的来源，农药可分为无机农药、有机化学合成农药和生物农药。无机农药由天然矿物加工而成，又称矿物农药，如石灰石、硫黄、磷化铝和硫酸铜；有机化学合成农药是利用化学方法将单质、简单无机物或有机化合物制备成具有农药功能的物质，如 DDT、六六六、对硫磷、乐果、草甘膦等；生物农药是指直接利用生物活体（真菌、细菌、昆虫病毒、转基因生物）或生物代谢过程中产生的具有生物活性的物质或从生物体提取物质作为防治病虫害的农药。

根据农药控制有害生物种类，农药可分为杀虫剂、杀螨剂、杀线虫剂、杀鼠剂、除草剂和生物调节剂等。

按农药出现的时间来分，农药可分为 5 代，第一代为最早使用的无机化合物及天然植物性农药，如砷试剂、铜试剂和鱼藤酮等，第一代农药杀虫谱较广，对人的危害较大。DDT 的问世标志着第二代农药的到来，第二代农药主要包括有机氯、有机磷、氨基甲酸酯和拟除虫菊酯 4 类，第二代农药具有快速致死、选择性较差、难降解、易生物累积的特点，由于该类农药杀虫效果好，使用时间较长，是造成生物危害最严重的农药。第三代农药为保幼激素和蜕皮激素的类似物，也称为生物调节剂，通过人为施加激素，打破保幼激素和蜕皮激素平衡点，控制和调节昆虫的发育过程，这类农药选择性非常高，对人和害虫的天敌危害小。第四代农药又称为昆虫行为控制剂，通过调控昆虫之间信息交流而达到杀虫的目的，如性外激素、报警激素、聚集激素和拒食剂等。该类农药作用速度慢，主要目的是压低下一代害虫的种群数量，选择性极强，不会对高等动物、害虫的天敌和靶向之外的昆虫产生危害。第五代农药基于控制激素分泌水平而开发，也称为昆虫心理调节剂。通过农药控制脑激素，进而调控影响昆虫生长和行为的激素水平，其作用不是杀死，而是控制昆虫的种群数量。

二、农药使用的利与弊

（一）农药对粮食安全和公共卫生保护作用

一提到农药，很多人首先想到的关联词是“有毒”，并视其为影响农产品质量安全和生活环境的罪魁祸首，唯恐避之不及，希望不用最好。农药从发明到使用，为农作物的生长提供了一道安全屏障，保障了粮食的数量和质量，故没有农药，粮食安全无从谈起。农药除了防治病虫害，还是公共卫生安全的守护者，因此要客观、科学、辩证地看待和使用农药（见知识扩展 7-3）。

“植物既是人类的食物源，也是许多生物的食物源。当人类把土地开垦为耕地，种植作物之后就开始了农业生产，自从有了农业，人类与有害生物的斗争就从来没有停止过，斗争的目的就是保证稳定的粮食供应，维护社会安定，而斗争的武器之一就是农药。农药的使用可追溯到公元前 1000 多年，古希腊使用硫黄熏蒸害虫；中国也在公元前 7～前 5 世纪，使用嘉草、莽草、牡鞠、蜃炭灰进行杀虫；明代李时珍在《本草纲目》中记述了砒石、雄黄、百部、藜芦的杀虫性能；1637 年，明代宋应星在《天工开物》中记述了砒石的开采、炼制方法及用于防治地下害虫、田鼠和水稻害虫等情况。17 世纪，人类开发出了烟草、松脂、除虫菊和鱼藤等具有使用价值的植物源农药；从 19 世纪 70 年代到 20 世纪 40 年代，人们开发了一批人工制造的无机农药，如砒霜、石硫合剂和波尔多液。上述农药都属于非有机化学合成农药，选择性不高，对大规模病虫害防御和治理效果不佳。有些大规模病虫害引起了社会动乱和朝代更迭。据史料记载，中国发生严重的蝗虫灾害 500 多次，造成了全国性的饥荒、战乱，甚至改朝换代。1845～1850 年爱尔兰大饥荒震惊了世界，农户们种植的马铃薯全烂在地里，两百多万英亩①马铃薯绝产无收。当时没有高效的农药，连续发生的灾害造成了 100 多万人死亡，100 多万人逃出爱尔兰。二三十年之后，人们才知道马铃薯的腐烂是一种病，称为马铃薯晚疫病。马铃薯晚疫病是由致病疫霉引起，导致马铃薯茎叶死亡和块茎腐烂的一种毁灭性卵菌病害。

1944 年德国的拜耳公司生产出第一个成规模使用的有机磷农药对硫磷，标志着人类进入了以化石能源为主的有机合成农药时代，一些新的合成农药如雨后春笋般出现，目前商品化的农药原药产品有 1000 多个，制剂产品近 20 000 个，可满足杀虫、杀菌和除草等需求。2016 年 8 月陕西省潼关县暴发了非常严重的“玉米黏虫”病虫害，危及 8 个县区约 1.1 万亩玉米。玉米黏虫属于杂食性和暴食性害虫，也被称为“行军虫”，性喜阴凉，昼伏夜出，当大面积暴发时，一晚上就能把几十亩玉米吃掉，吃完一块地后会成群结队连夜迁移，转到下一个地方，害虫所到之处，玉米荡然无存，给农户的反应时间特别短。化学农药防治大规模病虫害起到了非常关键的作用，通过喷施农药，7～8d 后虫害得到有效控制，这场激烈的虫口夺粮保卫战，只是人类借助农药千万次防治病虫害的一个缩影。在美国，使用杀线虫剂可使甜菜增产 175%；在巴基斯坦，甘蔗栽培使用杀菌剂后，可提高 30%的产量；在非洲加纳，使用杀虫剂可使可可的产量翻 3 倍；在菲律宾，使用除草剂使水稻增产 50%；在中国，针对性杀菌剂能帮种植户在马铃薯晚疫病暴发时，依然获得丰收。

从爱尔兰“马铃薯晚疫病”引起的动乱到陕西潼关的“玉米黏虫”的有效控制，农药的作用不言而喻。中国生态条件复杂，是有害生物多发、频发和重发的国家。据统计，病虫草鼠害的种类有 2300 余种，可造成的严重危害就有 100 多种。如果没有农药作为武器，人类会在与害虫争抢粮食的战役中大败。如果不使用农药，将会使粮食供应更趋紧张。我国粮食作物由于使用化学农药，每年挽回的粮食损失约 5400 万 t，占粮食总产量的 10%左右。要满足人类的生存与发展，未来一定时期还需要农药来为农作物的生产保驾护航。

农药在防治农作物病虫害中发挥了关键作用，保障了充足的粮食供应，免除了饥饿，保护了人类的健康和安全。此外，害虫也严重影响着人的身体健康，并且直接作用于人体，如蟑螂、虐蚊、蝇、鼠、蚤等，它们携带多种致病微生物，会引起食物中毒，传播肝炎、结核、疟疾、登革热等多种疾病，严重威胁到人体健康。最为典型的案例就是 DDT 在军事上的使用，第二次世界大战期间，斑疹伤寒成为危害战区军人和人民的第二大杀手，斑疹伤寒主要依靠虱子和跳蚤等昆虫作为媒介传播。DDT 惊人的杀虫效果引起了丘吉尔政府的关注，盟军开始用 DDT 来消灭蚊子和虱子，以防治斑疹、伤寒、疟疾和瘟疫等战争疾病，挽救了士兵的生命，赢得了第二次世界大战的胜利。由于 DDT 具有杀虫范围广、药效持久等特点，DDT 在对抗疟疾斗争中发挥了不可磨灭的作用。2008 年 8 月 3 日，距离北京奥运会开幕式只剩 5d 时，大量草地螟出现在北京奥运场馆。紧接着专家组便在内蒙古和河北等地发现高达 5000 万亩的虫源，通过采用化学农药进行应急防治，危机成功化解，保障了奥运会如期举行。从保护人类健康和生命安全来看，农药是当今社会的重要战略物资。

① 1 英亩 = 0.004 047km^2

（二）农药对生物安全的危害

1962 年，美国科普作家蕾切尔·卡森创作的科普读物《寂静的春天》成功出版，第一次把滥用 DDT 等有机氯农药造成的严重后果公布于众，使人们意识到农药的使用是一把双刃剑。后来在人迹罕见的北极、南极、喜马拉雅山和青藏高原也发现了 DDT 的踪迹，DDT 的污染范围之广、危害之大引起了公众对使用高毒性、高残留性农药的警觉，也改变了政府对农药使用的价值取向。长期使用农药会引发 3R（resistance、residue、resurgence）问题，首先会使农药的靶标物种的遗传发生改变，产生抗药性（resistance of pesticide to pest），使得农药防治病虫害的效果降低，造成农药用量增加，而农药剂量的增加会造成更严重的农药污染。农药除了直接作用于有害生物，还会进入环境和食品之中，产生农药残留（residue in products and environment），农药残留会使农药及其降解产物沿着食物链向人传递，发生农药的生物积累和生物放大，直接危害人类的生命安全；农药使用还作用于靶标之外的生物，甚至杀死有害生物的天敌，发生生态偏移，生态多样性降低，使得有害生物更加猖獗（resurgence of pest）。

1. 农药对环境的危害

据统计，农田中施用的农药仅有 30%左右附着到农作物上，其中 2%～5%的农药作用于靶点，大部分会进入植物体和环境，进而沿着食物链进入人体，危害人类健康。农药在环境中的迁移、转化和循环如图 7-7 所示，其环境行为主要包括三类，一是农药的迁移，包括渗透、扩散、

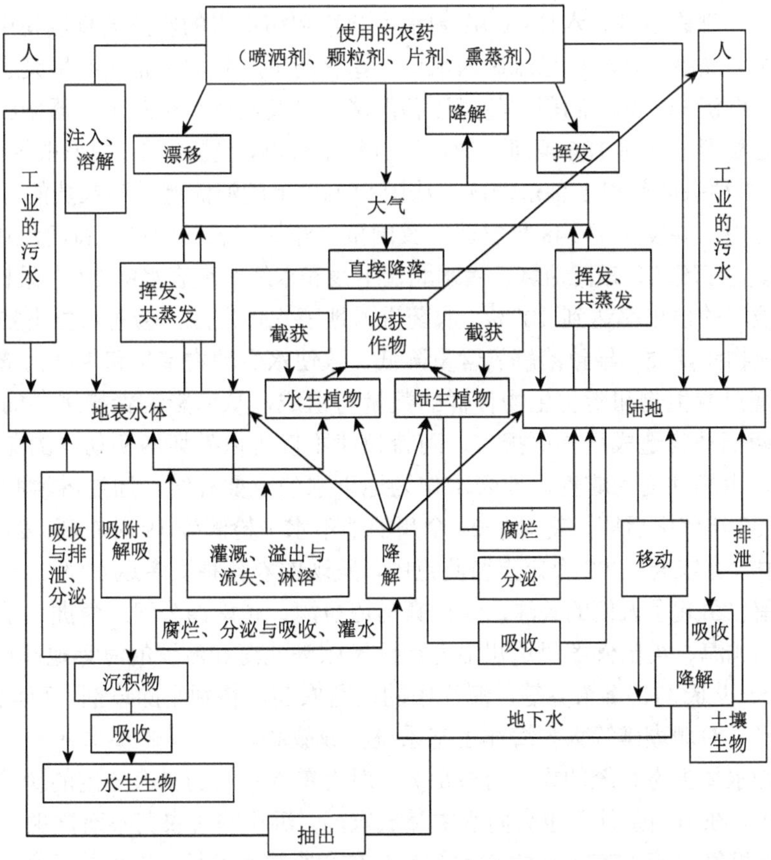

图 7-7　农药在环境中的迁移、转化和循环（引自朱昌雄和黄亚丽，2011）

挥发、沉降、地表径流和淋溶；二是农药的吸附和吸收；三是农药的转化，包括光解、矿化、代谢和降解等。农药的这些环境行为，会对生物圈中的不同生物产生不同程度的影响。

土壤中农药的来源和途径多样，防治地下病害施用的农药会直接进入土壤中；喷雾施用农药中的70%会进入土壤中；农药伴随大气沉降、灌溉和施肥也会进入土壤中。农药进入土壤后会发生一系列物理、化学和各种生化反应，导致土壤生态系统发生变化，具体危害如下：①农药使用产生的抗性危害。农药残留会使土壤中害虫、致病菌和杂草抗性增加，成为病虫害防治的一大障碍，给作物保护带来了巨大挑战。截至 2016 年，在 65 个国家的 86 种作物农田，已有 249 种杂草的 467 个生物型对 25 类已知化学除草剂中的 22 类中的 160 种除草剂产生了抗药性，至少 600 种昆虫和螨对 300 多种农药产生了抗药性。生物抗性增加会使不敏感或已产生抗性的生物得以繁衍，造成种群结构更迭，增加了防治难度。②农药对土壤微生物的影响。农药对土壤微生物遗传多样性、物种多样性和结构多样性的影响较大，毒性较高的有机氯和有机磷农药能够显著降低土壤微生物的种类和数量，微生物种群多样性和农药浓度显著相关。③农药对土壤动物的影响。有机氯和有机磷农药对土壤动物的作用速度快，毒性强，属于急性毒性，而一些杀菌剂和除草剂对土壤动物的影响相对较小。④农药对土壤酶活性的影响。农药对土壤酶活性具有正负两方面效应，农药浓度低时对土壤酶活性起到促进作用，浓度高时则表现为抑制作用。农药产生的影响受土壤类型的制约，富含有机质的土壤对农药的缓冲能力较大，酶活性对农药的耐受性较强。农药对土壤酶活性的影响是一个长期的过程，目前一些研究结果只反映了农药和酶活性的短期效应，其结果有待于进一步验证。

农药可通过 5 种途径进入水体：①控制水生杂草和病虫害的农药的直接使用；②农田施用的农药会随降雨、灌溉、淋溶和径流进入水体；③农药生产和加工企业产生废水的排放；④大气残留农药的干湿沉降；⑤喷洒药剂随风漂移沉降，以及配药和施药工具器械的清洗。1992～2001 年，美国地质调查局对 186 条河流的水样进行了检测，检测出 21 种杀虫剂、52 种除草剂、8 种代谢产物、1 种杀菌剂和 1 种杀螨剂。法国 90%以上的河流遭受到农药的污染，在 320 个河流定点监测点中，共发现了 148 种农药。我国重点流域（长江流域、黄河流域、太湖流域、松花江流域、黑龙江流域、东江流域、南水北调中线和东线）地表水中 27 个采样点检测出了 9 种农药，阿特拉津的检出率达到 100%。农药进入地表水体之后，会对水生生物构成巨大的威胁，杀灭水生植物和藻类，导致溶解氧含量降低，致使水生动物窒息和生产力降低。低浓度的马拉硫磷会改变浮游生物和附生生物种群的数量与组成，从而影响青蛙蝌蚪的生长，毒死蜱和硫丹还会对两栖动物造成严重的损害。阿特拉津不仅可以破坏两栖动物的免疫系统，还会导致青蛙变性，由雄性变为雌性。地表水作为地下水的重要补给，通过淋溶和下渗会污染地下水，20 世纪 80 年代中后期，美国在 24 个州的地下水中检测到 19 种农药。21 世纪初，法国 58%的地下水中含有农药，292 个定点监测点中，发现的农药种类多达 62 种。近几十年来，海洋中的农药残留也引起了人们的关注，菲律宾马尼拉湾、越南湄公河三角洲、墨西哥西北部沿海、墨西哥加勒比海、美国佛罗里达州沿海地区及欧洲北海和波罗的海等地都检测出了农药，如 DDT、林丹、艾氏剂、毒杀芬等，海洋中的残留农药，特别是除草剂，可能会侵害共生藻类并破坏珊瑚礁，对珊瑚礁等大型海洋生态系统构成威胁。

沉积物作为水体生态系统的重要组成部分，对上覆水中农药具有一定的缓冲作用，它是水中农药的归宿地，在适当条件下也会向水中释放农药，沉积物对农药不断发生“源”和“汇”之间的转换。有机氯农药（DDT 和六六六等）具有亲脂疏水特性、较高的正辛醇-水分配系数、半衰期长和毒性大等特点，容易被沉积物中有机物吸附，研究表明，沉积物中有机质占总质量的 9.1%，吸收了 77.2%的有机氯农药，正成为新的有机氯农药污染源。美国环境保护署规定的水环境优先污染物包括 20 种农药，其中 14 种富集在沉积物中。目前我国大部分水体沉积物中都检测到了有机氯农药的存在，有些水体有机氯农药污染较严重，存在极大的生态风险。

农田中施加的农药，大约 20%转移到大气中，大气中农药污染的主要来源包括：①农药施用过程中雾滴的漂移；②施用过程和施用后作物表面的挥发；③施用农药土壤粉尘的风蚀；④农药生产过程中的损失，如产品的挥发，废气、粉尘等的排放。由于大气环流的作用，大气中农药很快会被输送到很远的地方，从而造成全球性污染。在美国南部农田施加的林丹、氯丹和毒杀芬等农药，通过挥发和大气传输，随后在寒冷的空气中冷凝，可沉降到加拿大五大湖。虽然有机氯农药已经被全面禁用，但是空气中农药残留主要以 DDT 和六六六等有机农药为主，通过源头解析可知，这些农药主要来源于历史上有机氯农药的使用，说明有机氯农药稳定性极强。已有报道中，大多数环境监测点中空气中有机氯农药浓度低于 $1ng/m^3$，浓度处于较低水平，风险评估表明，空气中有机氯农药通过呼吸途径对人体产生的致癌风险较小，不会对人体健康造成危害。

2. 农药对非靶标生物的危害

农药是土壤、水、空气中常见的污染物，它们会伤害生活在不同环境中的植物、动物和微生物，包括有益的土壤微生物和昆虫、非靶标植物、鱼类、鸟类和其他野生动物。农药对土壤中非靶标生物的危害较大，除草剂会增加植物对病害的易感性，导致植物光合作用缓慢、生长发育不良、籽粒不饱满和种子质量差，降低农作物的产量和品质。土壤中微生物和蚯蚓在分解有机物、增加土壤肥力、促进植物对养分吸收方面发挥着巨大的作用，农药会抑制微生物的生长，导致土壤退化。研究表明，除草剂、杀虫剂和杀菌剂会抑制固氮菌，硝化、反硝化细菌和菌根真菌的活性，农药不仅会直接杀死蚯蚓，还会对它们的神经和 DNA 产生损伤。杀虫剂会对陆生生物造成危害，广谱杀虫剂（氨基甲酸酯、有机磷酸酯、拟除虫菊酯）的使用会显著降低蜜蜂和甲虫等有益昆虫的数量，低剂量吡虫啉会影响蜜蜂的觅食行为，新烟碱类农药会导致蜜蜂暂时性灭绝。农药使用还会导致鸟类的数量下降，美国秃鹰数量下降主要是因为接触了 DDT 及其代谢产物。农药对水生生态系统具有破坏作用，农药不仅可以杀死水生植物和影响藻类正常生长，还会影响水生动物的生长发育，一些毒性大（毒死蜱）的农药会对鱼类产生急性毒性，造成鱼类死亡，一些除草剂会对鱼类产生亚急性毒性，降低它们的生存机会。一些处于食物链最高级的动物（海豚和江豚）会积累一些难降解的有机氯农药，影响它们的繁殖和发育，造成种群数量的降低。

3. 农药对人体健康的危害

农药可通过摄入、吸入或皮肤渗透三种途径进入人体，研究表明，通过大气和饮用水进入人体的农药仅占 10%，有 90%通过食物链进入人体，因此需要严格控制食品中的农药残留。农药进入人体后，经过几道屏障最终到达人体组织或器官，尽管人体有排泄毒素的能力，但在某些情况下，它们会在体内积累，产生毒性效应。摄入有机氯农药会导致对光、声、触摸过敏，以及头晕、震颤、癫痫、呕吐、恶心、困惑和紧张。有机磷酸酯和氨基甲酸酯会引起类似于神经递质-乙酰胆碱增加的症状，干扰正常的神经信号传导，导致头痛、头晕、意识混乱、恶心和呕吐、胸痛，严重者可出现呼吸困难、抽搐、昏迷和死亡。拟除虫菊酯农药可以引起震颤、癫痫、皮肤过敏、攻击性增强、过度兴奋、生殖和发育不良等症状。农药对人类健康的影响包括急性毒性和慢性毒性。急性毒性是指农药大量进入人体，在短时间内表现出的病理性反应，一般是指一次大剂量或者 24h 内多次小剂量对供试动物（小白鼠和大白鼠等）的毒害作用，一般用半数致死量表示农药毒性的大小。农药接触的急性毒性包括头痛、眼睛和皮肤刺痛、鼻子和喉咙刺激、皮肤瘙痒、皮肤皮疹和水泡、头晕、腹泻、腹痛、恶心和呕吐、视力模糊、失明等。农药慢性毒性是指长期接触和食用含有农药的食品，导致农药在体内积累产生的慢性危害，一般是指农药对供试动物长时间低剂量作用后产生的病变反应，染毒期限 1～2 年，慢性毒性试验可以研究农药的致畸形、致突变和致癌性。慢性毒性一般不容易发现，甚至多年都不会出现症状，但是一旦发生病变，就非常容易致命。慢性毒性引起的症状包括：①农药对神经系统有影响，如失去协调能力和记忆、视觉能力下降和运动信号减弱。②农药具有致癌性，如白血病、脑癌、淋巴瘤、乳腺癌、前列腺癌、卵巢癌和睾丸癌。③杀虫剂在体内的存在时间较长，还会改变男性和女性生殖激素水平而影响生殖能力，导致死产、出生缺陷、自然流产和不孕。④长期接触农药还会损害肝、肺、肾，并可能导致血液疾病。

三、农药污染的防控

饥饿是人类生存和发展最大的威胁，任何一个国家要发展经济，必须解决好农业难题。而放眼全球，解决饥饿问题依然任重道远。根据联合国中等模型展望，到 2050 年，全球的人口将达到 92 亿。要满足人类的生存与发展，未来一定时期还需要农药来为农作物的生产保驾护航。为了防止农药污染环境，需要进行源头控制；对于已受农药污染的环境，需要进行生态修复（见知识扩展 7-4 和知识扩展 7-5）。

（一）农药的源头控制

源头控制是防控农药污染的基础，其主要措施包括：①禁止使用高毒农药；②提高农药利用效率，降低农药用量；③加快绿色农药的开发和使用；④构建生态防控体系。从 1983 年禁产和禁用六六六与 DDT 等有机氯农药以来，我国已经禁止并淘汰高毒高风险农药 47 种（六六六、DDT、毒杀芬、二溴氯丙烷、杀虫脒、二溴乙烷（EDB）、除草醚、艾氏剂、狄氏剂、汞制剂、砷、铅类、敌枯双、氟乙酰胺、甘氟、毒鼠强、氟乙酸钠、毒鼠硅、甲胺磷、对硫磷、甲基对硫磷、久效磷和磷胺等），限制使用农药 23 种［禁止氧乐果在甘蓝上使用；禁止三氯杀螨醇和氰戊菊酯在茶树上使用；禁止丁酰肼（比久）在花生上使用；禁止特丁硫磷在甘蔗上使用；禁止甲拌磷、甲基异柳磷、特丁硫磷、甲基硫环磷、治螟磷、内吸磷、克百威、涕灭威、灭线磷、硫环磷、蝇毒磷、地虫硫磷、氯唑磷、苯线磷在蔬菜、果树、茶叶、中草药材上使用等］，促进了中国农药行业的产品升级和结构调整。目前使用低毒和微毒农药比例为 82%，高毒农药降至 1.4%，生物农药约占 10%。科学合理使用农药是提高农药利用率的关键，目前我国农药利用率约为 38.8%，处于较低水平。为了提高防治效果，减少农药用量，需要科学选择农药，做到药到病除；选择合理防治时期，做到早防早治，防治结合；合理更换农药品种，降低病虫害对农药的抗药性；配制农药浓度合理，选择高效喷雾器具。绿色农药是对人类健康安全无害、对环境友好、超低用量、高选择性，以及通过绿色工艺流程生产出来的农药，主要包括来源于植物、动物、微生物的生物农药，以及人工合成的仿生农药和靶标绿色农药。农业农村部从 2015 年起，在全国全面推进实施农药使用量零增长行动，目前我国农药使用量已从 2015 年的 178.3 万 t 降至 2020 年的 140 万 t。除严格控制农药使用量之外，还要大力推广绿色防控技术。树立以“生态为根、农艺为本、生物农药和化学农药防控为辅”的植保新理念，建立“以作物健康为主体防控措施，变传统被动防治为作物主动防御”的新策略。大胆探索基于作物全程健康、基于区域专业化的病虫害防控政策，跳出过去“单病单虫”的防治政策。建立以农艺、生物或物理防治等非化学防治措施为主的作物病虫害绿色防控体系，维护作物农田生态系统可持续发展。

（二）农药污染环境的修复

对于农药污染的土壤，生物修复是一种经济环保，且不容易破坏土壤生态系统的一种修复方法，生物修复包括微生物修复、植物修复和菌根修复。微生物主要依靠降解、矿化作用、共代谢作用、生物浓缩和累积作用对污染土壤进行修复，微生物的类型主要包括细菌、真菌、放线菌和藻类。粪产碱杆菌 DSP3 能在以毒死蜱为唯一碳源的环境中生长，20d 该菌对毒死蜱农药的降解率可达 100%，该菌对甲基对硫磷、对硫磷和硫磷等高毒性农药也具有较好的降解作用。小球藻不仅可以降解毒死蜱，还可以对毒死蜱的两种降解产物进一步降解。植物修复主要依靠植物对农药吸收转化、根系附近酶降解、植物根际和微生物共代谢作用来消除农药对土壤的污染。葫芦科植物南瓜和西葫芦对 DDT 具有较强的吸收和富集能力，紫花苜蓿、香蒲和狭叶羽扇豆对有机磷农药具有较强的吸收富集能力，狼尾草、风倾草、浮萍和黑麦草等植物对除草剂也具有良好的吸收作用。菌根是土壤真菌菌丝与植物根系形成的共生体，菌根真菌依靠直接吸收分解和共代谢方式来降解土壤中的农药。接种丛枝菌根真菌的植物根系能吸收土壤中的 DDT，降低 DDT 在土壤和植物中的残留，球囊霉和摩西球囊酶能与大多数生物形成共生体系，对乐果、绿麦隆、氟乐灵和三环唑都具有良好的抗性和降解能力。

地表水、地下水和海洋一旦受到农药污染，很难利用工程技术进行修复，只能依靠水体自净作用对农药进行降解，如农药的水解和光解、动物降解、植物吸收和微生物降解等，但是这些方法很可能对水生生态系统造成严重的破坏，甚至农药会沿着生物链向高等生物转移。为了提高水体中农药的降解速率，人们把降解农药的基因转移到植物中，期望获得降解农药的工程植株系统。其次，通过改善微生物的营养状况，可以促进微生物分泌更多降解有机农药的酶，增强酶活性，加快农药的快速降解。

农药进入大气，由于大气湍流和环流作用，农药会发生扩散和漂移，扩散会稀释农药，降低农药对生物的毒性，漂移会使农药污染区域变大，给治理大气中的农药带来一定的困难。目前，大气中农药降解主要靠光催化反应和自由基反应来完成。例如，二氧化钛光催化氧化技术降解有机氯和有机磷农药，羟基自由基与农药发生氢抽提反应而引起降解。控制农药大气污染最有效的手段是源头治理，自从 1983 年我国禁用 DDT 等有机氯农药以来，大气中有机氯农药的含量一直维持在较低的水平，并且主要由这些农药的历史使用而引起。

第三节　重金属与生物安全

一、重金属的污染和来源

重金属是指密度大于 4.5g/cm^3 的金属，并不是所有的重金属都有危害，一些重金属是人体健康所必需的常量元素和微量元素，如铁、锰、铜、锌等。环境污染所说的重金属主要是指汞、镉、铅、铬及类金属砷等具有生物毒害作用的重金属。重金属难以被生物降解，在生物放大作用下会在动植物体内富集，最后进入人体。重金属在人体内和蛋白质及酶等发生强烈的相互作用，使它们失去活性，也可以在人体的某些器官中积累，造成慢性中毒（见知识扩展 7-6）。

土壤、空气和水体作为人们最重要的生活资源，目前都受到重金属污染的威胁。2014 年，环境保护部和国土资源部联合发表的《全国土壤污染状况调查公报》显示，全国土壤总的点位超标率为 16.1%，耕地、林地、草地土壤点位超标率分别为 19.4%、10.0%和 10.4%，中度污染以上占 2.6%，其中镉的点位超标率最高，为 7%（表 7-2）。大气重金属污染区域为北方的京津冀、环渤海地区及南方的珠江三角洲地区。我国七大水系沉积物重金属污染状况如表 7-3 所示，七大水系总体上呈现轻度污染，靠近工业、矿业、城市和经济发达的海河、淮河、长江和珠江水域重金属污染比较严重。七大水系以珠江水系沉积物中铜、镉、铅、锌、镍的浓度最高，海河水系和黄河水系次之，而长江水系、辽河水系、松花江水系和淮河水系沉积物中重金属浓度较低。

表 7-2　中国土壤重金属污染超标情况（引自环境保护部和国土资源部，2014）

污染物类型	点位超标率/%	不同程度污染点位比例/%			
		轻微	轻度	中度	重度
镉	7.0	5.2	0.8	0.5	0.5
汞	1.6	1.2	0.2	0.1	0.1
砷	2.7	2.0	0.4	0.2	0.1
铜	2.1	1.6	0.3	0.15	0.05
铅	1.5	1.1	0.2	0.1	0.1
铬	1.1	0.9	0.15	0.04	0.01
锌	0.9	0.75	0.08	0.05	0.02
镍	4.8	3.9	0.5	0.3	0.1

表 7-3　中国七大水系沉积物重金属污染状况（引自阳金希等，2017）

重金属	项目	长江水系	黄河水系	辽河水系	松花江水系	海河水系	淮河水系	珠江水系	合计
铜	质量分数范围	6.87～204	11.5～67.7	4.2～162	2.4～80.9	1.51～248	5.00～110	9.13～829	1.51～829
	几何均值	3.5	24.9	22.0	15.0	43.9	23.9	86.4	—
	采样点个数	88	78	56	45	92	127	97	583
镉	质量分数范围	0.04～2.46	nd～4.39	0.04～4.81	0.05～1.58	0.05～2.64	0～3.24	0.21～76	nd～76.00
	几何均值	0.358	0.775	0.291	0.216	0.266	0.226	3.820	—
	采样点个数	68	76	36	47	93	124	59	503
铅	质量分数范围	15.6～99.0	10.1～976	9.30～101	8.60～64.2	8.95～800	4.60～157	16.1～2352	4.60～2352
	几何均值	31.8	40.8	24.3	10.6	39.9	24	78.6	—
	采样点个数	72	78	56	48	93	139	98	584
锌	质量分数范围	36.8～750	23.6～472	7.60～140	21.8～522	21.7～4203	23.2～358	19.4～1453	7.60～4203
	几何均值	107	87.7	39.7	88.3	142	74	213	—
	采样点个数	88	77	32	46	92	139	91	565
镍	质量分数范围	17.6～8.0	72.5～72.5	3.20～54.3	6.20～99.0	5.77～249	15.7～45.0	10.4～97.9	3.20～249
	几何均值	31.6	72.5	19.5	18.3	36.4	25.9	40.9	—
	采样点个数	64	1	55	12	71	58	68	329

注：nd. 未检测到

自然界中重金属来源途径主要包括：①矿山开采中一些矿物常常伴生有多种重金属，如铅锌矿常伴生镉，磷矿中伴生砷，如果尾矿处理不当，很容易进入土壤和地表水。②冶金、电镀和化工等行业是重金属的重要污染源，工厂排放的废水、灰渣和烟尘等“三废”都含有较高浓度的重金属。③磷肥、钾肥和复合肥的原料矿石含有浓度较高的镉、铬、铅、砷等重金属，一些农药中也含有砷元素，长期使用会导致农田重金属污染。④污水经过处理后用作农田灌溉水，虽然重金属浓度达到灌溉用水标准，但是如长期使用，会导致重金属在土壤中积累，造成农田重金属污染。

二、重金属的环境效应

重金属在环境中的迁移转化如图 7-8 所示，重金属进入环境中，会污染土壤、水体和大气，然后通过消化系统和呼吸系统进入人体，进而在体内积累，引起各种疾病。

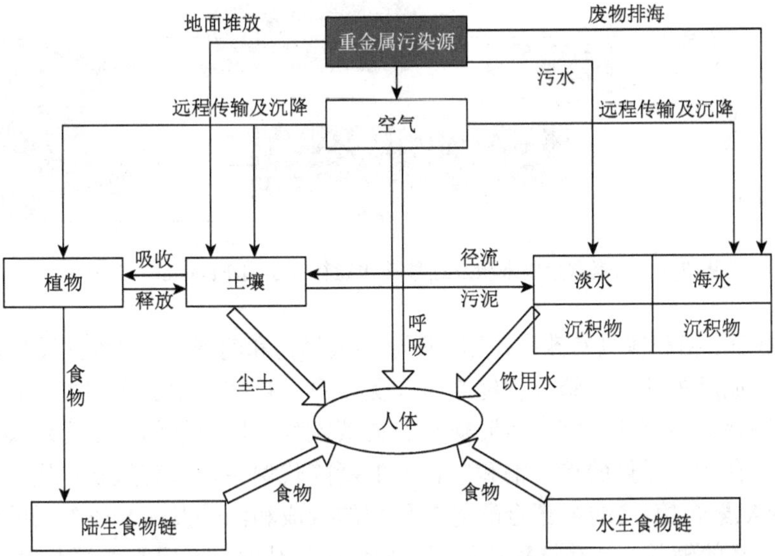

图 7-8　重金属在环境中的迁移转化（引自孟菁华等，2017）

（一）重金属与粮食安全

土壤重金属来源如图 7-9 所示，土壤中重金属主要来源于大气沉降、牲畜粪便、废水或污水灌溉、含金属杀虫剂或除草剂、磷酸盐肥料和污泥土壤改良剂。除了农业来源，交通运输业和工业所产生的重金属也会通过食物链进入人体，对人体健康构成重大威胁。工业和车辆排放的颗粒物最终会在土壤和植物中积累。燃煤电厂是土壤中汞的主要来源之一，靠近火力发电厂土壤种植的蔬菜，汞含量较高。

土壤中大多数重金属可以在作物中积累，它们可以通过食物链转移到人体内，导致各种疾病的发生。摄入被重金属污染的食物会导致严重健康问题，如胃肠癌、免疫力降低、精神发育迟缓和营养不良等各种症状，重金属还会在人体骨骼或脂肪组织中积累，从而导致必需营养素的消耗和免疫防御能力的减弱。某些重金属（如铝、镉、锰和铅）会导致胎儿宫内发育迟缓。铅污染会对精神发育产生不利影响，导致各种神经类疾病和消化系统疾病。儿童血铅超标会损害儿童的神经系统，导致儿童烦躁不安、倦怠、懒动、嗜睡、呆滞、注意力不集中、记

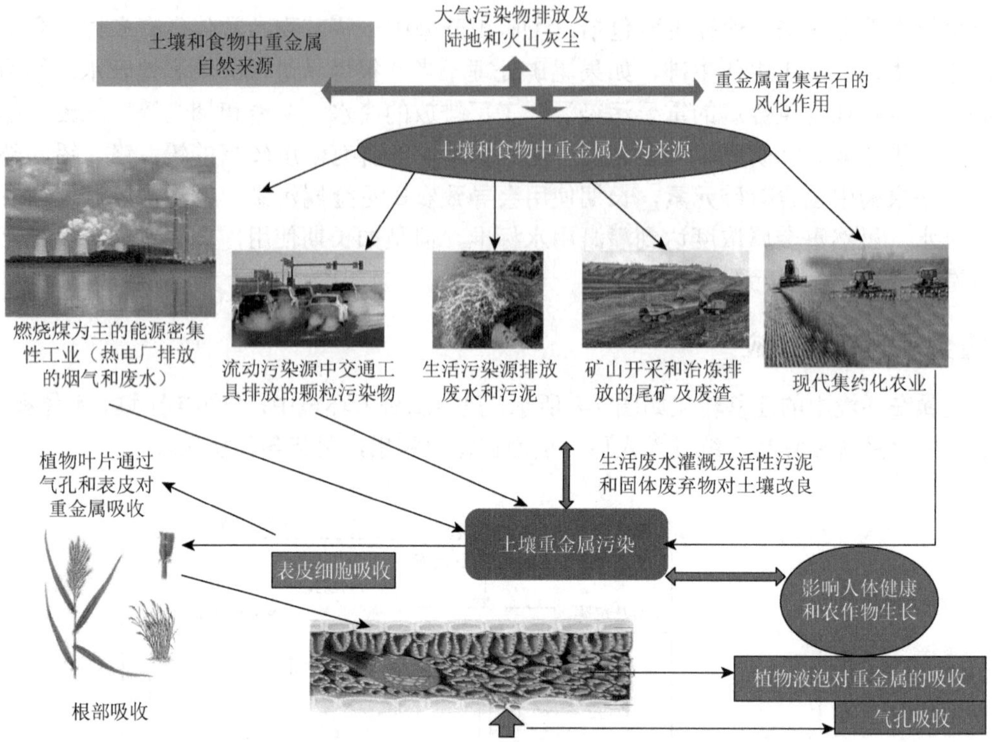

图 7-9　土壤重金属来源及迁移转化途径（引自 Rai et al.，2019）

忆力和理解力低下。铅和镉具有致癌作用，还会导致骨折和畸形、心血管并发症、肾功能障碍、高血压，以及其他严重的肝、肺、神经系统和免疫系统疾病。粮食作物中砷含量过高会导致癌症、皮肤病、呼吸系统并发症、胃肠病症、血液疾病、肝肾损伤、发育迟缓，以及生殖和免疫系统疾病。食物中适量的锌、铜和铬在人的新陈代谢中发挥着重要作用，锌参与了体内碳酸酐酶、DNA 聚合酶、RNA 聚合酶等多种酶的合成和活性发挥，还参与味觉素蛋白质的合成；铜是多种酶的辅基，具有抗氧化作用，如色素氧化酶、多巴胺 β-羟化酶、单胺氧化酶、酪氨酸酶、胞质超氧化物歧化酶等，血液中 60%铜与铜蓝蛋白结合，铜蓝蛋白可催化亚铁离子氧化成三价铁，三价铁转入运铁蛋白，有利于铁的输送；铬是葡萄糖耐量因子的组成成分，它可促进胰岛素在体内充分地发挥作用。锌、铜和铬在人体内的功能强大，但过量摄入会引起多种疾病。过量摄入锌会影响高密度脂蛋白的浓度水平，干扰免疫系统；铜会导致人类肝脏损伤；六价铬具有致癌作用。

（二）重金属与水产品安全

水产养殖中的重金属污染源分为两类，一类为外源性污染，由养殖过程中外来重金属污染源的排入引起的污染，或是养殖区域曾经遭受重金属污染，在养殖过程中，通过底泥释放、水体交换等途径，对养殖的水产品造成再次污染；另一类为内源性污染，即在养殖过程中，由饲料的投放、鱼药的施用等养殖行为所导致的重金属污染。养殖水体外源重金属污染分为天然源和人为源。天然源由地质风化作用产生，然后通过雨水地表径流或采集地下水进入养殖水体，其重金属含量视地理位置而定，大多数地方影响有限。人为源包括工业、农业和大气沉降带来的污染，采矿、冶炼、电镀、油漆和制革工业都会产生重金属污染，一旦进入养殖水体，会造成严重的重金属污染；使用含有农业废水和生活废水的地表水作为养殖水源，也会引起重金属污染；大气中含有煤炭、石油燃烧所产生的重金属颗粒，它们会随降水进入养殖水体。内源性重金属污染主要来源于饲料和鱼药的使用，主要重金属污染元素为铜和锌。鱼饲料中锌和锰含量对鱼的成活率、生长及饲料转化率都有重要影响，因此鱼饲料中含有一定量的锌、锰元素，它们通过鱼的新陈代谢会进入身体内部；此外，硫酸铜在防治鱼病、杀菌消毒和控制有害藻生长方面具有重要作用，长期使用会造成养殖水体铜含量增加，然后进入养殖对象体内。

水产品含有丰富的不饱和脂肪酸、蛋白质、锌、铁和钙，随着我国经济的发展，居民对水产品的消费需求不断上升，水产品占饮食结构的比例不断增加。养殖水体中的重金属会对鱼类免疫系统、呼吸强度、呼吸运动、生理生化作用及基因产生危害，并通过鳃、消化道和体表等三种形式进入鱼体内部并在体内积累。食用富集重金属水产品会对人类产生多种危害：①食用含铬的水产品会引起免疫系统衰退、皮肤病、溃疡和胃部不适、呼吸道问题、遗传物质改变、肺癌、肝癌等疾病。②镉通过血液转运到肝脏，与蛋白质结合形成复合物，再转运到肾脏，破坏净化机制，并且导致糖和必需蛋白质从体内排出，并进一步损害肾脏。镉还会引起腹泻、呕吐、胃病、骨折、脱氧核糖核酸损伤、生殖和生育能力障碍、神经系统损伤、人体免疫系统破坏等疾病。③锌是人体必需的微量元素。人们摄入少量锌时，会感觉味觉和嗅觉下降、食欲不振、伤口愈合缓慢和皮肤疼痛。锌摄入过多会导致突出的健康问题，如皮肤不适、胃痉挛、贫血、呕吐和恶心。高浓度的锌会损害胰腺，扰乱蛋白质代谢，导致动脉硬化。④食用含铅的水产品，铅会积聚在肌肉、骨骼、血液和脂肪中，新生儿和幼儿对低水平的铅尤其敏感。它会严重损害肝脏、肾脏、大脑、神经等器官。铅还可能导致生殖障碍、骨质疏松、贫血、记忆问题、行为障碍及智力迟钝等一系列健康问题。

（三）重金属与空气安全

空气是生命赖以生存的物质基础，也是人类生产活动的重要资源。空气污染物按照其存在状态可分为气溶胶状态污染物和气体状态污染物。空气中重金属元素主要包括铅、钒、砷、镍、铬、镉和汞等，重金属元素主要存在于气溶胶之中，颗粒物的粒径越小，重金属含量越高，75%～90%的重金属富集在 PM_{10} 上，多数重金属元素主要富集于 $PM_{2.5}$ 中。粒径小的颗粒可以飘浮在空气中，并进行远距离传输，导致区域性空气重金属污染。空气中重金属主要由煤、石油燃烧引起，其次是金属冶炼和工业废气排放，最后是岩石的风化。

含重金属的细小颗粒物通过鼻腔和呼吸道进入肺部并积累，易引起肺部病变。大量的研究也表明，大气气溶胶（$PM_{2.5}$）与心血管、呼吸道疾病的发病率甚至死亡率之间有着显著的相关性。重金属能够在气溶胶尤其是 $PM_{2.5}$ 中富集，经呼吸暴露进入人体，导致器官功能性障碍和不可逆性损伤，其中铅、镉、砷等元素具有致癌或潜在致癌作用。镉和铅在环境中具有较高活性，一旦被人体吸入危害极大；锰、铜、钴在环境中较稳定但可能通过络合解离及氧化还原等过程对生物产生毒性。长期接触交通源 $PM_{2.5}$ 会对人体多个系统造成损伤，提高肺癌、阿尔茨海默病、心血管疾病、过敏性疾病的发病率，甚至造成智力减退、胎儿畸形等严重后果。

三、重金属的污染防控

重金属污染具有长期性、累积性、潜伏性和不可逆性等特点，危害大、治理成本高。长期的矿产开采、加工及工业化进程中累积形成的重金属污染逐渐显现，污染事件呈多发态势，对生态环境和群众健康构成了严重威胁。为切实抓好重金属污染防治，保护群众身体健康，促进社会和谐稳定，环境保护部会同其他部委制定了《重金属污染综合防治“十二五”规划》，该规划以控新治旧、削减存量为基本思路，秉承源头预防、过程阻断、清洁生产、末端治理的综合防控理念。

（一）重金属污染的源头控制

重金属污染的源头控制除严格控制含重金属物质投入之外，还要对污染源产生的重金属废水、废渣和废气在排出前进行治理，防止过量重金属进入环境，重金属废水的排放是引起水体污染的主要因素之一，下面概要介绍重金属污水处理的源头控制方法。

污染源水体治理主要以物理化学方法处理为主，处理方法主要包括化学沉淀、絮凝和吸附。利用金属离子与氢氧根生成氢氧化物沉淀的原理，通过投加石灰、片碱、复合碱等 pH 中和剂调节 pH 至合适的范围，使重金属离子形成氢氧化物沉淀，然后加入絮凝剂，形成较大絮凝体，通过气浮刮泥或沉淀排泥去除水中重金属离子。絮凝是通过投加化学药剂把水中稳定分散的污染物转化为脱稳状态并且聚集成便于分离的絮凝体，达到固-液分离的目的。絮凝剂根据材料的结构和组成可分为无机絮凝剂、有机高分子絮凝剂、微生物絮凝剂和复合絮凝剂。吸附是指物质在相界面上浓度自动发生变化的现象，被吸附的物质称为吸附质，起吸附作用的物质称为吸附剂，吸附机制可分为物理吸附和化学吸附两类。吸附剂按来源可分为天然吸附剂、合成吸附剂和生物吸附剂。除上述处理方法之外，离子交换、电解、反渗透和膜分离技术对重金属废水的净化效率高，但是这些技术成本高、操作复杂、能耗大，主要适用于超纯水的制备。

（二）土壤重金属污染的防控

土壤是人类赖以生存的重要自然资源，土壤重金属污染不仅会造成农产品产量和品质降低，还会破坏土壤生态系统，进而影响土壤生态结构和功能稳定性。土壤是由固、液、气三相物质构成的复杂体系，包括无机矿物、有机质、土壤生物、土壤溶液和土壤空气。土壤成分结构的复杂性导致重金属在不同土壤中赋存形态和有效浓度存在较大差别，给重金属污染土壤修复带来一定的困难。对于重金属含量高的土壤，采用客土法、换土法、电动修复方法、冲洗络合法和土壤重金属螯合磁移除技术等对重金属污染土壤进行治理，旨在降低土壤重金属的含量。对于重金属含量低的土壤，常使用一些阻控技术来降低土壤重金属活性和生物有效性。重金属阻控技术包括农艺调控技术、钝化技术和阻隔技术。农艺调控技术主要通过调整作物类型、改善水分管理、优化耕作制度等措施来抑制重金属向植物迁移。重金属钝化技术是中、低度重金属污染土壤修复的主要方式之一，目前得到广泛应用。它是向土壤中添加钝化剂，通过吸附、沉淀、络合、离子交换和氧化还原等作用，降低重金属的生物有效性和可迁移性。土壤重金属钝化具有投入低、修复快速、操作简单等特点。按照钝化剂的理化性质，重金属钝化剂可以分为无机钝化剂、有机钝化剂和新型钝化剂三种。阻隔技术是向农作物叶面喷施阻隔剂来调节农作物的生理代谢，降低农作物对重金属的吸收或降低重金属向作物可食用部位的转运。阻隔剂按照理化性质可分为无机和有机阻隔剂两种，无机阻隔剂包括硅、硒、锌、铁、稀土和硫的溶液，有机阻隔剂也叫作植物生长调节剂，包括水杨酸、脱落酸和脯氨酸等。

（三）重金属污染水体的生态修复

污染水体的体量比较大，重金属浓度低，其中还生存着一些生物，如果采用污染源废水治理方法，不仅成本较高，还会引起二次污染。生物法具有环保、高效、费用低廉等特点。根据生物种类的差异，生物法可分为植物修复法、动物修复法和微生物修复法，依靠生物对金属离子进行累积，达到降低水体重金属离子的目的。

根据植物生活方式可把植物分为挺水植物、沉水植物、浮叶植物和漂浮植物 4 类。挺水植物为植物的根或根茎生长在底泥之中，茎、叶挺出水面的水生植物，如芦苇、香蒲、睡莲、菖蒲、茭白、灯芯草和美人蕉等；沉水植物是指植物体全部位于水面以下的植物，如苦草、黑藻、金鱼藻、狐尾藻等；浮叶植物是根扎入底泥，只有叶片浮于水面的一类植物，叶外表面有气孔，叶的蒸腾作用非常大，如荇菜、睡莲、菱、水鳖；漂浮植物是根不着生在底泥中，整个植物体漂浮在水面的一类浮水植物，这类植物的根不发达，体内具有发达的通气组织，或具有膨大的叶柄（气囊），以保证与大气进行气体交换，如槐叶萍、浮萍、凤眼莲等。4 种不同类型的水生植物对重金属的富集能力为：沉水植物＞漂浮植物＞浮叶植物＞挺水植物。

动物修复是通过优选鱼类及其他水生动物吸收、富集水体中的重金属，然后把它们从水体中驱出，以达到水体重金属污染修复的目的。水体底栖动物中的贝类、甲壳类、环节动物等对重金属也具有一定的富集作用。例如，三角帆蚌、河蚌对重金属 Pb^{2+}、Cu^{2+}、Cr^{3+}等具有明显的自然净化能力。

微生物修复法通过细菌、真菌、藻类等将重金属离子由水体富集到微生物体内，或改变重金属离子形态使其转化为沉淀态，从而降低水体中重金属的含量。藻类是一类光合自养生物，是水生态系统中的初级生产者，藻类对重金属具有良好的吸附和吸收能力，小球藻对铅、汞、镉、镍、铜、铬和铁等金属离子都具有较好的吸收作用。

第四节　新型污染物对环境安全的危害

19 世纪以来，全球工业化发展迅速，同时也带来了严重的环境污染，给生态环境和人体健康带来了严重的威胁。新型污染物（也称为新兴污染物或者新污染物）是指在环境中新发现的，或者虽然早前已经认识但是新近才引起关注，且对人体健康及生态环境具有危害风险的污染物，主要包括持久性有机污染物（persistent organic pollutants，POPs）、内分泌干扰物（endocrine disrupting chemicals，EDCs）、药品和个人护理品（pharmaceuticals and personal care products，PPCPs）、微塑料（microplastics，MPs）等。由于缺乏对这类污染物的排放控制标准和环境质量标准，也没有相关法律和国际公约的制约，大多数新型污染物并未受到有效管控。然而，新型污染物是与人类活动密切相关的一类污染物，随着人类的不断使用，它们持续不断地进入环境，给人类健康和环境安全带来潜在风险。

一、持久性有机污染物

（一）概述

持久性有机污染物（POPs）是指能够持久存在于环境中，难以通过化学、生物或光反应进行降解，具有很长的半衰期，且能通过食物网积聚，并对人类健康及环境造成危害的有机化学物质（见知识扩展 7-7）。2001 年 5 月，在联合国环境规划署（UNEP）主持下，包括中国在内的 92 个国家和地区共同签署了《关于持久性有机污染物的斯德哥尔摩公约》（以下简称《公约》），《公约》首先列出了优先控制的 12 种 POPs，包括有机氯农药（艾氏剂、氯丹、DDT、狄氏剂、异狄氏剂、七氯、六氯代苯、灭蚊灵和毒杀芬等）、工业化学品（多氯联苯类）和生产中的副产品（二噁英和呋喃）。2009 年 5 月，《公约》缔约方第四次大会上又将全氟辛基磺酸及其盐类、全氟辛基磺酰氟、五氯苯、林丹、α-六氯环已烷、β-六氯环已烷、十氯酮、六溴联苯、五溴二苯醚及八溴二苯醚等 9 种化学物质列入《公约》附件 A、B 或 C 的受控范围。2011 年 9 月，《公约》缔约方第五次大会中又全票通过了硫丹作为新增 POPs 的决议。除此之外，多环芳烃、多溴代二苯醚等化合物也被证实具有 POPs 的性质。截至 2015 年 5 月，《公约》涉及的需削减和控制的 POPs 名录已扩展至 26 种。从用途和成因上，POPs 主要可分为农药类、工业化学品和副产物。图 7-10 展示了 6 种典型 POPs 的化学结构式。

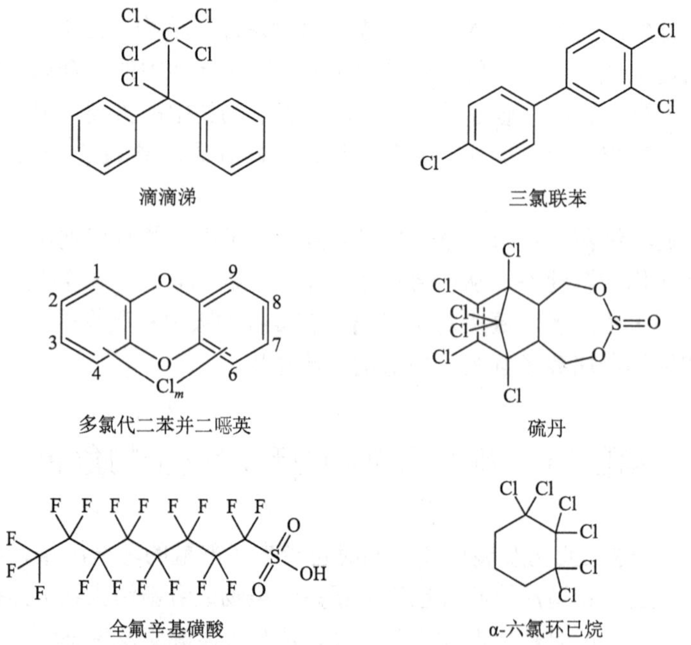

图 7-10　典型 POPs 的化学结构式

（二）POPs 的环境行为

POPs 多介质环境体系中的迁移转化过程受其物理化学性质、地区环境状况、排放源强度及地形地貌等要素的干扰，迁移过程一般表现为 POPs 通过大气干湿沉降、降雨和地表径流、随污水排放等方式在生态系统中循环，并产生一系列的环境迁移转化过程（图 7-11）。大气与水体之间的迁移转化是 POPs 在环境中迁移的最普遍过程，包括大气、水体界面之间的扩散过程，主要依赖于 POPs 的半挥发性，以及大气的干湿沉降。水、沉积物之间的迁移转化主要是指水环境中的 POPs 主要以溶解形式存在于水体溶解相，或以吸附形式存在于水体悬浮颗粒物和生物体表面，并通过沉降、扩散、吸附、解吸和生物化学反应等过程在水体和沉积物之间发生交换。通常情况下，POPs 从空气沉降到水体或土壤中的比例要远高于挥发到大气中的比例，水体中 POPs 呈现出逐渐进入沉积物的趋势，少部分可借助再悬浮过程将 POPs 释放到上覆水中，因此，沉积物和土壤成为 POPs 在环境中的最终聚集地。POPs 的环境过程还包括动植物体内的迁移转换、各介质中的降解等。

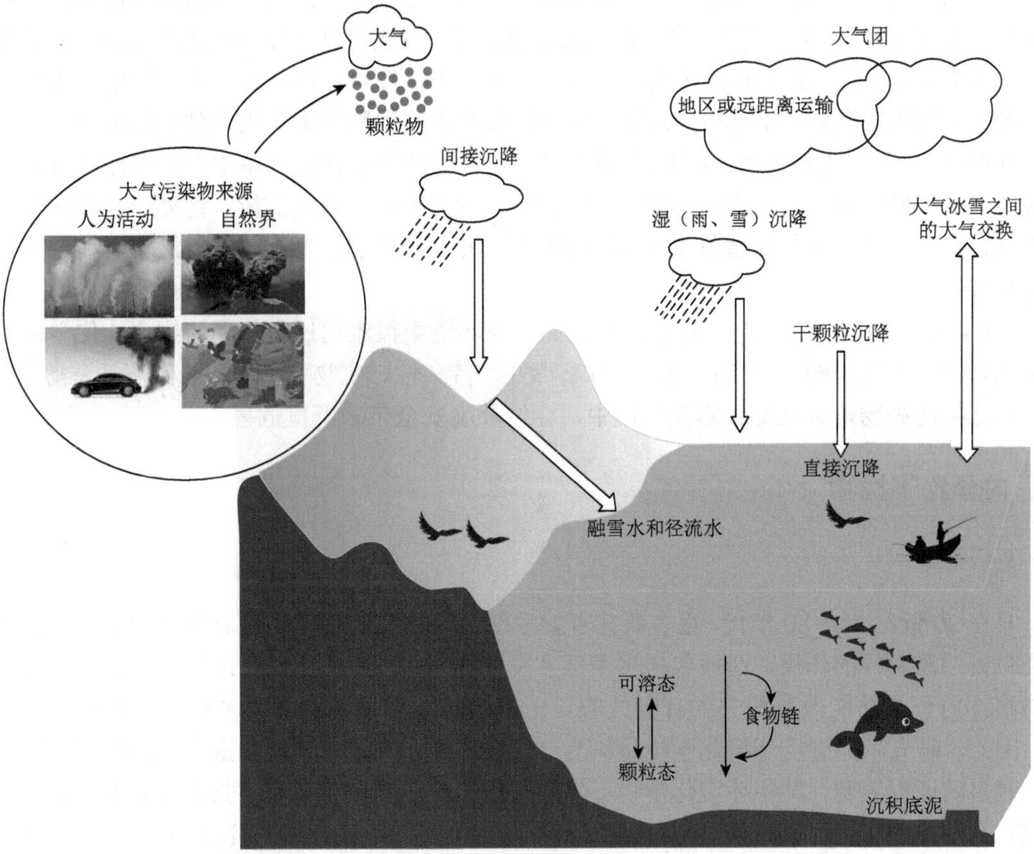

图 7-11　POPs 的环境行为示意图（引自余刚等，2005）

（三）POPs 的危害

POPs 是一类能干扰机体激素合成、分泌、转运、结合、作用及清除的外源性物质。由于社会的发展，科技创新的进步，生活方式的转变，人类可通过饮水、摄食、呼吸及使用各类人体护理品频繁地暴露于各种 POPs 中，所带来的环境污染已经给生态系统和人类健康带来了许多不同程度的危害。POPs 对环境安全的影响主要体现在 POPs 的高毒性、持久性、生物蓄积性、长距离迁移等特性。

POPs 的高毒性：主要表现为它的“三致性”，即致癌、致畸、致突变效应。此外，POPs 还具有遗传毒性，能造成人体内分泌系统紊乱，使生殖和免疫系统受到破坏，并诱发癌症和神经性疾病，这类物质也被称为内分泌干扰物质或者环境激素。现如今，虽然随着全球对大多数 POPs 的禁用，但近几年报道的全球各地的监测数据表明，无论是大气、水还是土壤、底泥和生物样品中都还可检测到此类污染物，在南北极，甚至我国的青藏高原，都能检测到 POPs。

POPs 的持久性：POPs 类有机污染物的化学结构稳定，在自然条件下降解速度极为缓慢。例如，有机氯农药即使经过很多年的降解，在我国很多地方依旧能够检出。POPs 半衰期较长，同时具有高脂溶性和低水溶性，容易在生物体内富集而又难于排出体外。POPs 的环境持久性是由于其分子结构中化学键具有相对较高的键能，可以抵御光解、化学和生物降解。一旦它们释放进入环境，将有可能在环境中持久存在。

POPs 的生物蓄积性：POPs 类有机污染物分子结构中通常含有卤素原子，具有高脂溶性、低水溶性的特征，生物体能够从多种环境介质（大气、水体、土壤等）中摄入 POPs 污染物，而 POPs 化学结构中较高的辛醇-水分配系数和亲脂性，使得其在生物体内很难被降解，导致生物体内 POPs 含量高于其生存的环境介质中的含量水平，能够在脂肪组织中发生生物蓄积，导致 POPs 污染物随着生物体迁移、富集，并通过食物链的生物放大作用达到中毒浓度。

POPs 的长距离迁移特性：POPs 具有半挥发性，能够从水体或土壤中以蒸汽形式进入大气或被大气颗粒物吸附，通过大气传输、洋流输送、地表径流、鱼类洄游、鸟类迁徙等在全球范围内进行传输。其中大气传输是 POPs 污染物在大气、陆地及水生系统之间最普遍和最具规模的传播方式。

POPs 分子结构相对稳定，化学键键能高，在环境中很难通过自然界的物理、化学或生物作用被降解，有较长的半衰期；同时具有高毒性、持久性、生物蓄积性、长距离迁移等特性。因而，这类污染物持久性地暴露在环境中，会给环境安全带来严重危害。

二、内分泌干扰物

（一）概述

早在 20 世纪 70～80 年代，很多研究者就发现某些种类的化学物质对野生动物及人类能产生类似天然激素样的作用，造成包括生殖器官发育异常、不育、生殖系统肿瘤、神经行为改变等与机体内分泌功能改变相关的有害效应。由于当时发现这些物质大多数具有拟雌激素样作用，因此，研究者把这类环境化学物质称为“环境雌激素”或“环境激素”。随着研究的深入，越来越多的证据表明，某些环境化学物不仅具有类似雌激素的作用，还具有抗雄激素、干扰甲状腺激素等多种作用。1991 年，内分泌干扰物（EDCs）这一术语被首次提出。此后，大量研究表明，一些在人们生产生活中广泛接触的化合物，在曾经被认为是“安全”的低剂量暴露条件下，也会干扰人类和其他动物的内分泌系统，从而对机体的生殖、发育、神经、免疫、代谢等产生广泛影响。从此，环境化学物对内分泌系统的干扰作用作为新的全球性公共卫生问题受到人们的高度关注。

EDCs 尚无统一的定义，目前学术界比较公认的是美国环境保护署（EPA）及世界卫生组织与国际化学品安全规划署（WHO/IPCS）的定义。EPA 对 EDCs 的定义：对维持体内平衡并调节生殖、发育、行为等过程的天然激素的合成、释放、转运、代谢、结合、效应及消除具有干扰作用的外源性物质；WHO/IPCS 对 EDCs 定义：能够改变内分泌系统功能从而对完整生物体或其子代，或（亚）群引起有害效应的外源性物质或混合物。“改变”是指影响神经、免疫和生殖系统等正常的调控功能；“有害效应”包括机体形态学、生理学、生长发育的改变，生物体在一生中出现的机体功能损害、对其他压力/应激的代偿能力下降，以及对环境中其他有害因素作用的易感性增加。

EDCs 根据其来源可分为天然激素类物质和人工合成化学物。

1）天然激素类物质：包括动物和人体内正常合成的激素类物质，如雌酮、雌二醇、雌三醇等，以及一些植物雌激素和真菌雌激素。据报道，有超过 16 属的 300 多种植物能够产生至少 20 种植物雌激素，如异黄酮类（染料木黄酮、大豆苷原）和木脂素。植物雌激素广泛存在于谷物、蔬菜、水果、调味品等多种植物中。人类主要通过食物摄入植物雌激素，适量的自主雌激素有利于人体健康，并被广泛应用于婴幼儿配方食品。真菌雌激素由环境中的真菌产生，如玉米赤霉烯酮，进入体内与雌激素受体结合，诱导雌激素受体依赖的基因转录，产生雌激素效应。

2）人工合成化学物：①人工合成的药用雌激素及抗雌激素药物，合成雌激素类药物如己烯雌酚、己烷雌酚、炔雌醇、炔雌醚等，抗雌激素类药物如来曲唑、他莫昔芬等；②工业化学物，塑化剂邻苯二甲酸酯类，表面活性剂烷基酚类，聚碳酸酯和环氧树脂原料双酚A，用于绝缘材料、热导体及溶剂的多氯联苯类，溴化阻燃剂多溴联苯、多溴联苯醚，化妆品及食品防腐剂对羟基苯甲酸酯类，食品抗氧化剂丁基羟基苯甲醚等；③农药，包括有机氯杀虫剂、氨基甲酸盐杀虫剂、拟除虫菊酯类杀虫剂、有机磷杀虫剂、脱叶剂、除草剂及杀菌剂等；④废弃物焚烧、燃料燃烧及化学物质合成的副产物，主要为二噁英类、多环芳烃类；⑤重金属与类金属，铅、镉、汞、铀、有机锡、砷等。

（二）EDCs的环境行为

EDCs多具有亲脂性，其化学性质稳定、不易降解、残留期长，容易在食物链中蓄积。一些难降解的EDCs进入环境后能长久地滞留于空气、水和土壤中，吸附于颗粒物上，并以不同的状态在三种环境介质中及环境介质与生物体之间迁移。因此，几十年前就被禁止生产和使用的某些EDCs仍然在环境中处于较高的水平，并且可以在动物和人体内检测到。另外，进入环境中的EDCs可通过气流、水流、生物迁徙（食物链）进行长时间、远距离的输送迁移，从而扩大污染范围，甚至造成区域性乃至全球性的污染。事实上，在一些远离EDCs生产、使用和释放的所谓的“原始环境”中（如北极、南极地区的海洋空气、海水中）及生物体内也可以检测到某些EDCs或其代谢产物（图7-12）。

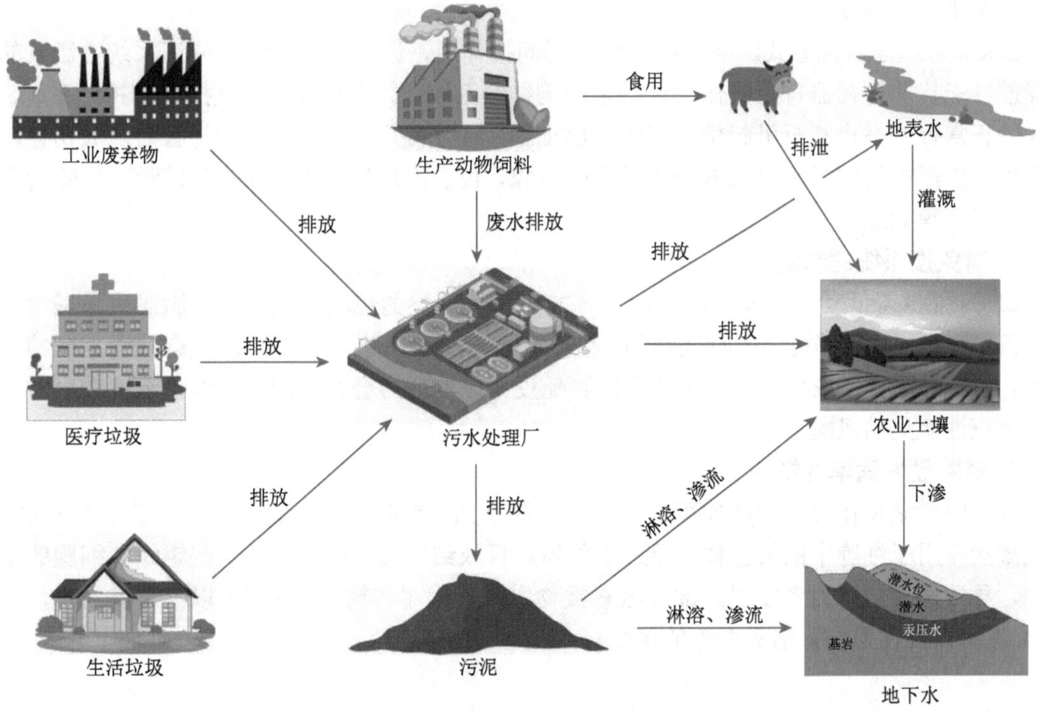

图7-12　EDCs的主要来源及环境行为示意图

（三）EDCs 的危害

大多数 EDCs 能够进入食物链并被不断富集。具有稳定理化性质的脂溶性有机物，其在侵入人体或动物体后，能够长期在机体内发生作用，很难被生物降解，导致其不容易排出体外甚至不排出。EDCs 主要是通过食物链和各种可以接触人体的物质等方式进入人体，如饮用水、体内存在 EDCs 的水生动植物、含有残留农药的蔬菜等。EDCs 进入生物体后通过与激素受体相结合，或者影响细胞信号途径模拟生理激素的作用，与细胞核中的 DNA 结合，影响细胞的正常功能，干扰正常激素的分泌，使生物体的生理程序发生紊乱。

EDCs 的危害主要表现为以下几类：对内分泌系统造成干扰、影响生殖系统、破坏神经系统和引发癌症等。

1. 对内分泌系统的影响

EDCs 属于激素类物质，其干扰生物体内分泌系统的途径主要有以下三种方式：①直接与激素受体结合；②与血浆性激素蛋白结合；③影响和妨碍激素受体的表达。

2. 对生殖系统的影响

EDCs 已被证实能够对很多野生动物的繁殖功能造成严重的影响，并且它也是人类生殖系统的一种重要威胁。EDCs 虽然可以行使激素的功能，减少人类遭受前列腺癌和骨质疏松症等激素依赖性疾病侵袭的痛苦。但 EDCs 的激素干扰会对人体的生殖系统造成不可逆的伤害。例如，大豆异黄酮造成月经紊乱。

EDCs 对生殖系统的发育具有非常明显的影响，其进入体内后能影响和破坏雄性激素与雌性激素的功能，严重干扰生物体生殖器官和其他具有这种激素受体的器官的正常发育，并对生育能力产生长期的不良影响。

3. 对神经行为的影响

EDCs 可通过两种方式影响神经系统：①间接作用，通过影响神经内分泌系统中激素的合成释放并干扰其在靶器官上的作用过程来影响神经系统；②直接作用，直接影响神经系统，改变人的正常行为举止甚至引起精神问题。EDCs 能够对人类和动物的行为与智力造成伤害，使得在日常生活中的学习和记忆方面出现退化现象，也会出现注意力不集中、感觉功能障碍和精神发育迟缓等效应。

4. 对免疫系统的影响

EDCs 能够降低动物免疫系统的活力，如 T 细胞介导的免疫功能下降、胸腺重量减少等。有机氯农药、二噁英等可以影响人体和动物体的免疫系统，出现免疫功能亢奋或者抑制的反常状态。当体内雌激素浓度位于生理水平时，免疫系统的活力会得到提高，但是浓度较大时会增加患免疫性疾病的风险。

5. 对肿瘤发病率的影响

环境中激素类化合物的增加可引发生物体的睾丸、前列腺和乳腺等多种生殖器官的癌变。环境激素作用于细胞中的染色体，导致染色体数目或结构发生改变，使一些组织和细胞的生长失控，导致癌变。研究者发现，部分激素类物质或其代谢产物可与 DNA 以共价键结合，导致 DNA 不可修复性损伤，造成细胞的癌变。

三、药品和个人护理品

（一）概述

药品和个人护理品（pharmaceutical and personal care products，PPCPs）的概念最早是在1999年由科学家多顿（Daughton）和特恩斯（Ternes）提出的，是数千种有机化学物质的总称。按照EPA给出的定义，PPCPs是那些人们以个人健康和个人护理为目的使用的物质，或是农牧企业为了维护禽畜健康，或促进禽畜生长所用到的物质。PPCPs是一个庞大而复杂的大家族，包括药物和个人护理品两大类。其中，药物按照作用机制和作用部位，可分为抗生素类、激素及内分泌调节剂、解热镇痛及非甾体抗发炎镇痛药、抗癫痫药、抗肿瘤药、β-受体阻抗剂、血压和血脂调节剂、抗组胺剂、精神调理药物、抑制细胞药物和碘化造影剂等，其化合物种类有3000多种，原料药品全世界年产量早已突破2×10^6t；个人护理品主要包括香料、防腐剂和杀菌消毒剂等，其化合物种类也在几千种以上，全世界年产量超过1×10^6t。随着人们生活条件的日益提高，对各种PPCPs的需求量越来越大。每年不同种类的大量PPCPs及其代谢产物持续不断地进入环境中，在地表水、地下水、饮用水等各类水体，以及土壤、污泥、沉积物等环境介质中普遍能检出，浓度通常在pg/L～ng/L级别。PPCPs作为一类新型污染物，给环境质量和生态系统及人类健康带来了安全隐患，引起了人们的广泛关注。

环境中的PPCPs主要来自日常生活污水、医疗废水和药品制造厂废水的排放及养殖、畜牧业所产生的废渣、废水等。它们大多通过污水处理厂的排放、径流及渗透等方式进入环境系统。

1）污水处理厂。污水处理厂是环境中PPCPs的一个主要来源。污水处理厂一般都是通过微生物降解和活性污泥的吸附来去除污水中的污染物。然而这些污水处理工艺并不是针对PPCPs设计的，数据显示目前的污水处理厂常规工艺对PPCPs的去除率仅为20%～30%，导致大量的PPCPs污染物被排放到江河湖海，造成水体污染。

2）药物的直接或间接排放。人类和动物用药是PPCPs进入环境的重要原因。通常人们只关心药品对于疾病的治疗效果，而其经过生物体被排出体外后的归趋就不再被进一步研究。事实上，人和动物食用药物后，只有小部分被吸收和代谢，大部分都通过尿液和粪便进入了污水中。大量的个人护理用品随着人们的日常活动如洗澡、游泳等方式汇入生活污水。另外还有大量的处方药和非处方药，由于不用或者过期等原因被丢弃后最终进入环境中。

此外，在禽畜和水产养殖业中也存在滥用抗生素和激素的现象。为了提高产量增加经济效益，几乎所有地区都在饲料中添加激素和抗生素类药物以刺激动物的生长。然而这些药物并不能完全被吸收，通过排泄的方式进入环境中，再通过地表径流或渗滤的方式造成水体污染和土壤污染。

3）PPCPs制造业。PPCPs制造业在生产过程中所产生的废水也是环境中PPCPs的重要来源之一，同样不能被忽视。中国是药品生产大国，有数据显示我国青霉素年产量占世界总产量的60%，土霉素的年产量占世界总产量的65%，强力霉素和头孢菌素等抗生素产量也均排在世界第一位。由于缺乏先进的监测技术和严格的排放标准，大量的PPCPs污染物在生产过程中随着废水、废渣排放到环境中。有调查显示，我国国内医院和药厂的废水中含有很高浓度的药物成分，且医院和药厂附近的河流中药物浓度也明显高于其他地区的河流，由此推断医院和药厂是造成该地区环境PPCPs污染的最主要原因（图7-13）。

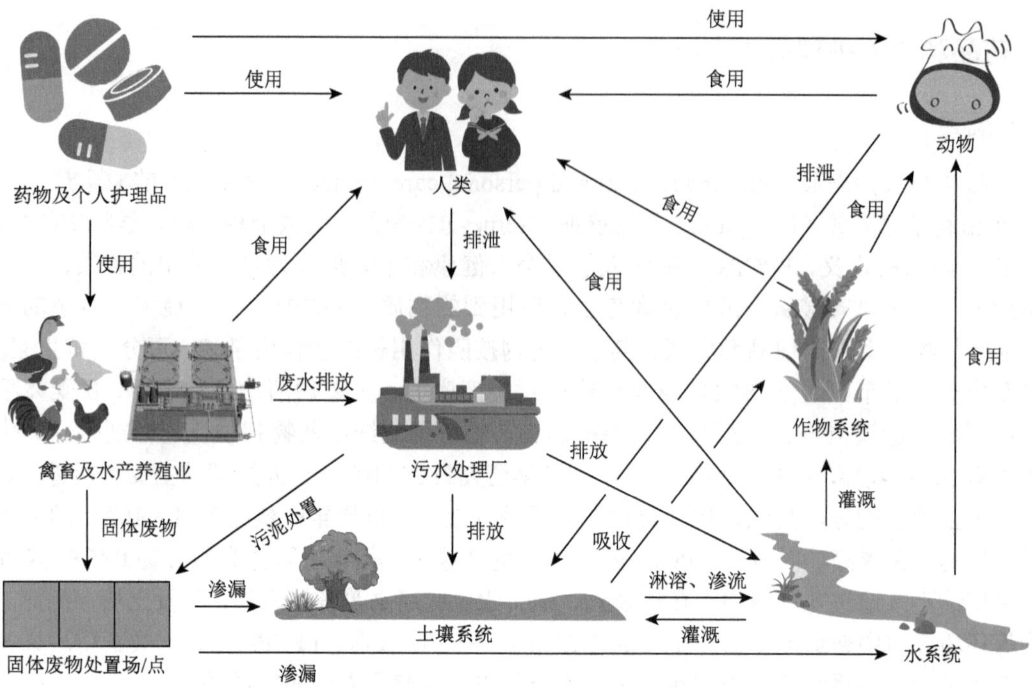

图 7-13　PPCPs 的主要来源及环境行为示意图

（二）PPCPs 的环境行为

PPCPs 进入环境后，会在水体、沉积物、悬浮物、土壤及生物等环境介质中发生迁移和转化，该过程主要包括吸附和降解两个部分。

PPCPs 物质进入水体后，一部分随水流迁移，在迁移过程中蓄积于生物体、传递于食物链中或是发生降解转化。另一部分会与水中的悬浮物质发生吸附作用沉淀于底泥，且有相当一部分的 PPCPs 物质在沉积物中的浓度高于其在水体中的浓度。PPCPs 吸附的本质是在吸附材料或是微生物的作用下，PPCPs 向固体表面富集的过程，且吸附行为通常是分子与官能团之间相互作用的结果。PPCPs 的众多官能团，如羟基、羧基、氨基等使得其在吸附过程中受众多因素的影响，其中主要是 PPCPs 的结构性质（水溶性、化学特性等）和环境条件（pH、光照、温度等）。

环境中 PPCPs 的降解一般分为非生物降解和生物降解。非生物降解方式所降解的 PPCPs 的量占总降解量的 30%～50%，生物降解占 50%～70%。非生物降解一般包括光解、水解和热解这几种形式，其中光解是 PPCPs 污染物在环境中的重要消减方式，如消炎止痛药萘普生、双氯芬酸和杀菌消毒剂三氯生可自身吸收太阳光而发生光降解。影响光解程度和光解速率的主要因素有光照强度、温度、pH 等。PPCPs 通常是复杂的大分子有机物，无法直接被微生物利用，需先经过氧化、还原或水解和共轭反应将其转化为小分子有机物。例如，对阿莫西林的研究发现，由于该物质对微生物有害无法被直接利用，需经过水解先将其分解为易被生物利用的有机质才能被微生物降解。

（三）PPCPs 的危害

PPCPs 在环境中的浓度比较低，通常不会引起突发性的毒性，所以其对环境的影响常常会被忽视。然而 PPCPs 具有很强的持久性和生物蓄积性，进入环境后随着毒理效应的不断积累，会导致生物的某些功能发生不可逆转的改变，对环境和生物健康有较大危害。一方面，PPCPs 在环境中直接被动植物摄取产生毒性作用并通过生物积累传递，最终通过饮用水和食物的形式重新被人类摄入。另一方面，PPCPs 中的抗生素等药物会使细菌、病毒具有抗药性，产生抗性基因，甚至培养出“超级细菌”，使得人类陷于“无药可救”的地步。

许多药物和护理用品都具有抑菌性，会阻碍微生物群落的生长和发育，甚至杀死微生物。例如，四环素类抗生素会抑制微藻叶绿体的形成，直接导致其光合作用能力下降，新陈代谢和细胞繁殖能力减弱，抑制微藻的生长。三氯生对水生微生物的生长发育也会产生较大的影响，有研究表明一定浓度的三氯生能够杀死藻类细胞，或使存活的细胞体型减小，体内叶绿体数目下降。关于 PPCPs 对植物的生态毒性的研究还比较少，根据现有的研究可以发现抗生素会在植物的根部发生蓄积，通过抑制叶绿体和酶的活性影响植物的生长。例如，喹诺酮类抗生素会影响植物叶绿体的基因复制，四环素类和大环内酯类抗生素会对 DNA 的翻译和转录产生影响。

此外，低浓度的人工合成雌激素也会对鱼类的内分泌系统造成巨大的干扰，致使鱼类雌性化。海水中的咖啡因能够扰乱海马的神经系统，导致其行动缓慢并逐渐失去控制能力。硝基麝香容易渗入人体细胞，有很强的生物富集性，具有神经毒性和致癌性。

四、微塑料

（一）概述

塑料是以碳原子为基础的单体，通过加聚或缩聚反应聚合而成的高分子化合物，可以自由改变成分及形体样式。为了增强塑料的物理化学特性以适应广泛的商业需求，塑料生产中会进一步使用填料、颜料、增塑剂、稳定剂、润滑剂、抗氧化剂等添加剂。塑料添加剂在改变塑料的基本力学性能的同时，更令塑料具有一定程度的抗紫外线、耐高温和抗菌能力。塑料自 20 世纪 40 年代开始大规模生产，从 20 世纪 50 年代的每年 150 万 t 大幅增加到 2017 年的 3.48 亿 t，预计到 2025 年总产量将达 6 亿 t 左右。随着全球经济的飞速发展，塑料由于具有轻便、绝缘性好及经济耐用的特点，而被广泛应用于包装材料、建筑行业、汽车制造、电子产品、服装玩具、农业和医药等各个领域。

20 世纪 70 年代，海洋中的塑料碎片曾被报道过，但并未引起足够的重视。2004 年，*Science* 杂志发表了一篇关于海洋水体和沉积物中塑料碎片污染特征的研究论文，第一次提出微塑料（MPs）这一概念。从此，微塑料污染问题便引起了全球学者的广泛关注，并将微塑料定义为尺寸小于 5mm 的塑料碎片、纤维或颗粒。根据形状不同，微塑料可分为球形、卵形、纤维状等；根据颜色不同，常见的微塑料有透明、白色、灰白色等；根据化学成分分类，微塑料包括聚氯乙烯（PVC）、聚苯乙烯（PS）、聚丙烯（PP）、高密度聚乙烯（HDPE）、低密度聚乙烯（LDPE）、聚对苯二甲酸乙二醇酯（PET）等。

塑料制品经使用后被废弃，除一部分回收和集中填埋处置外，大量的塑料垃圾随地表径流迁移至海洋，并在河口、海湾等近岸海域漂浮、沉积或聚集。据统计，全世界每年生产的塑料制品，其中约有 10%最终进入海洋，占所有海洋废弃物的 60%～80%。这些极难降解的塑料垃圾通过风化、海水侵蚀、生物分解等物理、化学、生物等作用形成微塑料，能够在环境中长期存在，且通过潮汐、洋流作用不断迁移扩散。另一部分微塑料是化工生产制造的塑料颗粒材料或洗化用品添加的塑料微球，在生产、使用过程中直接进入水环境中。因此，微塑料主要有两个来源：一个是由大型塑料碎片在环境中分解而成的次生微塑料；另一个是初生微塑料，是指在工业生产中直接生产出来的粒径小于 5mm 的塑料、纤维等，如使用在化妆品或者牙膏上的按摩珠之类（图 7-14）。

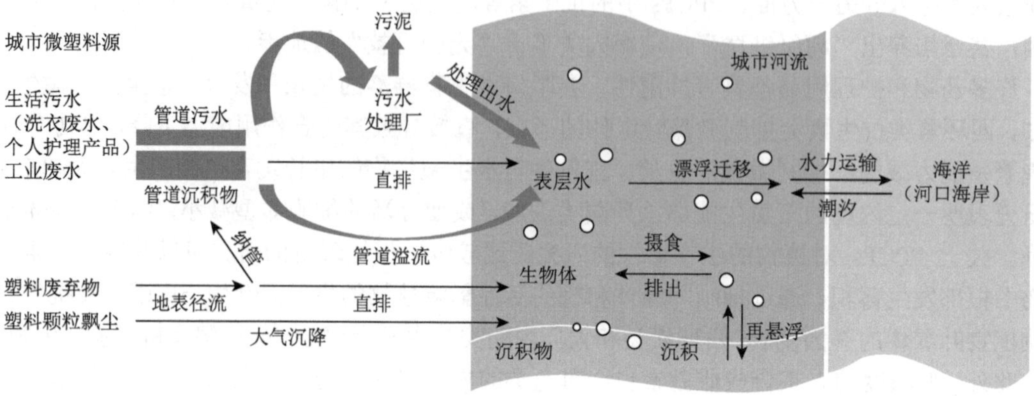

图 7-14　微塑料的主要来源及其迁移

（二）微塑料的环境行为

MPs 体积小，比表面积大，疏水性强，化学性质比较稳定，可在环境中存在数百年甚至上千年，是一种潜在的持久性有机污染物。对 MPs 的研究最早主要集中在海洋中的分布、检测及毒理学等方面，但 MPs 的源头主要是人类在陆地上的生产和生活过程中的排放，通过水流汇集至河流而入海。随着研究的深入，学者开始关注淡水及城市水体中 MPs 的污染问题，MPs 的尺寸大小也从毫米级向微米级甚至更小的粒径范围扩展。目前，MPs 在世界各地的海水及沉积物、淡水（河流、湖泊和地下水）及沉积物、饮用水（自来水和瓶装水）、城市污水处理厂（进出水和污泥）、生物体甚至两极地区不断被检出，浓度为 $1\times10^{-2}\sim1\times10^{8}$ 个/m^3。

塑料自身含有的一些添加剂，如塑化剂、阻燃剂、抗氧化剂、光稳定剂等，在环境中会逐渐释放出来。同时，学者发现 MPs 在迁移过程中可能会有一些污染物黏附其表面，随其在环境中迁移、释放。MPs 对污染物（包括金属离子、有机污染物等）的吸附会对其环境行为产生明显影响，吸附污染物后 MPs 密度会渐渐变大，从原来的漂浮状态到缓慢下沉。此外，MPs 还能与天然水体中的悬浮沉积物发生异质聚集，从而改变两者的沉降性和再悬浮。微塑料的环境行为如图 7-15 所示。

（三）微塑料的危害

MPs 很容易被水生生物误食并在体内积累，从而影响水生生物摄食、生长、发育和繁殖等行为。目前很多研究表明浮游生物可误食 0.1μm、1.0μm、9.9μm 的聚苯乙烯微球。我国的长江三峡、太湖等水体是 MPs 富集的重要区域，而在太湖中的亚洲蛤中也检测到了 MPs。淡水中的蠕虫、太阳鱼、斑马鱼都可以食用和排泄塑料微粒。由于 MPs 很难降解，一旦被水生生物摄入身体就延长了在生物体肠道的停留时间，导致水生生物的摄食量下降，进而引起疾病的发生。粒径较大的 MPs 比较容易富集在水生生物的鳃、肝脏、肠道和淋巴组织，影响生物体的渗透压和呼吸作用，引起肠道炎症。粒径较小的 MPs 可能会进入循环系统或其他周边组织进而对整个生物机体产生毒害作用。MPs 还会干扰生物体的内分泌，影响生物酶活性，诱导生物机体内某些信号通路的变化和蛋白质的表达，造成细胞坏死，进而影响水生生物的生长和繁殖。

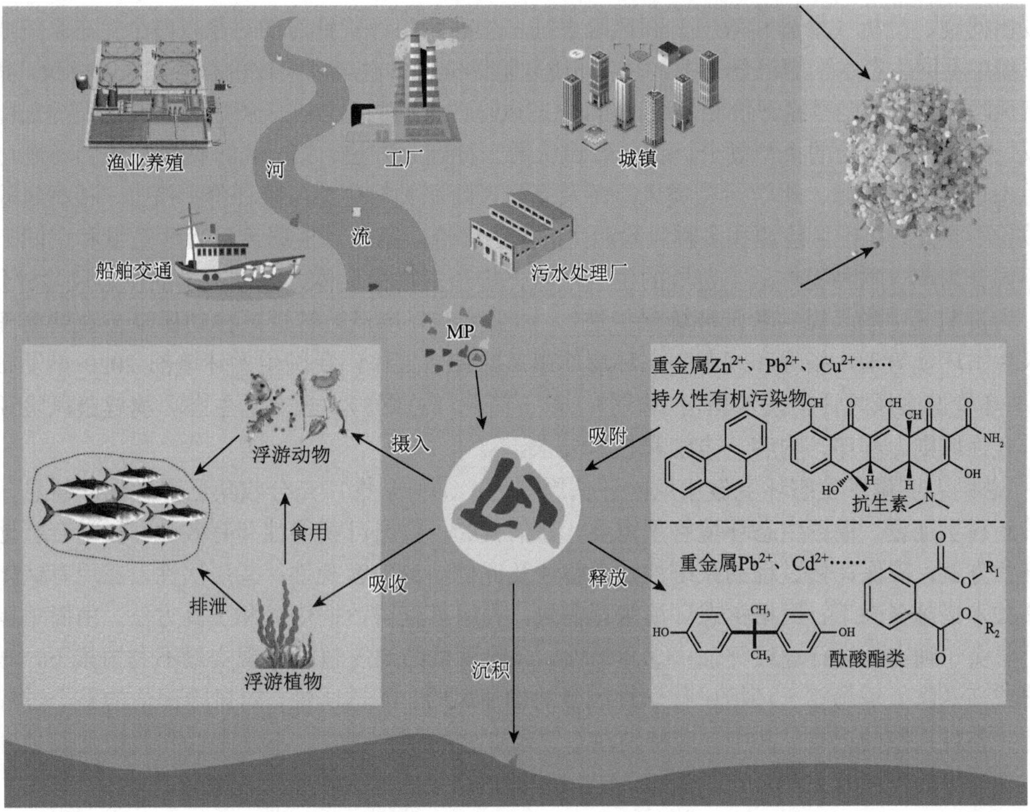

图 7-15　微塑料的环境行为示意图

MPs 粒径小、比表面积大、强疏水性、污染物易附着，因此拥有较强的富集重金属及有机污染物的能力，从而成为污染物的载体。微塑料对多环芳烃、多氯联苯、有机氯农药等持久性有机污染物也有较强的吸附能力，MPs 的表面还可以被重金属吸附，而且 MPs 表面风化后更有利于重金属的吸附。另外，塑料本身也含有毒物质，如聚合物单体、塑化剂、阻燃剂、抗氧化剂等，并会在进入水体后将这些污染物逐渐释放出来，MPs 吸附各种化学物质后所形成的复合污染物严重污染了水环境，吸附后的 MPs 污染物重量增大，通过重力沉降，污染物便进入底泥中，对水体产生持久性污染。由于 MPs 的粒径比较小，可以在水环境中迁移很远，而 MPs 吸附的重金属及有机污染物也会远距离迁移，大大增加了污染面积。除吸附有机化学物质外，MPs 自身也能释放出有毒的化学物质。塑料制品中往往添加了各种添加剂来达到耐蚀、耐用的特性，如用以提高耐热性的多溴联苯醚、抗氧化的壬基酚、耐生物降解的三氯生（二氯苯氧氯酚）等。MPs 在生物、非生物作用下降解时均会释出添加剂，对生态环境造成危害。

第五节　环境污染物生态风险评价和控制方法

一、生态风险评价概况和原则

生态风险评价（ecological risk assessment，ERA），是评估暴露于一个或多个胁迫因素下可能发生或者正在发生的不良生态影响的过程。该方法是将有毒有害污染物的生态风险定量化的重要方法，评价的最终结果是获得浓度阈值或者风险值，可以为生态环境风险管理与决策提供决策支撑。1998 年美国正式出版了《生态风险评价指南》，该书中提出生态风险评价“三步法”，即提出问题、分析（暴露和效应）和风险表征。生态风险评价针对的对象以整个生态系统或生态系统中不同生态水平的组分为主。生态环境风险评价包含健康风险评价和生态风险评价，其中健康风险评价主要是暴露评价和效应评价，生态风险评价的侧重点在于得出风险高低及提出保护建议。关于生态风险的类型划分，目前普遍认同三种划分方法。第一，根据风险源的不同可分为生态事件类风险源、化学污染类风险源及复合风险源类等生态风险评价；第二，根据风险源的数量不同分为单一风险源和多种风险源生态风险评价；第三，根据风险受体数量和空间方面的不同分为单一物种受体、小范围的生态风险评价和多物种受体、区域范围的生态风险评价。

为贯彻《中华人民共和国环境保护法》，加强生态环境风险管理，推动保障公众健康理念融入生态环境管理，指导和规范生态环境健康风险评估工作，我国生态环境部 2020 年发布了《生态环境健康风险评估技术指南 总纲》（以下简称《总纲》），规定了生态环境健康风险评估的一般性原则、程序、内容、方法和技术要求。

《总纲》明确了生态环境健康风险评估原则为：①科学性，充分收集已有数据和信息，基于最新科学证据，根据生态环境管理需要、评估目的、数据可获得性和有效性，科学合理地确定评估方案，确保评估过程的系统性、完整性及评估结论的客观性；②层次性，在现有认知水平和技术措施条件下，根据生态环境管理需求，利用可获得数据信息和工具方法，由简单到复杂、由保守到实际进行逐级评估；③谨慎性，风险评估结果应包括在现实最不利情景下，敏感人群或高暴露人群暴露于环境中化学性因素的健康风险；④透明性，对风险评估的整个过程应进行完整且系统的记录。其中，应特别注意记录评估的制约因素、不确定性和假设及其处理方法、评估中的不同意见和观点、直接影响风险评估结果的重大决策等内容。

二、生态环境健康风险评估程序

生态环境健康风险评估程序包括方案制订、危害识别、危害表征、暴露评估与风险表征和评估，评估程序见图 7-16。危害识别和危害表征共同构成危害评估。危害评估确定的毒性效应和作用模式或机制，为暴露评估中暴露途径、暴露时间等暴露情景的构建提供依据。暴露评估确定的暴露途径、暴露时间、暴露频率和暴露水平等信息，为危害评估确定重点关注的效应终点提供线索和依据。

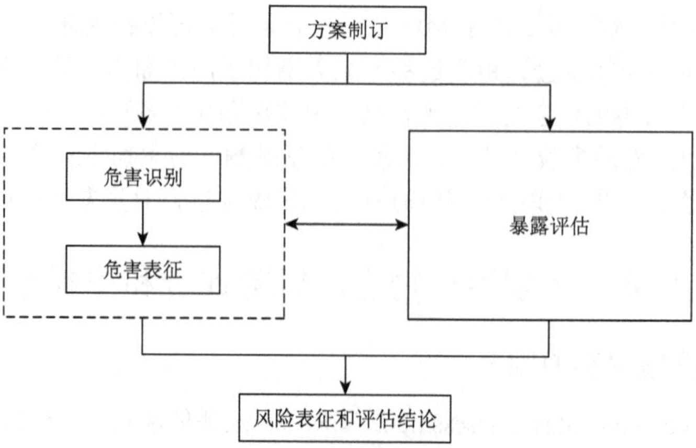

图 7-16 生态环境健康风险总体评估程序
（引自中华人民共和国生态环境部，2020）

（1）方案制订　开展风险评估前，首先，风险评估者应与风险管理者和利益相关方充分沟通，明确评估所要支撑的生态环境管理需求或需要关注的生态环境问题，明确评估目的。其次，通过资料收集与分析、人员访谈、现场调查和生态环境监测等，确定评估范围，包括目标因素、时间范围、空间范围、目标人群。风险评估类型包括定性评估和定量评估，应根据评估目的，综合考虑数据可获得性、精度要求、时限要求、人员和经费投入等，选择合适的评估类型。根据评估目的和评估类型，采用文献资料、模型预测、实验研究或现场调查等方法获取所需数据资料。评估时应充分利用现有数据资料，必要时开展实验研究和现场调查。明确危害识别、危害表征、暴露评估和风险表征各过程的评估内容、方法、技术路线、质量控制和质量保证措施，形成评估方案。最后，充分征求风险管理者和利益相关方的意见，经专家论证后确定评估方案。

（2）危害识别　根据流行病学调查、体内试验、体外试验及（定量）构效关系等科学数据和文献信息，识别目标环境因素的毒性效应及其作用模式或机制。危害识别评估步骤见图 7-17，一般包括以下步骤：数据收集、数据质量评价、证据综合、证据集成。

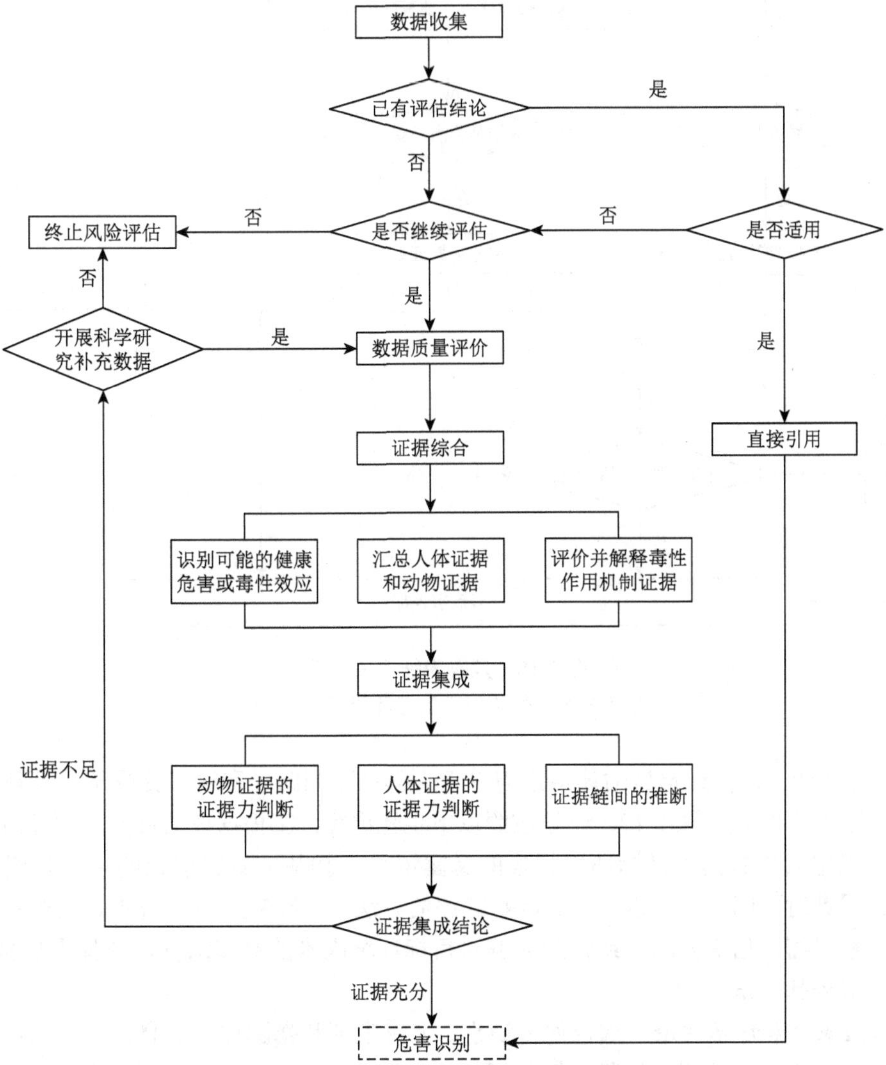

图 7-17　危害识别评估步骤
（引自中华人民共和国生态环境部，2020）

（3）*危害表征*　基于危害识别的结果，定性描述目标环境因素引起个体或群体发生有害效应的危害等级；或建立目标环境因素暴露与有害效应之间的剂量-反应（效应）关系，推导毒性参数。危害表征评估步骤见图 7-18。

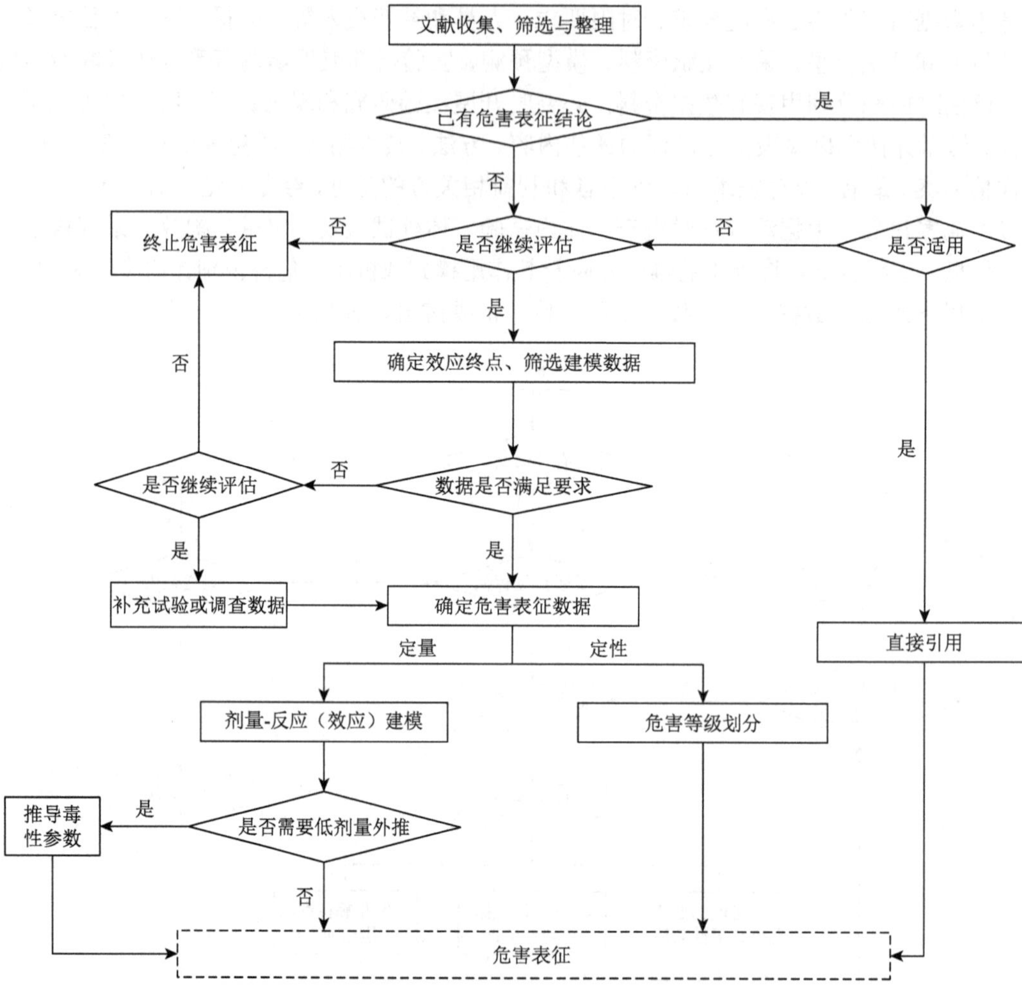

图 7-18　危害表征评估步骤

（引自中华人民共和国生态环境部，2020）

（4）*暴露评估*　定性或定量估计特定情景下人群经不同路径和途径暴露于目标环境因素的暴露量。暴露评估步骤见图 7-19，一般按照以下步骤进行：①根据评估目的，通过情景分析或现场调查，确定人群暴露于目标环境因素的暴露情景；②基于暴露情景的条件和假设，建立暴露模型；③针对不同路径和途径，确定暴露评估方法，定性暴露评估需要对人群暴露水平进行分级，定量暴露评估需要测量或预测人群对目标环境因素的暴露浓度，选择人群暴露参数，定量计算人群外暴露量。

（5）*风险表征和评估结论*　综合危害识别、危害表征和暴露评估信息，定性或定量描述风险大小及其不确定性。该评估阶段一般包括：信息汇总、风险评估、敏感性与不确定性分析、形成评估结论（图 7-20）。

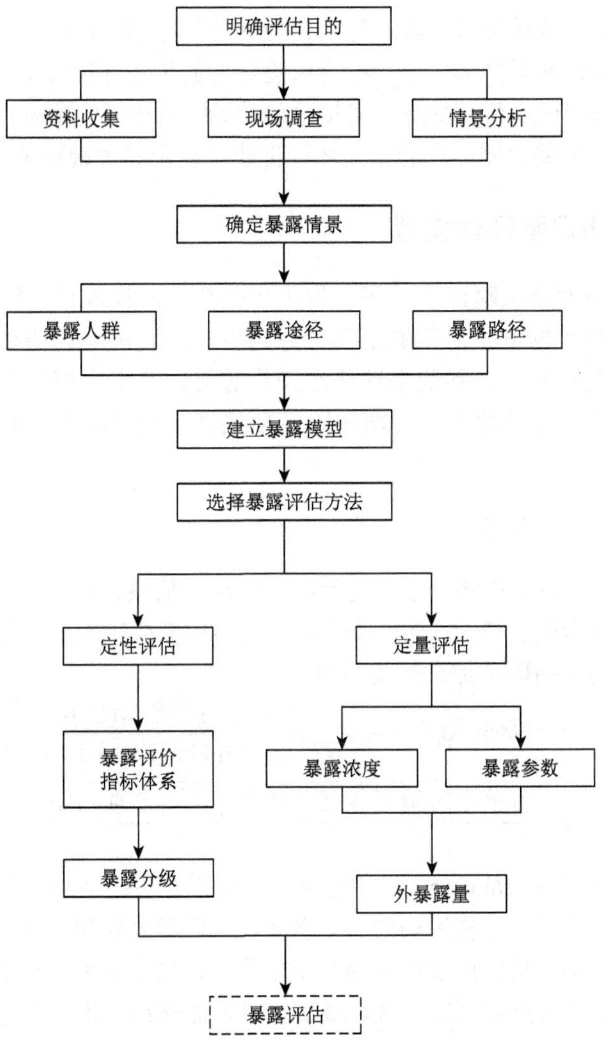

图 7-19　暴露评估步骤

（引自中华人民共和国生态环境部，2020）

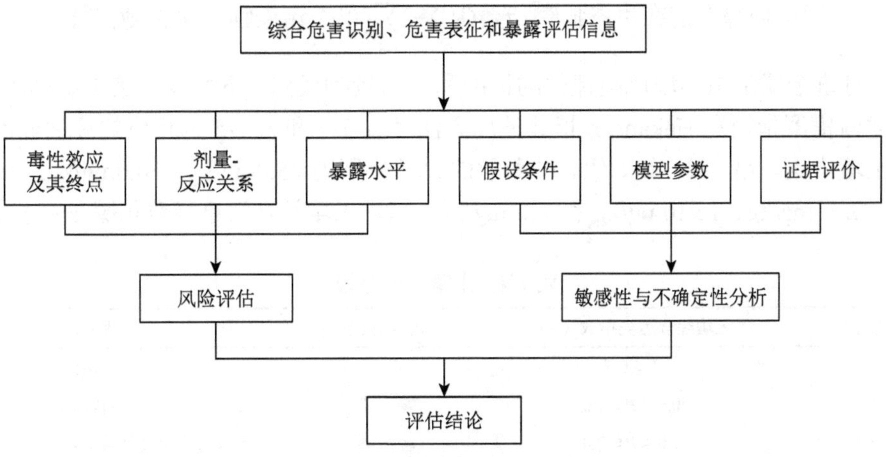

图 7-20　风险评估的通用步骤

（引自中华人民共和国生态环境部，2020）

综合上述评估结果，采用风险矩阵、综合指数评价等方法，用高、中、低等描述性词语表示人群暴露于目标环境因素的风险大小。结合风险评估的生态环境管理需求，根据风险可接受水平，通过综合判断获得风险可接受或不可接受的结论。当环境健康风险不可接受或不能满足生态环境管理要求时，需要说明存在的重大环境健康风险及其关键环节。

三、生态环境及健康风险评估模型

依据以上生态环境健康风险评估程序，收集相关数据，代入相关模型就可以对污染物进行污染评价。污染评价根据危害对象的不同可分为生态环境风险评估和健康风险评估两类，生态环境风险评估通过计算污染指数来评估污染物等级，其中内梅罗指数和 Håkanson 指数是生态环境风险最常用的评估模型；健康风险评估根据生物对污染物的摄入量来评估污染物的致癌风险。

（一）生态环境风险评估模型

（1）*内梅罗指数* 内梅罗指数是当前进行综合污染评估最常用的方法之一，它是以环境要素背景值或环境质量标准临界值为基准，评价环境污染程度或环境质量等级所用的一种无量纲指数，主要分为单项污染指数和综合污染指数。

$$\text{单项污染指数}(P_i)=\frac{\text{环境污染物含量}(C_s^i)}{\text{环境污染物背景值或标准值}(C_n^i)} \tag{7-1}$$

$$\text{综合污染指数}(P)=\sqrt{\frac{(\text{单项污染指数最大值}P_{i\max})^2+(\text{单项污染指数平均值}P_{i\text{ave}})^2}{2}} \tag{7-2}$$

（2）*Håkanson 指数法* Håkanson 指数法是污染物潜在生态风险评估常用的方法之一。该方法不仅考虑了污染物含量，还将污染物的生态效应、环境效应和毒理学联系在一起，进而对污染物潜在危害进行评估。其评估过程分为 3 个步骤，首先计算单个重金属的污染指数，即单项污染指数，再计算单个污染物危害系数，最后计算多因子综合潜在生态污染指数，即污染物综合潜在生态危害指数。

$$\text{单个污染物危害系数}(E_r^i)=\text{单个污染物毒性响应系数}(T_r^i)\times\text{单项污染指数}(P_i) \tag{7-3}$$

$$\text{污染物综合潜在生态危害指数(RI)}=\sum_{i=1}^{n}[\text{单个污染物危害系数}(E_r^i)] \tag{7-4}$$

目前，对重金属生态环境风险评估的标准和方法较为成熟，下面以土壤重金属污染风险评估为例阐述内梅罗指数和 Håkanson 指数使用方法（表 7-4 和表 7-5 为相应的评估标准）。

某地土壤中铜、铅、锌、铬、镉、砷和汞的含量分别为 25.0mg/kg、70.0mg/kg、98.0mg/kg、43.2mg/kg、2.11mg/kg、15.10mg/kg 和 1.51mg/kg，试求土壤综合污染指数和潜在生态危害指数。

表 7-4 土壤污染等级

土壤级别	土壤综合污染指数（P）	污染等级	污染水平
1	$P\leqslant 0.7$	安全	清洁
2	$0.7<P\leqslant 1.0$	警戒线	较清洁
3	$1.0<P\leqslant 2.0$	轻污染	土壤污染超过背景值，作物开始受到污染
4	$2.0<P\leqslant 3.0$	中污染	土壤、作物均受到中度污染
5	$P>3.0$	重污染	土壤、作物受污染严重

表 7-5　重金属污染潜在生态危害指标和分级

单项重金属潜在生态危害系数（E_r）	危害分级	多种重金属潜在生态危害指数（RI）	危害分级
E_r<40	低	RI<150	低
40≤E_r<80	中	150≤RI<300	中
80≤E_r<160	较重	300≤RI<600	重
160≤E_r<320	重	RI≥600	严重
E_r≥320	严重		

土壤综合污染指数和潜在生态危害指数计算方法和评估结果如表 7-6 所示。

表 7-6　土壤综合污染指数和潜在生态危害指数计算与评估

项目	铜	铅	锌	铬	镉	砷	汞
浓度（C_s^i）	25.00	70.00	98.00	43.20	2.11	15.10	1.51
背景值（C_n^i）	35.00	35.00	100.00	90.00	0.20	15.00	0.15
用式（7-1）计算单项污染指数（P_i）	0.71	2.00	0.98	0.48	10.55	1.01	10.07
用式（7-2）计算综合污染指数（P）	$P=\sqrt{(P_{i\max}^2+P_{i\text{ave}}^2)/2}=\sqrt{(10.55^2+3.69^2)/2}=7.90$，参照表 7-4 进行评估：属于重污染						
Håkanson 毒性响应系数（T_r^i）	5	5	1	2	30	10	40
用式（7-3）计算单个污染物危害系数（E_r^i）	3.55	10.00	0.98	0.96	316.50	10.10	402.80
用式（7-4）计算污染物综合潜在生态危害指数（RI）	$\text{RI}=\sum_{i=1}^{n}E_r^i=3.55+10.00+0.98+0.96+316.50+10.10+402.80=744.89$，参照表 7-5 进行评估：属于严重污染						

注：背景值引自土壤环境质量标准值（GB 15618-1995）；毒性响应系数引自 Håkanson，1980

（二）污染物健康风险评估模型

污染物含量和人身体健康的关系非常复杂，涉及污染物经口、呼吸或皮肤摄入三种情形。污染物健康风险评估模型把环境污染和人体健康联系起来，定量描述污染物对人体健康危害的风险。该模型可对土壤、水体、大气和农产品中的污染物进行健康风险评估，把污染物的健康风险分为致癌风险和非致癌风险。计算公式如下。

$$\text{日均摄入量(CDI)}=\frac{\text{暴露介质浓度}(C_i)\times\text{摄取速率(ER)}\times\text{暴露频率(EF)}\times\text{暴露时间(ED)}}{\text{平均体重(BW)}\times\text{平均暴露时间(AT)}} \tag{7-5}$$

$$\text{非致癌风险(IR)}=\frac{\text{日均摄入量(CDI)}}{\text{污染物非致癌参考剂量(RFD)}} \tag{7-6}$$

$$\text{致癌风险}(R)=\text{日均摄入量(CDI)}\times\text{污染物的致癌斜率因子(SF)} \tag{7-7}$$

建立污染物健康风险评估模型的关键是计算 CDI，即平均每人每天单位体重摄入污染物的量。计算日均摄入量需要明确以下 6 个参数含义：C_i 为环境要素或食物中污染物的浓度；ER 为每天每人经口或呼吸进入人体的水、食物和空气的量；EF 为一年中被评价群体接触污染物的天数；ED 为被评价群体的平均年龄；BW 可按老人、成人和儿童分类进行统计；AT 为评价区域内评价人群接触污染物总天数的平均值。

对于非致癌风险，如果 IR≤1，表示暴露低于产生不良反应的阈值，预期不会造成显著的健康损害。如果 IR>1，表示暴露剂量超过阈值，可能产生健康危害。

对于致癌风险，$R<10^{-6}$ 时，致癌风险较低；$10^{-6}\leqslant R<10^{-4}$ 时，可能引起致癌风险；$R\geqslant 10^{-4}$ 时，致癌风险较高。

下面以某地含砷大米对儿童健康的影响为例阐述污染物健康风险评估模型的使用方法（注：RFD 和 SF 数值来源于美国环境保护署综合风险信息系统）。

为了评价某地含砷大米对儿童健康的影响，调查及检测的数据 C_i、ER、EF、ED、BW 和 AT 分别为 0.02mg/kg、0.1kg/d、200d/年、6 年、15.9kg 和 1100d。已知 RFD 为 3×10^{-4}mg/(kg·d)，SF 为 1.5[mg/(kg·d)]$^{-1}$。

代入式（7-5）计算砷的日均摄入量（CDI）：

$$\begin{aligned}\mathrm{CDI}&=\frac{C_i\times\mathrm{ER}\times\mathrm{EF}\times\mathrm{ED}}{\mathrm{BW}\times\mathrm{AT}}\\&=\frac{0.02\times0.1\times200\times6}{15.9\times1100}\mathrm{mg/(kg\cdot d)}\\&=1.37\times10^{-4}\mathrm{mg/(kg\cdot d)}\end{aligned}$$

代入式（7-6）计算非致癌风险（IR）：

$$\mathrm{IR}=\frac{\mathrm{CDI}}{\mathrm{RFD}}=\frac{1.37\times10^{-4}}{3\times10^{-4}}=0.46$$

0.46<1，暴露低于产生不良反应的阈值，预期不会造成显著的健康损害。

代入式（7-7）计算致癌风险（R）：

$$R=\mathrm{CDI}\times\mathrm{SF}=1.37\times10^{-4}\times1.5=2.06\times10^{-4}$$

$2.06\times10^{-4}>10^{-4}$，致癌风险较高。

评估结论：大米中的砷对儿童不会造成显著的健康损害，但致癌风险较高。

四、新型污染物的控制方法

对于不同的新型污染物，需要通过不同的途径来进行风险管理和控制，如全面禁止和淘汰、替代品开发、处理处置及风险防范等。目前我国在 POPs 污染物控制方面取得了较大的进展，如淘汰有机氯农药、POPs 替代品开发、POPs 处理处置和减排等，并且通过严格的监督机制，保证减排目标、法律法规、政策和各种技术措施的落实。但是其他新型污染物的风险控制还基本停留在实验室技术研究阶段，迫切需要开展工程技术应用研究，以实现对其风险控制。

为了去除环境中的新型污染物，近些年研究人员在不断地开发研究新技术、新工艺，主要包括物化处理技术、生物处理技术和高级氧化技术等。

（1）物化处理技术　污染物在人工或自然处理过程中，通过相转移作用而达到去除的目的，这种处理或变化的过程称为物理化学处理过程。常用的物理化学方法主要有混凝法、吸附法和膜分离技术等。

1）混凝法：混凝是混凝剂、水体颗粒物和其他污染物及水体基质在一定水力条件下快速反应的过程，其中包括混凝剂水解压缩双电层、污染物胶体颗粒脱稳聚集、黏结架桥形成絮体，通过网补卷扫作用对污染物包裹、吸附、沉降等过程，对几乎所有的污染物都有一定的去除作用。但是，在针对性去除新型污染物时，单独使用混凝技术去除效果通常低于 30%，因此混凝技术通常与氧化、絮凝、沉淀等其他技术耦合以达到更好的去除效果。

2）吸附法：吸附是一种传质过程，污染物通过物理作用或化学反应从液相转移到吸附剂表面，之后吸附剂通过脱附再生可再次投入使用，同时吸附质通过脱附过程得以实现回收。碳质吸附剂由于具有较大的比表面积、较高的吸附容量和表面活性，被证实对新型污染物具有很好的去除效果。

3）膜分离技术：膜分离技术是以选择性多孔薄膜为分离介质，使分子水平上不同粒径分子的混合物/溶液借助某种推动力（如压力差、浓度差、电位差等）通过膜时实现选择性分离的技术，低分子溶质透过膜，大分子溶质被截留，以此来分离溶液中不同分子质量的物质，从而达到分离、浓缩、纯化的目的。膜分离技术主要包括反渗透、纳滤、微滤、超滤和电渗析等方法，在处理新型污染物领域均有应用，但超滤和微滤方法由于膜孔径大于有机物分子的原因受到限制，相比较而言，纳滤和反渗透膜分离法应用最为广泛。研究证实，反渗透膜对 EDCs 和 PPCPs 的去除率能够达到 90%以上。此外，部分研究者将化学氧化法与膜分离技术耦合使用，实现了新型污染物的高效去除。

（2）生物处理技术　生物处理技术主要利用微生物的新陈代谢作用来转化和降解污染物。污染物生物降解的反应速率不仅取决于每种污染物的可降解性，同时也取决于微生物的特性：①微生物的生物多样性；②活性微生物菌落的分布情况；③活性微生物絮体颗粒的尺寸。研究表明，膜生物反应器、曝气生物滤池、厌氧好氧联合工艺，相比于传统活性污泥法，对新型污染物有更好的处理效果。

（3）高级氧化技术　高级氧化技术（advanced oxidation process，AOP）主要是指通过各种光、声、电、磁等物理化学的反应过程产生大量的活性极强的自由基（如·OH），该自由基具有强氧化性，氧化还原电位高达 2.80V，仅次于氟的 2.87V。通过这种强氧化性来降解水中各种污染物及微生物，最终被氧化分解为 CO_2、H_2O 及无机物。

根据选取的氧化剂和催化剂的种类不同，AOP 大体可分为以下几类：①芬顿（Fenton）法（H_2O_2 在 Fe^{2+}的催化作用下分解产生·OH）和类芬顿（Fenton-like）法；②臭氧氧化法；③紫外线氧化法；④光化学氧化法和光催化氧化法；⑤电化学氧化法；⑥湿式氧化法和湿式催化氧化法；⑦超临界水氧化法及超临界水催化氧化法。

研究表明，AOP 可以在特定条件下有效去除水体中的新型有机污染物，但在实际污水处理中，水体中的天然有机质类物质（如腐殖质）均可能优先大量消耗活性自由基或臭氧等，导致处理成本增高，大大限制了 AOP 在针对性去除新型有机污染物领域的进一步应用。同时，新型有机污染物经过 AOP 处理后，往往生成极性更高、水溶性更强的产物，难以深度矿化降解，或生成毒性更强的副产物，对生态环境依然存在危害，仍需进一步处理（见知识扩展 7-8 和知识扩展 7-9）。

思考题

1. 简述化肥、农药的定义和分类方法。
2. 谈一谈化肥和农药对粮食安全的影响。
3. 肥料科学使用的原则是什么？

4. 简述肥料污染的控制方法。
5. 简述农药使用对生物安全的利与弊。
6. 环境中重金属来源途径有哪些?
7. 重金属污染土壤修复方法有哪些?
8. 简述新型污染物在食物链中的富集过程。
9. 简述新型污染物在气-水-土三种环境介质中的迁移转换行为及影响因素。
10. 简述不同种类的新型污染物对环境危害的异同。
11. 针对新型污染物的生态风险评价的方法有哪些?
12. 请从标准、信用、监管和社会责任等角度分析如何进行新型污染物控制。

主要参考文献

陈保冬，赵方杰，张莘，等. 2015. 土壤生物与土壤污染研究前沿与展望. 生态学报，35（20）：6604-6613
陈锋，孟顺龙，陈家长. 2021. 农药在沉积物-水-生物体的污染特征综述. 中国农学通报，37（7）：159-164
丁浩东，万红友，秦攀，等. 2019. 环境中有机磷农药污染状况、来源及风险评价. 环境化学，38（3）：463-479
冯英，马璐瑶，王琼，等. 2018. 我国土壤-蔬菜作物系统重金属污染及其安全生产综合农艺调控技术. 农业环境科学学报，37（11）：2359-2370
环境保护部，国土资源部. 2014. 全国土壤污染状况调查公报. http://www.gov.cn/govweb/ foot/sitel/20140417/782bcb88840814ba158d01.pdf[2020-10-20]
李爱峰，李方晓，邱江兵，等. 2019. 水环境中微塑料的污染现状、生物毒性及控制对策. 中国海洋大学学报（自然科学版），49（10）：88-100
李晓强，孙跃先，叶光祎，等. 2008. 使用化学农药对农业生物多样性的影响. 云南大学学报（自然科学版），30（S2）：257-261
李卓瑞，韦高玲. 2016. 不同生物炭添加量对土壤中氮磷淋溶损失的影响. 生态环境学报，25（2）：333-338
廖宗文，毛小云，刘可星. 2017. 重视有机营养研究与有机碳肥创新-关于植物营养经典理论的现代思考. 植物营养与肥料学报，23（6）：1694-1698
孟菁华，史学峰，向怡，等. 2017. 大气中重金属污染现状及来源研究. 环境科学与管理，42（8）：51-53
生态环境部，国家统计局，农业农村部. 2020. 第二次全国污染源普查公报. 公告 2020 年第 33 号
司友斌，王慎强，陈怀满. 2000. 农田氮、磷的流失与水体富营养化. 土壤，32（4）：188-193
孙家隆. 2013. 农药化学合成基础. 2 版. 北京：化学工业出版社
孙勇. 2018. 青藏高原羊卓雍措湖有机氯农药和多环芳烃的沉积记录研究. 北京：中国地质大学（北京）博士学位论文
王静，王允青，张凤芝，等. 2019. 脲酶/硝化抑制剂对沿淮平原水稻产量、氮肥利用率及稻田氮素的影响. 水土保持学报，33（5）：211-216
吴文君，罗万春. 2020. 农药学. 2 版. 北京：中国农业出版社
徐晨烨. 2018. 典型环境持久性有机污染物的母婴人群暴露与新生儿健康风险评价. 杭州：浙江大学博士学位论文
徐沛，彭谷雨，朱礼鑫，等. 2019. 长江口微塑料时空分布及风险评价. 中国环境科学，39（5）：2071-2077
徐雄，李春梅，孙静，等. 2016. 我国重点流域地表水中 29 种农药污染及其生态风险评价. 生态毒理学报，11（2）：347-354
闫丽娜，左昊，张聚全，等. 2019. 石家庄市大气 PM_1，$PM_{2.5}$ 和 PM_{10} 中重金属元素分布特征及来源的对比研究. 地学前缘，26（3）：263-270
闫湘，金继运，梁鸣早. 2017. 我国主要粮食作物化肥增产效应与肥料利用效率. 土壤，49（6）：1067-1077
阳金希，张彦峰，祝凌燕. 2017. 中国七大水系沉积物中典型重金属生态风险评估. 环境科学研究，30（3）：423-432
杨林章，吴永红. 2018. 农业面源污染防控与水环境保护. 中国科学院院刊，33（2）：168-176
杨仁斌，刘毅华，邱建霞，等. 2007. 农药在水中的环境化学行为及对水生生物的影响. 湖南农业大学学报（自然科学版），33（1）：96-100
余刚，牛军峰，黄俊. 2005. 持久性有机污染物：新的全球性环境问题. 北京：科学出版社
曾晓舵，王向琴，涂新红，等. 2019. 农田土壤重金属污染阻控技术研究进展. 生态环境学报，28（9）：192-198
张北赢，陈天林，王兵. 2010. 长期施用化肥对土壤质量的影响. 中国农学通报，26（11）：182-187
张娜娜，姜博，邢奕，等. 2018. 有机磷农药污染土壤的微生物降解研究进展. 土壤，50（4）：645-655
赵方杰，谢婉滢，汪鹏. 2020. 土壤与人体健康. 土壤学报，57（1）：1-11

中华人民共和国生态环境部. 2020. 生态环境健康风险评估技术指南总纲（HJ 1111-2020）. https://www.mee.gov.cn/ywgz/fgbz/bzwb/other/qt/202003/t20200320_769859.shtml[2020-10-20]

朱昌雄，黄亚丽. 2011. 生物资源与农业面源污染防治. 北京：中国农业科学技术出版社

朱兆良，金继运. 2013. 保障我国粮食安全的肥料问题. 植物营养与肥料学报，19（2）：259-273

庄红娟，周鹏飞，陈弘扬，等. 2021. 农田 9 种农药残留特征及对土壤环境指标影响. 环境化学，40（8）：1-11

Afshan S，Ali S，Ameen U S. 2014. Effect of different heavy metal pollution on fish. Research Journal of Chemical and Environmental Sciences，2（1）：74-79

Carbery M，O'Connor W，Thavamani P. 2018. Trophic transfer of microplastics and mixed contaminants in the marine food web and implications for human health. Environment International，115：400-409

Carvalho F P. 2017. Pesticides，environment，and food safety. Food and Energy Security，6（2）：48-60

Gu W，Liu S，Chen L，et al. 2020. Single-cell RNA sequencing reveals size-dependent effects of polystyrene microplastics on immune and secretory cell populations from Zebrafish intestines. Environmental Science & Technology，54（6）：3417-3427

Hakeem K R，Akhtar M S，Abdullah S N A. 2016. Plant，Soil and Microbes. Berlin：Springer International Publishing

Håkanson L. 1980. An ecological risk index for aquatic pollution control—a sedimentological approach. Water Research，14：975-1001

Hoa P T P，Managaki S，Nakada N，et al. 2011. Antibiotic contamination and occurrence of antibiotic-resistant bacteria in aquatic environments of northern Vietnam. Science of the Total Environment，409（15）：2894-2901

Kaoud H A. 2015. Article review：Heavy metals and pesticides in aquaculture：Health problems. European Journal of Academic Essays，2（9）：15-22

Kelly B C，Ikonomou M G，Blair J D，et al. 2007. Food web-specific biomagnification of persistent organic pollutants. Science，317（5835）：236-239

Klingelhofer D，Braun M，Quarcoo D，et al. 2020. Research landscape of a global environmental challenge：Microplastics. Water Research，170：115358

Liu N，Jin X W，Feng C L，et al. 2020. Ecological risk assessment of fifty pharmaceuticals and personal care products（PPCPs）in Chinese surface waters：A proposed multiple-level system. Environment International，136：105454

Monisha J，Tenzin T，Naresh A，et al. 2014. Toxicity，mechanism and health effects of some heavy metals. Interdisciplinary Toxicology，7（2）：60-72

Mu J，Qu L，Jin F，et al. 2019. Abundance and distribution of microplastics in the surface sediments from the northern Bering and Chukchi Seas. Environmental Pollution，245：122-130

Nakada N，Shinohara H，Murata A，et al. 2007. Removal of selected pharmaceuticals and personal care products（PPCPs）and endocrine-disrupting chemicals（EDCs）during sand filtration and ozonation at a municipal sewage treatment plant. Water Research，41（19）：4373-4382

Penuelas J，Janssens I，Ciais P. 2020. Anthropogenic global shifts in biospheric N and P concentrations and ratios and their impacts on biodiversity，ecosystem productivity，food security，and human health. Global Change Biology，26（4）：1962-1985

Rai P K，Lee S S，Zhang M，et al. 2019. Heavy metals in food crops：health risks，fate，mechanisms，and management. Environment International，125：365-385

Tudi M，Ruan H D，Wang L，et al. 2021. Agriculture development，pesticide application and its impact on the environment. International Journal of Environmental Research and Public Health，18（3）：1-23

Wang S，Xue N，Li W，et al. 2020. Selectively enrichment of antibiotics and ARGs by microplastics in river，estuary and marine waters. Science of the Total Environment，708：134594

Weber K，Goerke H. 2003. Persistent organic pollutants（POPs）in antarctic fish：levels，patterns，changes. Chemosphere，53（6）：667-678

Wee S Y，Aris A Z. 2017. Endocrine disrupting compounds in drinking water supply system and human health risk implication. Environment International，106：207-223

Wesstrom I，Joel A，Messing I. 2014. Controlled drainage and sub-irrigation-A water management option to reduce non-point source pollution from agricultural land. Agriculture，Ecosystems and Environment，19（8）：74-82

Yadav S K. 2010. Pesticide applications-threat to ecosystems. Journal of Human Ecology（Delhi，India），32（1）：37-45

Yang B，Ying G G，Zhao J L，et al. 2012. Removal of selected endocrine disrupting chemicals（EDCs）and pharmaceuticals and personal care

products（PPCPs）during ferrate（Ⅵ）treatment of secondary wastewater effluents. Water Research，46（7）：2194-2204
Zha X S，Ma L M，Wu J，et al. 2016. The removal of organic precursors of DBPs during three advanced water treatment processes including ultrafiltration，biofiltration，and ozonation. Environmental Science & Pollution Research，23（16）：16641-16652
Zhu Y G，Johnson T A，Su J Q，et al. 2013. Diverse and abundant antibiotic resistance genes in Chinese swine farms. PNAS，110（9）：3435-3440

拓展阅读

1. 朱昌雄，黄亚丽. 2011. 生物资源与农业面源污染防治. 北京：中国农业科学技术出版社
2. 张乃明. 2017. 重金属污染土壤修复理论与实践. 北京：化学工业出版社
3. 江桂斌，阮挺，曲广波. 2019. 发现新型有机污染物的理论与方法. 北京：科学出版社
4. 王亚韡，曾力希，杨瑞强，等. 2018. 新型有机污染物的环境行为. 北京：科学出版社
5. 尹大强，刘树深，桑楠，等. 2019. 持久性有机污染物的生态毒理学. 北京：科学出版社
6. 周炳升，杨丽华，刘春生，等. 2018. 持久性有机污染物的内分泌干扰效应. 北京：科学出版社
7. 罗孝俊，麦碧娴. 2017. 新型持久性有机污染物的生物富集. 北京：科学出版社
8. 周启星，罗义. 2011. 污染生态化学. 北京：科学出版社

知识扩展网址

知识扩展 7-1：央视《焦点访谈》：不能以大量投入化肥来支撑亩产了，https://tv.cctv.com/2020/12/27/VIDEvN7N2ZVhtSTEcJhjk2gJ201227.shtml

知识扩展 7-2：《焦点访谈》被化肥“喂瘦”的耕地，https://tv.cctv.com/2014/05/25/VIDE1401020458983923.shtml

知识扩展 7-3：纪录片 农药《功不可没》，https://open.163.com/newview/movie/free?pid=NFJGDJLM4&mid=YFJGDSKD5

知识扩展 7-4：纪录片 农药《减量控害》，https://open.163.com/newview/movie/free?pid=NFJGDJLM4&mid=GFJGDNRPG

知识扩展 7-5：纪录片 农药《和谐共生》，https://open.163.com/newview/movie/free?pid=NFJGDJLM4&mid=WFJGDJLMN

知识扩展 7-6：中国地质调查局重金属污染科普片，https://haokan.baidu.com/v?pd=wisenatural&vid=6325009478773149030

知识扩展 7-7：持久性有机污染物：科学与政策，https://www.bilibili.com/video/BV1o5411u7PV/

知识扩展 7-8：发现新型环境有机污染物的基本理论与方法，http://www.bulletin.cas.cn/publish_article/2020/11/20201104.htm

知识扩展 7-9：水体污染控制与治理科技重大专项技术成果材料汇编之八，https://nwpcp.mee.gov.cn/zxfc/201611/W020161122595248526744.pdf

第八章　生物多样性的安全性

生物多样性是人类社会赖以生存和发展的物质基础，它不仅具有重要的直接利用价值，如为人类提供各种食物（如栽培植物、家养动物）、药物（如药用植物、药用动物）和工业原料（如造纸、制糖、建筑、酿酒、制烟）等，而且具有重要的间接利用价值，如调节气候、保持水土、促进物质循环及提供未来选择的机会。通常根据研究的尺度或水平，生物多样性可以划分为遗传多样性、物种多样性和生态系统多样性三个层次。由于人口的不断增加、生产方式的转变及人类活动范围和生产规模越来越大，这势必会影响到不同层次生物多样性的安全性。当今，随着全球气候变化、外来生物入侵等因素的叠加，生物多样性的生态安全性问题将更加凸显。本章介绍了生物多样性和生态安全的概念，从生物多样性的不同层次分别阐述遗传多样性、物种多样性和生态系统多样性的生态安全性，介绍了生物入侵的途径、危害和防控，重点阐述人类世背景下生物多样性的安全性所面临的挑战及应对策略。

第一节　生物多样性与生态安全概述

什么是生物多样性？什么是生态安全？这两者有什么样的联系？本节将从生物多样性提出的背景入手，剖析生物多样性的概念。接着，对广义和狭义的生态安全概念进行解读，最后通过阐释生物多样性的不同价值，分析生物多样性和生态安全的内在关联性。

一、生物多样性

（一）生物多样性的定义

生物多样性（biological diversity，或者 biodiversity）这一术语最早由美国生物保护学家雷蒙德·弗雷德里克·达斯曼（Raymond Fredric Dasmann）于 1968 年在其著作 *A Different Kind of Country*（《一种不同的国家》）中首次提出（见知识扩展 8-1）。

20 世纪第二次世界大战以后，人口的持续增长和人类活动范围与强度的不断增加，造成了前所未有的压力。为了保护地球上的生物资源，不少有识之士和相关机构开展了大量的拯救濒危物种、保护自然资源的科研和宣传活动。例如，1948 年由联合国和法国政府创建了世界自然保护联盟（International Union for Conservation of Nature，IUCN）。1961 年世界野生生物基金会（WWF）建立。1971 年，由联合国教育、科学及文化组织提出了著名的“人与生物圈计划”。为了达成更为广泛的共识，最终采用了一个通俗易懂，易于为政界、学界和普通民众所乐于接受的名词“生物多样性”。1992 年，在巴西里约热内卢举行的联合国环境与发展大会上，通过了《生物多样性公约》（*Convention on Biological Diversity*，CBD），这标志着全球生物多样性保护与研究揭开了新的篇章。由于生物多样性是人类赖以生存的物质基础，而且对人类的发展具有巨大的价值，如今生物多样性保护已经成为全球共同关注的问题。联合国大会自 1995 年起，将每年的 12 月 29 日定为“国际生物多样性日”，自 2001 年将其改为每年的 5 月 22 日。

由于所依据的理论和评价途径不同，生物多样性的定义存在不同的版本。《生物多样性公约》对生物多样性的解释为：“生物多样性是指所有来源的活的生物体及其变异性”。美国学者威尔逊（Wilson）等认为，生物多样性就是生命形式的多样性（the diversity of life）。孙儒泳认为，生物多样性一般是指“地球上生命的所有变异”。这些概念侧重强调了生物多样性保护的价值与意义，但其含义过于宽泛。

蒋志刚等在《保护生物学》著作中将生物多样性定义为：“生物多样性是生物及其环境形成的生态复合体以及与此相关的各种生态过程的综合，包括动物、植物、微生物和它们所拥有的基因以及它们与其生存环境形成的复杂的生态系统”。周云龙等在《植物生物学》（第四版）将生物多样性定义为：“地球上所有的生物（动物、植物、真菌、原核生物等）、它们所包含的基因以及由这些生物与环境相互作用所构成的生态系统的多样性程度”。这与普里马克（Primack）等对生物多样性概念的解读较为一致，即“生物多样性包括地球上所有的现存生物，同一物种内不同个体间的遗传变异、物种生存的群落及生态系统多样性，后者还包括物种与其物理或化学环境的相互作用”。概括而言，生物多样性是“生物及其与环境形成的生态复合体以及与此相关的各种生态过程的总和”。这里的“生物”包括植物、动物和微生物等不同的生命有机体，“生态复合体”包括群落、生态系统和景观等不同尺度的生物与环境的结合体，“生态过程”是指在空间的维度上，加入了时间维度。

根据这一定义，生物多样性一般分为以下 3 个方面。

1. 物种多样性

物种多样性（species diversity）是指特定时间内一个地区物种的多样化。物种，简称“种”，是生物分类的基本单位，也是物种多样性研究的基础和前提。目前尽管对于种的概念存在不同的理解，但是采用较广的通常是“生物学种”（biological species），即种是具有相同的形态学、生理学特征和占据一定自然分布区的种群。同种个体具有相同的遗传性状，彼此间可以交配产生可育的后代。因此，种是进化的单元，是生物系统演化线上的基本环节。一个地区物种多样性的多少可以采用物种多样性指数（index of species diversity）进行测定，如物种丰富度（species richness，指群落中物种的数目）、生态优势度（ecological dominance，指生境中资源被少数物种优先占有的程度）、群落均匀度（community evenness，指某一群落或生境中全部物种个体数目分配的均匀程度）等。物种多样性的研究内容除了包括一个地区物种多样性的测定，还包括物种多样性的现状（受威胁现状）、形成、演化及物种多样性的维持机制等。

2. 遗传多样性

遗传多样性（genetic diversity），也称基因多样性（gene diversity）。广义的概念是指地球上所有生物所携带的遗传信息的总和，狭义的概念是指种内个体之间或一个群体内不同个体的遗传变异的总和。物种的遗传多样性可以通过形态学特征、细胞学特征、生理特征、基因位点及 DNA 序列等体现。常用的分子标记技术有限制性片段长度多态性（restriction fragment length polymorphism，RFLP）、随机扩增多态性（randomly amplified polymorphic DNA，RAPD）、扩增片段长度多态性（amplified fragment length polymorphism，AFLP）、简单重复序列（simple sequence repeat，SSR）、单核苷酸多态性（single nucleotide polymorphism，SNP）、微管蛋白多态性（tubulin-based polymorphism，TBP）、重复序列区间扩增多态性标记（inter-simple sequence repeat，ISSR）、目标起始密码子多态性（start codon targeted polymorphism，SCoT）、CAAT 盒多态性（CAAT box-derived polymorphism，CBDP）等。

3. 生态系统多样性

生态系统多样性（ecosystem diversity）是指生物圈内生境、生物群落和生态过程的多样化，以及生态系统内的生境差异、生态过程变化的多样性。生态系统（ecosystem）是在一定的时间和空间范围内生物（包括个体、种群和群落）与非生物环境（包括阳光、空气、水、矿物质和养分）通过能量流动和物质循环所形成的一个相互影响、相互作用并具有自我调节功能的生态学单元。

生态系统多样性的主要研究内容包括生态系统组织化水平、维持与变化机制、编目与动态监测。近年来的相关研究主要集中在生物群落的关键种、生物多样性的关键地区、生态系统的持续性、受损生态系统的恢复、物种多样性与生态系统功能、遗传多样性与生态系统功能、生态系统的服务功能及其生态补偿机制等。

在上述概念中，不同层次的生物多样性具有密切的内在联系。遗传多样性是物种多样性和生态系统多样性的基础，而物种多样性则是生物多样性的关键，它既体现了生物之间及环境之间的复杂关系，又体现了生物资源的丰富性。

此外，也有学者将生物多样性划分为 4 个不同的层次，即上述 3 个层次和景观多样性（landscape diversity）。为了强调人类与生物多样性的关系，也有学者将生物多样性划分为生态多样性（ecological diversity）、有机体多样性（organismal diversity）、遗传多样性（genetic diversity）和文化多样性（cultural diversity）。

（二）世界生物多样性的分布特点

全球生物多样性主要分布在热带森林中，仅占全球陆地面积 7%的热带森林容纳了全世界半数以上的物种。因此，生物多样性并不是均匀地分布于全世界所有的国家，全球生物多样性的分布是不均衡的。美国国家科学院的热带生物学研究委员会根据生物多样性的丰富程度、高度的特有种分布及森林被占用速度等因素，确定了 11 个需要特别重视的热带地区：厄瓜多尔海岸森林、巴西可可地区、巴西亚马孙河流域东部和南部、喀麦隆、坦桑尼亚山脉、马达加斯加、斯里兰卡、缅甸、苏拉威西岛、新喀里多尼亚及夏威夷。

1988 年，英国生态学家诺曼·麦尔提出了生物多样性热点地区的概念，即在很小的地域面积内包含了极其丰富的物种多样性的地区。目前，评估热点地区的标准主要有两个方面——特有物种的数量和所受威胁的程度。保护国际（Conservation International，CI）在全球确定了 34 个物种最丰富且受到威胁最大的生物多样性热点地区，这些地区虽然只占地球陆地面积的 3.4%，但是包含了超过 60%的陆生物种。中国西南山区是全球 34 个生物多样性热点地区之一。它西起西藏东南部，穿过川西地区，向南延伸至云南西北部，向北延伸至青海和甘肃的南部，这里拥有我国大约 50%的鸟类和哺乳动物及 12 000 多种高等植物。此外，16 个中国生物多样性的热点地区被《中国生物多样性保护行动计划》列为优先保护地区，分别是：吉林长白山地区、祁连山地区、伏牛山地区、秦岭地区、大巴山地区、大别山地区、浙皖低山丘陵、浙闽山地地区、川西高山峡谷地区、藏东南部地区、滇西北地区、武陵山地区、南岭地区、十万大山地区、西双版纳地区和海南中部地区。

（三）中国生物多样性的分布特点

中国生物多样性的研究起步较晚，但中国是全球生物多样性中十分重要的一部分，是世界上生物多样性最丰富的国家之一，物种数约占世界总数的 10%（见知识扩展 8-2）。

中国生物多样性有以下特征。

1. 物种极其丰富

据统计，中国现有高等植物 478 科 4052 属 41 687 种（含种下分类单位），在世界 17 个生物多样性大国中，按物种多样性排序，中国位列第三。此外，中国是世界上鸟类最丰富的国家之一。

2. 特有物种多

辽阔的国土，古老的地质历史，多样的地貌、气候和土壤条件，形成了多样的生境，加之受第四纪冰川的影响不大，这些都为特有种属的发展和保存创造了条件。在世界 17 个生物多样性大国中，按照植物物种特有比例排序，中国居世界第七位。

3. 区系起源古老

中生代末中国大部分地区已上升为陆地，第四纪冰期又没有遭受大陆冰川的影响，所以多地都保留有白垩纪和第三纪的古老残遗物种。

4. 遗传多样性丰富

大量作物起源于中国或中国是起源地之一。例如，中国是水稻、粟、荞麦的起源地之一。此外，栽培植物、家养动物及其野生亲缘的种质资源异常丰富。

5. 生态系统丰富多彩

中国是世界上生态系统类型最丰富的国家之一，北半球出现的生物群区（biome）在中国均有分布，如森林、草原、荒漠、农田、湿地等生态系统。

6. 空间格局繁复多样

中国地域辽阔，地势起伏多山。山地垂直高差大且汇集了各种走向，相互交织形成网络，形成了极其繁杂多样的生境。

二、生态安全

随着人口增长和经济社会的发展，生态环境面临的压力不断加大，同时由于人类对自然资源的不合理开发及过度利用，人类对资源消耗过度，并引发了越来越多的生态环境问题，如生物多样性丧失、生态系统退化、外来生物入侵、海洋酸化、土地退化、水资源短缺等，由此导致的生态危机和灾害严重威胁到人类自身的安全，因此生态安全问题应运而生。

生态安全（ecological safety 或 ecological security）是一门自然科学与社会科学的交叉学科，涉及生物学、环境学、生态学和法学等诸多方面。生态安全问题的提出，最早源于 20 世纪 80 年代苏联的切尔诺贝利核电站事故导致的人为环境灾难。由于涉及面广，创立时间短，目前生态安全尚无统一的定义。

从狭义上讲，即从自然本身出发，生态安全是指生态系统为维持生物多样性与发挥生态系统功能所需的自身结构的完整性与健康程度。从广义上讲，即从人类角度出发，生态安全是指生态环境条件与生态系统服务能够有效保障人类的生活和健康不受损害，经济发展和社会安定不受阻碍和威胁的复合生态系统安全状况，这也是生态安全目前研究的主要方面。

陈星和周成虎于 2005 年提出生态安全具有以下 3 个特点：①生态安全的整体性和全球性；②生态破坏的不可逆性；③生态恢复的长期性。

事实上，生态环境问题的积累一旦超过一定程度，不仅会危及地区或区域尺度，而且会危及国家或跨国生态安全，从而影响经济社会可持续发展。而生态环境的破坏一旦超过其自身的阈值，往往将导致不可逆的生态后果。一旦遭到破坏，生态环境的恢复往往需要很长的时间。为此，生态安全问题日益受到关注，已成为各国必须共同面对并亟须解决的重要科学问题。

三、生物多样性与生态安全

生物多样性的价值是指某个指定基因、物种或生态系统，在时间、空间和利用方式上均达到最优时所能提供的物质和服务的总和。生物多样性的价值包括直接价值和间接价值。前者包括消耗性利用价值和生产性利用价值；后者包括非消耗性利用价值、选择价值和存在价值。如果从人类的福利角度来考虑，生物多样性的价值存在以下 4 条路径（图 8-1）。

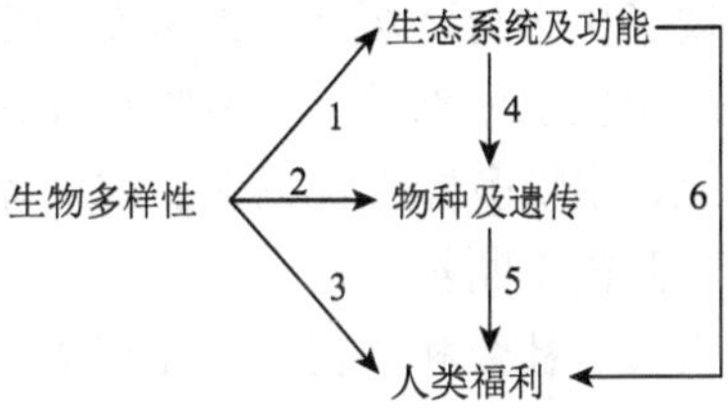

图 8-1 生物多样性价值的分析路径
（改自 Nunes et al.，2001）

1. 1→6 途径

生物多样性为人类提供多样的生态系统类型及不同的生态系统功能，如控制洪水、保持地下水、分解有毒物质、维持光合作用、驱动营养物质的循环与流动等。

2. 1→4→5 途径

生物多样性的价值体现在：通过生态系统为物种提供生存空间或自然环境，从而维持物种和遗传多样性。如果自然生境遭到破坏，将导致野生生物的生境面积减小，进而影响人类的旅游和户外游憩等。

3. 2→5 途径

在这一路径中，生物多样性的价值体现在：地球上的物种或其遗传资源对于人类的生存具有极其重要的价值。有些物种可能是日常用品，能够进入市场，表现为直接使用价值；也有的物种对人类的未来产生重要影响，表现出选择价值。以紫杉醇（taxol）为例，20 世纪 60 年代，美国化学家瓦尼（M. C. Wani）和沃尔（Monre E. Wall）首次从美国西部分布的美国红豆杉（*Taxus brevifolia*）中分离出紫杉醇。经研究发现，它具有新颖复杂的化学结构、广泛而显著的生物活性、全新独特的抗癌机制，使其成为 20 世纪下半叶举世瞩目的抗癌明星。随后发现，在该属其他种的植物（*Taxus* spp.）中也可以提取出紫杉醇。这为人类的肿瘤治疗提供了新的药物资源和思路。

4. →3 途径

生物多样性的价值在该路径体现在它的非使用价值，即生物多样性存在于不受人类使用的自然中，它反映了人类的博爱（human philanthropic consideration）或伦理价值（ethical value），体现人类对生物多样性的思想认知及对待大自然的态度。

根据以上对生物多样性的价值分析，不难发现生物多样性具有多重价值，既有直接价值，也有间接价值；既可以为当代的现实价值，也可以是未来价值。然而，一旦生物多样性保护不当或开发利用超过一定的阈值，无论在哪个水平上发生，都将危及其生态安全性。

第二节　物种多样性的生态安全性

物种多样性是生物多样性的核心，是生物多样性的优先保护对象，开展物种多样性的保护对于维护人类自身的生存和生态安全至关重要。本节将从物种多样性丧失的后果入手，分析造成这一现象的原因，并从物种红色名录和濒危等级的角度，概述目前国际上通用的物种多样性风险评估的标准和方法。最后，提出对物种多样性的保护对策。

一、物种多样性丧失的后果

物种多样性（species diversity）是指地球上所有生物物种及其各种关系变化的总和，它体现了生物与环境之间的复杂关系及生物资源的丰富性。物种是遗传基因的载体，又是生态系统的重要组成部分。只有物种存在，遗传物质才能够不丢失，生态系统才不至于退化或消失。因此，生物多样性优先保护的对象就是物种多样性。但由于世界人口的持续增加，以及人类活动范围的不断扩大，许多物种的生存受到威胁，物种多样性遭到严重破坏，而这种情况必然会对人类、社会和大自然产生极大的影响与危害。这种影响和危害主要包括以下几点。

1. 影响未来的食物来源

物种多样性直接为人类提供了大量的食物资源，而且目前供人类利用的所有作物、牲畜、家禽、鱼类等品种都是从自然野生物种中长期驯化而来的。世界自然基金会（WWF）指出，野生物种的灭绝最直接的影响就是危及粮食安全。就很多野生植物品种而言，其本身保持了农作物遗传的多样性特征，具有被驯化为粮食作物的潜力；就野生动物而言，它们在很多时候承担了植物授粉的重任，一旦这些动物灭绝，植物无法授粉，也就无法生存。如果物种大量灭绝，一定会直接或间接地影响食物资源的供应，从而严重影响人类的生存。

2. 减少工业资源的供应

人类生产生活中所用到的各类工业资源，如木材、纤维、橡胶、燃料等均是直接或间接来源于生物资源。而物种多样性的丧失势必会造成这些资源和原料的短缺，进而对人类的生产、生活产生负面影响，不利于人们生活质量的提高。

3. 威胁医药产业的发展

不论是传统医药还是现代医药，均离不开物种多样性资源。早在明代，李时珍的《本草纲目》就记载了大量的药用动植物。且随着现代西方医药医源性及其化学药品不良反应和耐药性等引起的药源性疾病的日益凸现，越来越多的人把目光投向了天然药物，而天然药物来源于野生动植物。因此大量野生物种的灭绝，势必将影响现代医药产业的发展和进步。

4. 破坏生态系统的平衡

任何一个物种都不能孤立地存在，或直接依赖于其他物种存在，或依赖于其他物种与环境（生物的与非生物的）相互作用所产生的条件与资源。多洛法则（Dollo’s law）认为：总体而言，进化是不可逆的。已灭绝的物种不可能重新产生，凡进化了的生物均不可复原。因此，任何一个物种的灭绝均会直接或间接地影响到其他物种的存在，从而对整个生态系统的平衡产生影响，甚至直接引发生态系统的退化。

5. 降低自然景观的美学价值

物种多样性还给我们提供了美学价值，花鸟虫兽是组成自然景观的重要部分，它带给人们良好的感官体验，并能丰富人们的精神生活。然而随着物种的不断灭绝，这种美学价值将会消失殆尽。

二、物种多样性丧失的原因

有研究表明，在过去的 6 亿多年里，由于气候和地质的变化，地球已经历了 5 次物种大灭绝。有学者认为，现在的地球由于受到人类及其活动的影响，正在经历第六次生物大灭绝。2019 年联合国发布的《生物多样性和生态系统服务全球评估报告》显示，现在地球上 75%的陆地生态环境和 66%的海洋生态环境由于人类不合理的活动已经发生显著变化，而这些改变严重影响到许多物种的生存和繁衍，加速了它们走向灭绝的步伐。

目前，导致全球物种多样性丧失的原因，除自然条件的改变以外，主要是人类社会的快速发展所引起的对动植物资源的过度利用、生境丧失和破碎化（或碎片化）、环境污染、生物入侵及气候变化等因素。

1. 过度利用

地球为我们提供了各种生存资源。然而，人类对生物资源的过度需求所导致的过度或非法利用已对全球物种多样性的保护构成了严重威胁。据报道，世界最大的淡水鱼类——长江白鲟（*Psephurus gladius*）可能在 2005～2010 年就已经灭绝，在 2017～2018 年的调查中，长江流域中曾有记录的 140 种鱼类均未被发现，其中大多属于濒危物种。人类对长江水产资源的过度利用，导致其生物资源的严重衰退和濒临枯竭，长江生态系统已濒临崩溃。2020 年，我国正式宣布长江进入为期 10 年的禁渔期，以期对长江流域的物种多样性和生态系统进行有效的保护。另外，由于人类的贪婪和畸形审美的需求，大量野生动物正遭受灭顶之灾，它们的皮毛、筋骨及血肉被人类残忍地剥夺。目前，这样的非法利用已是造成物种灭绝的重要因素之一。

2. 生境丧失和破碎化

生境丧失和破碎化是导致生物多样性下降的主要因素，是引起许多物种濒危和灭绝的重要原因。由于开采、放牧、交通等人类活动，动植物的自然生境被大面积改造或破坏，物种的生存受到严重威胁。巴西的亚马孙地区有一条长约 400km 的高速公路连通了巴西利亚和贝伦市，这导致公路周边的森林退化，严重破坏了亚马孙雨林的生境。中国千岛湖即新安江水库就是由于大坝封闸蓄水形成的，因此原先连续的森林被水隔离，导致孤立的山顶变成一个个小岛屿，原有植被遭到严重破坏。据估计，因生境丧失和破碎化而受到灭绝威胁的物种在哺乳动物和鸟中占比分别达到 48%和 49%，在两栖动物中的比例更是高达 64%。

3. 环境污染

环境污染是一种生态破坏。其对物种多样性的降低主要体现在以下几个方面：①直接毒害作用，影响或阻碍生物的正常生长发育，导致生物丧失生存和繁衍的能力。例如，农药的广泛使用不仅会杀死对农作物有害的昆虫，也会杀死许多对农作物有益的昆虫。②引起生境变化，致使生物没有适宜生存的环境。例如，石油的泄漏导致海水中大量的浮游动物和鱼类的死亡。③污染物在生态系统的富集和积累，导致食物链后端的动物难以生存和繁殖。根据相关研究报告，我国重点保护动物中华白海豚（*Sousa chinensis*）的主要死亡原因就有船舶螺旋桨的伤害、刺网的缠绕、鱼类资源的减少及水体的污染，而且水体中的持久性有机污染物和重金属污染物在一定程度上限制了中华白海豚对栖息地的选择，如果不能尽快改善水体污染现象，对中华白海豚的保护是极其不利的（见知识扩展 8-3）。

4. 生物入侵

生物入侵是指某一物种通过自然或人为因素进入一个新的生态环境中，它不仅会给当地的社会经济与人类健康等带来不可忽视的危害，还会从个体、种群、群落和生态系统多个层次对当地生态系统造成严重的生态后果。简单来说，入侵物种对当地的物种多样性的威胁在于：①会与当地物种竞争，压缩当地物种的生存空间，造成其种群数量的下降乃至物种的灭绝；②改变或破坏当地的食物链和食物网结构，造成对当地某一物种的取代。

5. 气候变化

自工业革命以来，由于二氧化碳等温室气体的大量排放，全球气温持续升高，这种气候变化使全球生物面临着前所未有的生存危机。随着全球气候变暖，北半球的冰雪覆盖量和冰雪厚度在过去的几十年间显著下降，这对全球物种的分布、迁徙、生存及繁衍都产生了一定的影响。2019 年，澳大利亚官方首次承认珊瑚裸尾鼠（*Melomys rubicola*）已经“灭绝”，该种被认为是第一种由人类活动引起的全球气候变化而灭绝的哺乳动物。

三、物种红色名录和濒危等级

对物种多样性进行风险分析和评估，能够帮助我们更好地预防物种多样性的下降，是科学有效管理的前提和基础。为此，世界上很多组织和个人都进行了研究。其中，IUCN 研究制定的物种红色名录评估系统已成为世界各国和地区性评估时统一的参考依据。该系统以定量化分析为主，提出了明晰客观的受威胁等级及评估标准，并预警了全球物种的濒危状况，目前被广泛运用于全球濒危物种的研究。

2003 年，IUCN 在评估物种灭绝风险时，将每一个分类单元划分到以下 9 个濒危等级中（图 8-2），每个等级及其含义如下所示。

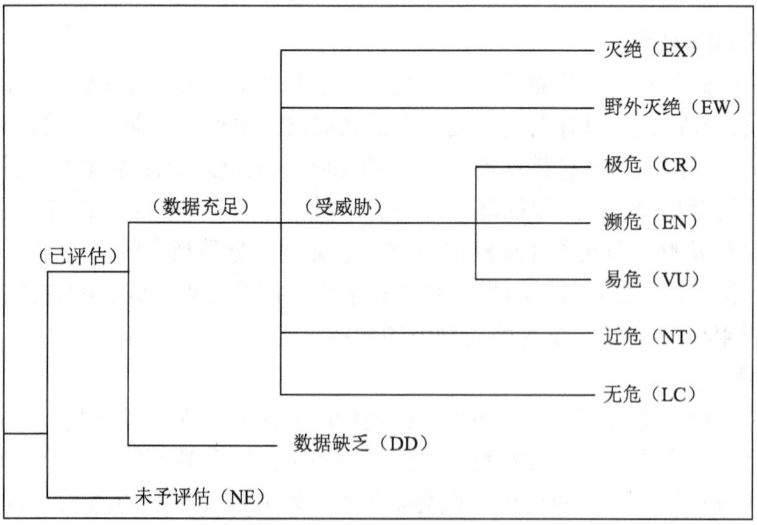

图 8-2　物种红色名录的濒危等级体系（引自 IUCN，2012）

1. 灭绝（extinct，EX）

如果没有理由怀疑一分类单元的最后一个个体已经死亡，即认为该分类单元已经灭绝。于适当时间（日、季、年），对已知和可能的栖息地进行彻底调查，如果没有发现任何一个个体，即认为该分类单元属于灭绝。但必须根据该分类单元的生活史和生活形式来选择适当的调查时间。

2. 野外灭绝（extinct in the wild，EW）

如果已知一分类单元只生活在栽培、圈养条件下或者只作为自然化种群（或种群）生活在远离其过去的栖息地时，即认为该分类单元属于野外灭绝。于适当时间（日、季、年），对已知的和可能的栖息地进行彻底调查，如果没有发现任何一个个体，即认为该分类单元属于野外灭绝。但必须根据该分类单元的生活史和生活形式来选择适当的调查时间。

3. 极危（critically endangered，CR）

当一分类单元的野生种群面临即将灭绝的概率非常高，即符合极危标准中的任何一条标准（A～E）时，该分类单元即列为极危。

4. 濒危（endangered，EN）

当一分类单元未达到极危标准，但是其野生种群在不久的将来面临灭绝的概率很高，即符合濒危标准中的任何一条标准（A～E）时，该分类单元即列为濒危。

5. 易危（vulnerable，VU）

当一分类单元未达到极危或者濒危标准，但是未来在一段时间后，其野生种群面临灭绝的概率较高，即符合易危标准中的任何一条标准（A～E）时，该分类单元即列为易危。

6. 近危（near threatened，NT）

当一分类单元未达到极危、濒危或者易危标准，但是未来在一段时间后，接近符合或可能符合受威胁等级，该分类单元即列为近危。

7. 无危（least concern，LC）

当一分类单元被评估未达到极危、濒危、易危或者近危标准，该分类单元即列为无危。广泛分布和种类丰富的分类单元都属于该等级。

8. 数据缺乏（data deficient，DD）

如果没有足够的资料来直接或者间接地根据一分类单元的分布或种群状况来评估其灭绝的危险程度时，即认为该分类单元属于数据缺乏。属于该等级的分类单元也可能已经做过大量研究，有关的生物学资料比较丰富，但关于其丰富度和（或）分布的资料却很缺乏。

9. 未予评估（not evaluated，NE）

如果一分类单元未经应用本标准进行评估，则可将该分类单元列为未予评估。

在以上 9 个等级中，通常认为属于受威胁的只有 3 个等级，分别为极危、濒危和易危。这些等级有各自的 5 条定量评估标准，即标准 A（分布范围内种群数量减少）、标准 B（地理分布范围及面积、破碎化、面积下降及波动等）、标准 C（种群内成熟个体数下降或减少）、标准 D（极小种群或分布十分受限）和标准 E（灭绝风险的定量化分析）。此外，如果在地区和国家尺度上进行评估，而非全球尺度，则评估等级还包括“不宜评估”（not applicable，NA）和“地区灭绝”（regional extinct，RE）。

2017 年，环境保护部和中国科学院召集全国 300 余位专家，对中国本土分布的高等植物 35 784 种进行了评估。其中，被子植物 30 068 种，裸子植物 251 种，石松类及蕨类植物 2244 种，苔藓植物 3221 种。有 21 种被评定为灭绝（EX），9 种野外灭绝（EW），10 种地区灭绝（RE），614 种极危（CR），1313 种濒危（EN），1952 种易危（VU），2818 种近危（NT），24 243 种无危（LC），4804 种数据缺乏（DD）。该次评估的统计结果显示，有 3879 种为受威胁物种（即 CR、EN 和 VU 等级的物种），占评估物种的 10.84%。这为我国的物种受威胁的等级评估和科学有效管理提供了重要参考。

四、物种多样性的保护对策

2019 年 IUCN 的报告显示，在此次 106 000 种物种灭绝风险的评估中，超过 28 000 种生物陷入了生存困境，在此次更新的濒危物种保护的红色名录（red list）中，新增了来自全球各地的 7000 多种物种。这份报告向人类警示：人类对大自然的破坏，正造成物种以“前所未有”的速度濒临灭绝。物种的灭绝，物种多样性的丧失，不仅仅是数据的变化，更是人类生存危机的开端。因此，对物种多样性的保护势在必行。

1. 减少野生动植物制品的需求，严厉打击非法野生动植物贸易

人类对生物资源持续增加的需求，使得野生动植物国际贸易规模逐年扩大发展，而如此大规模的贸易势必会对物种多样性造成不可逆的伤害。研究表明，在全球受威胁的物种中，有 30%是由国际贸易造成的，这正是人类对生物资源过度利用的一个鲜明案例。正如那句广告语所说“没有买卖就没有伤害”，只有减少人们对野生动植物制品的需求，才能真正达到切实保护物种多样性的目的。另外，必须严厉打击非法野生动植物贸易。目前，全世界已有 178 个国家参与了《濒危野生动植物种国际贸易公约》（The Convention on International Trade in Endangered Species of Wild Fauna and Flora，CITES 公约），该公约旨在通过控制野生动植物贸易，以期对全球生物多样性进行保护。

2. 采取多种措施，切实保护好野生物种的生境及种质资源

目前，为了对野生物种资源进行有效保护，主要采取了以下几种方法：①就地保护，是指直接在野外对自然群落或濒危物种的种群进行保护，主要是指建立自然保护区，该方法是生物多样性保护中最为有效的一项措施，是拯救生物多样性的必要手段；②迁地保护，是指将一些在野外有灭绝风险的物种通过人类的监管而得以保护，主要是指将这些濒临灭绝的物种移入动物园、植物园、水族馆及濒危动物繁殖中心等地，该方法是对就地保护的必要补充，是生物多样性保护的重要组成部分；③离体保护，是指对濒危物种遗传资源的保护，如植物的种子、动物的精液、胚胎及微生物的菌株等进行长时间的保存，主要方式有建立种子库、基因资源库等；④野外回归，对于野外种群规模和种群数量极小的物种，除建立保护区外，还可以结合必要的人为措施积极对其进行种群扩繁，并且通过寻找合适的生境区域开展种群的野外回归，这对于有效扩大濒危保护物种的种群规模及分布面积，减小或降低野生种群的灭绝风险具有重要的理论意义和实践价值。

3. 治理环境污染，遏制气候变化

中国气象局国家气候中心发布的《中国气候变化蓝皮书 2020》显示，全球气候系统变暖加速，出现物候期提前、冰川消融、海平面上升等现象。当前世界的气候极端性不断增强，而造成这种气候变化的一个重要原因，就是人类对自然环境的污染和破坏。IUCN 红色名录显示，47%的陆生哺乳动物和 23.5%的鸟类的生存由于气候变化而受到影响。另外，随着全球气候的快速变化，外来入侵生物的很多物种特性表现出明显的变化，甚至出现了快速的适应进化。也就是说，全球气候的极端性会加剧外来生物的入侵，这是对物种多样性保护的严重打击。因此，对环境污染进行有效治理，减少、控制温室气体的排放，加快植树造林，对保护物种多样性具有重要意义。

4. 加强对物种保护的科学研究

物种多样性的保护离不开科学研究，只有弄清楚物种的现状、发展趋势、生存需求等，才能对物种进行切实有效的保护。因此，对野生濒危动植物开展种群研究，并进行长期监测，以此为基础，制订符合某一物种生存繁衍特点的保护策略，同时将就地保护与迁地保护有机地结合起来，才能更好地保护物种多样性。

5. 完善法律法规，加强宣传教育

除对物种和生境的保护管理外，在物种多样性保护中加强对人的管理也尤为重要。因此，首先必须要开展教育宣传活动，提高人们对物种多样性的理解，增强人们保护物种的意识。其次还应该建立健全相关的法律法规，通过政策宣传和法律手段约束人们的行为。

6. 加强国家和地区间的合作

我们需要注意的是，物种多样性保护不是某个国家/地区或者某一个机构的责任，物种多样性对全人类的生存和发展具有基础作用和重要价值，因此，对物种的保护就是对人类自身的保护。加强国际合作，加深地区联系，在全球范围内制定普遍统一的规章制度，对全球物种多样性保护具有深远意义（见知识扩展 8-4）。

第三节 遗传多样性与生物安全

《生物多样性公约》对于遗传资源保护有哪些约定？什么是《卡塔赫纳生物安全议定书》？它与遗传多样性保护有什么关系？一般而言，遗传多样性丧失的主要原因有哪些？我们应该如何保护遗传多样性？本节将结合《生物多样性公约》和《卡塔赫纳生物安全议定书》，阐述其中与遗传多样性相关的条款。同时在分析遗传多样性丧失主要原因的基础上，提出保护遗传多样性的方法或策略。

一、《生物多样性公约》与遗传资源保护

遗传多样性是生物多样性的重要组成部分，它是指同种生物的同一种群内不同个体之间，或者地理上隔离的不同种群之间遗传信息的变异。1992 年 6 月 5 日，150 多个国家首脑在巴西里约热内卢举行的联合国环境与发展大会上签署了《生物多样性公约》（*Convention on Biological Diversity*，CBD）（见知识扩展 8-5）。该公约于 1993 年 12 月 29 日正式生效。这是世界上第一个具有约束力的保护地球生物资源的国际性公约。它有三大目标：生物多样性保护、可持续利用和惠益分享。该公约涵盖了所有的生态系统、物种和基因资源，是目前已经生效的保护生物资源最重要的国际公约。联合国《生物多样性公约》缔约国大会是全球履行该公约的最高决策机构，一切有关履行《生物多样性公约》的重大决定都要经过缔约国大会通过。

2000 年第五次缔约方大会成立了不限成员名额特设工作组对遗传资源获取与惠益分享进行了具体协商。2002 年《生物多样性公约》第六次缔约方大会（COP6）通过了《波恩准则》，确定了遗传资源提供国和使用国的有效取得与惠益分享的基本程序。经过工作组近十年的磋商，2010 年第十次缔约方会议（COP10）通过了《获取遗传资源和公正公平分享其利用所产生惠益的名古屋议定书》（以下简称《名古屋议定书》）。《波恩准则》属于一个自愿性的指南，而《名古屋议定书》是一个具有法律约束性的文件。

《名古屋议定书》制定了遗传资源获取与惠益分享的国际制度。其核心要义在于：各国对其遗传资源享有主权权利，获取一国遗传资源时，须得到该国政府的事先知情同意，并在共同商定条件下公正、公平地分享因利用遗传资源所产生的惠益；在获取土著和地方社区持有的遗传资源及相关传统知识时，须得到土著和地方社区的事先知情、同意或批准、参加，共同商定获取及惠益分享条件，公正、公平地分享因利用其遗传资源及相关传统知识所产生的惠益。

因此，目前 CBD 和《名古屋议定书》是对生物遗传资源利用的规范性文件。这些文件中涉及的“生物资源”“遗传资源”和“遗传材料”等有明确的定义。“生物资源”是指对人类具有实际或潜在用途或价值的遗传资源、生物体或其部分、生物种群或生态系统中任何其他生物组成部分。“遗传资源”是指具有实际或潜在价值的遗传资料。“遗传材料”是指来自植物、动物、微生物或其他来源的任何含有遗传功能单位的材料。

尽管以上名称表述不一，但是它们涉及的都是遗传资源（genetic resources），即指具有实用或潜在实用价值的任何含有遗传功能的材料，包括全部或部分动植物基因、基因组，以及衍生于生物活体的新陈代谢和死亡残体萃取物标本中遗传起源信息，是人类生存和社会经济可持续发展的战略性资源。与遗传多样性的含义多有交叉，但是两者的侧重点不同。

随着近年来 DNA 测序技术的快速发展，在 2016 年《生物多样性公约》第十三次缔约方大会（COP13）和《名古屋议定书》第二次缔约方会议（NP COP-MOP2）的“合成生物学议题”中引入了术语“遗传资源数字序列信息”（digital sequence information on genetic resources，DSI）。由于遗传资源数字序列信息记录着生物体的各种遗传信息，而生物信息学（bioinformatics）、合成生物学（synthetic biology）等学科的兴起将改变传统利用和开发遗传资源的方式，因此生物遗传资源的利用方将无须获得遗传资源的实物，仅仅通过所获遗传序列信息便可实现对生物资源的开发利用。在大数据和全球化的今天，遗传资源数字序列信息的应用既为生物多样性的保护和可持续利用带来了机遇，同时也为遗传资源的获取与惠益分享带来了新的挑战。

2021 年 10 月，在我国云南省昆明市召开了《生物多样性公约》缔约方大会第十五次会议（The 15th Meeting of the Conference of the Parties to the United Nations Convention on Biological Diversity，COP15）。此次会议的主题是“生态文明：共建地球生命共同体”。COP15 第一阶段会议已顺利完成大会一般性议程并举行了 COP15 高级别会议，包括领导人峰会及部长级会议，并举办了生态文明论坛。国家主席习近平在 COP15 领导人峰会讲话中指出：推动制定“2020 年后全球生物多样性框架”对未来全球生物多样性保护设定目标、明确路径具有重要意义；中国将率先出资 15 亿元人民币，成立昆明生物多样性基金，支持发展中国家的生物多样性保护。高级别会议通过了“昆明宣言”，呼吁各方采取行动，遏制生物多样性丧失，实现可持续发展，共建地球生命共同体；生态文明论坛发出了“保护生物多样性、共建全球生态文明”的倡议。这些为 2022 年召开的第二阶段会议制定“2020 年后全球生物多样性框架”凝聚了广泛共识，奠定了坚实基础。此次会议推进了全球生态文明建设，强调了人与自然是生命共同体，号召尊重自然、顺应自然和保护自然。会议呼吁各缔约方携手共同落实大会各项成果，推动全球生物多样性治理不断进步，以便努力达成公约所提出的到 2050 年实现生物多样性可持续利用和惠益分享，实现“人与自然和谐共生”的美好愿景。

二、卡塔赫纳生物安全议定书

一般而言，生物遗传资源可以概括为以下两类：一类是自然界存在的具有遗传活性物质的基因、细胞、组织、器官或生物体等生物活性物质；另一类是经过遗传修饰或改变的生物活性物质。随着现代生物技术的快速发展，人们对凭借现代生物技术获得的、可能对生物多样性的保护和可持续使用产生不利影响的任何改性活生物体（living modified organism，LMO）的越境转移问题日益关注。这里的 LMO 是指任何具有凭借现代生物技术获得的遗传材料新型组合的活生物体。它与我们平常提到的“转基因生物”（genetically modified organism，GMO）基本相同。为此，经过 4 年 10 轮工作组会议和紧张激烈的谈判，2000 年 1 月 29 日在加拿大蒙特利尔召开的生物多样性缔约方大会上终于顺利通过了《卡塔赫纳生物安全议定书》（*Cartagena Protocol on Biosafety*）（以下简称《议定书》），并于 2003 年 9 月 11 日生效（见知识扩展 8-6）。该议定书原本计划在 1999 年 2 月于哥伦比亚的卡塔赫纳（Cartagena）所举行的缔约国第一次特别会议上通过，但是由于与会各方对议定书的有关内容未达成共识，仅决定同意将该议定书定名为《卡塔赫纳生物安全议定书》。

该议定书共有 40 个条款及 3 个附件，其主要内容包括：保护各国在世界贸易组织（World Trade Organization，WTO）协议下的权利和义务；建立“生物安全审查机构”，在改性活生物体产品被批准上市前 15d 之内提交上报信息；如果切实可行，在粮食及其产品运输过程中必须标注“可能含有”转基因生物；在没有科学确证的情况下，给予各国制定遗传改良生物体管理规则的权力；建立一套包括种子在内的有关转基因生物首次运输的先进完备的协议程序。确定一套检测转基因产品的简化程序，允许各国根据国内立法作出决策，但制药行业不包括在议定书内。

该议定书的实施，目的在于使各国在最大限度地降低生物技术对环境可能造成的风险的同时，尽可能从生物技术开发和应用中获得最大的惠益。但由于该议定书与 WTO 存在体制上的冲突，国际上欧美等发达国家与非洲、美洲等发展中国家的利益关切不同，同时生物安全问题本身涉及社会科学（如法学、社会学和伦理学）和自然科学（如生物学、生态学和环境学），因此国际社会尚需进一步加强合作，降低其生态风险，加强生物安全防范。

可喜的是，与之相关的《〈生物多样性公约〉关于获取遗传资源和公正公平分享其利用所产生惠益的名古屋议定书》（Convention on Biological Diversity Serving as the Meeting of the Parties to the Nagoya Protocol on Access to Genetic Resources and the Fair and Equitable Sharing of Benefits Arising from their Utilization）已于 2014 年 10 月 12 日正式生效。它的适用范围包括生物遗传资源、衍生物，以及与生物遗传资源相关的传统知识，这将更加有利于公平公正地分享因利用生物遗传资源而产生的惠益。

三、遗传多样性丧失的原因

理论上，自然因素（如地震、海啸或火山喷发）和人为因素（如过度利用、生境破坏或环境污染）均会导致生物多样性的丧失。然而，随着世界人口的持续增长和人类活动范围与强度的不断增加，人类社会对生物多样性产生了越来越显著的影响，并且打破了生物多样性相对平衡的格局，对不同层次的生物多样性保护与利用均构成了明显的威胁。

图 8-3 展示了人类活动导致生物多样性受到威胁的主要因素。人口与消费的增加，农业、工业、渔业、森林采伐、城市建设和国际贸易等人为活动加剧，导致生境丧失或片段化、外来生物入侵或动物疾病传播，而工业和化石燃料的大量使用，将导致全球气候变化（如气温增加、海平面升高）。同时，生境破坏也会加剧全球气候变化，而气候变化将使得外来物种更加易于入侵。因此，这些因素之间（如生境破坏、过度开发、生物入侵等）实际上存在着不同程度的相互作用，所有这些单一因素或者它们之间的相互作用，都将可能导致生物多样性的丧失。

尽管威胁生物多样性的原因有多种，但是概括而言，生物多样性丧失的主要原因可以归纳为以下 5 个方面：栖息地丧失和破碎化、过度利用、环境污染、生物入侵与疾病扩散，以及全球气候变化。作为生物多样性尺度之一的遗传多样性，其丧失的原因可以归纳为以下两个方面。

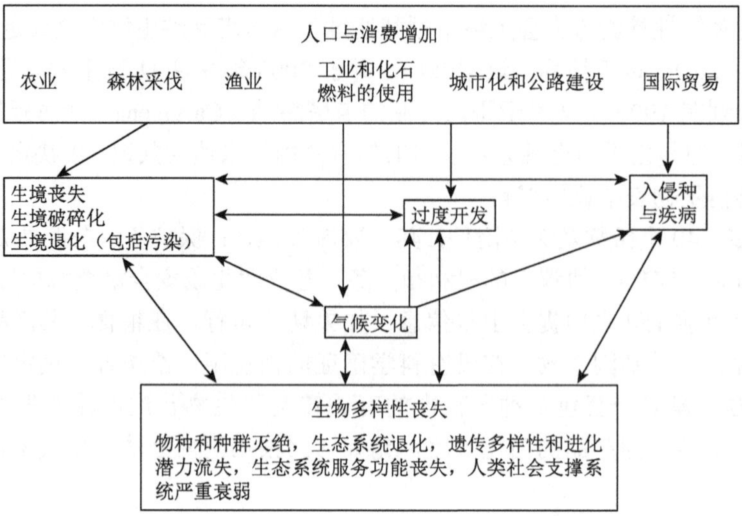

图 8-3　人类活动导致生物多样性受到威胁的主要因素

（引自 Primack et al.，2014）

1. 物种的遗传障碍

物种的遗传障碍主要包括物种的遗传负荷（genetic load）、基因的表达障碍（genetic expression disorders）、近交衰退（inbreeding depression）和远交衰退（outbreeding depression）。其中物种的遗传负荷是指物种的某些基因由于某种原因产生了不利或致死的变化，使得该物种不得不在遗传上携带和承受来自这些变化的负担。近交衰退会增加有害等位基因的纯合概率，破坏多基因平衡，从而导致个体适应能力的下降。远交衰退是指不同种群之间的后代比同种群的后代有劣势的现象，与杂种优势相反。其原因主要在于两个不同的种群分别适应各自不同的环境，存在着基因型与环境之间的相互作用（genotype-environmental interaction），而它们的交配将打破这些组合，“稀释”这些适应基因，从而引起后代适应性的下降。

2. 种群层次的遗传障碍

种群层次的遗传障碍主要包括种群间的遗传差异、个体间的遗传差异和小种群的遗传差异。由于人为或自然因素的影响，一个物种的种群规模或种群数量减小，势必增加其种群层次的遗传障碍。当种群数量小到一定的程度或阈值，则成为小种群。因为种群越小，对于未来的种群统计变化、环境随机变化就越敏感。而在影响小种群的环境变化、种群统计变化和遗传变异丢失这三个因素中，任何一个因素均会导致小种群的衰退，从而使得该种群更加易于受到其他因素的影响。所有这些影响小种群的因素，都可能导致种群进一步衰退，且常常会导致种群不断衰落，并有向灭绝方向发展的趋势，即种群陷入灭绝旋涡（extinction vortex），最终导致种群的局部灭绝（图 8-4）。

四、遗传多样性的保护

遗传多样性是生物多样性的基础。生物遗传资源是一个国家的战略资源，因此保护好一个国家或地区的遗传多样性或生物遗传资源，具有重要的现实意义。

一方面，首先，应该开展重点地区种质资源的收集工作，包括动物、植物和菌物等。对这些生物种质资源开展调查和编目，并采取有效保护措施。其次，积极建立自然保护区或植物保护小区等不同形式的自然保护地，以便对这些遗传资源进行就地保护。与此同时，除了继续完善国家对遗传种质资源长期保存库的建设，还要增加地方中期保存库和专项种质中期库的建设，并且建立若干短期工作库用以保存试验材料。通过合理规划和分期建设，形成长期、中期和短期库的配套体系。更重要的是，应该加强种质资源科学研究和相关能力建设，加强对遗传资源的性状鉴定和优质种质的评价分析，构建遗传资源的大数据综合管理系统。

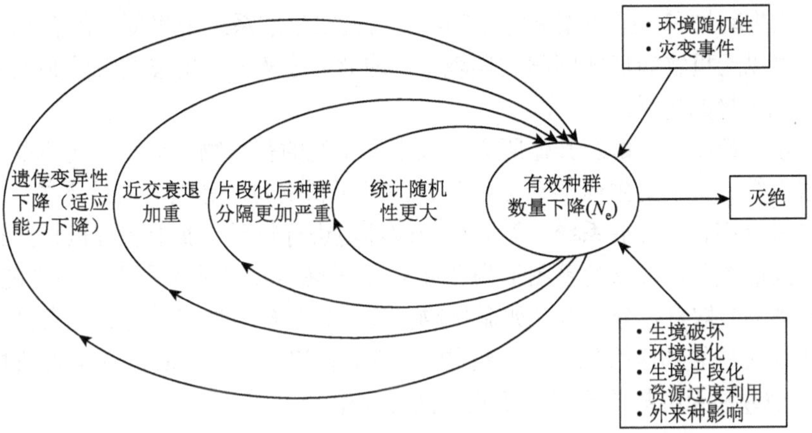

图 8-4　小种群的灭绝旋涡（引自 Primack et al.，2014）

另一方面，我国应借助于为应对全球生物多样性减少而开展国际合作的契机，在《生物多样性公约》及相关协议的框架内，积极从国外获取优质的遗传资源。因为生物遗传资源的国家主权、知情同意和惠益分享是《生物多样性公约》三大基本原则，我们完全可以在保护好本国遗传资源的同时，公平公正地分享与利用各种遗传资源而产生的惠益，同时合理合法地引进国外的优质遗传资源。

第四节　生态系统多样性的生态安全性

生态系统有哪些特征？在人为影响下，生态系统有哪些变化？生态系统的多样性应该如何保护？本节将先阐述生态系统的主要特征，然后在分析生态系统变化的基础上，阐述生态系统多样性的保护。

一、生态系统的组成和特征

生态系统的概念最早由英国生态学家安格联·乔治·坦斯利（Arthur George Tansley）于1935 年提出，他认为生态系统是由生物有机体与生态环境共同组成的一个物理系统。目前一般认为生态系统是基于能量流动的生物群落（植物、动物、真菌和原核生物）与其生存环境之间具有一定自我调节能力的复合体。

生态系统的组成成分包括生产者、消费者、分解者和非生物环境（见知识扩展 8-7）。其中生产者（producer）为主要成分，它们能够将简单的无机物制造成有机物，称为自养生物（autotroph），包括所有的绿色植物和某些细菌。生产者是连接无机环境和生物群落的桥梁。

消费者（consumer）是指以动植物为食的异养生物（heterotroph），包括了几乎所有动物和部分微生物，它们直接或间接地依赖于生产者制造的有机物质。根据食性的不同，通常可以分为：①草食动物（herbivore）或植食动物，即以植物为营养的动物，如昆虫、啮齿类和马、牛、羊等哺乳动物；②肉食动物（carnivore），以草食动物或其他动物为食的动物。肉食动物还可以分为一级肉食动物，即二级消费者（secondary consumer），以草食动物为食物的捕食性动物；二级肉食动物，即三级消费者（tertiary consumer），以一级肉食动物为食的动物。消费者在生态系统中发挥着重要的作用。

分解者（decomposer），又称"还原者"（reductor）。它们是一类异养生物，如细菌、真菌、放线菌、土壤原生动物和一些小型无脊椎动物。它们在生态系统中将复杂的有机物分解为简单的有机物，最终以无机物的形式回归到环境中。因此，分解者是生态系统的必要成分，是连接生物群落和无机环境的桥梁。

非生物环境包括阳光，以及其他所有构成生态系统的基础物质如水、无机盐、空气、有机质、土壤和岩石等。它们为生命活动提供生存的场所和空间，是生命支持系统。

所有生态系统都属于开放系统，能够与周围环境进行物质、能量和有机物交换。生态系统中不同组分之间的关系，可以简单图示为图 8-5。生产者（如植物）利用太阳光能制造有机物，被消费者（如动物）取食，分解者（如微生物、真菌）分解植物和动物。元素循环（包括碳和营养元素）传递大量的物质给生产者（植物）、消费者和分解者，后两者又将植物固定的碳水化合物重新以 CO_2 和无机盐的形式返还到自然环境中。

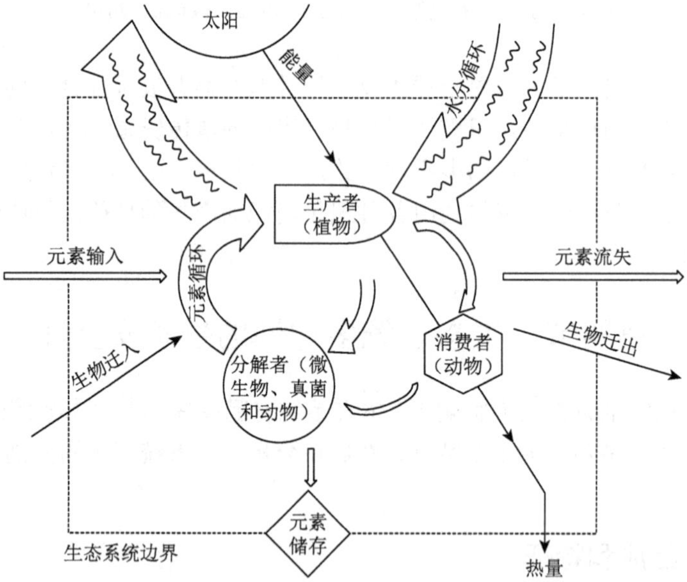

图 8-5　生态系统中能量流动、水分循环和元素循环的交互作用

（引自 van der Maarel and Franklin，2018）

一般而言，生态系统具有以下主要特征。

1. 以生物为主体，具有整体性特征

生态系统通常与一定的空间范围相联系，以生物为主体。由不同功能的生物与非生物环境要素形成稳定的网络式联结，从而保证系统的整体性。

2. 复杂、有序的层级系统

自然界中生物的多样性和相互关系的复杂性，决定了生态系统是一个极为复杂的、多要素、多变量构成的层级系统。

3. 开放的、远离平衡态的热力学系统

任何一个自然生态系统都是开放的，因此需要不断地从外界环境输入能量和物质，经过系统内的加工、转换再向环境输出（图 8-5）。

4. 有明确功能和公益服务性能

生态系统主要是功能上的单位。生态系统在进行能量流动、物质交换及元素循环的过程中，为人类提供粮食、药物、农业原料，并提供人类生存的环境条件，形成生态系统服务（ecosystem service）。生态系统服务功能是指生态系统与生态过程所形成及所维持的人类赖以生存的自然环境条件与效用。

5. 具有自我维持、自我调控的功能

任何一个生态系统都是开放的，不断有物质和能量的进入与输出。一个自然生态系统中生物与其环境条件是经过长期进化适应的，逐渐建立了相互协调的关系。生态系统自我调控（self regulation）机能主要表现在三个方面：首先是同种生物的种群密度的调控，这是在有限空间内比较普遍存在的种群变动规律。其次是异种生物种群之间的数量调控，多出现于植物与动物、动物与动物之间，常有食物链关系。最后是生物与环境之间的相互适应的调控。生态系统对干扰具有抵抗和恢复的能力。抵抗力（resistance）是指生态系统在经历干扰时保持自我状态的能力。恢复力（resilience）是指一个生态系统恢复到原初状态的速度。

生态系统调控功能主要靠反馈（feedback）来完成，通过正负反馈相互作用和转化，保证系统达到一定的稳态。

6. 具有动态的、生命的特征

随着时间的推移，生态系统的结构和功能都会发生变化。生态系统可分为幼年期、成长期和成熟期，表现出鲜明的阶段性特点，从而具有生态系统自身特有的整体演化规律。生态系统这一特性为预测未来提供了重要的科学依据。

7. 具有健康、可持续发展特性

自然生态系统是在数十亿万年中发展起来的整体系统，为人类提供了物质基础和良好的生存环境，然而长期以来人类活动已损害了生态系统的健康。为此，加强生态系统管理促进生态系统健康和可持续发展（sustainable development）是全人类的共同任务。

二、生态系统的类型和变化

生态系统可以分为自然生态系统和人工生态系统。前者包括陆地生态系统（森林、草原、荒漠等）和水域生态系统（海洋、淡水），后者包括农田生态系统、果园生态系统和城市生态系统等。也有学者将地球上的生态系统划分为陆地、湖泊和海洋生态系统。此外，也有学者将湿地与森林、海洋并称为全球三大生态系统。其实，不论采用哪种划分方法，地球上的生态系统类型均多种多样。

然而最近 500 年来，随着生产方式的改变，人类活动正在深刻地影响着生态系统的多样性，从而引起生态系统多方面的变化，主要表现如下。

1. 生态系统结构的改变

根据联合国千年生态系统评估的结果，地球上的各类生态系统，包括林地、旱地和水域生态系统等，在过去的 500 年中均发生了不同程度的结构改变。以热带森林为例，林地的面积不断缩减，森林质量严重衰退，并且产生了级联效应（cascading effect）。

2. 生态系统服务功能的削弱

主要表现在：①供给服务的转型，即越来越多的资源偏向于满足人类需求。②调节服务的减弱，即生态系统无法发挥原有的生态功能。例如，调节气候的能力减弱，全球极端气候事件发生的概率持续增加。③生态服务功能呈现总体弱化的趋势。例如，与自然相关的服务越来越弱，而与人类相关的服务越来越强。人类对生态系统服务的需求也在不断增加，而生态系统的非线性变化越来越多。

3. 自然生境的改变

主要包括生境退化（habitat degradation）、生境丧失（habitat loss）和生境碎片化或生境破碎（habitat fragmentation）。人为的干扰或影响，导致生境质量的下降，成片的生境破碎化，从而使得种群规模减小，物种数量减少，生物群落发生逆行演替或退化，最终导致生态系统的类型改变及生态系统多样性的降低。

三、生态系统多样性的保护

生态系统多样性的保护，主要包括以下两个方面：一方面，对于已有的自然生态系统类型，加强科学管理，维持其结构与功能。例如，将人为影响的范围或程度控制在一定阈值内，使得生态系统依靠其自身的调控能力得以恢复。又如，选择合适的自然生态系统类型，采取就地保护，这是生态系统保护最为有效的方法之一。

另一方面，对于已经退化的生态系统，辅以一定的人工手段或技术措施，结合实际需求设计一定的恢复目标，可以加速其演替进程。退化生态系统恢复的可能发展包括：退化前状态、持续退化、保持原状、恢复到一定状态后退化、恢复到介于退化与人们可接受状态间的替代的状态或恢复到理想状态（图 8-6）。

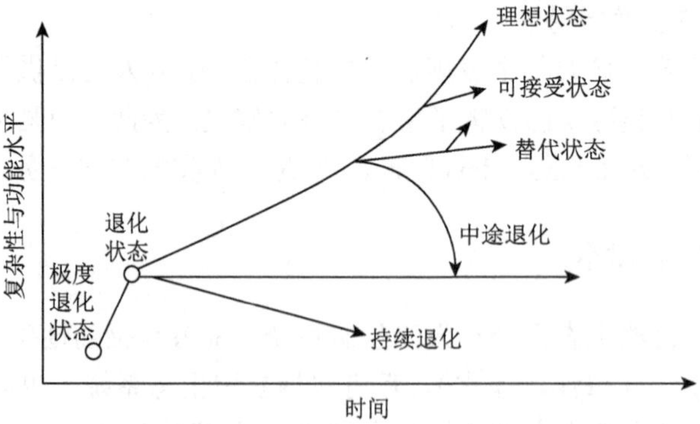

图 8-6　退化生态系统的恢复（引自任海和彭少麟，2003）

退化生态系统的恢复与重建要求在遵循自然规律的基础上，通过人类的作用，根据技术上适当、经济上可行、社会能够接受的原则，使受害或退化生态系统重新获得健康并有益于人类生存与生活的生态系统重构或再生过程。生态恢复与重建的原则一般包括自然法则、社会经济技术原则和美学原则 3 个方面。自然法则是生态恢复与重建的基本原则。社会经济技术是生态恢复重建的后盾和支柱，在一定尺度上制约着恢复重建的可能性、水平与深度。美学原则是指退化生态系统的恢复重建应给人以美的享受。

实际上，不论是对自然生态系统的保护，还是对退化生态系统的恢复与重建，不仅涉及生态系统的组分、结构与功能，还涉及生态系统的管理方或受益方。鉴于此，近年来有学者提出在群落和生态系统水平上的可持续性，认为应该坚持三个基本原则：生态观、经济观和社会政治观。

第五节　生物入侵的生态风险和防控

生物入侵正以前所未有的速度影响着世界各地区的群落构成，对当地的生态环境、经济和社会造成危害。那么，什么是生物入侵？生物入侵的过程包括哪些阶段？有什么主要特征？生物入侵主要有哪些途径？哪些生物更容易成为入侵物种？入侵生物又会带来哪些不利影响？本节将从生物入侵的概念入手，简述生物入侵的过程、特点和生态风险，并在此基础上提出有效预防和控制生物入侵的主要方法。

一、生物入侵的生态风险

（一）生物入侵的定义

生物入侵（biological invasion）是指生物由原来的生存地经自然或人为的途径侵入另一个新的环境，并对入侵地的生物多样性、生态环境、农林牧渔业生产及人类健康造成负面影响的过程。瓦莱里（Valéry）等认为，生物入侵是一个物种在克服自然地理障碍后，获得了竞争优势，种群数量激增并迅速扩散，占领新的地区并在该地的生态系统中成为优势种群的过程。这一定义强调了生物入侵的过程，而淡化了入侵的影响或途径。其实，生物入侵的过程，也可以理解为外来物种入侵（invasion of alien species）或生态入侵（ecological invasion）。

根据 IUCN 物种生存委员会（Species Survival Commission，SSC）发布的《防止外来入侵物种导致生物多样性丧失的指南》，外来物种（alien species）是指那些出现在其过去或现在自然分布范围及扩散潜力以外的物种、亚种或以下的分类单元，包括其所有可能存活，继而繁殖的部分、配子或繁殖体。外来物种的划分并非以行政界线为依据，因为行政区域及国界都是人为划分的，而非自然概念。

当外来物种在自然或半自然的生态系统中建立种群并实现种群自我更新时，称为归化种（naturalized species）。如果外来物种在当地适宜的土壤、气候、丰富的食物供应或缺少天敌抑制的良好生存条件下，得以进一步迅速繁殖、快速扩增，损害当地的生物多样性和生态系统，甚至危及人类健康，从而造成经济损失及灾难，这些外来物种才成为外来入侵物种（alien invasive species），这一过程即生物入侵。

（二）生物入侵的过程

通常，生物入侵需要经历引入（introduce）、定居（colony）、扩散（dispersal）和爆发（explosion）4 个阶段（图 8-7）。外来物种通过自然传播或人为活动，被有意或无意地带到以前没有生存过的地方，即引入阶段。其中只有一部分能进入第二阶段——定居，这需要外来生物能在当地自然、半自然生境中生存、繁衍并建立小规模种群。建立了种群的外来物种逐渐适应当地环境，利用本土资源及自身优势不断扩大占领区，即进入生物入侵的第三阶段——扩散。最后，极小部分的外来物种因自身的强抗性、高繁殖力等特性及群落的易入侵性，且在新环境中缺乏相抗衡和制约的生物，从而出现爆发式增长，排斥和驱逐本地物种，甚至形成单一优势种群，严重影响当地的生态环境，破坏生物多样性，生物入侵进入最后的爆发阶段，此时当地的生态、经济、社会都会受到威胁。

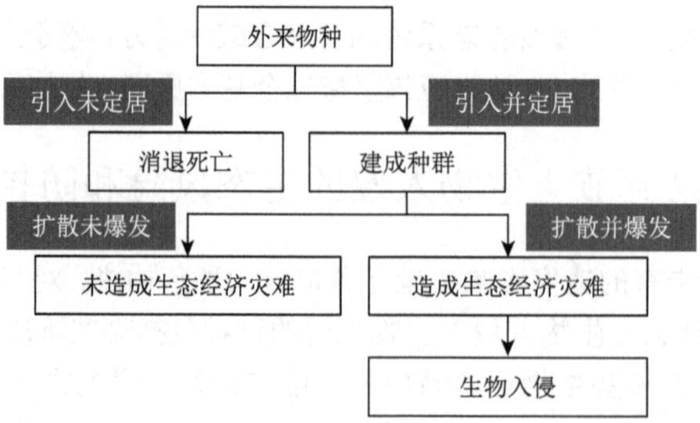

图 8-7　生物入侵的主要过程

（三）生物入侵的主要特点

1996 年，威廉松（Williamson）和菲特（Fitter）提出了“十数定律”（the tens rule，或者 rule of tens），即从生态入侵的一个阶段进行到下一个阶段，仅有 10%左右的成功率。当然，十数定律不是严格的 10%成功率，而可能在 5%～20%波动。十数定律说明了两个方面的问题：一是不同入侵阶段之间障碍重重，我们需要了解为何有些物种能克服障碍而另外一些却不能；二是尽管很多物种能进入新的区域，但是仅有少量物种能够最终爆发并引发生态或经济危害。从人类历史上来看，外来物种入侵当地生态系统的概率很小，一个物种成为入侵物种的概率只有 1‰左右。

根据生态入侵的基本过程不难发现，生态入侵还具有一定的隐蔽性，在早期不容易被发现。而达到一定的种群数量后，突破临界点，种群就会大规模爆发蔓延，传播速度一般很快。事实上，外来入侵物种并不是从入侵初期就表现出破坏性，也不会大量繁殖、扩展领域，导致初期阶段常常难以被察觉，对其危害很难预见和估量。

从物种在新环境中定居建群，到种群开始快速增长并迅速扩大之间还存在一个时间延迟（time lag），一般会有 5～20 年的时间（更有甚者可以持续几个世纪），这一现象称为时滞现象（time lag phenomenon），这一隐蔽的时期称为潜伏期（incubation period）。至于时滞现象产生的原因，可能有以下几点：①由于外来物种最初定居的生境并不适宜其生存，因此需要时间扩散到适宜生长的环境；②由于道路、河流、山谷等天然屏障的阻挡或人为的限制，其不能扩散到其他有利于生长的地区；③由于初期种群太小而没有引起人们的注意，但种群却一直在增长；④产生适应新环境的新基因型的遗传变异需要时间；⑤等待生境发生变化，一旦适宜生长，迅速爆发。

（四）生物入侵的途径

生物入侵的途径包括自然传播和人为传带两大类型。

1. 自然传播

自然传播是指借助物种本身的主动迁移或随气流、水流、动物的传带，微生物、植物种子、动物幼体或卵发生自然迁移的过程。许多菊科植物的种子具冠毛，质量小，能被微风轻易吹起而随风传播。微甘菊（*Mikania micrantha*）在国外被称为“mile-a-minute weed”，这一物种就是通过自然传播的方式入侵中国的。

2. 人为传带

这一生物入侵的途径又可分为无意传带和有意引进两种类型。人为无意传带是指人们在不经意的情况下传带外来物种。这些生物可以黏附在衣物或旅行包上，甚至藏匿于携带的物品中，随出行者长途奔波而被携带到新的地域。它们也可混入农林产品及其他贸易商品而被携带到新地区。例如，松材线虫（*Bursaphelenchus xylophilus*）就是中国贸易商在进口设备时随木制包装箱被携带入境的（见知识扩展 8-8）。航行在世界海域的轮船，其数百万吨压舱水的释放成为水生生物无意引进的一个主要渠道。边境农副产品走私，尤其是水果和种苗走私，是危害地区经济和生态安全的一大毒瘤。在损失巨额关税的同时，也为生物入侵大开方便之门，因为走私者不仅逃避了关税，也逃避了对走私物品的检疫工作。目前，随着旅游和国际商贸的日益频繁，人为无意传带外来生物的威胁日益严重。

人为有意引进是生物入侵的最主要渠道。世界各国出于发展农业、林业和渔业的需要，考虑到外来生物的食用、药用及观赏价值，抑或出于保护生态环境的目的，会有意引进优良品种。但由于缺乏全面综合的评价体系，引种不当或管理不当，部分有意引入的优良生物逐渐发展为外来入侵物种。例如，凤眼莲（*Eichhornia crassipes*）于 1901 年作为观赏花卉被引入中国，20 世纪 50～60 年代曾作为猪饲料被大力推广种植，此后大量逸生，最终爆发成灾。

严格意义而言，人为传带是造成生物入侵的重要条件，是外因；自然传播才是造成生物入侵的根本动力，是内因。只有在新分布区定居并进行大规模的自然传播，才能造成生态和经济灾害。

（五）入侵生物的主要特点

一般来说，入侵生物都具有相应的适应特征，如繁殖能力强、扩散能力强、抗逆性强等。以下将入侵生物分为入侵植物、入侵动物和入侵微生物，简述各类型入侵生物的主要特点。

1. 入侵植物

（1）繁殖能力强　能通过种子或营养体大量繁殖，世代短，能在不利环境下产生后代，有性繁殖时花期长，幼苗生长强壮，根、茎或叶内能贮存大量营养，具有很强的无性繁殖能力。

（2）传播能力强　繁殖体可以很容易地借助气流、水流、动物及人类活动进行传播。

（3）生态适应能力强　遗传多样性高；生态位广；抗逆性很强，可以抗高温或冷冻，在贫瘠的生境中也能生长繁殖；种子可以长时间休眠以保证在合适的时间萌发；能产生抑制其他植物生长的化感物质；具有能够刺伤动物或引起动物反感的结构或成分，以避免被动物取食；植物光合效率很强，在弱光甚至黑暗条件下都能存活或正常生长。

2. 入侵动物

（1）繁殖能力强　能够在到达一个新的分布区后迅速增殖繁衍。

（2）传播能力强　有较强的主动迁移能力，如昆虫和鸟类的迁飞、鱼类的迁徙，个体小，容易藏匿在物品中被远距离转移。

（3）生态适应能力强　抵抗不良环境条件的能力和耐饥饿能力都很强，在不利环境条件下可转入休眠状态。生性凶猛或食性很广，可取食多种动植物。

3. 入侵微生物

（1）隐蔽性强　菌丝、单细胞或非细胞生物个体都非常微小，入侵初期不易被发现。

（2）侵染性强　营寄生生活的微生物通常具有很强的侵染性，通过侵染寄主导致严重的流行性病害。

（3）繁殖能力强　繁殖速度快，世代短；无性和有性生殖相结合；营寄生生活的微生物只要有寄主就能迅速生长繁殖。

（4）生态适应能力强　部分细菌遇到不良环境时可以形成芽孢以存活。

（六）入侵生物的危害

入侵生物的危害主要表现在抑制入侵地区其他生物的生长繁殖，破坏环境和生态平衡；直接危害农作物、林木、养殖家畜家禽和水产的生长繁殖，从而造成严重的经济损失或导致人类疾病，影响生命健康。

1. 入侵生物破坏当地生态环境，加速物种灭绝

入侵生物会对当地的气候、土壤和生物群落的结构稳定性等方面造成影响，从而破坏生态平衡。通过营养竞争、捕食等排挤本土物种，导致部分本土物种个体大量死亡，加速物种灭绝。例如，加拿大一枝黄花（*Solidago canadensis*）原产于北美，于 20 世纪 30 年代作为观赏植物引入中国。现已在浙江、上海、安徽、湖北、江苏、江西等地大量逸生，成为平原城镇住宅区、果园、茶园、桑园、农田、高速公路和铁路沿线的外来入侵植物，常能观察到由该入侵植物构成的单一物种植物群落。据报道，上海市在近 30 年内至少有 30 种本地物种因此消亡。

2. 入侵生物导致严重的农、林、渔业经济损失

一方面，入侵生物可以通过引发农作物、林木、家畜家禽和水产动物的流行病或虫灾导致大量经济作物、食用动物的死亡；另一方面，入侵生物可直接作为竞争者与农作物等竞争生存空间和食物，从而造成严重的经济损失。生物入侵已经成为全球性难题，每年给各国带来巨额损失。联合国《生物多样性公约》委员会 2010 年 3 月的报告中提及，美国、澳大利亚、英国、南非、印度和巴西每年因外来入侵生物而遭受的损失超过 1000 亿美元。

3. 入侵生物引发人类疾病，威胁人类健康和生存

不少入侵生物可直接导致人类疾病。例如，原产于南美的入侵动物红火蚁（*Solenopsis invicta*）叮咬人畜后，轻者会有灼伤般的疼痛，重者可致死；原产自北美的入侵植物豚草（*Ambrosia artemisiifolia*）的花粉是引起人体过敏的主要病源。而入侵微生物最主要的危害就是导致动植物和人类的疾病，还能造成食品污染，引起严重的食品安全问题及人畜疾病。

4. 其他危害

其他危害包括破坏入侵地园林景观、阻塞航道、出口贸易受限等。

二、生物入侵的预防与控制

目前，生物入侵作为全球性问题已经引起世界各国的广泛关注，IUCN 等国际组织制定了关于如何引进外来物种，如何预防、控制生物入侵的指南及其他技术性文件。美国、澳大利亚、新西兰等国家也先后建立了防治生物入侵的技术准则与指南，并进行了相应立法。中国正在加快法规程序的建设，做到防控有法可依；谨慎引种，建立规范化的检测检疫体制和体系；逐步构建生物入侵的动态监测系统和风险评估中心；加强已经引进的外来物种管理，建立国家监控的数据库系统。总体而言，为应对生物入侵的现状，应采取“预防为主，综合防治”的办法，即生物入侵的风险评估与管理；生物入侵的动态监测预警；入侵物种的应急处理与长期治理，三者综合进行防控。

1. 生物入侵的风险评估与管理

生物入侵的风险评估是外来入侵物种环境管理的重要手段。外来物种风险事件的发生是物种自身因素、环境因素、人为因素等共同作用的结果。根据生物入侵的过程和特点，综合生态学、人类活动与可能危害等方面的因素，提取影响风险产生的内在和外在关键因子。尤其需要重视入侵生物与被入侵群落中的本地种的互作关系。近年来经研究发现，入侵物种会使被入侵的群落更加易于受到其他入侵生物的入侵，即入侵熔毁（invasion meltdown）。

入侵生物的风险评估需要遵循两项基本原则，即预先防范原则和逐步评估原则。在没有充分的科学证据证明外来物种无害时，应认为该物种可能有害。即使评估认为其风险是可预测和可控的，也应开展长期监测以防范其潜在风险。对有意引进的外来物种，即使评估不能证明其存在风险，也应遵循先实验后推广、逐步扩大利用规模的方式。

2. 生物入侵的动态监测预警

生物入侵的动态监测可以掌握外来物种在新环境中的发展情况，是有效防控其扩散蔓延并造成危害的基础。动态监测主要包括检疫监测（quarantine surveillance）和环境调查（environmental survey）。检疫监测是带有法律性质的监测程序，需按有害生物的检疫检验程序进行，主要对进出口商品和货物进行检查。环境调查是对外来入侵物种未发生区的风险评估与监测预警及已发生区的调查，一般在其生长期进行。例如，最近在对中国 22 个港口城市进口铁矿石的调查中发现，在 737 份凭证标本中共鉴定出 407 种外来植物，它们具有极高的生态入侵风险。近年来，中国积极推进生物入侵预防的国际合作，如与欧盟达成的外来入侵生物监测和控制项目。

3. 入侵物种的应急处理与长期治理

对已经发展成为入侵生物的外来物种进行治理，比较常用的三类治理方法如下。

（1）物理方法　即利用光、热、电、温度、声波等物理因素处理入侵生物的措施，也包括直接铲除的方式。

（2）化学方法　即使用化学药剂治理入侵生物的方法。当前，化学方法仍是治理植物病虫草害的关键措施。目前应用较多的农药主要有杀虫剂、除草剂、杀菌剂和杀线虫剂，病毒抑制剂也在积极开发中。

（3）生物方法　一般指利用物种间相互关系，用一种生物控制另外一种生物的方法。用来控制外来入侵物种的生物可以从外来物种原产地引进，但要避免引进的天敌成为新的入侵生物。也可以利用具有竞争优势的本土生物来替代入侵生物，该技术在外来入侵杂草的控制中已被广泛应用，称为生物替代技术。除此以外，也可以通过性信息素治虫，即用同类昆虫的雌（雄）性激素来诱杀该入侵生物的雄（雌）虫。某些植物中含有杀虫杀菌化合物，直接从植物中提取或通过仿生合成，从而配制成生物药剂，也是生物治理的一种方法。生物药剂较化学药剂更安全，对环境的影响更小。此外，对受害本土作物进行转基因编辑，以达到抗虫抗病的目的，也是生物防治的一种思路。

（4）应用实例　互花米草（*Spartina alterniflora*）原产于美洲，适宜生活在潮间带。中国于 1979 年引入互花米草用于保滩护堤。但其在长江河口滩涂成功定居后，迅速扩散，对本土植物造成了严重威胁。目前，对长江河口互花米草的物理控制主要采取拔除、刈割、挖根、水淹等措施。物理治理法对环境影响较小，在当年会发挥一定的效果，但并不能从根本上治理，且成本较高。化学治理方法主要是通过药剂对互花米草进行灭除。有效的药剂包括草甘膦、咪唑烟酸、盖草能（吡氟氯禾灵）及互花米草除控剂（指不同配比的草甘膦、甲嘧磺隆和高效氟吡甲禾灵）等。但使用化学药剂会给生态系统带来负面影响。化学除草一方面会遗留一定量的残毒，破坏土壤环境；另一方面容易对其他植物造成危害。应用生物替代法治理互花米草，主要使用芦苇（*Phragmites australis*）、海三棱藨草（*Scirpus mariqueter*）及无瓣海桑（*Sonneratia apetala*）等本地物种对互花米草进行生物替代。物理、化学及生物替代法都有各自的优缺点，单独采用任何一种方法都不能彻底有效地治理互花米草，目前应用较多的是物理法结合生物替代法。将不同单一方法进行组合，形成高效率的综合治理技术是今后治理入侵生物的重要方向。尽管互花米草的引入带来了负面影响，但对这种植物在海岸带盐碱地中的快速生长特性的利用也引起了一些学者的关注。

生物入侵是导致区域和全球生物多样性丧失的最重要因素之一。全球经济一体化为外来入侵物种的长距离迁移传播创造了条件，也给生物入侵防治带来了阻碍。目前应采用“预防为主，综合防治”的策略，一方面，对外来物种建立风险评估体系和动态监测系统，加强国际合作，完善相关法律法规并进行科普宣传；另一方面，综合物理、化学、生物多种方式对已经入侵的物种进行科学治理。

第六节　人类世背景下生物多样性的安全性

自人类诞生以来，人类活动就以各种方式影响、改造着地球。最近的全球环境变化表明，地球可能已经进入了以人类为主导的新的地质时代——人类世（Anthropocene）。尽管人类世从何时开始尚无定论，但身处这个时代的人们需要改变以往时代的生活和行事方式，开始转向可持续性的发展，否则人类社会将面临灭顶之灾。

本节首先介绍人类世的提出过程及相关讨论，接着阐述人类世背景下生物多样性保护所面临的新的挑战，最后论述在人类世背景下生物多样性的保护策略。

一、人类世概述

在 2000 年，大气化学家、诺贝尔奖得主保罗 •克鲁岑（Paul J. Crutzen）与生态学家欧赫内 •施特默（Eugene F. Stoermer）首次正式提出“人类世”（Anthropocene），由“人类”（anthropo = human being）和“新（时代）”（cene = new）组合而成。他们认为，自从 1784 年瓦特发明蒸汽机以来，工业革命导致二氧化碳和甲烷的排放剧增，人类的作用越来越成为一个重要的地质营力，开启了一个由人类行为而非自然所创造的新地质时代——人类世。

实际上，人类世的思想内涵由来已久。1926 年，俄国著名地球化学的先驱维尔纳茨基（Vernadsky）率先提出“人生代”（Anthropozoic），认为“在地球表面上，没有比全体生物界的化学作用更为强大的了”；而法国第四纪古生物学家和第四纪地质学家德日进（Pierre Teilhard de Chardin）神父在地球的岩石圈、生物圈之外又提出一个叫作“智慧圈”（noosphere）的圈层，以强调人类智慧对地球可能产生的作用。20 世纪后半叶，人类开始注意到人类活动中破坏性的一面，提出了“人类圈”（Anthroposphere），强调对岩石圈、水圈、大气圈与生物圈的交互作用。与智慧圈不同，人类圈的概念已不再停留于字面上的思考。例如，我国自然地理学家陈之荣等试图把人类圈从生物圈中独立出来，成为与其他圈层相提并论的第五大圈层。

自从人类世（Anthropocene）一词被提出后，其逐渐被学术界多数学者所接受。2008 年 2 月，札拉希维茨（Zalasiewicz）等 21 位伦敦地质学会地层委员会（Stratigraphy Commission of the Geological Society of London）的成员联名在 *GSA Today* 上发表论文，将人类世这一概念正式引入地球科学领域。随后，国际地层委员会（International Commission on Stratigraphy，ICS）专门设立以札拉希维茨（Zalasiewicz）为主席的人类世工作小组（The Anthropocene Working Group，AWG），考察人类活动引起的变化是否满足正式开创一个新的地质时代的标准。2016 年，在南非开普敦举办的第35届国际地质大会上，人类世工作小组以投票表决的方式通过了地球进入人类世的提案——这意味着持续了11 700多年的全新世（Holocene Epoch）的结束，地球进入新的地质年代。这一概念受到广泛关注，并且由此创办了相关的学术期刊：*The Anthropocene*（《人类世》）、*The Anthropocene Review*（《人类世评论》）和 *Elementa-Science of the Anthropocene*（《人类世科学》）。

“人类世”是继更新世、全新世之后的另一个新的地质时代，有学者认为，它能否成为新的地质时代可以从划分地质时代的基本标准进行讨论。目前，人类世尚未被广泛认同的一个重要原因在于还没有找到一个确定的边界或标志物——全球层型剖面和点位（Global Stratotype Section and Point，GSSP），俗称金钉子，即由国际地质科学联合会（International Union of Geological Sciences，IUGS）和国际地层委员会（International Commission on Stratigraphy，ICS）以正式公布的形式所指定的年代地层单位界线的典型或标准。

从地球演化史的角度来看，不同级别的地质时代都有与其相对应的不同级别的生物事件，包括灭绝事件、短暂的间隔和生物辐射（或爆发）；但进入全新世以来，虽然人类活动导致了大量物种的灭绝，但并未出现新的生物种群，即还没有发生生物辐射（爆发）现象。因而，人类世作为一个新的地质时代条件还不够充分。陈之荣等认为，人类世作为一个地质时代的提出是基于工业革命以来人类活动对地球资源、环境产生的巨大改变，与生物事件和生物地层无关，因而与地质时代的经典划分标准不符。

尽管有关人类世GSSP界限的多个主张尚未取得普遍的认同，但是多数学者认为：由于人类世主要以人类因素为主导改变地球环境的进程，与以往的地质时代相比，人类出现的时间并不长，因此这就决定了不能以传统的地层学方法去划分人类世。例如，沃尔夫（Wolfe）等对北极冰川和高山湖泊沉积物的分析表明，在1950～1970年及1980年以后，这些地层指纹（指沉积物中的氮同位素等）出现明显的加速趋势。研究认为传统的全新世已经结束，采用人类世更适合描述现在的地球状态。

德国科学家克鲁岑（Crutzen）和美国科学家施特默（Stoermer）提议将工业革命的开始时间作为全新世和人类世的界限，认为人类的作用越来越成为一个重要的地质营力，并且人类对地球产生了清晰可辨的、全球性的影响。而根据冰芯记录，在南极冰层捕获的大气中CO_2和CH_4的量全球性增高，其起始时间与1784年瓦特发明蒸汽机的时间相当。英国科学家札拉希维茨（Zalasiewicz）等也赞同该划分意见。

二、人类世背景下生物多样性保护所面临的挑战

人类世的提出体现了人类活动对地球所造成的地质变化，主要表现在气候变化、生物多样性和海洋变化等方面。如今在人类世背景下，人类活动对生物多样性产生了哪些重要的影响？生物多样性保护将会面临哪些新的挑战？

1. 人类活动对人类世生物多样性的影响

在地质史上，地球已经经历过5次生物大灭绝，距离上一次生物大灭绝已经过去了约6500万年，有人提出，第六次生物大灭绝可能已经悄悄来临。令人意想不到的是，第六次生物大灭绝的罪魁祸首并非天外来客，而恰恰是人类自己（见知识扩展8-9）。2020年9月10日，世界自然基金会（WWF）发布的最新一期《地球生命力报告2020》中指出，1970～2016年全球监测到的哺乳动物、鸟类、两栖动物、爬行动物和鱼类的全球种群数量平均下降了约2/3，在淡水野生动物中，这个指数比例达到了惊人的84%！世界自然基金会总干事马可·兰博蒂尼（Marco Lambertini）

说："人类对自然环境的日益破坏不仅对野生动物种群，而且对人类健康和生活的方方面面都造成了灾难性的影响。"伦敦动物学会保护主任安德鲁·特里（Andrew Terry）博士也表示："过去半个世纪以来，物种种群平均下降68%，这是个灾难性的发展趋势，是人类活动对大自然造成破坏的明证。如果一切没有变化，种群数量将继续下降，可能导致野生动物灭绝，并威胁到我们赖以生存的生态系统的完整性。"

人类活动已经造成了很多动植物的消亡与灭绝，并且当前物种的灭绝和生物多样性数量的下降，已经从陆地蔓延到了海洋。此外，地球上物种的灭绝速率是自然本底速率的100～1000倍，并且如果按照目前的方式持续下去，将给众多动植物的栖息地带来严重的破坏，将来物种的灭绝速率可能是现在的数十倍甚至数百倍。

面对如此严峻的生物多样性灭绝趋势，人类世的提出使得公众逐渐意识到人类活动已经成为一个地质营力，其作用和地质活动（如风力作用、河流作用、地震、造山运动）对环境的影响相当或者更大，对目前的生态系统及其生物多样性产生了不可逆转的影响。人类应该反思并负起保护生物多样性的责任。

2. 人类世生物多样性保护面临的挑战

与以往的生物大灭绝不同的是，目前面临的第六次生物大灭绝的元凶很可能就是人类自己，人类活动所导致的生境破坏、气候变化、生物入侵、资源的过度利用及环境污染是导致生物多样性锐减的五大驱动力。我国著名地质学家刘东生认为环境问题是21世纪全球经济和社会可持续发展的主要障碍。孙凯提出人类世背景下的全球环境问题具有紧迫性、相互关联性、不可逆性及复杂性等特点，并且人类世背景下的全球环境治理存在着四大矛盾：全球环境问题的整体性与国际社会的割裂性之间的矛盾，全球环境问题的紧迫性与治理进程的渐进性之间的矛盾，全球环境问题的复杂性和人类认知的有限性之间的矛盾，环境问题影响的持久性与当代人追求更高社会福利的矛盾。

作为地质营力的人类活动，对人类世的生物多样性保护构成了极大挑战。首先，人类活动深刻地影响着环境——从生物地球化学循环到生命演化。例如，人类发明合成氨，使得化肥大量使用，改变了全球氮循环的模式。又例如，人类大量开采利用化石能源，导致CO_2等温室气体明显上升，进而导致全球气温升高、冰川融化、海水酸化。其次，人类活动还影响着地球上其他生命有机体的生存与繁衍。地球上净初级生产力通常是相对恒定的。现在有25%～38%被人类所利用，这就减少了地球上其他生物的获得份额。最后，人类活动很可能构成了地球上最重要的演化压力。人类开发的许多产品，如抗生素、除草剂、杀虫剂、转基因生物，以及将物种转运到新的生境，高强度特定物种的种植和收获，因温室气体排放而导致的气温升高等，所有这些均对生物演化形成了选择压力，而且这些压力在此前的地质历史时期没有类似物。更重要的是，考虑到一个物种的平均寿命为100万～1000万年，人类导致的这种环境的急剧变化，在不久的将来可能远远超出许多物种在其演化历史中的演化速度。因此人类活动已经显著改变了陆地表面、海洋和大气，重塑了地球上的生命。

美国学者麦吉尔（McGill）等认为，人类世中的人类活动在以下5个方面改变全球的生物多样性：①土地覆盖变化；②化学排放，如尾矿、杀虫剂等有害或污染物；③过度收获；④气候变化；⑤物种转运或入侵。这些人为因素对生物多样性的影响是复杂的、多变的。

21世纪是人类面临全球环境变化和社会经济可持续发展巨大挑战的世纪，人类世所面临的全球性问题（如气候变化、生物多样性锐减等），给国家治理及国际社会带来了许多根本性的挑战。而人类世提供了人与自然可持续发展的新视角，其实人类世的真正价值并非仅仅是划分了一个新的地质时期，而是促使人们去思考人类对自然所产生的深远影响，以及如何实现人类与自然的和谐共生。

三、人类世背景下生物多样性的保护策略

在人类世背景下，由于人类活动对生物多样性的影响复杂而多变、广泛而深远，这就要求我们对生物多样性的保护在范式（paradigm）上加以改变。例如，在保护目标、保护对象和保护方法上均应进行调整。

1. 重新设定保护目标

由于人类世中人类活动的强度和广度超出了除人类以外的任何一个物种，因此在设立保护目标时应该将人类的福祉或利益考虑进去，而不单单是保护原始的、自然的生态系统。相反，应该设立多个保护目标，使得人类能够主动干预并进行适应性管理。

例如，在全球气候变暖的背景下，森林群落存在退化为草原的风险。因为随着全球气温的升高，森林群落中的植物在抽枝、展叶、开花等物候方面一般会相应地提前，群落的植物种类组成及植物功能属性也将发生改变，这将导致森林群落的稳定性降低。如果结合人类的需求，需要将某一地区的森林群落维持在特定的演替阶段，则可以采用一定的人为措施加以调控。例如，可以增加该群落中的抗旱物种，改变群落的物种组成，使该群落“调整”到新的平衡状态，从而维持在人类设定的某一演替状态。

2. 重新界定保护对象

尽管生物多样性可以分为遗传多样性、物种多样性和生态系统多样性三个不同的层次，但是在人类世背景下生物多样性的保护对象将发生改变。例如，由于人为活动的加强，不同生物群区的生物被人为地转运（或移动），这将产生新的杂交物种。已有的研究报道表明，不仅两个不同地区自然分布的野生物种可以发生杂交，而且一个地点野生的物种与另一地点近缘的家养或种植的物种也能够进行杂交。澳大利亚学者霍布斯（Hobbs）就提出“新生态系统”（novel ecosystem）的概念，用来表示不同于以往的“历史的”生态系统，因为它是人类活动的结果。英国学者托马斯（Thomas）则认为，人类世的生物多样性从基因、物种，再到生物群落和不同生态系统，它们的丰度（abundance）和分布（distribution）均由于受到人类的强烈影响而发生了改变。

就生物多样性本身而言，仅仅就其质量方面（不包括数量特征），在人类世就至少包含 7 个方面的内容（表 8-1）。

表 8-1　生物多样性的质量属性（改自 McGill et al.，2015）

生物多样性质量的不同方面	要点评述
功能多样性	有证据表明，随着生态系统功能多样性的增加，生态系统功能会更高或更稳定
特征多样性	与功能多样性密切相关，但它越来越多地被用于测度一个群落中的表型多样性
系统发育多样性	系统发育多样性越高，被保存的进化史越多
遗传多样性	在一个群落中保存的等位基因越多，提供的表型变异将越大，适应进化的可能性也越大
亲人性与厌人性	有些物种通常与人类联系在一起（如乌鸦、老鼠），有些则避开人类（狼），人类世可能强烈地过滤了这一特征
稀有与常见	保护生物学被有些人定义为研究稀有物种的科学
特化与泛化	高度特化的（即生态位窄的）物种通常被认为比泛化（即生态位宽的）物种更需要保护

因此，在人类世就生物多样性的保护对象而言，不仅需要考虑到自然界中生物类群的种类、数量、分布现状及其生态功能，还需要考虑到人类自身与生物多样性（除人类之外）的关系，尤其是人类活动对生物多样性的影响。

3. 更新保护方法

由于保护对象和保护目标发生了明显改变，在人类世背景下生物多样性的保护方法也应该随之而变。尽管目前尚无明确的可供参考的统一方法，但是以下因素值得考虑。例如，应该综合自然学科和社会学科的不同方法开展生物多样性保护，如对于迁徙的珍稀鸟类的保护，不仅涉及越冬、繁育和栖息地选择等生态和生物学问题，还涉及政策、法律和美学等问题。因为在人类世，自然系统已绝非独立于人类之外的系统。丹麦学者斯文宁（Svenning）等提出，营养级再野化（trophic rewilding）是生态恢复实践中的一项重要策略。它采用物种引入，通过自上而下的营养级互作关系来恢复和促进生态系统中不同生物的自我调控。也有学者指出，可以利用大数据、构建平台来加强数据共享，开展区域、大陆乃至全球尺度的生物多样性保护，如全球生物多样性信息网络（GBIF）、Map of Life（MOL，https://www.mol.org/）、亚洲植物多样性数字化计划、中国国家标本资源共享平台（NSII，http://www.nsii.org.cn/）等。

在人类世背景下的生物多样性保护，涉及学者、公众和政府等不同组织机构，也涉及地区、区域及全球等不同尺度。我国自改革开放以来一直高度重视生物多样性保护。尤其是党的十八大以来，以习近平同志为核心的党中央高度重视社会主义生态文明建设，并将生态文明纳入“五位一体”总体布局中，先后提出了“绿水青山就是金山银山”“山水林田湖草是生命共同体”及“人与自然是生命共同体”等许多与生物多样性相关的重要论断。经过近几十年的努力，我国的森林覆盖率、自然保护区规模与面积不断上升，一大批珍稀濒危野生动植物得到了有效保护。2019 年 6 月，中共中央办公厅、国务院办公厅印发的《关于建立以国家公园为主体的自然保护地体系的指导意见》中明确自然保护地是生态建设的核心载体、中华民族的宝贵财富、美丽中国的重要象征，在维护国家生态安全中居于首要地位，要求加快建立以国家公园为主体的自然保护地体系，提供高质量生态产品，推进美丽中国建设。这些举措必将更加有力地促进我国的生物多样性保护。

思考题

1. 什么是生物多样性？什么是生态安全？两者之间有何内在联系？
2. 中国生物多样性的分布有哪些特点？
3. 物种多样性丧失的主要原因有哪些？应该如何保护？
4. 什么是遗传资源？《生物多样性公约》对于遗传资源保护有哪些约定？
5. 遗传多样性丧失的主要原因有哪些？简要阐述保护遗传多样性的方法。
6. 在人为因素影响下生态系统会有哪些变化？生态系统的多样性应该如何保护？
7. 简述生物入侵的过程及其特点。
8. 试述人类世背景下生物多样性的主要保护策略。
9. 请结合我国近年来自然保护事业所取得的成就，论述生物多样性保护与生态文明的关系。

主要参考文献

曹丽荣，李艳红. 2007. 维护我国生态安全，防范外来物种入侵的几点思考. 四川动物，26（4）：872-876

陈宝明，彭少麟，吴秀平，等. 2016. 近20年外来生物入侵危害与风险评估文献计量分析. 生态学报，36（12）：6677-6685
陈梅，宋豫秦，秦大公，等. 2017. 海洋污染对中华白海豚栖息地选择的影响研究. 北京大学学报，53（6）：1068-1080
陈星，周成虎. 2005. 生态安全：国内外研究综述. 地理科学进展，24（6）：8-20
陈之荣. 2006. 人类圈 • 智慧圈 • 人类世. 第四纪研究，26（5）：872-878
戈峰. 2008. 现代生态学. 北京：科学出版社
郭建洋，冼晓青，张桂芬，等. 2019. 我国入侵昆虫研究进展. 应用昆虫学报，56（6）：1186-1192
何春光，王虹扬，盛连喜，等. 2004. 吉林省外来物种入侵特征的初步研究. 生态环境，13（2）：197-199
何利军，丁由中，李秀洪，等. 2002. 南陵县扬子鳄的种群数量及栖息地质量. 动物学杂志，37（1）：31-35
贾竞波. 2011. 保护生物学. 北京：高等教育出版社
姜礼福. 2017. 人类世生态批评述略. 当代外国文学，38（4）：130-135
蒋青，冷琴，王力. 2009. “人类世”论评——环境领域的“舶来品”，地球科学的新纪元？地层学杂志，33（1）：11-17
蒋志刚，江建平，王跃招，等. 2020. 国家濒危物种红色名录的生物多样性保护意义. 生物多样性，28（5）：558-565
蒋志刚，马克平，韩兴国. 1997. 保护生物学. 杭州：浙江科学技术出版社
李保平，薛达元. 2019. 遗传资源数字序列信息在生物多样性保护中的应用及对惠益分享制度的影响. 生物多样性，27（12）：1379-1385
李浩，郑安民，李东明. 2007. 美国、澳大利亚防控生物入侵策略对我国的启示. 植物检疫，21（4）：258-260
李骁，吴纪华，李博. 2019. 为生物多样性与人类未来而战. 科学报道，64（23）：2374-2378
刘东生. 2005. 人与自然和谐发展. 干旱区地理，28（2）：143-144
刘海桑，陈清智，池敏杰，等. 2010. 景区入侵生物之防控. 亚热带植物科学，39（2）：64-67
刘学，张志强，郑军卫，等. 2014. 关于人类世问题研究的讨论. 地球科学进展，29（5）：640-649
鲁慧，方展强. 2008. 川山群岛海区大襟岛附近水域发现的中华白海豚. 华南师范大学学报，1（1）：125-129
牛纪元. 2011. 生物入侵问题的防控策略和思考. 中国动物检疫，28（7）：66-68
彭于发，谭万忠. 2015. 生物安全学导论. 北京：科学出版社
任海，彭少麟. 2003. 恢复生态学导论. 北京：科学出版社
单章建，赵莉娜，杨宇昌，等. 2019. 中国植物受威胁等级评估系统概述. 生物多样性，27（12）：1352-1363
孙凯. 2020. “人类世”时代的全球环境问题及其治理. 人民论坛 • 学术前沿，11：43-49
孙儒泳. 2001. 动物生态学原理. 北京：北京师范大学出版社
覃海宁，杨永，董仕勇，等. 2017. 中国高等植物受威胁物种名录. 生物多样性，25（7）：696-744
谭珊珊，胡广，邵德钰，等. 2010. 千岛湖库区种子植物区系研究. 广西植物，30（6）：770-775
王伯荪，王昌伟，彭少麟. 2005. 生物多样性刍议. 中山大学学报（自然科学版），44（6）：68-70
王洁，顾燕飞，尤海平. 2017. 互花米草治理措施及利用现状研究进展. 基因组学与应用生物学，36（8）：3152-3156
王丽华，李宇宸. 2020. 全球濒危物种新增7000余种. 生态经济，35（9）：5-8
王利松，贾渝，张宪春，等. 2015. 中国高等植物多样性. 生物多样性，23（2）：217-224
魏辅文，聂永刚，苗海霞，等. 2014. 生物多样性丧失机制研究进展. 科学通报，59（6）：430-437
武正军，李义明. 2003. 生境破碎化对动物种群存活的影响. 生态学报，23（11）：2424-2435
谢丙炎，成新跃，石娟，等. 2009. 松材线虫入侵种群形成与扩张机制——国家重点基础研究发展计划“农林危险生物入侵机理与控制基础研究”进展. 中国科学，39（4）：333-341
徐承远，张文驹，卢宝荣，等. 2001. 生物入侵机制研究进展. 生物多样性，9（4）：430-438
徐汝梅，叶万辉. 2003. 生物入侵：理论与实践. 北京：科学出版社
闫小玲，寿海洋，马金双. 2012. 中国外来入侵植物研究现状及存在的问题. 植物分类与资源学报，34（3）：287-313
詹绍文，赵雅雯. 2020. 全球生物多样性正在加速丧失. 生态经济，36（5）：5-8
张健. 2017. 大数据时代的生物多样性科学与宏生态学. 生物多样性，25（4）：355-363
张绍山，王景富，刘璇，等. 2017. 世界传统医药的现状和发展趋势. 中华中医药杂志，32（2）：669-671
张伟. 2011. 生物安全学. 北京：中国农业出版社
张知彬. 1993. SOS！濒临极限的生物多样性. 生物多样性，1（1）：30-34
赵富伟，薛达元，武建勇. 2015.《名古屋议定书》生效后的谈判焦点与对策. 生物多样性，23（4）：536-542
赵紫华. 2021. 入侵生态学. 北京：科学出版社

周云龙，刘全儒. 2016. 植物生物学. 4 版. 北京：高等教育出版社

Barnosky A D，Matzke N，Tomiya S，et al. 2011. Has the earth's sixth mass extinction already arrived? Nature，471：51-57

Begon M，Townsend C R，Harper J L. 2017. 生态学——从个体到生态系统. 李博，张大勇，王德华，译. 北京：高等教育出版社

Burkey T V. 1995. Extinction rates in archipelagoes：implications for population in fragmented habitats. Conservation Biology，9：527-541

Crutzen P J，Stoermer E F. 2000. The "Anthropocene". IGBP Newsletter，41：17-18

Dirzo R，Raven P H. 2003. Global state of biodiversity and loss. Annual Review of Environment and Resources，28：137-167

Grosholz E. 2002. Ecological and evolutionary consequences of coastal invasions. Trends in Ecology and Evolution，17（1）：22-27

Gunderson L H. 2000. Ecological resilience-in theory and application. Annual Review of Ecology & Systematics，31：425-439

Han S H，Li Z G，Xu Q Y，et al. 2017. Mile-a-minute weed *Mikania micrantha* Kunth. *In*：Wan F H，Jiang M X，Zhan A B. Biological Invasions and Its Management in China，Invading Nature. Singapore：Springer Series in Invasion Ecology，13：131-141

Herren C M. 2020. Disruption of cross-feeding interactions by invading taxa can cause invasional meltdown in microbial communities. Proceedings of the Royal Society B：Biological Sciences，287：20192945

Hobbs R J，Mooney H A. 1993. Restoration ecology and invasions. *In*：Saunders D A，Hobbs R J，Ehrlich P R. Nature Conservation 3：Reconstruction of Fragmented Ecosystems，Global and Regional Perspectives. Chipping Norton：Surrey Beatty & Sons：127-133

Ianovici N，Bîrsan M V. 2020. The influence of meteorological factors on the dynamic of *Ambrosia artemisiifolia* pollen in an invaded area. Notulae Botanicae Horti Agrobotanici Cluj-Napoca，48（2）：752-769

IUCN. 2012. IUCN Red List Categories and Criteria，Version 3.1. 2nd ed. Switzerland and Cambridge：IUCN Species Survival Commission

Laurance W F，Goosem M，Laurance S G. 2009. Impacts of roads and linear clearings on tropical forests. Trends in Ecology and Evolution，24（12）：659-669

Lenzen M，Moran D，Kanemoto K，et al. 2012. International trade drives biodiversity threats in developing nations. Nature，486：109-112

Lewis S L，Maslin M A. 2015. Defining the Anthropocene. Nature，519（7542）：171-180

Li H，Zhang L. 2008. An experimental study on physical controls of an exotic plant *Spartina alterniflora* in Shanghai，China. Ecological Engineering，32（1）：11-21

McGill B J，Dornelas M，Gotelli N J，et al. 2015. Fifteen forms of biodiversity trend in the Anthropocene. Trends in Ecology and Evolution，30（2）：104-113

Millennium Ecosystem Assessment. 2005. Ecosystems and human well-being：Biodiversity synthesis. World Resources Institute，42（1）：77-101

Nunes P A L D，Jeroen C J M，Bergh V D. 2001. Economic valuation of biodiversity：sense or nonsense? Ecological Economics，39：203-222

Primack R，马克平，蒋志刚. 2014. 保护生物学. 北京：科学出版社

SCBD（Secretariat of the Convention on Biological Diversity）. 2017. A Fact-finding and Scoping Study on Digital Sequence Information on Genetic Resources in the Context of the Convention on Biological Diversity and Nagoya Protocol. Montreal

Sharma D K，Sharma T. 2013. Biotechnological approaches for biodiversity conservation. Indian Journal of Scientific Research，4：183-186

Svenning J C，Pedersen P B M，Donlan C J，et al. 2016. Science for a wilder Anthropocene：Synthesis and future directions for trophic rewilding research. Proceedings of the National Academy of Sciences of the United States of America，113：898-906

Syed S，Xu M，Wang Z F，et al. 2021. Invasive *Spartina alterniflora* in controlled cultivation：Environmental implications of converging future technologies. Ecological Indicators，130：108027

Thomas C D. 2020. The development of Anthropocene biotas. Philosophical Transactions of the Royal Society B：Biological Sciences，375：20190113

Valéry L，Fritz H，Lefeuvre J C，et al. 2008. In search of a real definition of the biological invasion phenomenon itself. Biological Invasions，10（8）：1345-1351

van der Maarel E，Franklin J. 2018. 植被生态学. 杨明玉，欧晓昆，译. 北京：科学出版社

Waller N L，Gynther I C，Freeman A B，et al. 2017. The bramble cay melomys *Melomys rubicola*（Rodentia：Muridae）：a first mammalian extinction caused by human-induced climate change? Wildlife Research，44（1）：9-21

Williamson M，Fitter A. 1996. The varying success of invaders. Ecology，77（6）：1661-1666

Wilson E D，Peter F M. 1988. Biodiversity. Washington D C：National Academy Press

Wilson E O. 1992. The Diversity of Life. Cambridge：The Belknap Press of Harvard University Press

Wolfe A P, Hobbs W O, Birks H H, et al. 2013. Stratigraphic expressions of the Holocene-Anthropocene transition revealed in sediments from remote lakes. Earth-Science Reviews，116：17-34

Xie D，Liu B，Zhao L N，et al. 2021. Diversity of higher plants in China. Journal of Systematics and Evolution，59：1111-1123

Yu S X，Fan X H，Gadagkar S R，et al. 2020. Global ore trade is an important gateway for non-native species：A case study of alien plants in Chinese ports. Diversity and Distributions，26：1409-1420

Zalasiewicz J，Williams M，Smith A，et al. 2008. Are we now living in the Anthropocene? GSA Today，8（2）：4-8

Zalasiewicz J，Williams M，Steffen W，et al. 2010. The new world of the Anthropocene. Environmental Science & Technology，44（7）：2228-2231

Zhang G F，Li Q，Hou X R. 2018. Structural diversity of naturally regenerating Chinese yew（*Taxus wallichiana* var. *mairei*）populations in ex situ conservation. Nordic Journal of Botany，36（4）：1-10

Zhang H，Jarić I，Roberts D L，et al. 2020. Extinction of one of the world's largest freshwater fishes：Lessons for conserving the endangered Yangtze fauna. Science of the Total Environment，710（1-4）：136242

拓展阅读

1. 国际自然保护联盟网站（IUCN）. https://www.iucn.org/
2. 欢迎来到人类世. https://populationmatters.org/campaigns/anthropocene? gclid = EAIaIQobChMIhbGY5uGg8gIVsCitBh1BKAEtEAAYASAAEgIE4_D_BwE
3. 全球入侵物种项目（Global Invasive Species Program，GISP）. www.gisp.org
4. 入侵物种专家组（Invasive Species Specialists Group，ISSG）. www.issg.org
5. 谭万忠，彭于发. 2015. 生物安全学导论. 北京：科学出版社
6. 中国外来入侵物种信息系统网站. http://www.iplant.cn/ias/
7. 中国珍稀濒危植物信息系统网站. http://www.iplant.cn/rep/
8. Wei F W, Cui S H, Liu N, et al. 2021. Ecological civilization: China's effort to build a shared future for all life on earth. National Science Reriew，8（7）：nwaa279
9. Ma K P，Wei F W. 2021. Ecological civilization：a revived perspective on the relationship between humanity and nature. National Science Review，8（7）：nwab112

知识扩展网址

知识扩展 8-1：生态学与人类未来-生物多样性，https://open.163.com/newview/movie/free?pid=M9I70ARH1&mid=M9M2H1LDR

知识扩展 8-2：中国生物多样性保护取得的主要成绩，https://www.xuexi.cn/lgpage/detail/index.html?id=16623569798425432457&item_id=16623569798425432457

知识扩展 8-3："水上大熊猫"中华白海豚，https://www.xuexi.cn/lgpage/detail/index.html?id=16128465823199663171&item_id=16128465823199663171

知识扩展 8-4：国际合作 携手保护生物多样性，https://www.xuexi.cn/lgpage/detail/index.html?id=6282819622625069398&item_id=6282819622625069398

知识扩展 8-5：生物多样性公约，https://baike.baidu.com/item/%E7%94%9F%E7%89%A9%E5%A4%9A%E6%A0%B7%E6%80%A7%E5%85%AC%E7%BA%A6/1529928?fr=aladdin

知识扩展 8-6：卡塔赫纳生物安全议定书，https://baike.baidu.com/item/%E5%8D%A1%E5%A1%94%E8%B5%AB%E7%BA%B3%E7%94%9F%E7%89%A9%E5%AE%89%E5%85%A8%E8%AE%AE%E5%AE%9A%E4%B9%A6/8572232?fr=aladdin

知识扩展 8-7：生态系统的组成，https://www.xuexi.cn/lgpage/detail/index.html?id=1235612559483660522（见该视频的 9.1 部分）

知识扩展 8-8：松材线虫病防治技术（上）：松材线虫病的危害和传播，https://www.xuexi.cn/lgpage/detail/index.html?id=11105340800209420321& item_id=11105340800209420321

知识扩展 8-9：Welcome to the Anthropocene，https://populationmatters.org/campaigns/anthropocene?gclid=EAIaIQobChMIhbGY5uGg8gIVsCitBh1BKAEtEAAYASAAEgIE4_D_BwE

第九章　地质环境过程与生物安全

地质环境是自然环境的一种，由岩石圈、水圈和大气圈组成，是生物栖息及赖以生存的环境系统。地质环境要素主要包括岩石、土壤、水、气、生物、有机物及地球动力作用等。在自然条件下，这些要素之间有能量流通和物质交换，使得系统不断地处于平衡到不平衡再到平衡的反复运动之中，其状态和性质的改变会影响生物的生存、繁衍和演化。

地质环境的变化过程主要是地质作用过程。传统地质学认为地质作用是仅由自然动力所引起的地壳物质成分、内部结构及外部形态发生变化和发展的过程。但人类世以来，尤其是工业革命之后新技术的发展，人类活动对地球各圈层造成了强烈的冲击，引起地质环境发生显著变化，故而本章将地质环境的变化过程分为两类：自然地质环境过程和人为地质环境过程。由天然地质营力或地质作用对地质环境系统进行破坏或改造的过程即自然地质环境过程，由人类活动对地质环境系统进行干扰或破坏的过程即人为地质环境过程。在地球形成、演化和发展的 45.6 亿年历史中，自然地质环境过程一直是推动地质环境变化与发展、促进生物演化的重要驱动力。随着人类社会和经济活动的不断增强，人类的干预加速了地质环境演变的速度，主要体现在与人类生产生活相关的矿产资源逐渐枯竭、环境污染加剧、水循环失调、温室效应显现、土地沙/石漠化及次生灾害频发等（见知识扩展 9-1）。毋庸置疑，人为地质环境过程是地质环境变化和发展中不可忽视的又一动力，严重威胁包括人类在内的地球生命体的生存和繁衍。人类应当重新审视自己的社会经济行为和发展方式，努力寻求一条人口、资源与环境相互协调的发展之路，合理利用与保护地质环境，维护生物安全，实现可持续发展。

第一节　地质环境过程的生物安全性概述

一、地质环境过程的生物安全性

地质环境过程的生物安全性是指各种地质环境过程直接或间接破坏或改造环境而导致对人类、动物、植物和微生物的真实或者潜在的危险，强调对现代人类社会、经济发展、人民健康及生态环境所产生的危害或潜在风险以及相关的生物安全评价及防护措施。

在自然条件下，海洋、山脉、河流、沙漠等生态系统的天然隔离屏障使本地生物物种在相对封闭的环境中发展、进化，形成较为稳固的食物链（网）和生态圈。自然地质环境过程和人为地质环境过程都可以打破这种天然隔离屏障，从而对全球和特定区域的生物演化与生物安全产生重大影响。

例如，西藏高原上的日喀则奇林峡地裂（图 9-1A）属于自然地质环境过程，修建青藏铁路（图 9-1B）是人为地质环境过程，二者均对原先的地理整体进行了改造，前者把同一地理单元分割成两地，对局地小生境土著生物来说则形成了生物隔离屏障；而后者则通过修建铁路使青藏高原与内地相连，促进了原本隔离的地理单元之间人流和物流的交换，打破了青藏高原局地生境物种和高原外物种的隔离屏障，扩大了物种交流范围。

地质生物安全事件是指由自然和（或）人为地质环境过程突发导致生物群落结构、数量及种类等发生“相对突然”的明显变化，这种变化引导着地质生物安全状态朝向有利或不利的方向发展。实际上，从地球生命诞生之初的远古地质时代至今，地球生命体的发展总体上呈现出演化—灭绝—再演化的循环模式。

图 9-1　西藏地区自然及人为地质环境过程

A. 西藏日喀则奇林峡地裂（引自 http://p6.itc.cn/images01/20200802/a753a00248e74294be1a241fa2de93b1.jpeg）；B. 青藏铁路横贯高原草地（引自 http://www.dili360.com/cng/article/p5350c3da93e4c54.htm）

自然地质环境过程所引发的地质生物安全事件的持续时间或其形成周期短至可以秒计时，长可达数千万年。此类地质环境过程常见有局地地貌形态改变、板块漂移、洋中脊间歇生长、全球性海侵海退和气候异常变化等。短期的自然地质环境过程与人为环境地质过程类似，可造成生物群落结构、数量及种类等发生快速增减；而长期的自然地质环境过程则推动地球生物的演化进程，如以 10 万～100 万年计的生物间断平衡或种系演化、以千万年计的生物界集群替换等。

人为地质环境过程所引发的地质生物安全事件持续时间或其形成周期相对于长期的自然地质环境过程要短得多，从几秒到几千年。地质环境系统具有自我调节恢复能力，故能始终保持一种相对的动态平衡。当人为地质环境过程的干扰力度（一般指不合理的资源开发利用活动）超出地质环境系统自我调节恢复能力范围时，该系统即由平衡转向不平衡。常见的此类事件包括生态孤岛、森林面积缩小、生物多样性减少、表生地球化学过程改变和全球气候变暖等。其对生物安全的影响风险主要体现在如下两个方面：一是地球表层形态改变造成的生态隔离、生物物种和生物遗传资源减少、野生动植物资源的不当利用、对动植物栖息地的不断挤压、环境污染及人类重大破坏性活动等均有可能导致生物物种和遗传资源的消亡、减损；二是外来生物和遗传变异物种入侵的风险，这不仅能造成原有的生物遗传资源减少，也能引入外源生物和诱发遗传变异物种，这些新物种大多具有生态适应能力强、繁殖能力强、传播能力强等特点，会打破既有的生态平衡、威胁生物多样性安全（见知识扩展 9-2 和知识扩展 9-3）。

二、研究概况

关于自然地质环境过程所引发的地质生物安全事件及其对生物安全影响的研究主要集中在地球生命的起源、演化、退化和灭绝等方面，国内外学者已经做了大量卓有成效的工作，人们对地质环境过程在各个地质史时期的生物安全有了较为深入的认识。

对地质环境过程的生物安全这一领域的研究可溯源到 19 世纪法国古生物学家居维叶（图 9-2A）的“灾变论”和英国生物学家达尔文（图 9-2B）的“进化论”等。他们都认为地质环境变化在生物演化和进化中起着重要作用。但即使进化论也无法很好地解释地球进入寒武纪之后的物种大爆发，地球上的生物在一个短暂的“瞬间”突然在数量、规模、形态和结构上涌现出大量的新生命形式，呈现出从单一到多样、从单细胞到多细胞生物格局的飞跃现象，也无法精准解释奥陶纪末、晚泥盆世、二叠纪末、三叠纪末、白垩纪末的生物大灭绝。于是，自 20 世纪 60 年代起，“新灾变论”“超温室效应”“盖娅假说”“大陆漂移学说”“陨石撞击地球理论”“雪球地球事件”等学说和理论被一一提出，这些研究成果可归纳为：①建立了较完善的各类古生物的系统分类方法，并在此基础上，对地质史中各生物大灭绝事件进行生物量、生物类群变化的定量研究；②地质生物安全事件前后，对生物地层带的精确划分及洲际对比；③揭示了各大灭绝事件前后发生的自然环境变化及其与地质生物安全事件的时空对比；④初步解析了生物集群灭绝后生物群落的替换或复苏过程。

图 9-2　古生物演化学先驱

A. 乔治·居维叶（Georges Cuvier，1769～1832）（引自 Mathis and Vallat，2020）；B. 查尔斯·罗伯特·达尔文（Charles Robert Darwin，1809～1882）（引自 Johnson et al.，2018）

这些研究有助于人们更为深入地认识到地质环境过程对远古时期古生物安全的影响，对于当前研究人为地质环境过程对生物安全的影响具有重要启示。

早期，人为地质环境过程对生物安全影响的研究是从研究环境地质现象开始的，运用传统地质学的研究思路和方法描述人类活动对地质环境的影响。研究侧重人类活动作用下产生的地面沉降、塌陷、地下水污染、土地沙化/沙漠化、石漠化等恶化地质环境形成的原因和机制。到 20 世纪五六十年代，人们开始研究这些地质环境问题对生物安全如生物多样性的影响。到 70 年代末，人为地质环境过程对生态环境的影响被纳入环境影响评价中，并开始了评价人为地质作用对生态系统、生物多样性等生物安全的影响。生物多样性是所有生物种类、种内遗传变异和它们与生存环境构成的生态系统的总称。1992 年，联合国环境与发展大会通过了《生物多样性公约》。1995 年，联合国环境规划署（UNEP）发布了《全球生物多样性评估》。这些成果都是在利用现代科学技术认识人为地质环境过程对生物安全影响的基础上所提出的保护性措施，开展的研究也已从早期的生物多样性保护转向生物多样性利用、维护和风险评价等方面。目前，国内外针对人为地质环境过程如地质工程对生物安全影响的评价，主要以生物多样性为代表进行评价，且大多体现在环境影响评价、生态环境影响评价等范畴内，对生物安全的全面且深层次的影响评价还缺乏详细的评估内容和可行的评价方法。

第二节　地质灾难与生物安全

一、地质灾难的概念

在地质环境系统里，对生物安全（主要包括生态系统、物种、基因）有重要影响的因子可分为两大类，即地上因子和地下因子。地上因子最重要的是气候要素，如阳光、温度、降水等决定了不同的生物种类及其不同的生理习性，全球表生环境系统中生物在水平方向上的分布和结构平衡可以认为是由气候带（区）决定的。但在一定的气候带内，引起生物分异的主要还是地下因子，包括岩石、地质构造、地形地貌、地下水等。地下因子之间的相互作用过程极其复杂，并通过岩土演化过程影响着地球表生环境的生物种群结构及其兴衰。

地质环境过程所引发的地上/地下因子可能会发生突发性、渐进性的改变或破坏，并由此产生对生物尤其是人类的生存和发展不利的事件。这些由自然和人为地质环境过程造成的重大生物安全事件一般称为地质灾难。按其成因可分为天然地质灾难和人为地质灾难。天然地质灾难主要由自然地质环境过程即地球内/外动力地质作用引发，按其时间跨度又分为地质史地质灾难（发生在全新世以前的地质灾难事件，距今约 1.17 万年前）和近现代地质灾难（发生在全新世以内的地质灾难事件）。人为地质灾难主要由人为地质环境过程引发，更多地与外动力地质作用协同驱动地质环境发生变化，主要发生在近现代和当代。二者均会对生物的生存、适应和演化产生重要影响。

二、天然地质灾难与生物安全

（一）地质历史时期的地质灾难与生物安全

当今，由地球内/外动力地质作用引发的地质灾难在全球时有发生。然而，这种环境突发性变化对于地球上各种生物安全的影响程度，尚需更多的研究。另外，我们也可以由古老的地质历史时期（主要指全新世以前的各个地质时期）发生的生物安全事件所带来的启示进行合理的推论。

地球自从出现生物以来已发生过无数次大大小小的天然地质事件，其中一些地质事件与生物灭绝事件密切相关（表 9-1）。科学家通过各种证据认为这些地质史时期地质灾难事件对地质史时期生物安全产生了巨大的影响，主要表现在：①大量生物物种和遗传资源消亡；②原有生物栖息地及其环境发生巨变；③重创或摧毁原有的生态系统；④为古老生物进一步演化和新生命形态的出现创造条件。

天然地质灾难加速了优势类群的更替，推动着地球生物的演化进程和方向。以下按时间顺序列举几个著名的地质史时期地质灾难影响生物安全的例子来阐述天然地质灾难与生物安全之间的关系。

表 9-1　主要古生物灭绝事件与古地质作用对比年代表（引自张立军和王敏，2016）

地质年代			同位素年龄/Ma	生命演化史：无脊椎动物	生命演化史：脊椎动物	生命演化史：植物	生命演化史：标准化石	生命演化史：常见化石	沉积-构造演化史：构造运动	沉积-构造演化史：构造阶段	典型剖面：华北	典型剖面：华南	主要地质事件
显生宙	新生代	第四纪Q	2.588	原生动物 软体动物 昆虫等繁盛	人类的出现	被子植物繁盛的时代				喜马拉雅阶段	汾河盆地	元谋盆地	◁第四纪冰期
		新近纪N	23.03		哺乳动物和鸟类繁盛的时代			蓝蚬	喜马拉雅运动（晚）		山东胜利	粤北赣南	
		古近纪E	66						喜马拉雅运动（早）				
	中生代	白垩纪K	145	菊石的繁盛	爬行动物时代	裸子植物繁盛的时代	菊石	似银杏　牡蛎	燕山运动（晚） 燕山运动（中）	燕山阶段	松辽盆地	滇中盆地	◁白垩纪大灭绝
		侏罗纪J	201.3					锥叶蕨 侧羽叶　费尔干蚌	燕山运动（早）		冀北辽西	陕西延安	
		三叠纪T	252.2					格子蕨　克氏蛤	印支运动（晚） 印支运动（早）	印支阶段	鄂尔多斯	贵州贞丰	◁晚三叠世末大灭绝 Pangea（超大陆）
	古生代	二叠纪P	298	四射珊瑚 腕足类 棱角石类等	两栖动物时代	蕨类植物繁盛的时代		芦木　假提罗菊石 大羽羊齿　瓣轮叶	东吴运动	海西阶段		黔中地区	◁二叠纪大灭绝
		石炭纪C	358.9					假希瓦格　拟丹尼蕨 脉羊齿　鳞木 纺锤　石柱珊瑚 贵州珊瑚　网格长身贝	云南运动 淮南运动 昆仑运动		山西太原	贵州独山	◁冈瓦纳大冰川
		泥盆纪D	419.2		鱼类的时代		牙形刺	薄皮木　尖棱菊石 弓石燕　六方珊瑚				桂中象州	◁泥盆纪晚期大灭绝 ◁第二次成氧事件
		志留纪S	443.4	三叶虫笔石 床板珊瑚 鹦鹉螺类 腕足等	无颌类出现和发展		笔石	单笔石　王冠虫　五房贝 耙笔石　阿门角石	广西运动	加里东阶段		鄂西宜昌	◁奥陶纪大灭绝
		奥陶纪O	485.4					对笔石　震旦角石 心笔石　扬子贝	太康运动		河北唐山	宜昌黄花场	
		寒武纪Є	541	小壳动物			三叶虫	德氏虫　蝙蝠虫 莱得利基虫　小舌形贝 小壳化石	兴凯运动		山东张夏	滇东晋宁梅树村	◁寒武纪生物大爆发
元古宙	新元古代	震旦纪Z	635			海生藻类植物繁盛的时代			晋宁运动	吕梁晋宁阶段	河北蓟县	湖北神农架	◁罗迪尼亚（Rodinia）超大陆
		南华纪Nh	780										◁雪球地球
		青白口纪Qb	1000										
	中元古代	待建纪	1400										
		蓟县纪Jx	1600						吕梁运动				
		长城纪Ch	1800										
	古元古代	滹沱纪Ht	2300										◁第一次成氧事件（叠层石）BIF（条带状赤铁矿）
太古宙	新太古代		2500						五台运动	阜平吕梁阶段			
	中太古代		2800			原始菌藻类植物出现			阜平运动				
	古太古代		3200										
	始太古代		3600										

注：本表以及下文所述构造演化史主要以我国境内地质剖面为例进行说明

发生在新元古代的“超大陆事件”（距今 5.3 亿～9 亿年）和“雪球地球事件”（距今 6.35 亿～7.2 亿年）是已知最早的两次地质灾难（表 9-1）。在距今 9 亿～13 亿年，地球上曾存在一个包括当时几乎所有陆块的超级联合古陆，称为罗迪尼亚（Rodinia）（图 9-3A），其后解体，如在南半球重组形成冈瓦纳（Gondwana）超大陆（图 9-3B），这次地质作用被称为“超大陆事件”。“雪球地球事件”指的是地球表面从两极到赤道全部结成冰，地球被冰雪覆盖，变成一个大雪球，全球的平均气温低至−50～−40℃，累积冰层厚度达数千米（图 9-3C），地球历史上曾出现过多次“雪球地球事件”，主要以新元古代最为著名。如此大的地质环境变化无论对古生代生命的生存空间环境，还是对营养物质来源均会产生巨大的灾难性影响。在“雪球地球事件”之前，地球上存在着占优势的低等原核生物——蓝细菌（cyanobacteria），也出现了少量的真核生物如一些微体生物和藻类。“雪球地球事件”发生以后，全球冰封，显著地改变了当时地质环境的一些物理化学条件，大部分低等生命活动几乎被终止。但在“雪球地球事件”结束之后，迎来了寒武纪早期的生物大爆发（如我国云南澄江生物群）。“雪球地球事件”可以算作重大地质灾难，但从另外一个角度来看，该事件则对从原始单细胞向多细胞生物的演化起到了推动作用。

“雪球地球事件”以后，又出现了由自然地质环境过程而造成的 5 次著名“生物大灭绝”（见知识扩展 9-4）。生物大灭绝是指大规模的生物集群灭绝，生物灭绝又称为生物绝种。这 5 次生物大灭绝是地质灾难对古生物安全影响的典型案例。

第一次生物大灭绝又称奥陶纪大灭绝（表 9-1）。晚奥陶世（距今 4.4 亿年）出现了频繁、剧烈的区域地质构造活动，如我国华南板块由南向北漂移，火山活动紧随其后，相继发生了海平面下降、全球气温下降和海底缺氧等重大地质环境变化。这些变化可能与该时期发生的生物集群灭绝事件有关，如笔石（Graptolite）（图 9-4A）、三叶虫（Trilobita）（图 9-4B）和腕足类赫南特贝动物群（Hirnantia fauna）中的部分种类灭绝。研究表明，这一时期约有 27%的科级生物类群发生了灭绝。

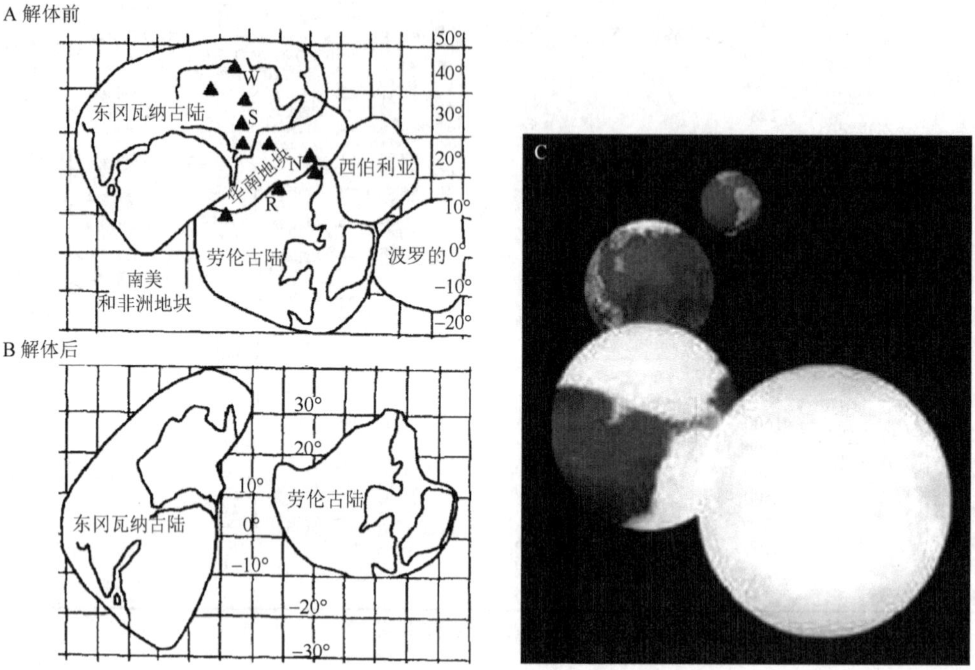

图 9-3　地质史早期的地质灾难事件

A、B. 超大陆解体前后（引自刘新秒，2001）；C. “雪球地球事件”复原图（引自 Hoffman et al.，1998）

图 9-4　代表性灭绝生物化石

A. 笔石（Graptolite）化石（引自李丙霞，2021）；B. 三叶虫（Trilobita）化石（引自昝淑芹，2021）

第二次生物大灭绝又称泥盆纪晚期生物大灭绝（表 9-1）。泥盆纪后期（距今约 3.5 亿年前）发生的地质事件有海平面下降、造陆运动和冰室气候（如冈瓦纳冰期）及行星撞击［如加拿大魁北克沙勒瓦（Charlevoix）陨石坑］等。这些事件的发生可能对世界上位于热带、亚热带的许多大陆范围的浅水底栖生物产生了重大影响，包括珊瑚（coral）、孔虫（foraminifera）、腕足类（brachiopoda）及三叶虫等遭到了灭顶之灾，灭绝的科级生物类群达 19%。

第三次生物大灭绝又称二叠纪大灭绝（表 9-1）。在古生代和中生代之交（距今 2.5 亿年前），海平面下降，造陆运动持续，并形成了 Pangea 大陆（超大陆），发生了大规模的火山爆发，同时海水因陆区抬升而退却。这些事件造成了当时全球性极端高温、海洋缺氧或“镍雾霾”的发生，对陆生生物和海洋生物均是致命的打击，可能是显生宙以来规模最大的生物集群灭绝事件。其中，海洋生物科级类群灭绝率在 50%以上，海洋底栖生物如三叶虫、棘皮动物门的海蕾纲（Blastoidea）、四射珊瑚（Tetracoralla）、横板珊瑚（Tabulata）均灭绝，海洋中繁盛的腕足动物中如长身贝目等消失。陆生生物中陆生两栖动物、蜥形纲、兽孔目科级类群灭绝率超过 2/3。由此可见，这次事件是一起极为严重的古生物安全事件。

第四次生物大灭绝又称三叠纪大灭绝（表 9-1）。在晚三叠世（距今 2.14 亿年前），海平面下降、造陆运动仍然存在如华南板块与欧亚板块拼合导致的欧亚大陆扩张等。此次事件可能导致中生代早期出现的一些陆生植物和爬行类发生了灭绝，海洋生物约有 23%的科级生物类群灭绝。

第五次生物大灭绝又称白垩纪大灭绝或恐龙大灭绝（表 9-1）。白垩纪（距今 6500 万年）发生的地质事件除整个中生代持续的因海平面下降、造陆运动等引发的火山爆发、气温下降与上升突变、古地磁极性变化事件外，还发生了地外星体撞击事件，如苏联的喀拉陨石坑，在墨西哥发现的奇克苏鲁普陨石坑、伯利兹坑和阿尔瓦罗奥夫雷贡坑，这些事件可能造成了中、新生代之交的恐龙灭绝。

除上述几个著名事件外，研究表明显生宙以来发生的地质灾难事件大大小小数十次。总体来讲，上述地质史地质环境变化的原因可归纳为两类。

1）地外动力因素，包括小行星、彗星对地球的撞击、超新星爆炸、太阳耀斑等。当大量外星对地球撞击时，可快速引起大气层升温、海平面上升、海水分层紊乱和物理化学条件巨变，撞击产生的尘埃可以遮挡阳光引起气候变冷，撞击产生的有毒气体也能引起生物死亡。

2）地内动力因素，包括全球性的板块运动、海平面变化、气候的冷暖巨变、大规模的火山爆发和地球物理场的巨变等。这些事件引起高温气候、海洋缺氧等环境巨变，从而引发大规模生物灭绝。

（二）近现代时期的地质灾难与生物安全

自然地质灾害是指完全或主要由自然动力的地质作用造成的，人类无法影响或控制的地质环境过程，如崩塌、滑坡、泥石流、断裂、水土流失、土地沙漠化及沼泽化、土壤盐化、地震、火山及地热害等，图 9-5 示 4 种典型的地质灾害现场。

岩石圈是土壤圈、水圈、大气圈和生物圈的载体，它对维持生态平衡、物种分布、基因资源等生物安全要素起着决定性的作用。风化的岩石是地质背景因子的首要表现，土壤即岩土演化的产物，生态系统的物质、能量都可上溯到岩石-土壤演化过程，它为生物的生存、发展提供了各种可利用的物质，并伴随着能量和信息的传递与交换。滑坡、崩塌、泥石流等地质环境过程将破坏岩石圈的平衡、稳定状态，必然对岩石圈所维系的生物安全产生影响。以下介绍几种典型的近现代发生的天然地质灾难及其对生物安全的影响。

1. 地震地质灾难与生物安全

地震按震动性质分为天然地震和人为地震两大类。天然地震主要是由地球内部能量通过地球构造裂隙或火山喷发而急剧引发的地壳震动，按其成因可分为构造地震、火山地震和塌陷地震。地球上天然地震主要以前两者为主，如青藏高原板块与印度洋板块之间板块活动造成的地震、环太平洋火山地震带和地中海-喜马拉雅火山地震带爆发的地震等。人为地震主要是由人类活动引起的地壳震动，按其成因可分为诱发地震和人工地震。诱发地震是人为地质工程活动如矿山开采、水库蓄水等间接诱发的地壳震动。人工地震主要指人为爆破作业如工业爆破、地下核爆炸等直接造成的地壳震动。

图 9-5　几种典型地质灾害

A. 滑坡（引自王涛等，2008）；B. 断裂陡坎（引自王涛等，2008）；C. 泥石流（引自龚兴隆等，2020）；D. 塌陷（引自吴远斌等，2021）

地震能造成山体松动、裂缝、崩塌、滑坡、泥石流、堰塞湖等灾害，次生灾害隐患大，局部地区水土流失加剧，生态环境更加脆弱（见知识扩展 9-5）。总的来说，地震对生物安全的影响主要包括以下几个方面：①加剧栖息地环境质量恶化，影响生物多样性；②破坏原有生态系统的结构和平衡，生态资源减少；③诱发生物变异，引发次生生物灾害；④造成生境隔离，进而破坏遗传多样性。

例如，我国汶川大地震造成了大量山体崩塌、滑坡、泥石流、堰塞湖等灾害，灾害改变了原有的地形地貌，破坏了大量的地表植被。在其重灾区，有 2.8%面积的森林生态系统、2.2%面积的草地生态系统遭到破坏（图 9-6），导致陆生动植物尤其是珍稀、濒危和特有属种［如大熊猫（*Ailuropoda melanoleuca*）］发生死亡或栖息地发生巨变。同时，地震形成的上游堰塞湖必然使下游河流干涸，破坏了原有的鱼类、两栖类动物栖息地，且地理切割使得动物难以迁徙。大地震还会导致生物基因突变率明显升高，如病毒等微生物发生变异，引起野生动物瘟疫、森林病虫害等次生生物灾害。

2. 火山地质灾难与生物安全

火山喷发是因地球内部充满着炽热的岩浆，在极大的压力下，从薄弱的地方冲破地壳，喷涌而出，炙热的岩浆冷却后形成火山遗迹。猛烈的火山爆发会吞噬、摧毁大片土地，把无数生命及财产烧为灰烬。作为地球内部热能在地表的强烈显示，火山喷发能够直接毁坏地表生物（见知识扩展 9-6）。一般情况下，火山地质灾难对生物安全的影响主要表现在以下几个方面：①喷出的高温岩浆及其引发的森林火灾可毁坏生态系统；②火山灰、火山泥流、火山碎屑流及火山柱垮塌造成的山体滑坡掩埋一切生物；③伴随火山喷发的还有火山灰云灾害和火山气体导致的毒害等，这些灾害带来的低温、暴雨、有毒气体等也可以直接威胁生物的生存；④火山喷发通过改变（如引发地震等）成土母质、地形和水文等自然条件，影响火山活动破坏后的生态系统、物种和基因组成。

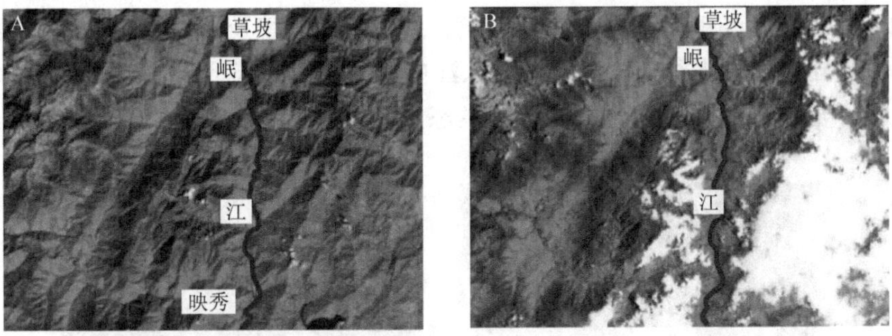

图 9-6　岷江-映秀草坡段震前震后对比图（引自黄润秋和李为乐，2008）

A. 震前增强型主题成像仪（ETM）影像；B. 震后 ETM 影像。地震带来的崩塌、滑坡使得岷江两岸地形地貌和植被遭到破坏

近代曾发生多次强大的火山地质灾难，如庞贝火山大爆发（图 9-7A）、喀拉喀托火山大爆发（图 9-7B）、拉基火山爆发、圣海伦火山爆发、坦博拉斯火山大爆发、菲律宾的皮纳图博火山大爆发、马提尼克岛培雷火山爆发等，这些火山地质灾难无论对人类还是对生物都造成了毁灭性的影响。例如，公元 79 年发生的庞贝火山大爆发将庞贝古城毁于一旦，至今该山上仍难以长出植被。1883 年 8 月 27 日，喀拉喀托火山大爆发造成喀拉喀托岛上 9 个月后才重新发现小生物，50 年后岛上动植物才繁茂起来。1980 年 5 月 18 日发生的圣海伦火山爆发，喷发的火山灰和碎屑夷平了附近 600 km^2 的植被和建筑物。1991 年 6 月 9 日发生的皮纳图博火山大爆发，火山灰覆盖了近 4000 km^2 的土地，7000 多公顷森林毁于一旦。

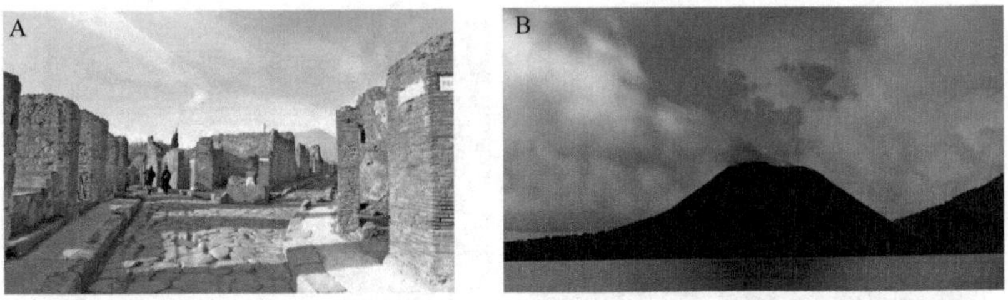

图 9-7　典型火山地质灾难

A. 庞贝火山大爆发遗址（引自张文强和郭谦，2019）；B. 喀拉喀托火山大爆发（引自王佳龙等，2019）

3. 滑坡和泥石流地质灾难与生物安全

滑坡是指斜坡上的岩体由于某种原因在重力的作用下沿着一定的软弱面或软弱带整体向下滑动的现象。泥石流是山区特有的一种自然现象。它是由降水形成的一种携带大量泥沙、石块等固体物质的特殊洪流。滑坡和泥石流常相伴而生，这两种地质灾害的成因既有自然成因也有人为成因。自然成因包括地震、火山、大坡度地形、松散地表、植被缺乏、强降水气候等，人为成因包括采矿、植被破坏等活动。泥石流和滑坡地质灾难中，泥沙石块以超强度高速移动，

在几分钟、几十分钟或数小时内倾泻到山口，顷刻之间对人类、生物、生态环境造成巨大灾难（图 9-8）（见知识扩展 9-7）。滑坡和泥石流对生物安全的影响主要有以下几点：①改变原有地形地貌和小气候，影响生物生存环境；②打破原有生态系统平衡，影响生物群落结构组成；③破坏或毁灭原有物种，影响物种多样性。

例如，1985 年 6 月 12 日我国湖北省秭归县龙江区长江北岸新滩镇发生了大型滑坡泥石流。高速滑动的泥石流将新滩镇全部摧毁，新滩镇、周边生态环境及其中生物均遭到毁灭性破坏。另如，云南大盈江每年洪水季节，泥石流输入江中，泥沙使河床不断抬高，常因溃堤淤埋盈江平原大量良田，形成大面积砂石荒滩，农田生态系统难以恢复。

图 9-8　滑坡和泥石流对人类和生态系统的巨大破坏（引自余斌等，2011）

A. 滑坡损毁的住房；B. 泥石流掩埋的生态系统

三、人为地质灾难与生物安全

非突发性的自然地质环境过程是一种非常缓慢的过程，相隔百年的同一个地方，在自然地质作用中几乎没有明显的变化（图 9-9），人类却可以在极短的时间内改变一个地区的面貌。人为地质环境过程如城市、工厂、道路和水利等工程建设活动可以改变地球的物质和能量系统的平衡，对地球表层系统有很大的影响，进而影响生物安全。

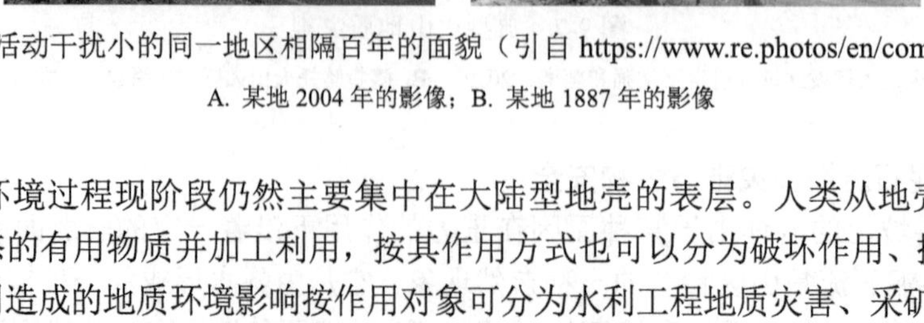

图 9-9　人类活动干扰小的同一地区相隔百年的面貌（引自 https://www.re.photos/en/compilation/37/）

A. 某地 2004 年的影像；B. 某地 1887 年的影像

人为地质环境过程现阶段仍然主要集中在大陆型地壳的表层。人类从地壳中采出各种固态、液态和气态的有用物质并加工利用，按其作用方式也可以分为破坏作用、搬运作用和沉积作用。这些作用造成的地质环境影响按作用对象可分为水利工程地质灾害、采矿工程地质灾害、交通工程地质灾害、城市建设工程地质灾害和农牧业地质灾害等。一旦这些地质灾害造成了重大的生物安全影响，即人为地质灾难。科学家根据森林的缩小、草原的沙漠化及物种与面积关系等研究对物种消亡速率的影响，估算的结果表明，每 10 年的生物物种消失率达到 2%～3%，说明这些地质灾害的发生对区域生物安全造成了巨大的影响。主要体现在以下几点：①生物的栖息地遭到破坏，生态系统平衡被打破，物种消失；②形成生态隔离，使生物种群减小，基因交流受到限制，降低其生存能力；③造成生物所处生态环境质量恶化，如空气污染、水污染和酸雨等，使一些植物和动物物种消失。

1. 水利工程地质灾难与生物安全

水利工程地质灾难是指水利工程实施以后，区域地形、地貌、气候、水文、泥沙淤积、水质、地质和土壤都将产生巨大改变，对生物的生存和发展产生了灾害性的后果（见知识扩展 9-8）。其对生物安全的危害有如下几点。

1）对陆生动植物的影响：①永久性的直接影响，水利工程淹没工程建筑物，对陆生植物和动物栖息地加以分割与侵占，改变了原有生态系统，威胁生物的生存，加剧了物种的灭绝。例如，有研究表明贡嘎山南水坝的修建造成牛羚、马鹿等珍稀动物的高山湖滨栖息活动地的丧失及大面积珍稀树种原生林的淹毁。②间接的影响，指局部气候、土壤沼泽化、盐碱化等对动植物的种类、结构及生境等造成的影响。

2）对水生生态系统的影响：水利工程易形成较为稳定的水体，为水体富营养化的形成提供了有利条件，从而容易爆发水华和赤潮，恶化水质，破坏水生生态系统。

3）对鱼类的影响：①切断了洄游性鱼类的洄游通道，改变了水温和水体氧、氮饱和度，影响下游鱼类的生长和繁殖。例如，长江葛洲坝泄洪使得下游水体氧、氮含量过饱和，饱和度分别达到 112%～127%和 125%～135%，致使幼鱼死亡率达 32.24%。②削弱了河流与湿地之间的联系，造成湿地丧失，生物食物链（网）中断，生物多样性和生产力下降。例如，尼罗河阿斯旺大坝自 1970 年投入使用以来，流域中原有的 47 种商业鱼种，只剩下了 7 种。

4）对微生物的影响：水利工程形成的稳定水体也易滋生病菌及其携带者如蚊虫等。例如，丹江口水库、新安江水库等建成后，在当地都曾流行过疟疾。

诱发次生地质灾害对生物安全的影响：水利工程中如筑坝行为也可能会造成地震、塌岸、滑坡等不良地质灾害。在特大型水利工程如水库大坝建成后，若设计不当可能会引发重大地质灾难，会对生物安全造成影响（同前文近代地震地质灾难所述）。水库诱发地震主要是因为巨大体积蓄水增加的水压，以及在这种水压下岩石裂隙和断裂面产生润滑，使岩层和地壳内原有的地应力平衡状态改变。

值得注意的是，水库蓄水还可以在天然地震较少和较弱的地区诱发较强烈的地震。目前世界公认的震例有 45 处，有不少是无震区或弱震区，在水库蓄水后发生了破坏性地震。最为著名的重大水利工程地质灾难事件当属意大利瓦依昂水库的地震，其造成的滑坡直接荡平了龙加罗镇，当地人遭受重大伤亡，小镇所在的生态系统则遭受灭顶之灾（图 9-10）。

2. 采矿工程地质灾难与生物安全

采矿工程地质灾难指的是采矿工程实施后，大量采掘导致的岩体土变形，以及矿区地质、水文地质条件与自然环境发生严重变化，对生物的生存和发展产生了巨大的影响（见知识扩展 9-9）。其对生物安全的危害有如下几点。

1）使自然景观如地形、地貌和植被等发生巨变，破坏植被，改变了动物的栖息环境，迫使动物迁徙，致使土著生物群落消亡或减损（图 9-11A）。

2）破坏原生生态系统，矿区所在的森林、草地或农田生态系统经常性遭到完全损毁（图 9-11B）。如若按万吨塌陷率 3 亩农田计算，相当于每年塌陷土地约 40 万亩，再以 50%在平原地区计算，则有约 20 万亩良好的农田生态系统被损毁。

图 9-10　意大利龙加罗镇灾前、灾后对比图（引自 https://www.stuff.co.nz/travel/destinations/europe/italy/106950521/longarone-italy-the-town-wiped-out-by-an-inland-tsunami）

A. 灾前的龙加罗镇；B. 灾后的龙加罗镇

3）采矿污染造成生物物种锐减，开采带来的重金属、酸雨等问题使得区域大气、土壤及水体常遭受污染，危害陆生和水生植物及微生物的生长，致使大量生物甚至包括很多类群的土壤微生物被毒害消亡（图 9-11C）。

4）引发矿区发生次生演替（即原生植被受到破坏，但并未完全消失，在此基础上形成新的优势群落的过程），若有塌陷区还会形成新的水生生态系统（图 9-11D）。

图 9-11　采矿活动对生物安全的威胁

A. 矿区破坏的植被；B. 矿区沉陷山地；C. 矿区污染；D. 矿区沉陷盆地水洼

3. 交通工程地质灾难与生物安全

交通工程地质灾难是指在特定的交通工程建设及实施后，因需要跨越不同的地区、不同的地质单元，一些道路、桥梁修建方式改变了水陆地质环境，并对生物安全产生了灾害性的影响。具体的危害有如下几点。

1）对生物生境进行碎片化和阻隔，造成遗传资源减少。作为一种跨地区、跨流域的大型工程，由线形廊道所组成的交通网络不可避免地对沿线地区的生境进行分割、隔离，破坏了野生动植物生长、繁殖和活动的场所，从而影响到野生生物的觅食、生殖、迁徙与信息传递。例如，铜（陵）黄（山）公路经过九华山山间谷地、十里山自然保护区外侧区段和黄山风景区外侧区段，穿越整体性较好的自然生境带，形成了公路隔离。但通过合理设计和采取科学防护措施可使其对生物生境的影响降到最低。

2）破坏了生物栖息地环境，使得生物群落减少，打破了原有生态系统平衡。开山毁林改变了自然群落演替方向，有些珍稀濒危植物有灭绝的风险，迫使动物迁徙。破坏了动植物水源，使其遭到不同程度的污染，造成本地动植物减少甚至灭绝。在交通运行过程中，车辆废气的大量排放导致大气污染、空气增温、酸沉降和土壤酸化，某些对大气污染物敏感的动植物受到损害。同时，运行中车辆所产生的噪声也会不同程度地影响动植物的生存。

3）造成外来物种入侵，破坏了原有物种多样性。交通道路建设期间的工程活动常常把外来物种人为引入建设区。例如，松材线虫的外源输入给建设区松树林带来极大的危害。同时，道路施工对原有植被和土壤的清除、填方及对坡度的改变，降低了原有生物的生长活力，为外来物种提供了一个相对较少竞争的入侵环境。例如，北美车前草（*Plantago virginica*）、加拿大一枝黄花（*Solidago canadensis*）等入侵植物在公路、铁路两边大量繁殖，会影响公路两旁的植物多样性和群落结构组成。

4）改变生物的行为和习性。交通道路的出现，对区域内野生动物的行为产生严重的影响。例如，动物避难所范围内的一些动物行为模式、繁殖成功率、逃生反应、生理状况等产生了变化。夜间交通工具的用光，使得沿线附近的光环境有了显著变化，直接影响到了植物的光信号反应，改变了植物的光合作用时间规律。

5）直接对生物造成伤害，造成生物量减少。交通道路上频繁的、高速行驶的交通工具，使道路上经常出现动物因受碰撞而受伤、死亡的事件。趋光性昆虫也经常因被车辆灯光吸引而被撞死。

4. 城市建设工程地质灾难与生物安全

城市建设工程地质灾难主要是指城市建设过程中由于对城市区域地质环境进行不同程度的改变与重塑，如改变地形地貌、破坏初始地应力平衡状态、改变岩土性质及破坏水文地质条件等，从而引发地面沉降、地面塌陷、基坑坍塌等地质灾害类问题和地表水及地下水污染、固体废弃物等环境问题，对生物的生存和发展产生重大影响。其对生物安全的危害有如下几点。

1）使生境丧失和碎片化，生物量和种类减少。据国家统计局统计，2019年中国城镇化率突破60%。城市面积的不断扩张，将原有的农田、湿地等自然空间变成了建筑、道路等人工设施，使原生生物因缺乏栖息地而减少或死亡。同时，城市内部空间生境碎片化现象普遍存在。城市建设用地和地表形态因功能、权属等不同而被人为地加以分割和硬化，城市建设也会引发塌陷、沉降等次生地质灾害，这些活动将生物生境进行分隔，形成生物“孤岛”，限制了物种交流、物质和能量传输，造成生物灭绝。

2）污染生物栖息环境、危害生物健康和繁衍。城市建设地质工程在建设和运行期间对城市生态环境均会造成污染，主要表现在物理性污染、水污染、大气污染和固体废物污染4个方面。具体包括建设施工、设备运行和生产过程中产生的噪声污染、振动污染、光污染、电磁辐射污染、放射性污染、热污染、地表水污染、地下水污染和枯竭、雾霾和酸雨、垃圾围城等。这些污染严重影响了生物生境，使其退化，直接影响了生物的正常生存繁衍，使其数量减少，甚至物种灭绝。

3）破坏生态系统，威胁生物多样性。大规模的城市建设项目（如商业区、办公住宅区、工业区）的实施，在面积向城外扩张的同时，也使得区域内原先的农田、草地、林地、湿地、河流和湖泊等面积与数量减少。因此，制约了生物的物种交流和传播，使得生物种群数量和种类减少，生物链更加脆弱。同时，多样性的生物栖息地消亡和减少，也使得生态系统不断被破坏甚至消失，从而导致生态系统多样性丧失，进而威胁到城市区域的生物多样性。

第三节　全球气候变化与生物安全

全球气候变化是对生物安全有重大影响的典型地质环境过程，气候变暖可增加生物种群面临灾难性后果的风险，也是目前受到普遍关注的与人类活动密切相关的全球性地质灾难。为应对全球气候变暖，我国领导人提出中国将在2030年前和2060年分别实现碳达峰和碳中和（注：碳达峰即温室气体排放不再增长，达到峰值；碳中和是指将排放的二氧化碳全部捕集或吸收掉）的承诺。为强调全球气候变化所可能引发更多地质灾难的风险，及时采取有效应对措施，本章单独列出一节，介绍全球气候变化对生物安全性的影响。

全球气候变化是地质环境系统影响生物安全的地上环境因子的重要指标，是全球范围内长时期大气状态（如阳光、温度、降水等）变化的一种反映，表现为不同尺度的冷暖或干湿变化。全球气候变化引发的对生物生存、发展不利的气候变化事件常被称为气候灾难。自然地质环境的变化及人类对地质环境的影响是造成全球气候变化的主要原因。因此，全球气候变化对生物安全造成的气候灾难也可分为天然气候灾难和人为气候灾难。天然气候灾难主要由自然地质环境过程即内/外动力地质作用引发，按时间尺度又分为地质史气候灾难和近现代气候灾难。人为气候灾难主要由人为地质环境过程引发，更多地与天然气候灾难中近现代气候灾难同期或协同发生。

一、天然气候灾难与生物安全

地球历史上曾经历过多次冷暖循环。全球气温降低，将导致海平面下降，物种分布向赤道和低海拔地区移动，高纬度冷水生物群消失。全球气温上升将造成海平面升高，物种分布向极地、高海拔地区延伸。

已知最早的古气候灾难事件当属发生于新元古代的全球性气候变冷事件“雪球地球事件”，这次事件之后至少造成了如古微体生物蓝藻等原核生物的消亡。显生宙发生的5次最大的生物集群灭绝事件［见本章第二节中的“（二）地质历史时期的地质灾难与生物安全”］，古生代的三次（奥陶纪末、晚泥盆世弗拉斯期末和二叠纪末）生物大灭绝均与全球气候冷暖变化有着密切联系。大陆冰川的出现使得较高纬度一度存在的暖水底栖生物灭绝（如南极地区始新世末、北大西洋地区上新世等）。大陆冰川的消失又使得一些较高纬度冷水生物灭绝（如赫南特期末、艾菲尔期末、早二叠世宽铰蛤（Eurydesma）动物群的绝灭等）。新生代以来全球气候从中白垩纪的稳定温暖演变为总体趋势变冷、波动较大的气候环境，包括古新世—始新世最热事件、渐新世初大冰期事件、中中新世冷事件、北极冰盖形成事件、中更新世气候周期转型事件、丹斯果/奥什格尔（Dansgaard/Oeschger）事件、海因里希（Heinrich）事件、新仙女木事件和中全新世冷事件。（注：古新世—始新世最热事件是发生在早新生代的一次极端碳循环扰动和全球变暖事件，主要表现为大气CO_2浓度快速增加和全球增温，研究显示该时期全球地表温度增加了5～6℃，高低纬度间温度梯度减小，同时伴随着水循环加快和大规模生物灭绝、演替和迁徙的现象。渐新世初大冰期事件：新生代地球表面从两极无冰的“温室地球”变为现今两极终年有冰的“冰室地球”，最重大的降温事件就是发生在渐新世初大冰期事件，相关分析表明，碳同位素在渐新世初大冰期事件期间发生很大的偏移，说明全球碳储库发生过重要的转型。其他事件请参阅相关文献。）这些气候事件发生期间，伴随着陆地和海洋植物、动物与微生物群的重大更替，如底栖有孔虫的大规模灭绝、软体动物种群减少、腹足类和双壳类动物的大灭绝、绝大多数浮游有孔虫适应低温环境生长，以及热带和亚热带雨林逐步消失等。

综上可知，人们当前面临的气候环境事件在地质历史上曾多次出现，而且可能更为恶劣。气候环境的剧变往往伴随着大规模的生物灭绝事件，对生物安全造成巨大的影响，但同时也为后期生物演替提供了必要条件。利用以古示今的原理，能更好地解析当前全球气候环境恶化的内在原因、持续时间和潜在后果，最终为人类预防气候环境进一步恶化提供合理的建议。

二、人为气候灾难与生物安全

（一）人类活动对全球气候变化的影响

全球气候变化主要取决于抵达地球表面的太阳辐射量的变化。太阳辐射量变化的影响因素包括太阳活动本身、地球轨道活动、火山活动、宇宙-地球物理因子变化、地表下垫面（指大气与其下界的固态地面或液态水面的分界面）改变、海陆分布变化、地形变化、大气环流和大气化学组成等变化，这些都会引起全球气候的变化。

人类活动主要通过重塑地形、改变地表下垫面、污染大气等方面对气候产生影响（表 9-2）。其中，人类在生产和生活中大量消费各种形式的能源，除向大气中排放温室气体和气溶胶外，同时也释放大量热量，此外砍伐森林等行为均促进了全球变暖（图 9-12A、B 及表 9-2）。2020 年政府间气候变化专门委员会（The Intergovernmental Panel on Climate Change，IPCC）发布的 IPCC-AR6 报告指出，全球地表气温的上升在很大程度上可以归因于人类活动的影响（表 9-2）。全球气候变化尤其是全球变暖、大气 CO_2 浓度升高和极端气候事件频发已是不争的事实，目前一直处于递增趋势（图 9-12C、D）。科学家通过对近 100 余年地面观测资料的分析发现，自 1860 年有气象观测记录以来，全球平均温度上升了 0.6℃。最近 100 年的温度是过去 1000 年中最暖的时期，其中最暖年份出现在 1983 年。近百年来，我国的温度与全球气候变化的总趋势基本一致，气温上升了 0.4～0.5℃。IPCC-AR6 报告预计地球表面温度到 21 世纪末将增温 1.4～5.8℃，海平面将上升 0.09～0.88m，极端气候事件呈持续上升趋势。

表 9-2　人类活动引发的温室效应及其环境影响（改自陈杰瑢，2007）

	成因	来源	说明
改变大气层组成和结构	CO_2 含量剧增	化石燃料的燃烧	CO_2 是温室效应的主要贡献者
	颗粒物大量增加	工业废气排放、机动车尾气	大气中颗粒物可对太阳辐射起反射作用，也有对地表长波辐射的吸收作用，对环境温度的升降效果主要取决于颗粒物的粒度、成分、停留高度、下部云层和地表的反射率等多种因素
	对流层水蒸气增多	飞机尾气排放，水体热污染	在对流层上部亚声速喷气式飞机飞行排出的大量水蒸气积聚可存留 1～3 年，并形成卷云，白天吸收地面辐射，抑制热量向太空扩散；夜晚又会向外辐射能量，使环境温度升高
	平流层臭氧减少	工业废气排放	平流层的臭氧可以过滤掉大部分紫外线，现代工业向大气中释放的大量氟氯烃（CFC）和含溴卤化烃哈龙（Halon）是造成臭氧层破坏的主要原因

续表

	成因	来源	说明
改变地表形态	植被破坏	人类乱砍滥伐	地表植被破坏，增强地表的蒸发强度，提高其反射率，降低植物吸收 CO_2 和太阳辐射的能力，减弱了植被对气候的调节作用
	下垫面改变	城市发展、工程建设	城市化发展导致大面积钢筋混凝土构筑物取代了田野和土地等自然下垫面，地表的反射率和蓄热能力，以及地表和大气之间的换热过程改变，破坏环境热平衡
	海洋面受热性质改变	石油泄漏	石油泄漏可显著改变海面的受热性质，冰面或水面被石油覆盖，使其对太阳辐射的反射率降低，吸收能力增加

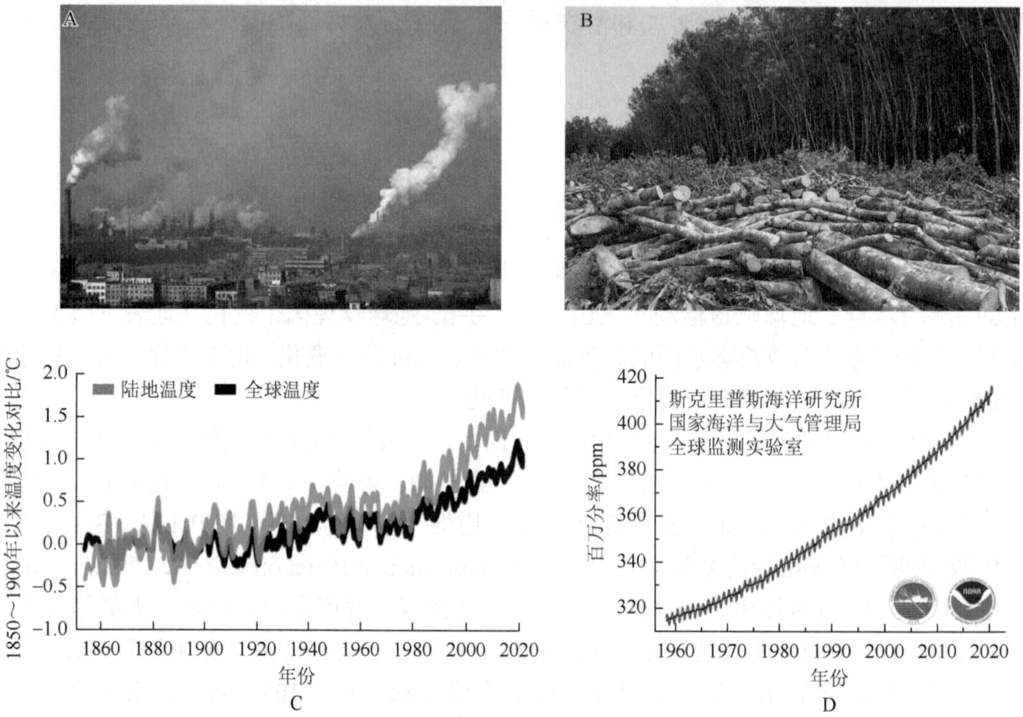

图 9-12　人类活动对全球气温及 CO_2 的影响

A. 工业废气排放；B. 森林砍伐；C. 全球温度变化趋势（引自 IPCC-AR6）；D. 全球 CO_2 变化趋势（引自夏威夷莫纳罗亚天文台）

气候变暖将引起冰川融化、滨海陆地消失、气候带北移等，这些变化将使物种物候和行为、分布和丰富度等发生改变，一些物种灭绝，有害生物爆发频率和强度增加，并使生态系统结构与功能发生重大改变。气候变暖也使得极端气候事件频发，会在短期内破坏物种生境，导致物种入侵和生物多样性丧失速率加快，引发大量珍稀濒危物种灭绝，给全球生物安全带来极大威胁（图 9-13）。

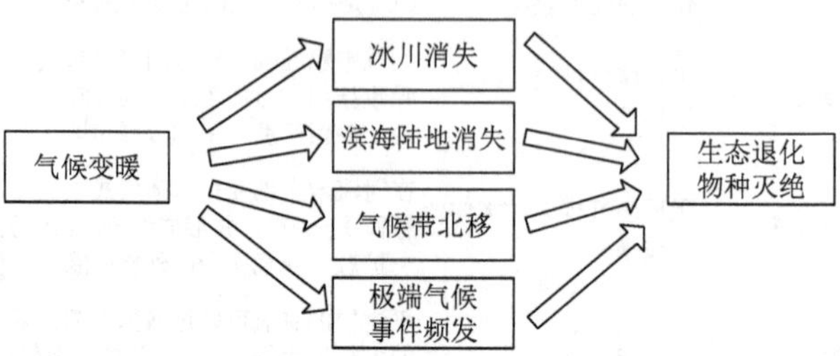

图 9-13　全球气候变暖对生物安全的影响

（二）全球气候变化对生物生境的影响

全球气候变化改变生物生境的气候环境：全球气温变化的时空分布是不均匀的，冬季大于夏季，高纬度大于低纬度，造成气候带北移，两极冰山退缩。这种变化不仅影响陆生生态系统中动植物和昆虫的季节性迁徙，而且影响它们的山地垂直分布，进而影响其群落结构。例如，20 世纪以来全球温暖气候可能造成了植物向高纬度地区、高海拔山地移动。同样，全球变暖也可能影响动物向两极、高海拔地区迁徙。例如，近年来经研究发现全球变暖不仅对青藏高原高寒草甸土壤动物群落产生不利影响，也是天山西部分布的绢蝶向高海拔迁移的重要推动因素之一。气候变化对水生生态系统的影响也非常显著。海水温度上升会造成海洋生态系统的破坏，如北极熊（*Ursus maritimus*）数量减少、两极鱼类减少、海鸟种群减少、鳍足类和鲸类向高纬度迁徙，以及病原性微生物入侵概率增加等。淡水生态系统中的浮游动物、底栖无脊椎动物和脊椎动物（鱼类）等都是变温物种，缺乏温度补偿生理调控机制，很难适应温度异常的环境，从而对整个种群造成不可恢复的破坏，甚至有可能导致整个生物种群的灭绝。

全球气候变化改变生物生境的水资源环境：全球气候变化会改变降水模式和水资源分布格局，使北半球高纬度降雨增加，低纬度地区减少，干旱面积增加。在过去的 40 年里，全球干旱面积增加了 1 倍。大气降水模式多为雨水而不是降雪，且高纬度降雪融化速率加快，从而导致河流快速枯竭。有研究者估计在未来 40 年内，这种现象在喜马拉雅地区将普遍存在，严重威胁依赖现有水资源的生物分布和生物安全。此外，气温上升导致海平面上升，从而淹没大片湿地和低地，提高近海和沿岸地区氮、磷、硫等养分的流通，造成严重的富营养化现象，提高海岸地带浑浊度，影响许多动物尤其是有经济价值的贝壳类的生存，影响海岸地区的生物多样性及植被分布。气候变化通过温度、水分、物候、日照和光强等途径，改变了生态系统的干扰格局。有的干扰已经超过了物种或生态系统自身的适应能力，对生态系统的分布产生显著影响，使生态系统结构和物种组成发生显著改变。受近几十年气候变化的影响，许多物种的分布范围、丰度、季节性活动已经发生了改变。科学家对北极、青藏高原、非洲等地区从冻土到热带雨林生物群落分布地的变化进行了长期研究，发现这些生物群落分布变化的原因主要与气候变化及其所引发的生态环境变化有关。基于目前的观测数据，有研究者预测到 21 世纪末，随着全球暖湿气候的增加，森林面积有可能增加 2%以上，但将有超过 11%的草地面积消失，大部分北半球植被将遭受不可逆转的消亡。

（三）全球气候变化对生物多样性的影响

气候变化还会在原生境影响生物的生活周期和物候期等，进而通过生物入侵等因素影响物种组成。具体表现在物候起始时间错乱、迁徙和扩散时间规律紊乱、生理胁迫增加（死亡率提高、环境耐受性下降）、抵抗新的病原体和与入侵者竞争的能力下降、繁殖力下降或生殖隔离造成的种群结构单一和性别比例失调、贝壳和珊瑚等钙化能力降低等。例如，对卵生脊椎动物生殖发育的研究表明，极端高温和低温等异常气候是脊椎动物卵孵化成功率低、幼体发育差、温度决定的物种性别错乱的重要因素之一。气候变暖导致植物和传粉者间物候时间不匹配和地理分布错配，引发互作改变，甚至解体。例如，物种的适热性差异，导致昆虫与传粉植物、寄主植物同步性改变。通过这些影响，原生境有些物种将受益，繁殖率提高，成活率增加，种群密度增加，有些则受限，种群密度缩小甚至灭绝。科学家预测全球植物多样性平均水平到 2100 年将下降 9.4%。

全球变暖增加了森林大火发生的可能性，并进而改变原生境生物多样性。全球每年约有

100 万次山火发生，主要见于非洲、南美洲和澳大利亚北部。一项针对全球的调研报告指出，全球变暖增大了林火灾害发生的可能性，提高了“火灾天气”的频率或严重程度。森林火灾会启动原生境产生群落演替、改变物种组成和群落功能。大火使森林大面积被烧毁，破坏了原来的群落，导致原来的物种消失，随着时间的推移，该生境将不断发生一个群落被另一个群落代替的事件，直至形成稳定的生态系统。例如，研究表明，美国黄石国家公园里美国黑杨（*Populus trichocarpa*）幼苗是火烧后迹地的常见演替物种，火灾也促进了大兴安岭的落叶松（*Larix gmelinii*）林取代原生境的白桦（*Betula platyphylla*）林。

科学家对全球不同栖息地（包括陆生、淡水生和海生）、不同区域、不同气候带内分布的物种（包括哺乳动物、鸟类、植物、昆虫）自 19 世纪以来有记录的灭绝情况与气候变化的关系进行了研究，发现气候变化是物种灭绝的主要因素之一，局部区域物种灭绝百分比超过 50%，有的甚至达到 100%（表 9-3）。随着当今全球气温升高，上述案例在全球各种生态系统里时有发生，对全球生物安全产生了深远影响。不同地区的生物随着气候变化会有不同的响应，有利有弊，但对于整个生物圈生物安全来说，不利的居多（见知识扩展 9-10 至知识扩展 9-16）。

表 9-3　全球不同地区气候变化造成的生物灭绝情况汇总（引自 Wiens，2016）

类群	物种种数	局部灭绝百分比	栖息地	气候区	地理区域	经纬向变化	初步调查	再次调查	持续时间/年
植物	4	50	陆生	热带	大洋洲（夏威夷）	经度	1966～1967	2008	41.5
哺乳动物	1	100	陆生	温带	北美洲	经度	1898～1956	2003～2006	77.5
植物	27	56	陆生	热带	北美洲	经度	1963	2011	48
昆虫	208	56	陆生	热带	亚洲	经度	1965	2007	42
鱼类	31	74	淡水生	温带	欧洲	经度	1980～1992	2003～2009	20
昆虫	2	50	陆生	温带	欧洲	经度	1958～1986	2008～2009	36.5
植物	105	9	陆生	温带	欧洲	经度	1900	2008	108
鸟类	55	29	陆生	热带	南美洲	经度	1969	2010	41
昆虫	3	100	陆生	温带	欧洲	纬度	1970～1999	2004～2005	20
鸟类	54	74	陆生	热带	大洋洲（新几内亚）	经度	1965	2012	47
海洋无脊椎动物	65	55	海生	温带	欧洲	纬度	1986	2000	14
鸟类	1	100	陆生	温带	北美洲	纬度	1967～1971	1998～2002	31
昆虫	39	54	陆生	温带	欧洲	经度	1981～1993	2006～2007	24
哺乳动物	27	41	陆生	温带	北美洲	经度	1914～1920	2003～2006	87.5
哺乳动物	8	12	陆生	温带	北美洲	纬度	1883～1980	1981～2006	62
鱼类	28	50	海生	温带	北美洲	纬度	1968	2008	40
鱼类	10	40	海生	温带	北美洲	纬度	1997	2001	24
昆虫	16	69	陆生	温带	欧洲	经度	1988～1989	2007～2009	19.5
有鳞目（爬行类）	1	100	陆生	温带	北美洲	经度	1965	2008	43

续表

类群	物种种数	局部灭绝百分比	栖息地	气候区	地理区域	经纬向变化	初步调查	再次调查	持续时间/年
两栖有鳞类	30	37	陆生	热带	马达加斯加	经度	1993	2003	10
哺乳动物	4	25	陆生	温带	北美洲	经度	1927～1929	2006～2008	79
贝类	7	29	海生	温带	欧洲	纬度	1917、1940	2011	94
昆虫	1	0	陆生	温带	北美洲	经度	1977～1978	2006	28.5
植物	124	60	陆生	热带	亚洲	经度	1849～1850	2007～2010	159
鸟类	92	25	陆生	温带	北美洲	经度	1900～1930	1980～2006	78
昆虫	2	0	陆生	热带	北美洲	经度	1973～1974	2012	38.5
鸟类	31	71	陆生	温带	北美洲	全方位	1980～1985	2000～2005	20

国际自然和自然资源保护联合会 2004 年的报告中警告：当前地球物种灭绝的速度已经相当于史前恐龙时期的大灭绝。这一速度是自然界物种正常衰亡规律的 1000 倍。有研究预测到 2100 年，地球上 1/3～2/3 的动植物及其他有机体将消失，这种物种大规模死亡的现象，和大约 6500 万年前的恐龙消亡时期差不多。

全球气候变化对生物安全的影响已经成为不可逆转的事实。因此，我们需要制定长期规划和策略，减少这种影响。首先，要加强气候变化对生物安全影响及后者对前者响应的研究；其次，建立完善的气候变化条件下的生态监测体系；第三，制定加强生物安全服务、管理、保护和恢复等方面的政策；第四，加强不同环境公约之间的协调和合作；最后，大力宣传和教育，增强公众生物安全保护意识。

第四节　地质生物安全评价与风险防范

一、地质生物安全评价

目前，针对地质生物安全的风险预测和评价尚处于研究初期，还没有针对性的体系和标准。尤其是人类地质工程如交通、水利等建设项目对地质环境系统中生物安全的影响和评价缺乏统一的标准和体系。不合理的开发利用破坏了生态环境并对生物资源形成威胁。保护生物安全，可持续利用资源已成为全人类的共同呼声。我国党和政府十分重视人为地质环境过程对生物安全的负面影响及实施相应的保护，习近平总书记提出了“绿水青山就是金山银山”的号召，相关职能部门出台了一系列法律法规和标准。

2011 年，我国环境保护部制定了《区域生物多样性评估标准》（HJ 623-2011），此评估标准仅适用于对县级基本行政单元的生物多样性评估，不涉及对项目建设可能对生物多样性产生影响的评估。同年我国环境保护部制定出台了《环境影响评价技术导则 生态影响》（HJ 19-2011）。2014 年国家林业局修订并发布了《自然保护区建设项目生物多样性影响评价技术规范》（LY/T 2242-2014）。这些技术规范适用于在自然保护区开展的建设项目的生物多样性评估，并涉及生物安全评估环节。现在我国对建设项目可能对生物安全产生的影响尚没有制定详细的评估分析方法。因此，对于生物安全现状的评估、建设项目可能对生物安全产生的影响还需要在内容和方法上加大研究力度。就目前而言，现有的人为地质环境过程如建设项目对生物安全的风险评估，可参考国家林业局发布的《自然保护区建设项目生物多样性影响评价技术规范》。本章综合了现有资料，提出如下地质生物安全评价流程（图 9-14）。

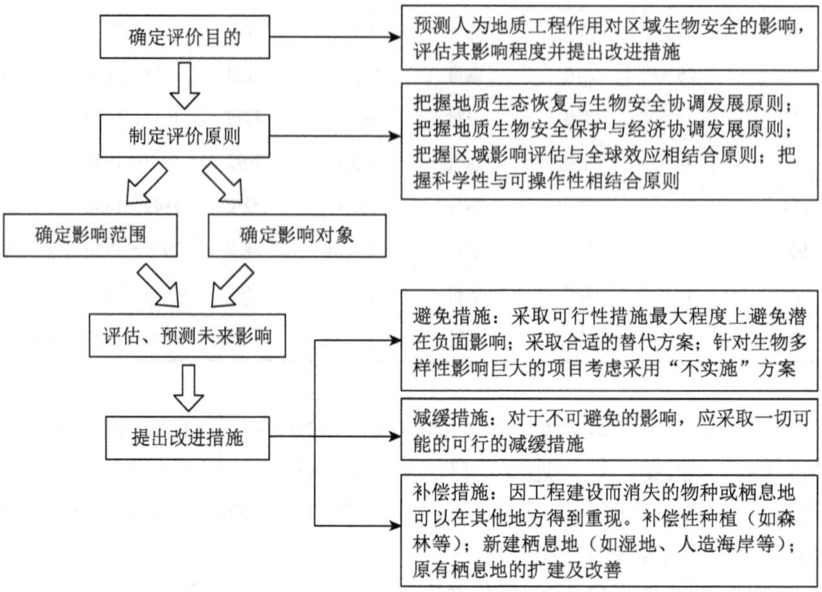

图 9-14　地质生物安全评价流程图

二、地质生物安全风险防范

地质生物安全风险防范主要是做好地质灾害的风险防范，其基本途径主要有两方面：第一，限制地质灾害源，消除或减弱灾害体活动能量，解除或缓解灾害活动对生物安全的威胁；第二，对受灾生物体采取防避保护措施，使其免受灾害破坏，或增强其对灾害的防御能力。

（一）加强地质灾害勘查与研究

开展全面细致的地质灾害调查，研究地质灾害的性质、成因、变形机制、边界规模、稳定状况及危险程度等地质灾害发育情况，查明地质灾害的种类、分布及特征，为地质灾害预警打好基础。

（二）做好地质灾害监测与评价

在地质灾害调查基础上，区划地质灾害常发重点地区，并对其进行实时监督与监测，建立地质灾害监测网络，及时掌握地质变化动态，了解地质变化趋势、特征、经济环境变化、人类活动等对地质环境产生的影响，结合大数据分析，有效开展地质灾害评价。

（三）完善地质灾害预警和管理

基于上述基础，进一步完善现有地质灾害数据库，加强地质环境灾害信息化建设，开发和完善地质灾情预警系统，提高其功能和覆盖面。开展多部门联合工作，如自然资源部门和气象部门联合开展的地质灾害气象预报预警工作。加强地质灾害防治和地质环境保护政策、法律、技术规程和应急预案等管理制度的建设，防范人为地质灾害的产生，落实地质环境保护责任主体，动员社会全员参与到地质环境保护中。

（四）加大生态环境保护

根据对区域地质灾害的调查、研究、监测与评价，科学地进行资源开发和工程建设活动。例如，在水利工程设计中要减少对河湖、海洋、湿地、绿地和森林的占用，采取多种保护性措施，如施工采用环保材料和技术、建立水生生物自然保护区和设置生物通道等。对采矿区要加强矿区的生态修复，恢复其生态平衡，从而保护生物栖息地，维护生物多样性。在进行交通工程项目建设时，路线设计应避免植被茂密、动植物种类繁多的敏感点，加强道路两侧的绿化和噪声防护以减少公路营运对环境的污染；在野生动物的重点分布区，适当增加隧道和桥梁，以满足动物通行之需。城市建设工程中，要以景观生态学理念进行设计，对建设用地、生态用地和生物栖息地进行科学规划，通过诸如原位保护和异地保护相结合的方式加强对城市原生物种的科学保护。

（五）建立和实施生态补偿机制

人为地质活动的开展，不可避免在工程施工中会对周围生态环境造成破坏。要确保地质生物安全，需要建立全面的生态补偿机制。通过科学规划和设计，在人为地质活动如建设项目施工结束后，对破坏的水体、湿地、植被等进行人为的恢复、补偿，进而促进生态环境平衡。例如，在水利、矿山开采、交通等工程建设中，施工区的植被会遭到破坏，对于可以恢复的植被要进行全面复垦，有效保证原有生态环境的复原，对不可恢复的植物，可以根据总量平衡原则提高工程区域植被覆盖率等。生态环境补偿机制的完善，不仅能够将被破坏的生态环境恢复到本来面貌，而且能有效缓解人为地质活动对施工区域生物安全的影响。

（六）加大宣传力度

加强地质灾害和生物安全保护相关的法律法规宣传教育。人为地质环境过程如建设项目施工期间要通过培训、设置宣传标语等加强地质环境安全、生态和环境保护教育，杜绝人为诱发次生地质灾害和火灾、杜绝偷砍盗伐和捕猎、未批先占、少批多占等危害生物和侵占其栖息地的非法活动。要尽量减少由人为地质活动所带来的环境污染和外来物种入侵的影响。大力提倡清洁生产、减少温室效应气体排放，倡导低碳生活与可持续发展，以降低全球气候变化对生物安全的不利影响。

思考题

1. 什么叫地质环境？何为地质环境过程？
2. 自然地质环境过程与人为地质环境过程有何区别？
3. 地上与地下因子的改变是如何影响生物安全的？
4. 全球气候变暖如何影响生物安全？
5. 地质生物安全评价需遵循哪些原则？
6. 地质史时期可能导致生物灭绝的著名地质灾难有哪些？
7. 人为地质灾难是如何发生的？如何运用习近平总书记的“绿水青山就是金山银山”思想指导防范人为地质灾难？
8. 简述人类早日实现碳达峰与碳中和对预防地质灾害的意义。

主要参考文献

陈宝红，周秋麟，杨圣云. 2009. 气候变化对海洋生物多样性的影响. 台湾海峡，28（3）：437-444

陈杰瑢. 2007. 物理性污染控制. 北京：高等教育出版社
陈凯麒，葛怀凤，严飚. 2013. 水利水电工程中的生物多样性保护——将生物多样性影响评价纳入水利水电工程环评. 水利学报，44（5）：608-614
陈培亨. 1991. 地质作用动力的分类. 西安矿物学院学报，4：36-40
陈旭，Bouc A J，阮亦萍，等. 1997. 显生宙全球气候变化与生物绝灭事件的联系. 地学前缘，4（3）：123-128
董静，高云霓，李根保. 2016. 淡水湖泊浮游藻类对富营养化和气候变暖的响应. 水生生物学报，40（3）：615-623
段海澎，陈永波. 1997. 人为地质作用与人为地质灾害. 四川地质学报，17（2）：142-147
冯乔. 2016. 水利工程地质灾害预防措施探析. 科学技术创新，6：119
龚兴隆，陈昆廷，陈晓清，等. 2020. 则查洼沟“8.4”泥石流灾害成因分析. 中国水土保持科学，18（5）：96-103
龚一鸣. 1997. 重大地史事件、节律及圈层耦合. 地学前缘，4（3-4）：75-84
郭水良. 1995. 外域杂草的产生、传播及生物与生态学特性的分析. 广西植物，15（1）：89-95
黄亮. 2006. 水工程建设对长江流域鱼类生物多样性的影响及其对策. 湖泊科学，18（5）：113-116
黄润秋，李为乐. 2008. “5.12”汶川大地震触发地质灾害的发育分布规律研究. 岩石力学与工程学报，12（27）：2587-2595
雷祥义. 2000. 水工协调人与地质环境的关系——Ⅰ人类活动对地质环境的影响. 西北大学学报（自然科学版），30（4）：323-327
黎磊，陈家宽. 2014. 气候变化对野生植物的影响及保护对策. 生物多样性，22（5）：549-563
李丙霞. 2021. 不可忽视的笔石. 大众科学，7：24-27
李俊生，高吉喜，张晓岚，等. 2005. 城市化对生物多样性的影响研究综述. 生态学杂志，24（8）：953-957
李守军，吴智平. 1998. 生物圈演化事件与地球圈层演化的相关性问题. 石油大学学报（自然科学版），22（4）：11-13
李树德，袁仁茂. 1996. 泥石流灾害与环境. 水土保持研究，7（3）：236-239
刘纯慧，王仁卿. 1997. 全球变化及其研究进展. 山东环境，4：4-6
刘广全，焦醒. 2008. 汶川地震引发的生态问题及对策. 中国水土保持，11：11-13
刘新秒. 2001. 新元古代 Rodinia 超大陆的研究进展. 前寒武纪研究进展，24（6）：116-122
陆钧，陈木宏. 2006. 新生代主要全球气候事件研究进展. 热带海洋学报，25（6）：72-79
浦庆余. 1989. 地质作用与人类环境. 灾害学，1：32-36
戎嘉余，黄冰. 2014. 生物大灭绝研究三十年. 中国科学：地球科学，44（3）：377-404
宋海军，童金南. 2016. 二叠纪—三叠纪之交生物大灭绝与残存. 地球科学，41（6）：901-918
拓守廷，刘志飞. 2003. 始新世—渐新世界线的全球气候事件：从“温室”到“冰室”. 地球科学进展，18（5）：691-696
王佳龙，熊威，邹颖，等. 2019. 喀拉喀托火山喷发过程与巽他海啸成因. 华北地震科学，37（4）：13-17
王涛，马寅生，龙长兴，等. 2008. 四川汶川地震断裂活动和次生地质灾害浅析. 地质通报，27（11）：1913-1922
王献溥. 1996. 城市化对生物多样性的影响. 农村生态环境，12（4）：32-36
王晓春，周晓峰，孙志虎. 2005. 高山林线与气候变化关系研究进展. 生态学杂志，24（3）：301-305
吴远斌，罗伟权，殷仁朝，等. 2021. 重庆市龙泉村—庆丰山村岩溶塌陷分布规律与成因机制. 中国岩溶，6：932-942
项卫东，郭建，魏勇，等. 2003. 高速公路建设对区域生物多样性影响的评价. 南京林业大学学报（自然科学版），27（6）：43-47
肖宜安，张斯斯，闫小红，等. 2015. 全球气候变暖影响植物-传粉者网络的研究进展. 生态学报，35（12）：3871-3880
许文海. 2004. 石羊河流域水资源过度开发利用引起的生态环境问题及治理对策研究. 甘肃水利水电技术，40（4）：289-290
于非，王晗，王绍坤，等. 2012. 阿波罗绢蝶种群数量和垂直分布变化及其对气候变暖的响应. 生态学报，32（19）：6203-6209
于伟. 2011. 公路工程建设中环境保护措施. 交通世界，12：215-216
余斌，马煜，张健楠，等. 2011. 汶川地震后四川省都江堰市龙池镇群发泥石流灾害. 山地学报，28（6）：738-746
昝淑芹. 2021. 藏在博物馆里的三叶虫化石. 地球，2：25-31
张洪芝，吴鹏飞，杨大星，等. 2011. 青藏东缘若尔盖高寒草甸中小型土壤动物群落特征及季节变化.生态学报，31（15）：4385-4397
张立军，王敏. 2016. 用地质时间概念贯穿“古生物地层学”课程教学的全过程. 中国地质教育，25（2）：32-35
张全国，廖万金. 2003. 生态影响评价与生物多样性保护. 生物学通报，38（9）：7-9
张文强，郭谦. 2019. 基于遗址保护的路径体验与场景活化——以庞贝古城为例. 城市建筑，16（327）：184-189
赵波，杜卫国. 2016. 卵生脊椎动物胚胎对环境变化的行为响应. 中国科学：生命科学，46（1）：103-112
郑焕能. 2000.中国东北林火. 哈尔滨：东北林业大学出版社
钟佐燊. 1996. 地质环境及其功能的控制与开发. 地学前缘，3（1-2）：11-16

周小愿. 2009. 水利水电工程对水生生物多样性的影响与保护措施. 中国农村水利水电，11：144-146
邹卉，冯娟，全爽. 2012. 矿区生态修复技术研究. 绿色科技，12：60-62
Bai S，Ning Z. 1988. Faunal change and events across the Devonian-Carboniferous boundary of Huangmao section，Guangxi，south China. *In*：Mcmillan N J，Embrey A F，Glass D J. Devonian of the World：Proceedings of the 2nd International Symposium on the Devonian System III：147-157
Bellard C，Bertelsmeier C，Leadley P，et al. 2012. Impacts of climate change on the future of biodiversity. Ecology Letters，15：365-377
Brand U，Legrand-Blain M，Streel M. 2004. Biochemostratigraphy of the Devonian-Carboniferous boundary global stratotype section and point，Griotte Formation，La Serre，Montagne Noire，France. Palaeogeography，Palaeoclimatology，Palaeoecology，205（3-4）：337-357
Caplan M L，Bustin R M. 1999. Devonian-Carboniferous Hangenberg mass extinction event，widespread organic-rich mudrock and anoxia：causes and consequences. Palaeogeography，Palaeoclimatology，Palaeoecology，148（4）：187-207
Caplan M L，Bustin R M，Grimm K A. 1996. Demise of a Devonian-Carboniferous carbonate ramp by eutrophication. Geology，24（8）：715-718
Carmichael S K，Waters J A，Batchelor C J，et al. 2016. Climate instability and tipping points in the Late Devonian：Detection of the Hangenberg event in an open oceanic island arc in the central Asian orogenic belt. Gondwana Research，32：213-231
Gang C，Zhang Y，Wang Z，et al. 2017. Modeling the dynamics of distribution，extent，and NPP of global terrestrial ecosystems in response to future climate change. Global and Planetary Change，148：153-165
Hoffman P F，Kaufmann A J，Halverson G P，et al. 1998. A Neoproterozoic snowball earth. Science，281：1342-1346
IPCC. 2013. Climate Change 2013：The Physical Science Basis. Cambridge，UK and New York，USA：Cambridge University Press：1535
IUCN. 2018. The IUCN Red List of Threatened Species. International Union for Conservation of Nature（IUCN）. www.iucnredlist.org[2021-10-20]
Johnson M E，Baarli B G，Cachao M，et al. 2018. On the rise and fall of oceanic islands：Towards a global theory following the pioneering studies of Charles Darwin and James Dwight Dana. Earth-Science Reviews，180：17-36
Li M，Grasby S E，Wang S J，et al. 2021. Nickel isotopes link Siberian traps aerosol particles to the end-Permian mass extinction. Nature Communications，12：2024
Li Z X，Bogdanova S V，Collins A S，et al. 2008. Assembly，configuration，and break-up history of Rodinia：a synthesis. Precambrian Research，160（1/2）：179-210
Mack R N，Simberloff D，Lonsdale W M，et al. 2000. Biotic invasions：cause，epidemiology，global consequences，and control. Ecological Application，10（3）：689-710
Mathis S，Vallat J M. 2020. The mysterious death of Georges Cuvier（1832）：An early case of severe Guillain-Barré syndrome？Neuromuscular Disorders，30：250-253
Paschall O，Carmichael S K，Königshof P，et al. 2019. The Devonian-Carboniferous boundary in Vietnam：Sustained ocean anoxia with a volcanic trigger for the Hangenberg Crisis. Global and Planetary Change，175：64-81
Perkins R B，Piper D Z，Mason C E. 2008. Trace-element budgets in the Ohio/Sunbury shales of Kentucky：Constraints on ocean circulation and primary productivity in the Devonian-Mississippian Appalachian Basin. Palaeogeography，Palaeoclimatology，Palaeoecology，265（1-2）：14-29
Playford P E，Mclaren D J，Orth C J，et al. 1984. Iridium anomaly in the Upper Devonian of the Canning Basin，western Australia. Science，226（4673）：437-439
Smith A J P，Jones M W，Abatzoglou J T，et al. 2020. Critical Issues in Climate Change Science. https://doi.org/10.5281/zenodo.4570195[2021-10-20]
Turner M G，Romme W H，Reed R A，et al. 2003. Post-fire aspen seedling recruitment across the Yellowstone（USA）Landscape. Landscape Ecology，18（2）：127-140
Wiens J J. 2016. Climate-related local extinctions are already widespread among plant and animal species. PLoS Biology，14（12）：e2001104

拓展阅读

1. 戎嘉余，袁训来，詹仁斌，等. 2018. 生物演化与环境. 合肥：中国科学技术大学出版社
2. 汉纳（Lee Hannah）. 2014. 气候变化生物学（Climate Change Biology）. 赵斌，明泓博，译. 北京：高等教育出版社

3. 仝占军，张风春，韩煜. 2020. 中国矿山与大型工程生物多样性保护与恢复案例. 北京：中国环境出版有限责任公司

4. Filho W L，Barbir J，Preziosi R. 2019. Handbook of Climate Change and Biodiversity. Berlin：Cham. Springer

5. Antonelli A，Kissling W D，Flantua S G A，et al. 2018. Geological and climatic influences on mountain biodiversity. Nature Geoscience，11：718-725

6. IUCN. 2021. The IUCN Red List of Threatened Species. https://www.iucnredlist.org

7. International Center for Collaborative Research on Disaster Risk Reduction. http://iccr-drr.bnu.edu.cn/en/

8. The International Charter Space and Major Disasters. https://disasterscharter.org/web/guest/home

9. An international journal of Geoenvironmental Disasters. https://geoenvironmental-disasters.springeropen.com/

10. Natural Disasters-Our World in Data. https://ourworldindata.org/natural-disasters

知识扩展网址

知识扩展 9-1：人类面临的生态环境问题，https://v.youku.com/v_show/id_XNDYzMDQ1ODUzNg==.html

知识扩展 9-2：《地球生命力报告 2018》发布：全球野生动物 44 年间消亡 60%人类活动系生物多样性最大威胁，https://v.youku.com/v_show/id_XMzkwMjkyMjA2OA==.html?spm=a2h0c.8166622.PhoneSokuUgc_1.dtitle

知识扩展 9-3：威胁生物多样性的人类活动，https://www.bilibili.com/video/av501936581

知识扩展 9-4：地球上的灭绝事件，五次生物大灭绝，https://www.bilibili.com/video/av5656553/

知识扩展 9-5：地震灾害，https://v.youku.com/v_show/id_XNDE4NDcyMDkyOA==.html

知识扩展 9-6：十大最具破坏性的火山灾害盘点，https://www.iqiyi.com/w_19rsrfbfp5.html

知识扩展 9-7：可怕的地质自然灾害，https://v.qq.com/x/page/f32540btbbx.html

知识扩展 9-8：［经济半小时］聚焦水流困局之二：建在地质断裂带上的水电站（20110802），http://tv.cctv.com/2011/08/02/VIDE1336928712560815.shtml

知识扩展 9-9：矿山地质环境保护科普片 第一集 矿山地质环境问题及其危害，https://play.tudou.com/v_show/id_XMjg1MDkxNTQ0NA==.html

知识扩展 9-10 至 9-16：BBC 纪录片：七个世界 一个星球（需注册会员观看），

https://v.qq.com/x/cover/5s6jjhvb15xrm59.html

https://v.qq.com/x/cover/5s6jjhvb15xrm59/s003255m56g.html

https://v.qq.com/x/cover/5s6jjhvb15xrm59/h0032ga60dn.html

https://v.qq.com/x/cover/5s6jjhvb15xrm59/b0032vngspp.html

https://v.qq.com/x/cover/5s6jjhvb15xrm59/a0032df64i3.html

https://v.qq.com/x/cover/5s6jjhvb15xrm59/z0032l9y8km.html

https://v.qq.com/x/cover/5s6jjhvb15xrm59/o0033vda8uz.html